Klaus Hengesbach, Peter Hille, Fritz Koch,
Jürgen Lehberger, Detlef Müser, Georg Pyzalla,
Walter Quadflieg, Werner Schilke, Johannes Schmidt

Prüftechnik
Qualitätsmanagement

Fertigungstechnik

Aufgabensammlung Industriemechanik

Grund- und Fachwissen

Werkstofftechnik

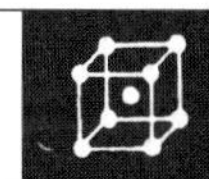

Lösungen

Maschinen-
und Gerätetechnik

6. Auflage

Instandhaltung –
Wartungstechnik

Grundlagen der
CNC-Technik

Steuerungs- und
Regelungstechnik

Elektrotechnik

Bestellnummer 5542

Fächerübergreifende
mathematische
Übungen

Bildungsverlag EINS

Haben Sie Anregungen oder Kritikpunkte zu diesem Produkt?
Dann senden Sie uns eine E-Mail an 5542_006@bv-1.de
Autoren und Verlag freuen sich auf Ihre Rückmeldung.

Hinweise für den Benutzer des Lösers

Dieses Lösungsbuch enthält die Lösungen bzw. Lösungsvorschläge zum Aufgabenbuch „Aufgabensammlung Industriemechanik".

- Die zu den technologischen Fragestellungen angebotenen Lösungen sind als Vorschlag anzusehen. Dies gilt auch für planerische Lösungsanteile in den Aufgaben.
- Bei anderen, engeren Fragestellungen sind eindeutige Lösungen angegeben. Mathematische Lösungsanteile sind ausführlich mit Formelansätzen, Zahlenwerten mit Einheiten und Ergebnissen aufgeführt.
- Geforderte Zeichnungen oder Skizzen, ebenso Planungsskizzen für komplexe Lösungsansätze werden dargestellt.

Bezug zum Aufgabenbuch „Aufgabensammlung Industriemechanik"

Zur Einübung und Anwendung des Lehrstoffes sind die Übungsaufgaben den Seiten des Lehrbuches „Berufsfeld Metall-Industriemechanik" fachweise zugeordnet.

- Eine eingerahmte Übungsaufgabennummer weist auf technologische Fragestellung mit mathematischen Aufgabenteilen hin. **Beispiel** **1/4**

www.bildungsverlag1.de

Bildungsverlag EINS GmbH
Hansestraße 115, 51149 Köln

ISBN 978-3-8237-5542-5

Inhaltsverzeichnis

Prüftechnik, Qualitätsmanagement

Fertigungstechnik

Werkstofftechnik

Maschinen- und Gerätetechnik

Instandhaltung - Wartungstechnik

Grundlagen der CNC-Technik

Steuerungs- und Regelungstechnik

Elektrotechnik

Fachübergreifende mathematische Übungen

Prüftechnik, Qualitätsmanagement

1 Grundbegriffe

1/1 Objektive Prüfung: a) , Subjektive Prüfung: b), c), d)

1/2 **1.**

m	dm	cm	mm	µm
0,1	1	*10*	*100*	*100 000*
0,01	*0,1*	*1*	*10*	*10 000*
0,001	*0,01*	*0,1*	1	*1 000*

2. a) 338 mm c) 0,720 mm e) 21,9 mm
b) 8,4 mm d) 8 mm f) 0,00124 mm

3. a) 0,134 m; $1{,}34 \cdot 10^{-1}$ m d) 27 m; $2{,}7 \cdot 10^{1}$ m
b) 7,38 m; $7{,}38 \cdot 10^{0}$ m e) 34 m; $3{,}4 \cdot 1^{1}$ m
c) 1 980 m; $1{,}98 \cdot 10^{3}$ m f) 0,01738 m; $1{,}738 \cdot 10^{-2}$ m

4. a) $1{,}5 \cdot 10^{3}$ m c) $5 \cdot 10^{-1}$ kg e) $2 \cdot 10^{-2}$ s
b) $4{,}5 \cdot 10^{-1}$ m d) $3{,}5 \cdot 10^{3}$ A f) $1{,}08 \cdot 10^{3}$ s

5. a) 0,1 m c) 0,3 kg e) 5 g
b) 0,5 s d) 1,2 km f) 0,2 h

6. a) $\frac{1}{20}$ kg c) $\frac{1}{25}$ s e) $\frac{11}{200}$ m
b) $2\frac{1}{4}$ m d) $\frac{1}{200}$ A f) $\frac{4}{5}$ h

1/3 **1.** $= \varrho = 15\,\frac{g}{cm^3}$ $15\,\frac{kg}{dm^2}$ $15 \cdot 10^3\,\frac{kg}{m^3}$ $15\,\frac{mg}{mm^2}$

2. $v = 96\,\frac{km}{h}$ $26{,}6\,\frac{m}{s}$ $2{,}66 \cdot 10^{3}\,\frac{cm}{s}$ $1{,}6 \cdot 10^3\,\frac{m}{min}$

3. $V = 4\,320\ mm^2$ $4{,}32\ cm^3$ $4{,}32 \cdot 10^{-3}\ dm^3$ $4{,}32 \cdot 10^{-6}\ m^3$

4. $p = 200\,\frac{N}{cm^2}$ $2 \cdot 10^6\,\frac{N}{m^2}$ $2 \cdot 10^3\,\frac{mN}{mm^2}$ $20\,\frac{daN}{cm^2}$

Messen und Lehren

1/4 Messen mit — Stahlstabmaß, Messschieber
Lehren mit — Anschlagwinkel, Flachwinkel

1/5 Messen ist das Vergleichen einer Prüfgröße mit der auf dem Messgerät festgelegten Maßeinheit unter Angabe eines Messwertes.

Lehren ist das Vergleichen einer Prüfgröße mit einer bestimmten Maßverkörperung oder Formverkörperung ohne Angabe eines Messwertes.

1/6 Messen mit — Messschieber, Messschraube
Prüfen mit — Gewindeprofilschablone, Gewindeprüfmutter

2 Prüfen von Längen

Maßsysteme und ihre Einheiten

2/1 a) 2,594 m
b) 962,58 mm
c) 33,39 dm
d) 125,824 cm

2/2 **1.** $l_m = \frac{l_1 + l_2}{2}$

$$a_2 = \frac{79{,}3\text{ mm} + 41{,}1\text{ mm}}{2} \qquad a_2 = \underline{\underline{60{,}2\text{ mm}}}$$

$$a_3 = \frac{79{,}2\text{ mm} + 41{,}2\text{ mm}}{2} \qquad a_3 = \underline{\underline{60{,}2\text{ mm}}}$$

$$a_1 = \frac{129{,}1\text{ mm} + 91{,}3\text{ mm}}{2} - 60{,}2\text{ mm}; \qquad a_1 = \underline{\underline{50\text{ mm}}}$$

$$a_4 = \frac{128{,}9\text{ mm} + 91{,}1\text{ mm}}{2} - 60{,}2\text{ mm}; \qquad a_4 = \underline{\underline{49{,}8\text{ mm}}}$$

2. $e = \frac{D}{2} - \frac{d}{2} - x;$ $e = 60{,}06\text{ mm} - 10{,}05\text{ mm} - 4{,}95\text{ mm}$ $e = \underline{\underline{45{,}06\text{ mm}}}$
Exzentrizität wurde nicht eingehalten.

3. a) $l = 2a + 9x$

$$x = \frac{l - 2a}{9}; \qquad x = \frac{600\text{ mm} - 2 \cdot 30\text{ mm}}{9}; \qquad x = \underline{\underline{60\text{ mm}}}$$

b)

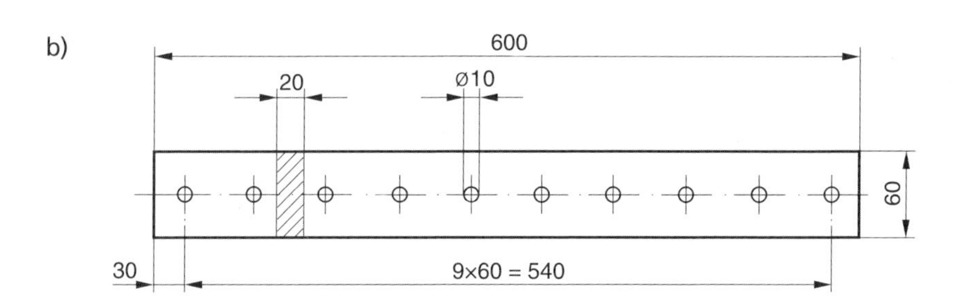

4. $a = 130\text{ mm} + \frac{15{,}1}{2}\text{ mm} + \frac{25{,}2}{2}\text{ mm};$ $a = \underline{\underline{150{,}15\text{ mm}}}$

$b = 130\text{ mm} - \frac{15{,}1}{2}\text{ mm} - \frac{25{,}2}{2}\text{ mm};$ $b = \underline{\underline{109{,}85\text{ mm}}}$

5. $x_{max} = 46{,}15\text{ mm} - 3{,}95\text{ mm};$ $x_{max} = \underline{\underline{42{,}2\text{ mm}}}$

$x_{min} = 45{,}85\text{ mm} - 4{,}05\text{ mm};$ $x_{min} = \underline{\underline{41{,}8\text{ mm}}}$

2/3

1. Mittenabstand $m = d \cdot \sqrt{\frac{1}{2}};$ $m = 120\text{ mm} \cdot \sqrt{\frac{1}{2}};$ $m = \underline{\underline{84{,}85\text{ mm}}}$

$(m = \underline{\underline{240{,}41\text{ mm}}})$

Kontrollmaße $a = 84{,}85\text{ mm} + 14\text{ mm};$ $a = \underline{\underline{98{,}85\text{ mm}}}$ $(a = \underline{\underline{262{,}41\text{ mm}}})$

$b = 84{,}85\text{ mm} - 14\text{ mm};$ $b = \underline{\underline{70{,}85\text{ mm}}}$ $(b = \underline{\underline{218{,}41\text{ mm}}})$

2. Es gilt: $x = c - d$ und $c = \sqrt{a^2 + b^2}$

$x = \sqrt{a^2 + b^2 - d}$ $x = \sqrt{(60\text{ mm})^2 + (24\text{ mm})^2} - 12\text{ mm};$ $x = \underline{\underline{52{,}62\text{ mm}}}$

2/4

1. $l = 2a + 2x + 3x + 4x$

$x - \frac{l - 2a}{9};$ $x = \frac{215\text{ mm} - 2 \cdot 40\text{ mm}}{9};$ $x = \underline{\underline{15\text{ mm}}}$

$l_1 = \underline{\underline{30\text{ mm}}}$ $l_2 = \underline{\underline{45\text{ m}}};$ $l_3 = \underline{\underline{60\text{ mm}}}$

2. $l_1 + l_2 = 2{,}5\text{ m}$

$l_1 : l_2 = 3{,}1 : 1{,}9;$ $l_1 = 1{,}55\text{ m};$ $l_2 = \underline{\underline{0{,}95\text{ m}}}$

Einheit Zoll

2/5 d = 38,1 mm; l = 2,03 m

2/6 **1.** a) $\frac{1''}{2^1}$; $\frac{1''}{2^2}$; $\frac{1''}{2^3}$; $\frac{1''}{24}$; $\frac{1''}{25}$; $\frac{1''}{26}$; $\frac{1''}{27}$; $\frac{1''}{28}$

b) $\frac{1''}{2}$; $\frac{1''}{4}$; $\frac{1''}{8}$; $\frac{1''}{16}$; $\frac{1''}{32}$; $\frac{1''}{64}$; $\frac{1''}{128}$; $\frac{1''}{256}$

2. a) 6,35 mm
b) 38,1 mm
c) 19,05 mm
d) 15,875 mm
e) 58,7375 mm

3.

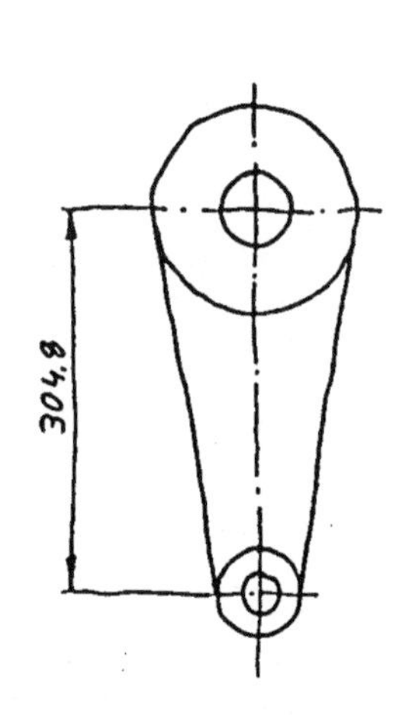

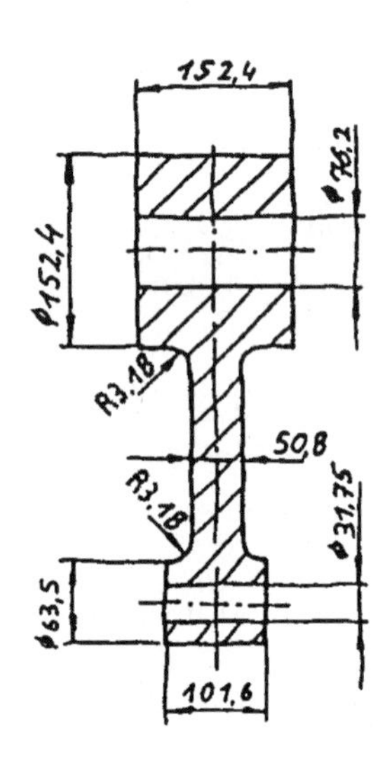

Höchstmaß – Mindestmaß – Toleranz

2/7

Maßangabe	N	ES; es	EI; ei	G_o	G_u	T
120 ± 0,5	120	+ 0,5	– 0,5	120,5	119,5	1,0
$35^{+0,3}_{+0,1}$	35	+ 0,3	+ 0,1	35,3	35,1	0,2
$8^{+0,07}_{-0,02}$	8	+ 0,07	– 0,02	8,07	7,98	0,09
$70^{+0,2}_{-0,1}$	70	+ 0,2	– 0,1	70,2	69,9	0,3
$21,4^{+0,03}_{-0,06}$	21,4	+ 0,03	– 0,06	21,43	21,34	0,09

2/8

Nennmaß mit Genauigkeit	Passmaß	Höchstmaß	Mindestmaß	Toleranz
320 m	320 ± 0,5	320,5	319,5	1,0
53 f	53 ± 0,15	53,15	52,85	0,3
2 500 c	2 500 ± 4	2 504	2 496	8
3 f	3 ± 0,05	3,05	2,95	0,1
17,8 m	17,8 ± 0,2	18,0	17,6	0,4

2/9

Istmaß in mm	Zeichnungsmaß	Höchstmaß	Mindestmaß	Entscheidung
125,5	125	125,2	124,8	Ausschuss
45,07	45	45,15	44,85	Gut
7,98	8	8,1	7,9	Gut

2/10 a) 13,52 mm
b) 13,50 mm
c) 0,02 mm
d) 0,02 mm

2/11

Nr.	Messgröße	Messwert (Beispiel)
a)	Länge	0,55 mm
b)	Länge	15,5 mm
c)	Masse	226,3 g
d)	Länge	80,1 mm
e)	Temperatur	21,5 °C

Direkte Längenmessung

2/12 Richtig: a)

2/13 a) 0,9 mm bei 9 mm Nonius; 1,9 mm bei auf 19 mm gestrecktem Nonius
b) 0,95 mm bei 19 mm Nonius; 1,95 mm bei auf 39 mm gestrecktem Nonius

2/14 Die Skalenstriche selbst wären zu breit für eine Ablesung unter 0,05 mm.

2/15 a) 31,6 mm; $1/10$ Nonius, auf 9 mm Bezugslänge

b) 70,8 mm; $1/20$ Nonius, auf 19 mm Bezugslänge

2/16 a) Die Ablesung eines digitalen Messschiebers ist einfacher und eindeutiger als die eines Messschiebers mit Nonius.

b) Die Ablesegenauigkeit von Universalmessschiebern beträgt $1/10$ mm. Die Ablesegenauigkeit von digitalen Messschiebern beträgt $1/100$ mm.

c) Digitale Messschieber sind teurer als herkömmliche Messschieber.

2/17 Außenmessung der Maße: ∅ 35; ∅ 28; 25
Innenmessung des Maßes: ∅ 15
Tiefenmessung der Maße: 8; 19; 15 mithilfe einer Gegenanlage

2/18 x = 52,5 mm + 10,0 mm; x = <u>62,5 mm</u>

2/19 Messschieber auf 8 mm öffnen und auf Null stellen.
Die Schneiden für die Innenmessung verwenden. Das angezeigte Maß entspricht dem jeweiligen Mittenabstand.

2/20 a) Eine Umdrehung entspricht 0,5 mm Verstellung;
$^1/_{50}$ Umdrehung entspricht $^1/_{50} \cdot 0{,}5$ mm = 0,01 mm Verstellung.

b) 1.) 4,45 mm 2.) 15,29 mm 3.) 34,05 mm

2/21 a) Endmaße

b) Das Endmaß wird gemessen und der angezeigte Wert auf der Messschraube mit dem Endmaßwert verglichen.

2/22 Als Messbereich bezeichnet man den Bereich von Messwerten, der mit einem Messgerät gemessen werden kann.

2/23 a) Eine Messschraube auf 19,64 mm (Höchstmaß)
Eine Messschraube auf 19,58 mm (Mindestmaß)

b) Zuerst mit 19,64 mm prüfen:
- lässt sich die Messschraube über den Bolzen schieben, Bolzen gut
- lässt sich die Messschraube nicht über den Bolzen schieben, Bolzen zu dick, Nacharbeit erforderlich.

c) Zweitens mit 19,58 mm prüfen:
(nur Bolzen prüfen, die bei der ersten Prüfung gut waren)
- Lässt sich die Messschraube nicht oder nur eben noch über den Bolzen schieben, Bolzen gut.
- Lässt sich die Messschraube leicht über den Bolzen schieben, Bolzen zu dünn, Ausschuss!

2/24 Innenmessschrauben muss man senkrecht zur Bohrungsachse und durch den Bohrungsmittelpunkt halten.

2/25 Messfehler = $\sqrt{(100\ \text{mm})^2 + (3\ \text{mm})^2} - 100\ \text{mm} = \underline{\underline{0{,}045\ \text{mm}}}$

2/26 Bei der Messschraube liegen Messfläche und Maßstab (Normal) auf einer Linie, beim Messschieber liegen sie auf parallelen Linien. Dadurch tritt beim Messschieber ein Fehler durch Kippen des Schiebers auf. Ein zusätzlicher Fehler kann durch elastische Verformungen infolge des Messdrucks entstehen. Bei Messschiebern werden die Messschenkel mit einer solchen Kraft gegeneinander gedrückt, wie der Prüfende dies subjektiv für angemessen hält. Im Bereich von $^1/_{100}$ mm Messgenauigkeit hat ein zu starker Messdruck Fehler zur Folge. Bei Messschrauben ist ein gleich bleibender Messdruck durch das Drehmoment der Rutschkupplung vorgegeben.

2/27 Der Messuhrhalter wird in die Frässpindel gespannt und der Rundtisch zur Mitte der Frässpindel nach Augenmaß ausgerichtet. Mit der Messuhr fährt man den Durchmesser des Rundtisches ab und justiert ihn so, dass die Messuhr keine Abweichungen mehr anzeigt.

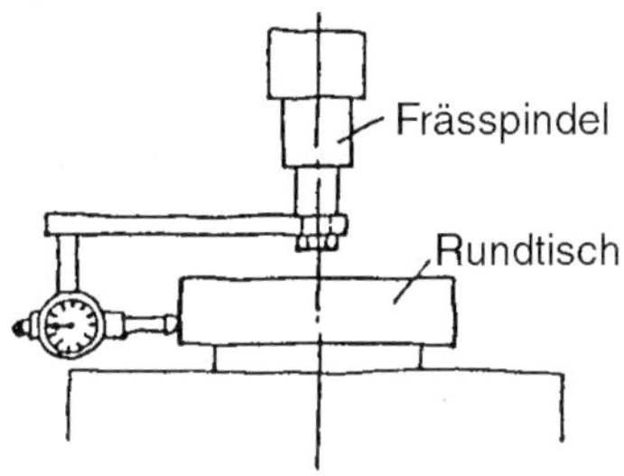

2/28
- Parallelblock (mind. 16 mm hoch) auf Messständer legen.
- Messuhr im Messständer mit Parallelendmaßen von 14,6 mm auf Null einstellen.
- Toleranzmarken der Messuhr auf $^{2}/_{100}$ mm Abweichung von der Nullmarke im positiven und negativen Bereich einstellen.
- Gesäubertes Werkstück mit großer ebener Fläche auf den Messtisch legen.
- Tastbolzen anheben und auf den zu prüfenden Abstand des Prüfstücks absenken.
- Überprüfen, ob das angezeigte Istmaß im verlangten Toleranzbereich zwischen den Toleranzmarken liegt.
- Messvorgang an mehreren Stellen durchführen.
- Falls erforderlich, Dicke der mittleren Zunge mit Bügelmessschraube prüfen.

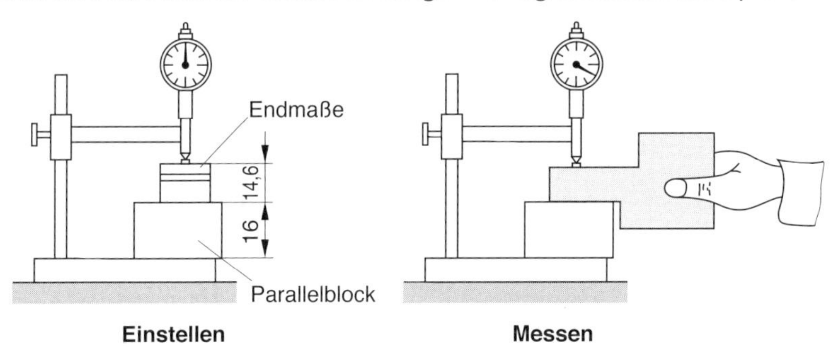

2/29 a) Messwert 35,00 mm + 0,16 mm = 35,16 mm
b) Unterschiedsmessung
c) Messschraube

2/30 Endmaße werden zum Prüfen von Messgeräten und Lehren sowie zum genauen Einstellen und Justieren von Werkzeugen und Geräten eingesetzt.

2/31

a)		b)		c)	
	1,007		1,001		1,001
	1,030		1,020		1,100
	1,600		8,000		+ 30,000
	7,000		+ 40,000		32,101
	+ 90,000		50,021		
	100,637				

Indirekte Längenmessung

2/32 Druck und Geschwindigkeit

2/33 Mit pneumatischen Messgeräten kann man berührungslos messen. Während der Fertigung kann man daher Werkstücke, die sich bewegen, automatisch messen und dadurch noch eine eventuell notwendige Zustellung des Werkzeuges steuern.

2/34 a) Pneumatische Längenmessung

b) In beiden Fällen wird berührungslos gemessen. Dies ist bis zu einer Rautiefe von 3 µm möglich.

c) Im Fall A wird die Neigung gemessen. Bei Abweichungen des Kegelwinkels vom Sollwert zeigen beide Düsenpaare unterschiedlichen Durchfluss, im Fall B wird die Rechtwinkligkeit gemessen. Nur bei Bohrungsmitten rechtwinklig zur Grundfläche zeigen beide Messgeräte gleichen Durchfluss. (In beiden Fällen kann auch ein Messgerät zur Differenzmessung eingesetzt werden).

2/35

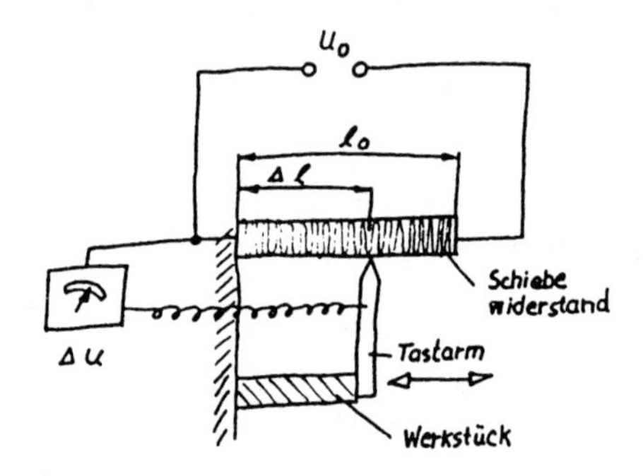

2/36 Das Messgerät besteht aus einem Glaslineal mit Stricheinteilung in 1/1000 mm Abstand und einer Beleuchtungseinrichtung und einem Lichtsensor. Sobald beim Messen Glaslineal und Beleuchtungssystem gegeneinander verschoben werden, ergeben sich am Lichtsensor, der im Strahlengang des vom Glaslineal reflektierenden Lichtes liegt, Lichtreflexe. Diese werden von einer Zähleinrichtung gezählt und als Maß angezeigt.

2/37 Der induktive Messtaster wird in einen Halter eingespannt und mit einem Endmaßblock von 53,00 mm auf den „Nullwert" eingestellt. Statt des Endmaßes wird danach der Prüfkörper unter den Messtaster gestellt und ermittelt, ob das Maß des Prüfkörpers innerhalb der Grenzabmaße liegt.

2/38 Die Änderung der Messgröße, z. B. die Längenänderung einer Probe durch Erwärmen, bewirkt in dem Aufnehmer beispielsweise eine Spannungsänderung. Über Verstärkerschaltungen wird das Messsignal dann eventuell noch in einen Wandler gegeben und als digitales Signal zur Anzeige gebracht.

2/39 a) Grenzlehren verkörpern das Höchstmaß und das Mindestmaß, also beide Grenzmaße – darum der Name Doppellehren.

b) An einer Grenzlehre kann man keinen Messwert ablesen.

2/40

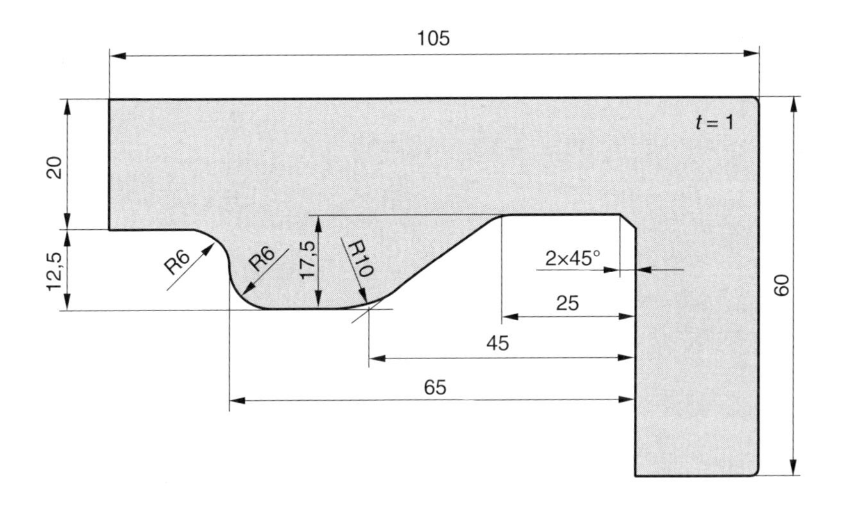

3 Prüfen von Winkeln

3/1 **1.** a) x = 90° – 27°15'56" x = 62°44'4"

b) x = 180° – 59°28'57" x = 120°31'3"

c) x = 90° – 66°15'30" x = 23°44'30"

d) x = 180° – 126°28'2" x = 53°31'58"

2. a) 227° : 3 = 75°40'

b) 115°40'24" : 4 = 28°55'6"

c) 27°40' · 4 = 110°40'

d) 38°5'35" · 5 = 190°27'55"

3. a) 25°36' = 25,6°

b) 40°12'45" = 40,2125°

c) 40°30'30" = 40,5083°

d) 22°24'40" = 22,4111°

4. a) 41,5° = 41°30'

b) 24,25° = 24°15'

c) 37,36° = 37°21'36"

d) 40,41° = 40°24'36"

5. a) 21,5° + 45°10' – 0,05° = 66,6167° = 66°37'

b) 0,5' + 30°10'40" – 12,2° = 17,9861° = 17°59'10"

6.

Winkelwert in °; '; "	35°7'18"	7°8'	4°29'6"	944°26'40"	1°54'48"
Winkelwert nur in °	35,12167°	7,133°	4,485°	944,444°	1,9133°
Winkelwert nur in '	2 107,3'	428'	269,1'	$(56{,}7 \cdot 10^3)'$	114,8'
Winkelwert nur in "	126 438"	25 680"	16 146"	$(3{,}4 \cdot 10^6)''$	6 888"

7. $\alpha_0 = 180° - (60°17' + 56°26')$; $\alpha_0 = \underline{\underline{63°17'}}$

8. a) $\alpha_0 = 90° - (5°14' + 48°)$; $\alpha_0 = \underline{\underline{36°46'}}$

b) $\alpha_0 = 90° - (-16°\,44' + 70°27')$; $\alpha_0 = \underline{\underline{36°\,17'}}$

9. a) $\alpha_1 = ;\ \frac{90° - a}{2}$ $\alpha_1 = \frac{90° - 28°30'}{2}$; $\alpha_1 = \underline{\underline{30°45'}}$

b) $\alpha_1 = 180° - \alpha$; $\alpha_1 = 180° - 32'15''$; $\alpha_1 = \underline{\underline{147°45'}}$

c) $\alpha_1 = 360° - \alpha$; $\alpha_1 = 360° - 110°40'$; $\alpha_1 = \underline{\underline{249°20'}}$

d) $\alpha_1 = 180° - \alpha_1$; $\alpha_1 = 180° - 54°10'$; $\alpha_1 = \underline{\underline{125°50'}}$

10. $\alpha_x = 180° - 43°25'$ $\alpha_x = \underline{\underline{136°35'}}$

3/2 a) $\alpha = 180° - 60°$ $\underline{\underline{\alpha = 120°}}$

b) Einfacher Winkelmesser

3/3 a)

Es gilt:

$180° = \alpha + (180° - \beta) + (180° - \gamma)$

$\alpha_{ist} = \beta + \gamma - 180°$;

$\alpha_{ist} = 130° + 129°55' - 180°$

$\alpha_{ist} = 79°55$

b) mögliches Ist-Höchstmaß für α:

$\alpha_G = \beta_G + \gamma_G - 180°$; $\alpha_G = 130°5' + 130° - 180°$;

$\alpha_G = \underline{80°5'}$

mögliches Ist-Mindestmaß für α:

$\alpha_K = \beta_K + \gamma_K - 180°$; $\alpha_K = 129°55' + 129°50' - 180°$;

$\alpha_K = \underline{79°45'}$

Das Mindestmaß des Winkels α darf den Wert 79°50' nicht unterschreiten. Das gemessene Mindestmaß könnte unter Berücksichtigung der Messunsicherheiten jedoch 79°45' sein; somit ist das Sollmaß nicht eingehalten.

3/4 $\alpha = 60°$; b) $\beta = 90° + 25° + 30'$; $\beta = 115°30'$

3/5 Durchführung der Prüfung mit dem Universalwinkelmesser

1. Prüfung des Winkels 120° ± 10'
2. Prüfung der Symmetrie
   Die Differenz der Winkel α und β darf 10' nicht überschreiten.

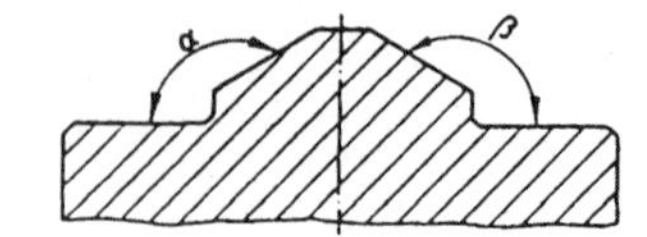

3/6 Prüfplan:

1. Alle gegenüberliegenden Flächen mit der Messschraube auf das Maß 30 prüfen, dabei die Parallelität der Flächen mit erfassen.
2. Alle Winkel zwischen benachbarten Flächen auf das Maß 135° mit Universalwinkelmesser prüfen.

3/7 a) 27°23′ = + 30° – 3° + 25′ – 3′ + 1′
b) 47°40″ = + 45° + 3° – 1° + 1′ – 20″
c) 25,4° = 25°24′ = + 30° – 5° + 25′ – 1′

3/8 a)

Prüf-Nr.	Nennmaß in mm bzw °	oberes Abmaß/unteres Abmaß in mm bzw °	Höchstmaß/ Mindestmaß in mm bzw °	Prüfmittel
4	37,5	± 0,15	37,65 37,35	Universalmessschieber
9	36°	± 30'	36°30' 35°30'	Universalwinkelmesser Schablone
12	5,0	± 0,05	5,05 4,95	Werkstückspann- und Drehvorrichtung mit Messuhr im Stativ
14	5,0	± 0,05	5,05 4,95	Universalmessschieber mit Endmaßen

b) Maß Nr. 4
Der Durchmesser der Welle im Grund der Nut wird mit den Spitzen der Schenkel für Außenmessungen gemessen.

Maß Nr. 9
Der Winkel der Keilnut von 36° wird mit einem Universalwinkelmesser geprüft, weil der bewegliche Messschenkel so kurz eingestellt werden kann, dass man in der Nut messen kann. Der feste Messschenkel wird auf den Außendurchmesser der Scheibe aufgelegt und der Neigungswinkel von 18° gemessen. Je nach Stellung des Messschenkels muss der Werkstückwinkel aus dem Messwert berechnet werden.

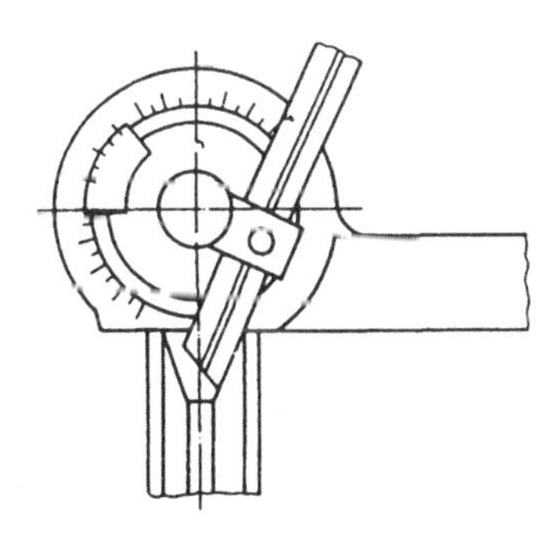

Maß Nr. 12
Die Welle wird mit dem 40-mm-Zapfen in eine drehbare Spannvorrichtung (Dreibackenfutter) eingespannt. Die Spannvorrichtung steht auf einer Anreiß-

platte. Eine Messuhr wird in ein Stativ eingespannt, welches ebenfalls auf der Anreißplatte steht. Die Welle wird nach Augenmaß so gedreht, dass sich der exzentrische Zapfen in der höchsten bzw. tiefsten Stellung befindet. Die Messuhr wird mit dem Testbolzen auf den Exzenter aufgesetzt. Durch Drehung der Welle wird über den Zeigerausschlag die höchste bzw, die tiefste Stellung genau ermittelt. Der halbe Unterschied zwischen den Extremwerten der Anzeige der Messuhr ist gleich der Exzentrizität.

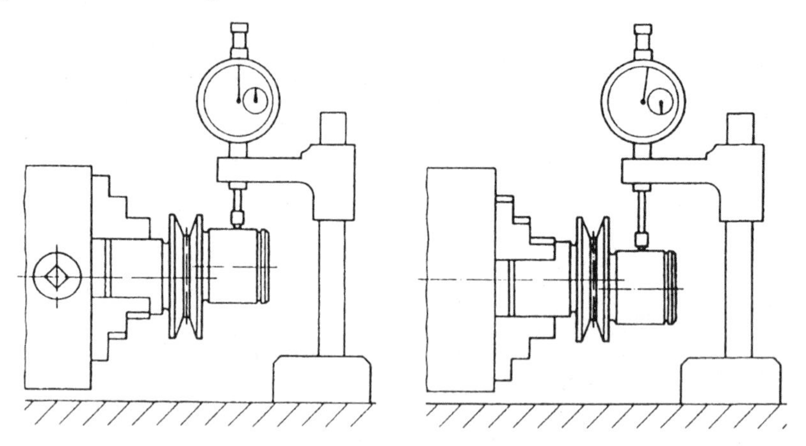

Maß Nr. 14
Der Randabstand der Nut wird mit der Tiefenmesseinrichtung des Universal-Messschiebers gemessen, als Hilfsmittel sind Endmaße von 2,2 mm Dicke in die Nut einzulegen

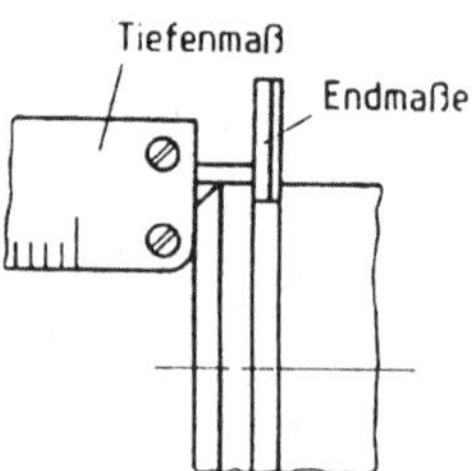

4 Prüfen der Rauheit von Oberflächen

4/1 a) Der dünne, lange Zapfen wurde durch den Drehmeißel weggedrückt. Dadurch blieb der Durchmesser etwas zu groß, sodass geringfügig eine kegelige Form entstand. Es müsste das Werkstück im herausragenden Bereich mit einer Zentrierung versehen und in einer Körnerspitze gespannt werden.

b) Diese Gestaltabweichung wird allgemein Formabweichung genannt.

4/2 Die Rauheit wird mit größerem Vorschub vergrößert und mit größerem Schneidenradius verringert.

4/3 $Rz = 1/5\ (15\ \mu m + 25\ \mu m + 22\ \mu m + 18\ \mu m + 10\ \mu m)$
$Rz = 18\ \mu m$

4/4 a) Die Rauheitskenngröße Rz ist der Mittelwert der Einzelrautiefen von fünf aufeinanderfolgenden Einzelmessstrecken.

b) Die Rauheitskenngröße Ra ist der Mittelwert aller Abweichungen des Rauheitsprofils von der Mittellinie.

4/5 a) Geläppte Oberfläche mit der größtzulässigen Rauheitskenngröße Rz von 0,4 µm

b) Spanend bearbeitete Oberflächen mit der größtzulässlgen Rauheitskenngröße Rz von 16 µm auf einer Auswertelänge von 25 mm.

c) Geschliffene Oberfläche mit einer Rauheitskenngröße Rz von 6,3 µm auf einer Auswertelänge von 2,5 mm.

d) Geriebene Oberfläche mit der größten zulässigen Rauheitskenngröße Ra von 1,6 µm.

4/6 a) zwischen 12 und 250 µm;
b) zwischen 25 und 160 µm;
c) zwischen 1 und 160 µm,

5 Messabweichungen

5/1 a) Die Messabweichungen betragen jeweils 0,01 mm.

b) Es liegt ein systematischer Fehler vor.

c) Der systematische Fehler kann durch Gewindespiel oder falsche Nullpunkteinstellung bedingt sein.

5/2 a) Ein systematischer Fehler dieser Art kann durch Subtraktion vom Messwert berücksichtigt werden.

b) Der Durchmesser des Bolzens beträgt 30,07 mm (Istwert).

5/3 Die Messschraube kann falsch angezeigt haben (Nullpunktfehler). Falls dieser Fehler nicht zutraf und ein Ablesefehler ausgeschlossen werden kann, ist der Bolzen bei der ersten Messung zu warm gewesen. Bei einer Temperaturabnahme von etwa 37° zieht sich der Bolzen um etwa 0,06 mm zusammen.

5/4 Messschieber und Messschraube können mit Endmaßen überprüft werden. Am Messschieber kann man außerdem durch das Lichtspaltverfahren erkennen, ob sich die Messflächen auf der ganzen Fläche berühren.

5/5 Der Istwert des Werkstücks beträgt nach der Abkühlung 119,97 mm.

5/6 Beim Bedienen einer Messschraube kann die Anpresskraft zu hoch oder zu niedrig sein, wenn die Ratsche nicht benutzt wird. Beim Ablesen einer Messuhr kann durch schräge Blickrichtung ein Messfehler entstehen.

5/7 a) Bezugstemperatur
b) 20 °C
c) Werkstück und Messzeug verändern ihre Längen bei Temperaturschwankungen.

6 Auswahl von Prüfverfahren und Prüfgeräten

6/1

Nr	Prüfgegenstand	Nennmaß	Abmaße	Prüfmittel
1	Hebelbreite	38	± 0,3	Messschieber
2	Nocken-∅	23	± 0,2	Messschieber
3	Zapfen-∅	18	± 0,2	Messschieber
4	Zapfenhöhe ges	17	± 0,2	Tiefenmessschieber
5	Zapfenhöhe	13	± 0,2	Tiefenmessschieber
6	Nockenhöhe	9	± 0,2	Messschieber
7	Bohrungs-∅	18	– 0,18 0	Grenzlehrdorn
8	Nutbreite	6	± 0,1	Messschieber oder Endmaß
9	Nuttiefe	2,8	± 0,1	Messschieber
10	Mittenabstand	74	± 0,1	Messschieber und Messbolzen ∅ 18
11	Gesamthöhe	38	± 0,05	Messuhr mit Endmaßen eingerichtet und Messplatte
12	Zapfen-∅	16	– 0,016 – 0,034	Grenzrachenlehre oder Messschraube für Außenmessung

7 Passungen und Prüfen von Passmaßen

Begriffe und Maße bei Passungen

7/1 a) Passflächen

b) ebene Passflächen, kreisförmige Passflächen

c) Kreiszylinderpassung (früher Rundpassung)

7/2

Maße in mm	Passmaß	Nennmaß	oberes Abmaß	unteres Abmaß	Höchstmaß	Mindestmaß
Welle	$24^{+0,06}_{+0,04}$	*24*	*+ 0,06*	*+0,04*	*24,06*	*24,04*
Bohrung	$24^{-0,08}_{-0,11}$	*24*	*- 0,08*	*- 0,11*	*23,92*	*23,89*

7/3 Nennmaß 120 mm; Abmaße + 0,03 mm und – 0,08 mm

7/4

Passmaß	9 ± 0,02	$18^{-0,15}_{-0,20}$	$20^{+0,01}_{-0,03}$
Höchst-maß	*9,02*	*17,85*	*20,01*
Mindest-maß	*8,98*	*17,80*	*19,97*
Toleranz	*0,04*	*0,05*	*0,04*

7/5

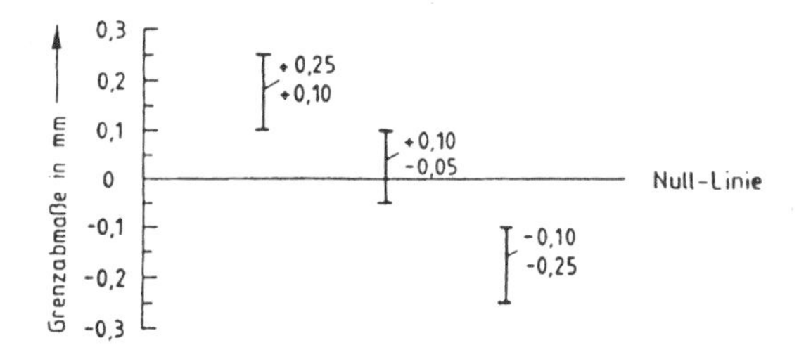

7/6

Passmaß	Höchst-maß	Mindest-maß	Toleranz
35^{R7}	*34,975*	*34,950*	*0,025*
40^{H7}	*40,025*	*40,000*	*0,025*
45_{r6}	*45,050*	*45,034*	*0,016*

ISO-Normen für Maß- und Passungsangaben

7/7 a) 10_{h6} 8_{m6} 10_{h7} b) 10^{H8} und 16^{H7}

7/8 Nennmaß 30 mm
Außenmaß (→ kleiner Buchstabe)
Lage des Toleranzfeldes oberhalb der Null-Linie (k)
Abmaße + 0,015 mm; + 0,002 mm

Einteilung der Passungen

7/9 Ein <u>Spiel</u> entsteht immer dann, wenn die Bohrung größer als die Welle ist; „Spiel" ist auch dann festgelegt, wenn die Istmaße von Bohrung und Welle gleich sind. Ein <u>Übermaß</u> entsteht immer dann, wenn die Bohrung vor dem Fügen kleiner als die Welle ist.

7/10

Istmaß der Welle / Istmaß der Bohrung	39,850	39,976	40,032
40,085	+ 0,235	+ 0,109	+ 0,053
39,942	+ 0,092	- 0,034	- 0,090
39,814	- 0,036	- 0,162	- 0,218

+ entspricht Spiel – entspricht Übermaß

7/11

Stelle	Passung
①	Übergangspassung
②	Spielpassung
③	Übermaßpassung

Passungssysteme und Passungsnormen

7/12 a)

Passmaß	oberes Abmaß	unteres Abmaß
50^{F8}	+ 0,064	+ 0,025
50_{h6}	0,0	– 0,016

b)

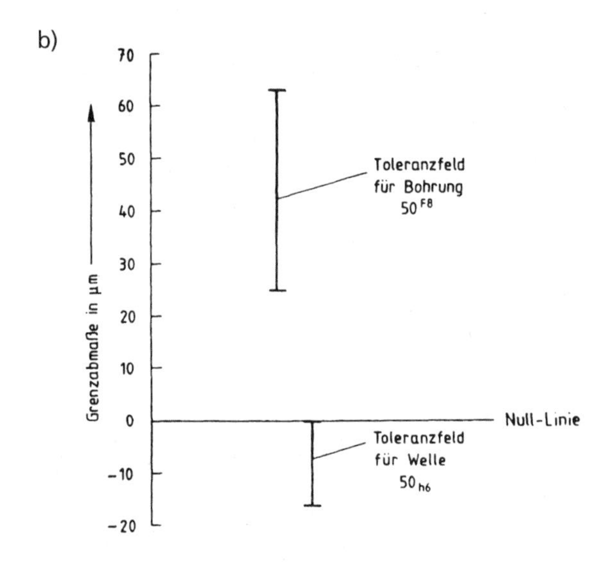

7/13

Passmaß	oberes Abmaß	unteres Abmaß
60^{H7}	+ 0,030	0,0
60_{r6}	+ 0,060	+ 0,041

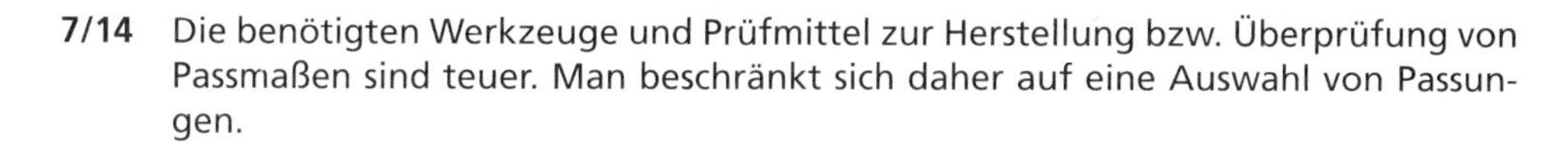

7/14 Die benötigten Werkzeuge und Prüfmittel zur Herstellung bzw. Überprüfung von Passmaßen sind teuer. Man beschränkt sich daher auf eine Auswahl von Passungen.

7/15 a) Beim Passsystem Einheitsbohrung erhalten die Bohrungen stets die Toleranzlage H, sie stößt von oben an die Null-Linie.

b) Beim Passsystem Einheitswelle erhalten die Wellen stets die Toleranzlage h, sie stößt von unten an die Null-Linie.

7/16 a) Beim Passsystem Einheitsbohrung liegt das untere Abmaß für alle Bohrungen fest. Es beträgt für alle Nenndurchmesser und für alle Qualitäten Null.

b) Beim Passsystem Einheitswelle liegt das obere Abmaß für alle Wellen fest. Es beträgt für alle Nenndurchmesser und für alle Qualitäten Null.

7/17 Beim Passsystem Einheitsbohrung erreicht man gewünschte Passungen durch Änderung der Wellentoleranzen. Außendurchmesser lassen sich meist einfacher bearbeiten als eng abgestufte Bohrungen.

Auswahl von Passungen

7/18 Maß für die Bohrung 20 F8
Höchstmaß 20,053 mm; Mindestmaß 20,020 mm

Maß für die Welle 20 h6
Höchstmaß 20,000 mm; Mindestmaß 19,987 mm

Höchstspiel: 0,066 mm; Mindestspiel: 0,020 mm

7/19 Für festen Sitz des Außenringes soll die Lagerbohrung 52 N7 haben.
Sie muss dann zwischen 49,961 mm und 49,991 mm liegen.
Damit beträgt die Maßtoleranz 0,030 mm.
Damit der Innenring weniger fest sitzt, wird 20 h6 gewählt.
Das Maß muss dann zwischen 19,987 mm und 20,000 mm liegen.
Die Maßtoleranz beträgt dann 0,013 mm.

Lehren von Passmaßen

7/20

	Grenzlehrdorn	Grenzrachenlehre
Seite mit Mindestmaß	*Gutseite*	*Ausschussseite*
Seite mit Höchstmaß	*Ausschussseite*	*Gutseite*

7/21 a) Die Ausschussseite bei einem Grenzlehrdorn hat einen verkürzten Messzylinder und eine rote Farbmarkierung.

b) Die Ausschussseite einer Grenzrachenlehre hat deutliche Abschrägungen am Messrachen und eine rote Farbmarkierung.

8 Form- und Lagetoleranzen und ihre Prüfung

8/1 a) Mit dem Zeichen für eine Formtoleranz wird die Ebenheit der gekennzeichneten Fläche bestimmt.

b) Die Ebenheit der Fläche muss so sein, dass sie zwischen zwei gedachten Flächen liegt, die den Abstand von 0,0002 mm haben.

8/2 Die tolerierte Fläche muss innerhalb von zwei parallelen Ebenen mit dem Abstand von 0,02 mm liegen, die Ebenen stehen senkrecht zu der Bezugsebene „B".

8/3 In diesem Fall wird Parallelität der Achsen von Kurbelzapfen und Welle gefordert. Die Achse des Kurbelzapfens muss in einer zylindrischen Toleranzzone von 0,005 mm Durchmesser, die parallel zur Wellenachse liegt, enthalten sein.

8/4

Prüfgerät	zu tolerierende Form der einzelnen Messfläche		eventuell zu tolerierende Lage mehrerer Messflächen	
	Begriff	Symbol	Begriff	Symbol
Winkelendmaß	Ebenheit	⏥	Neigung	∠
Parallelendmaß	*Ebenheit*	⏥	*Parallelität*	//
Tiefenmessschieber	*Ebenheit*	⏥	*Rechtwinkligkeit*	⊥
Innenmessschraube	*Flächenform*	⌓	*Koaxialität*	◎
Grenzlehrdorn	*Zylinderform*	⌭	---	—
Grenzrachenlehre	*Ebenheit*	⏥	*Parallelität*	//
Radienlehre	*Linienform*	⌒	---	—
Haarwinkel	*Ebenheit*	⏥	*Rechtwinkligkeit*	⊥

8/5 Das Werkstück wird entlang der Kante A-B ausgerichtet. Die Abweichung von der Geraden darf maximal 0,02 mm betragen.
Danach werden entsprechend den skizzierten Punkten die Abweichungen gegenüber den Punkten A und B ermittelt und im Diagramm aufgetragen. Alle Messwerte müssen zwischen zwei Parallelen im Abstand von 0,02 mm liegen.

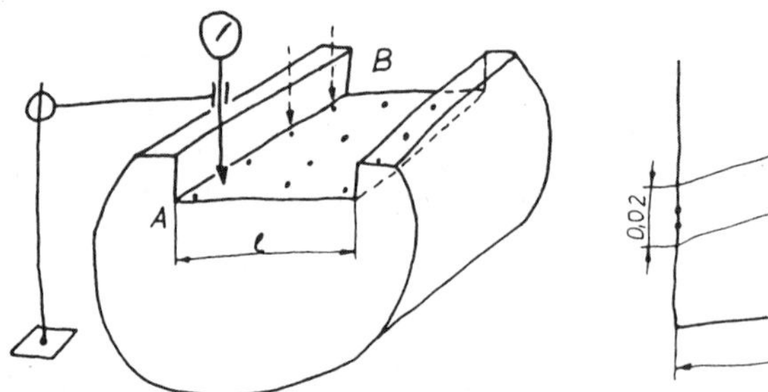

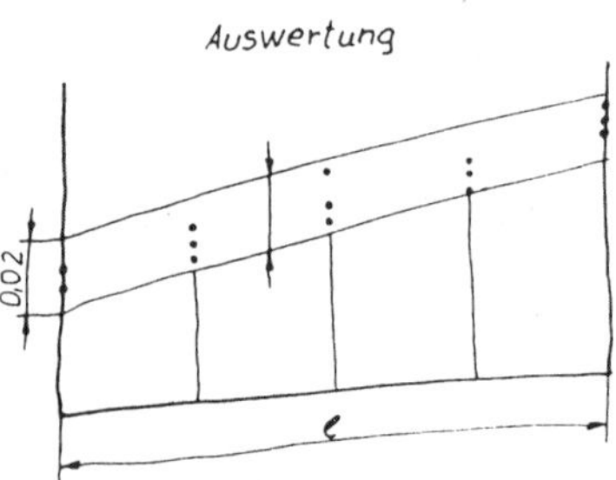

8/6

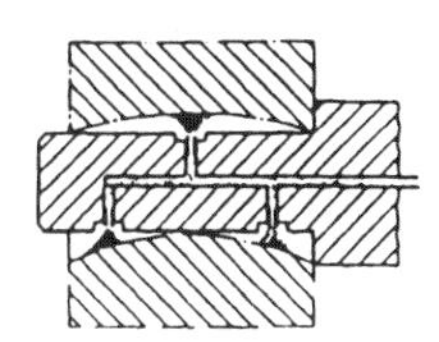

Der Düsenmessdorn muss nach vollständigem Einführen gedreht werden.
Vollständige Geradheit ist gegeben, wenn der Luftaustritt – und damit die Anzeige – während einer Umdrehung konstant ist.

8/7

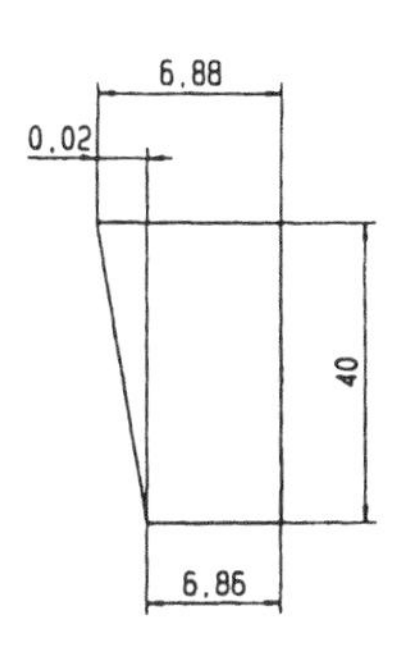

$0{,}02 : 40 = x : 10{,}8$

$$x = \frac{0{,}02 \cdot 10{,}8}{40}$$

$x = \underline{\underline{0{,}0054 \text{ mm}}}$

8/8 Im Fall A kann in drei Schnitten die Geradheit der Flanken gemessen werden. Weiterhin erkennt man an der Lage der Ausschläge bei versetzt durchgeführten Messungen Winkelabweichungen der Bohrungen.
Im Fall B werden Winkelabweichungen festgestellt.

9 Einsatz numerisch gesteuerter Messmaschinen

Aufbau und Funktion von CNC-Maßmaschinen

9/1

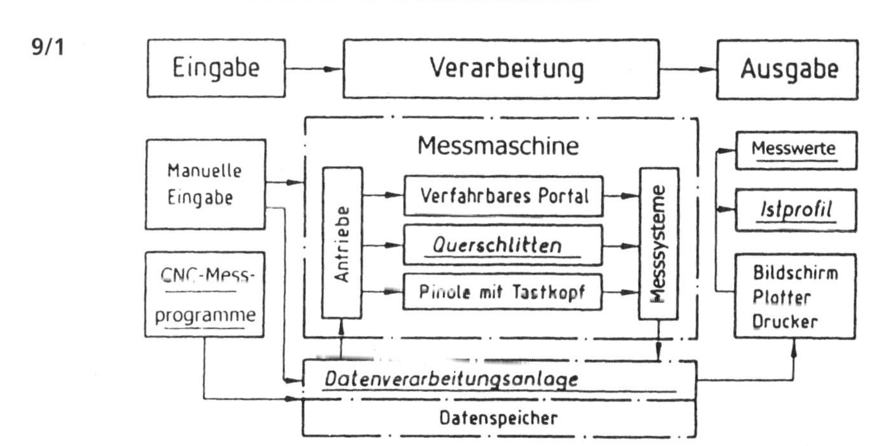

9/2 Bezogen auf das Maschinenkoordinatensystem sind die Koordinaten des Bezugspunktes der Spannvorrichtung:

$X_0 = 2 \cdot T$; $\underline{\underline{X_0 = 400 \text{ mm}}}$ $Y_0 = 3 \cdot T$; $\underline{\underline{Y_0 = 600 \text{ mm}}}$

9/3 Die Koordinaten für die Lage der Bezugspunkte von Spannvorrichtung und Werkstück können für alle Messungen geplant, programmiert und verrechnet werden.

9/4 a) Dynamisches Messen: **A** Statisches Messen: **B**

b) Messwert in Bild A: 101,15 mm in Bild B: 101,2 mm

c) Scannen ist das kontinuierliche Abtasten einer Maßstrecke durch eine dichte Folge von Messpunkten.

d) Scannen ist nur mit dynamischer Messwerterfassung möglich.

9/5 a) Kalibrieren ist das Erfassen von Fehlern eines Tasters mithilfe hochgenauer Kugelnormalen unter festgelegten Messbedingungen.

b) Form- und Lageabweichungen der Tastkugel von der Idealkugel.

c) Die Abweichungen werden als Korrekturwerte der zugehörigen Tastkugel über Softwareprogramme bei den Messvorgängen verrechnet.

Steuerung von Messabläufen

9/6 Befehle zum Anfahren an die Messstellen, z. B. Richtung und Geschwindigkeit der Tasterbewegung in X-, Y- und Z-Richtung.
Befehle zur Aufnahme von Messwerten in die Datenverarbeitungsanlage.

9/7 a) – Die Erstellung eines CNC-Messprogramms erfordert die verschlüsselte Eingabe von: Geometriedaten des Werkstücks, Lage und Reihenfolge von Messpunkten und Messstrecken, Verfahrwege und Verfahrgeschwindigkeiten des Messtasters.
– Die Erstellung eines CNC-Messprogramms nach dem **„Teach-in-Verfahren"** erfolgt nach einer manuell gesteuerten Messung. Dabei werden alle notwendigen Daten gespeichert, und es wird automatisch ein Messprogramm erstellt.

b) Dieses Verfahren wird deshalb als Lernprogrammierung bezeichnet, weil die CNC-Messmaschine den gesamten manuell gesteuerten Messablauf in ein Programm übernimmt und damit im Schnellverfahren „lernt".

10 Qualitätsmanagement

10/1 Rohstoffe werden knapper, darum müssen möglichst hohe Anteile an Produkten einer Wiederverwendung zugeführt werden. Für nicht verwertbare Reste wird auch der Deponieraum knapp. Darum muss jeder Hersteller von Produkten, auch der von Motorrädern, bemüht sein, seine Produkte recyclingfähig zu gestalten.

10/2 Nach der Zehnerregel müsste die Ruckrufaktion etwa das Hundertfache. also 200,00 EUR kosten.

10/3 Wenn erst im Rahmen der Endkontrolle Fehler festgestellt werden, durchlaufen fehlerhafte Teile unnötig den Produktionsprozess (Schrottveredelung) und verursachen Kosten. Zudem wird die Endkontrolle mit der Suche nach sehr vielen und unterschiedlichen Fehlern belastet. Dies führt dazu, dass mehr fehlerhafte Teile die Endkontrolle passieren ohne aufzufallen, als bei ständiger Überwachung. Die geäußerte Ansicht ist also falsch.

10/4 Für Qualität ist jeder im Betrieb zuständig. Auch ein Facharbeiter wird nicht nur für körperliche Arbeit, sondern auch für „Mitdenken" bezahlt. Die Äußerung zeigt darum mangelndes Verantwortungsbewusstsein.

10/5

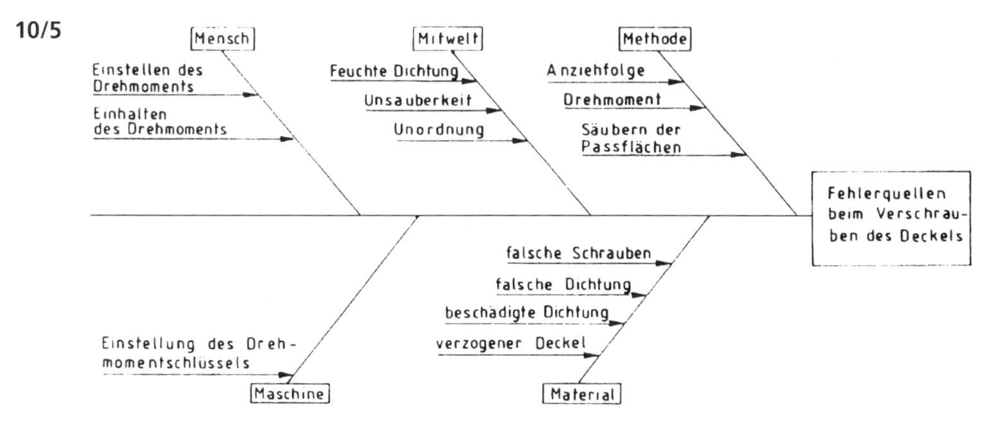

10/6 Für diese Firma genügte die Anwendung von DIN EN ISO 9003, die nur Regeln für die Endprüfung darlegt.
Da im Betrieb in der gesamten Fertigung die Qualitätssicherung beachtet wird, braucht der Abnehmer nur noch die Sicherstellung einer geeigneten Endkontrolle.

10/7 Individuelle Lösung einer Schülergruppe
z. B. modernes Aussehen
geringes Gewicht
leichtgängig

10/8 Beispiel:

FEHLER-MÖGLICHKEITS- UND EINFLUSS-ANALYSE										
Konstruktions-FMEA ☒						Prozess-FMEA ☐				
Systeme/ Merkmale	Potenzielle Fehler	Potenzielle Folgen des Fehlers	Potenzielle Fehlerursachen	DERZEITIGER ZUSTAND					Empfohlene Abstellmaßnahmen	Verantwortlichkeit
				Vorgesehene Prüfmaßnahmen	Auftreten	Bedeutung	Entdeckung	Risikoprioritätszahl (RPZ)		
Fahrrad-Sattelstütze	Materialermüdung	Bruch der Stütze Sturz des Fahrers	Scharfe Biegekanten an Aufnahmelasche		5	8	5	200[1]	Kantenrundung vorsehen	Produktentwicklung
	Spannungen	Bruch der Stütze Sturz des Fahrers	Sattelrohr mit zu geringem Durchmesser	Durchmesser prüfen	2	5	1	10		Eingangskontrolle
			Klemmschraube zu stark angezogen		8	5	8	320	Anziehen mit Drehmomentschlüssel	Montage

10/9

Fehler	Folgen	Ursachen	Maßnahmen zur Vermeidung
zu geringes Lagerspiel	Rad dreht sich schwer Erwärmung Auslaufen von Schmiermittel	zu starkes Anziehen der Mutter	mit Messuhr Spiel einstellen
zu hohes Lagerspiel	Rad vibriert hoher Verschleiß	zu geringes Anziehen der Mutter	mit Messuhr Spiel einstellen
Lager trocken	hoher Verschleiß	zu wenig Schmiermittel	Schmierung
Fett läuft im Betrieb aus	Umweltverschmutzung	Lager „überfettet“	weniger Fett verwenden

10/10 a) Das Schaubild zeigt, welche Auswirkungen Vorschub und Schneideradius auf die Rauheitskenngrößen Rz und Ra haben.

b) Mit einem Vorschub von 0,18 mm ist etwa eine Rauheitskenngröße von Ra = 1,6 µm zu erzielen.

10/11 Montageanweisung:
1. Lüfterrad ③ mit Schaufel zum Gehäuse hin aufsetzen
2. Messer ④ aufsetzen; Schneidkante vom Gehäuse fort bzw. abgebogene Ecken zum Gehäuse hin, einsetzen
3. Scheibe ④ auflegen
4. Schraube ⑤ leicht einfetten und eindrehen
   Mit Drehmoment von ...... anziehen.

10/12 Die Fehlerquote von 0,3 % bedeutet:
24 schwere Operationen würden täglich falsch durchgeführt,
90 000 Überweisungen gingen täglich auf falsche Konten.
Die Fehlerquote ist erheblich zu hoch.

10/13 a)

Mittelwerte				
Probe 1	Probe 2	Probe 3	Probe 4	Probe 5
39,962	39,964	39,969	39,969	39,974

b) Höchstmaß: 39,975 mm
Mindestmaß: 39,950 mm

c)

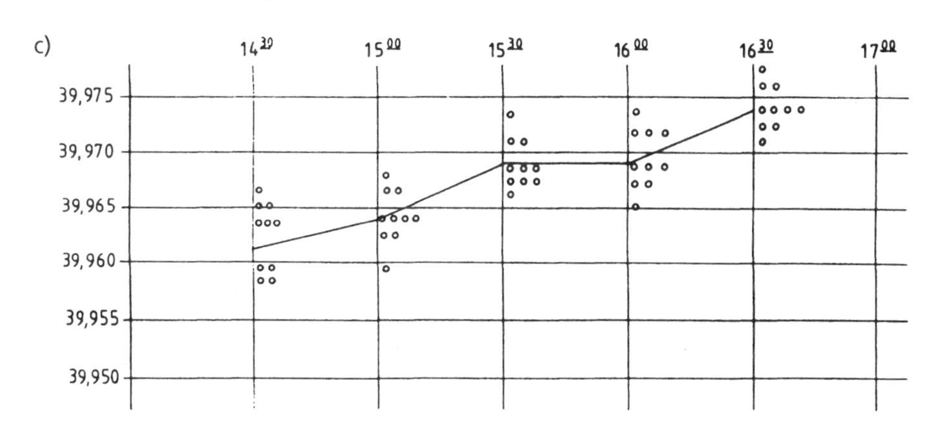

d) Die Bolzendurchmesser nehmen stetig zu, wahrscheinlich durch Abnutzung der Schleifscheibe.
Bei der letzten Stichprobe werden Überschreitungen der Grenzmaße festgestellt. Hier müssen alle von 16^{00} bis 16^{30} gefertigten Bolzen überprüft werden.
Die Stichproben 3 und 4 (15^{30} und 16^{00}) zeigen zwar keine Überschreitung der Grenzwerte. Sie liegen aber in der Nähe des oberen Grenzbereiches und nur durch Zufall kann eine Grenzüberschreitung bei den Proben nicht vorgelegen haben. Hier sollte man nochmals Stichproben nehmen.

e) In Qualitätsregelkarten sind noch zusätzlich Warn- und Eingriffsgrenzen eingetragen.

10/14 Individuelle Lösung

Fertigungstechnik

1 Einteilung der Fertigungsverfahren

1/1

Urformen	Umformen	Trennen	Fügen	Beschichten	Stoffeigen-schaftsänd.
m)	a); f); j)	b); h); n)	d); g); k)	c); i); l)	e)

1/2 a) Gießen

b) Urformen

1/3 a) Zink, Chrom, Lack, Kunststoff, Gold

b) Dauerhafter Korrosionsschutz, Verbessern des Oberflächenaussehens

1/4 a) Härten und Anlassen

b) Stoffeigenschaftändern

2 Vorbereitende Arbeiten zur Fertigung von Werkstücken

2/1

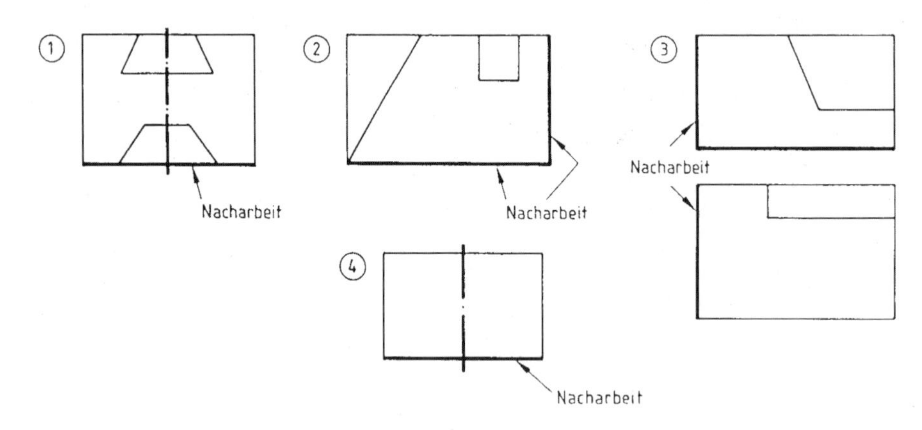

Teil 1:
Eine gesägte Grundseite entgraten, auf Rechtwinkligkeit und Ebenheit prüfen und evtl. durch Feilen nacharbeiten.

Teil 2:
Zwei rechtwinklig zueinander stehende Blechkanten entgraten, auf Rechtwinkligkeit und Ebenheit prüfen und evtl. durch Feilen nacharbeiten.

Teil 3:
Drei Ebenen entgraten, auf Rechtwinkligkeit und Ebenheit prüfen und evtl. durch Fräsen oder Hobeln nacharbeiten.

Teil 4:
Eine gesägte Ebene durch Plandrehen bearbeiten.

2/2 a) Kupfervitriol, Anreißfarbe

b) Anreißfarbe, Schlämmkreide

c) Schlämmkreide, Anreißfarbe

2/3 Zwischenstück (Dünnblech)

Hilfsmittel zum Stützen: Prismatischer, rechtwinkliger Block, Anreißplatte

Das Zwischenstück (Dünnblech) wird aufrecht mit einer Bezugsebene auf die Anreißplatte gestellt, am Block angelegt und von Hand gehalten.

Hebel

Hilfsmittel zum Stützen: Spannwinkel, Anreißplatte

Hilfsmittel zur Befestigung: Schraubzwinge bzw. Spannlasche mit Spannschraube

Der Hebel wird mit einer Spannlasche an einen Aufspannwinkel gespannt, sodass er nach Ausrichten des Hebels festgespannt wird.
Die Ausrichtung kann mithilfe eines Universalwinkelmessers nach einer schräg liegenden Unterkante oder nach einer vorher festgelegten Mittellinie des Hebels erfolgen.

Welle

Hilfsmittel zum Stützen: Prisma (mit Spannbügel), Anreißplatte

Die Welle wird waagerecht mit dem großen Durchmesser in das Prisma gelegt, sodass der Vierkant über das Prisma hinausragt. Mit der Schraube des Spannbügels wird die Welle in der Anreißlage leicht fixiert. Mit einem Haarwinkel wird die Welle an einer Vierkantfläche ausgerichtet und endgültig festgespannt.

2/4 Bei dem Parallelreißer mit Nonius kann das Anreißmaß direkt mit einer Genauigkeit von $\frac{1}{10}$ mm eingestellt werden. Bei dem Parallelreißer ohne Maßskala kann das Anreißmaß nur durch Abgreifen von der Maßskala des Standmaßes übernommen werden. Die Genauigkeit hängt von der Sorgfalt und dem Augenmaß des Anreißers ab.

2/5 Zum Anreißen in Längsrichtung ist die untere Stirnfläche des Winkels Bezugskante, sie wird auf die Anreißplatte gestellt.
Einzustellen sind: l_1 = 29 mm; l_2 = 80 mm; l_3 = 131 mm

Zum Anreißen in Querrichtung ist ein Schenkel Bezugskante. Einzustellen sind: b_1 = 25 mm; b_2 = 50 mm; b_3 = 75 mm

2/6 Streichmaß

2/7 Zentrierwinkel

2/8 Auf dem Werkstück werden die waagerechte Mittellinie und die beiden senkrechten Mittellinien im Abstand von 25 mm angerissen. Die Bohrungen ∅ 8 mm werden gebohrt. Die Schablone wird mit einem Bolzen aufgesteckt. Mit der Anreißschablone wird die Kontur des Werkstücks schrittweise angerissen. Für die auf der waagerechten Mittellinie liegenden Bögen wird die Schablone mit ihrer Symmetrieachse auf die Mittellinie gelegt. Für die vier übrigen Bögen wird ein Schenkel des 60°-Winkels an die senkrechten Mittellinien angelegt.

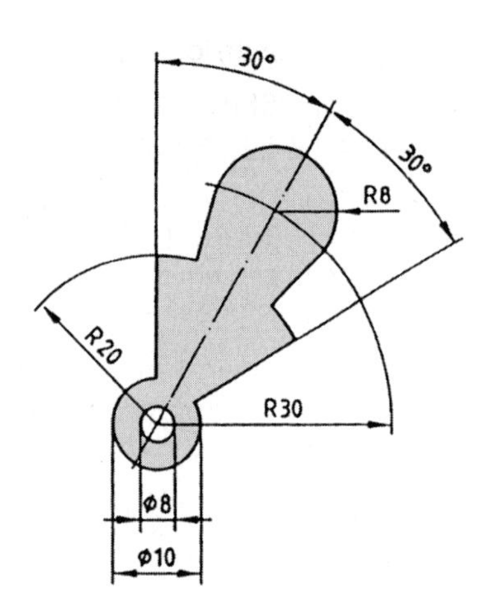

3 Verfahren des Trennens

3/1

Zerteilen	a) Bandstahl mit Blechschere auf Maß ablängen; b) Drahtstifte mit Seitenschneider ablängen; Löcher stanzen
Spanen mit geometrisch *bestimmten* Schneiden	a) Flachstahl winklig feilen; Welle für Elektromotor drehen; b) Vierkante fräsen; mit Gewindebohrer Innengewinde schneiden
Spanen mit geometrisch *unbestimmten* Schneiden	a) Oberfläche eines verrosteten Blechs blank schmirgeln
Abtragen	a) Durchbruch in einem Blech durch Brennschneiden herstellen

3/2 a) – geometrisch bestimmte Werkzeugschneide: Drehmeißel, Bohrer, Fräser, Hobelmeißel
– geometrisch unbestimmte Werkzeugschneide: Schleifkorn, Läppmittel

b) – einschnittige Werkzeuge: Drehmeißel, Hobel- oder Stoßmeißel
– zweischnittige Werkzeuge: Spiralbohrer
– mehrschnittige Werkzeuge: Fräser, Reibahlen, Gewindebohrer, Räumnadeln

Kraft

3/3

Formänderung	Bewegungssänderung
a); b); d)	c); e)
Schlagkraft beim Richten eines Flachstahls	Muskelkraft beim Kugelstoßen
Aufprall eines Pkw mit 40 km/h an einem Baum	Abbremsen eines Pkw mit 40 km/h zum Stand

3/4 Die Massenanziehungskraft ist die Ursache für die Gewichtskraft

3/5 Die Gewichskraft ändert sich vor allem mit der Entfernung der Masse vom Erdmittelpunkt. Je näher die Masse am Erdmittelpunkt ist, desto schwerer ist sie. Da die Erde zum Äquator hin einen größeren Durchmesser als zu denen Polen hin hat, ist die Gewichtskraft an den Polen größer als am Äquator.

3/6

	a)	b)	c)	d)
Volumen V	500 dm³	*350 dm³*	*0,428 m³*	365 dm³
Dichte ϱ	7,85 kg/dm³	2,7 g/cm³	8,9 kg/dm³	*7,85 g/cm³*
Masse m	*3 925 kg*	945 kg	*3,810 t*	2 865,2 kg
Gewichtskraft F_G	*38 504,3 N*	*9 270,5 N*	37 380 N	*28 107,6 N*

3/7 a) $F_G = 0{,}083$ N; b) $F_G = 725{,}9$ N; c) $F_G = 18\,148{,}5$ N

3/8

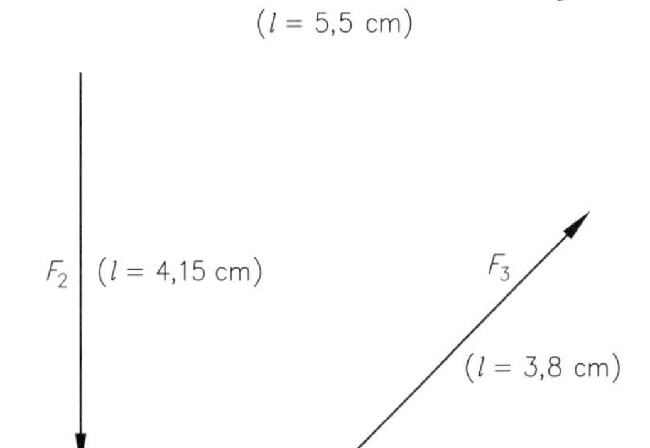

3/9 a)

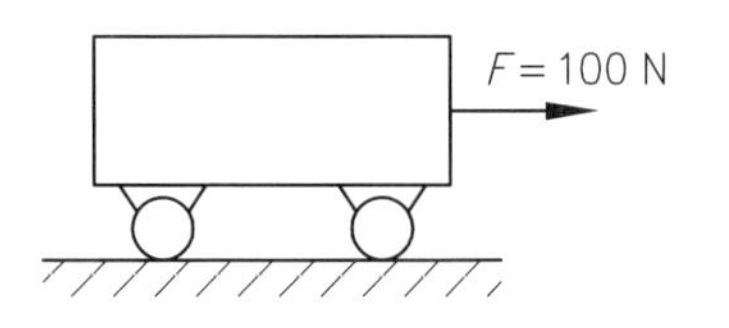

b) Die Fortbewegung des Wagens bleibt gleich. Kräfte dürfen entlang ihrer Wirkrichtung verschoben werden.

3/10 a) KM: 1 cm ≙ 100 N

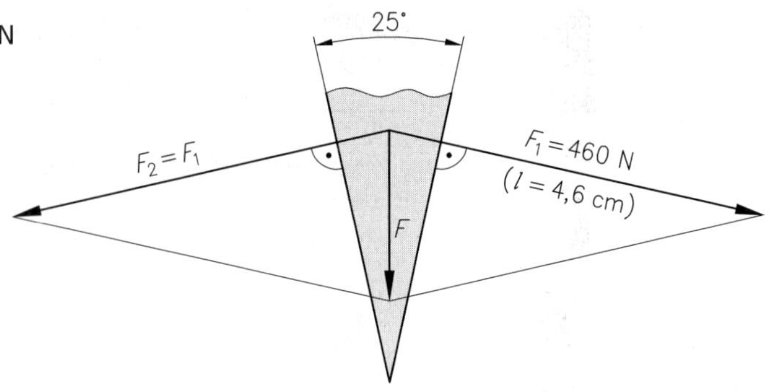

b) KM: 1 cm ≙ 100 N

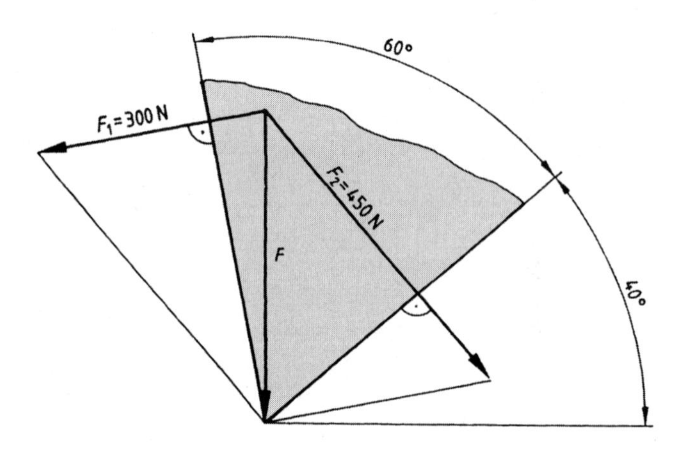

c) KM: 1 cm ≙ 200 N

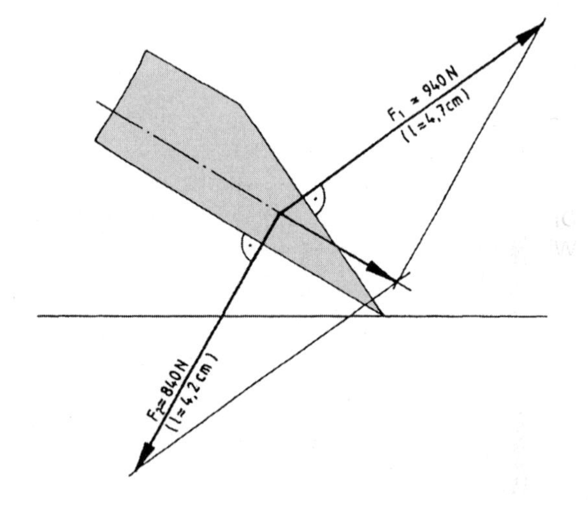

3/11 KM: 1 cm ≙ 10 kN

$F_1 = F_2 = 46$ kN
(L ≈ 4,6 cm)

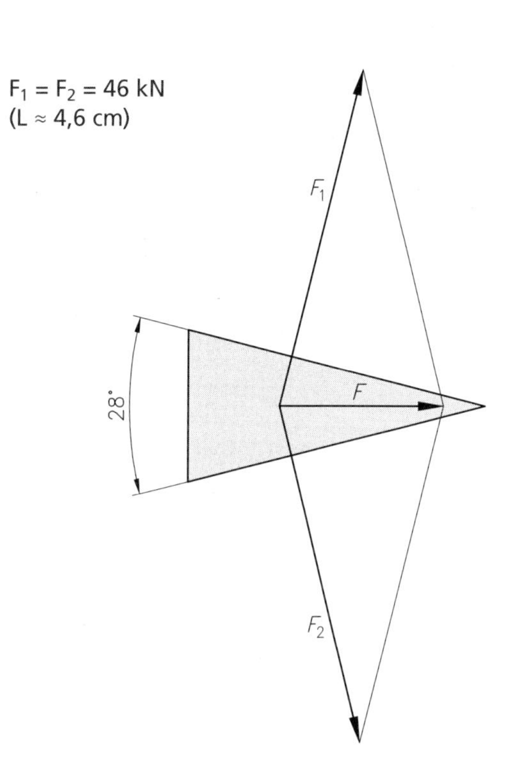

3/12 a) KM: 1 cm ≙ 100 N

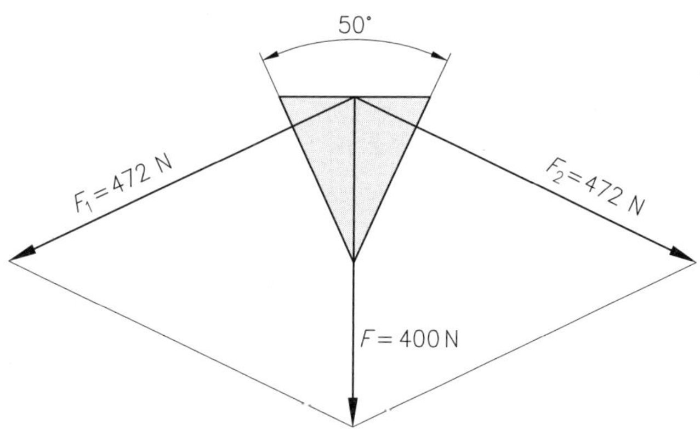

Schlagkraft F	Seitenkräfte $F_1 = F_2$
100 N	118 N
200 N	236 N
300 N	354 N
400 N	472 N

b) $F_1 : F = \underline{\underline{1{,}18 : 1}}$

c)

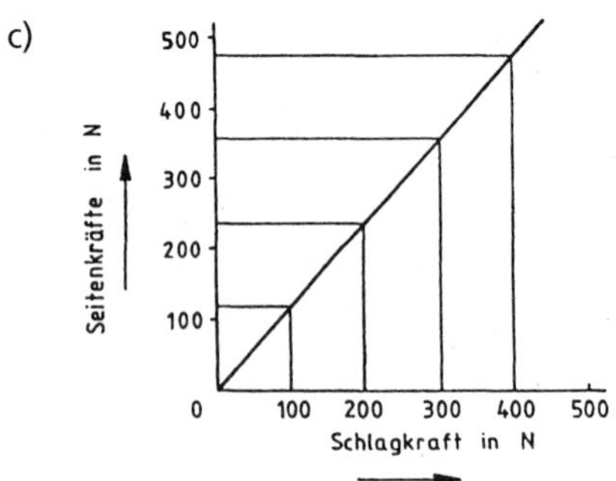

3/13 a)

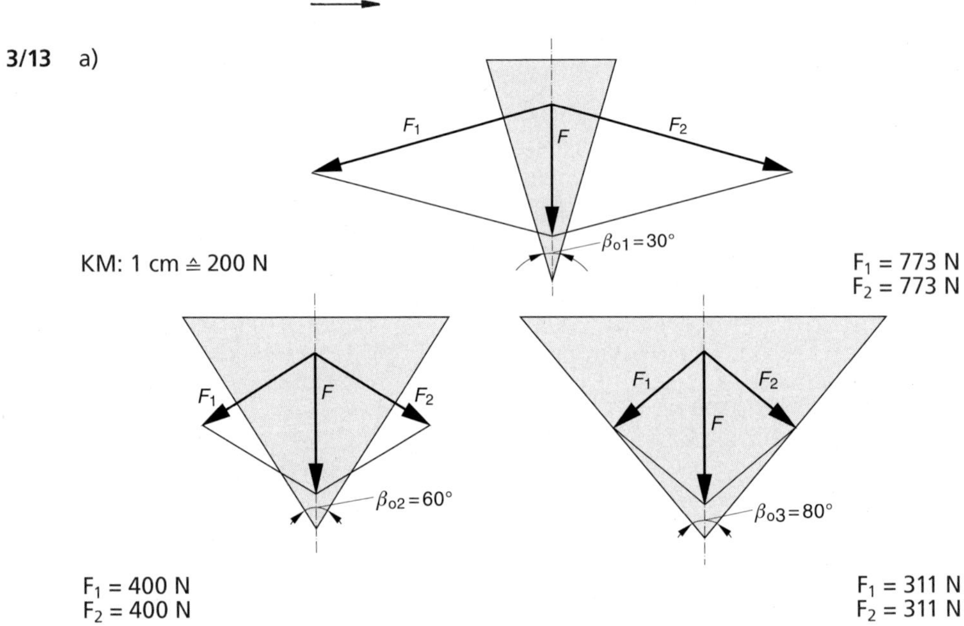

KM: 1 cm ≙ 200 N

$F_1 = 773$ N
$F_2 = 773$ N

$F_1 = 400$ N
$F_2 = 400$ N

$F_1 = 311$ N
$F_2 = 311$ N

b) Bei gleicher Schlagkraft auf Meißel mit unterschiedlichen Keilwinkeln ergeben sich

- bei kleinen Keilwinkeln große Seitenkräfte,
- bei großen Keilwinkeln kleine Seitenkräfte.

Zerteilen durch Scherschneiden

3/14

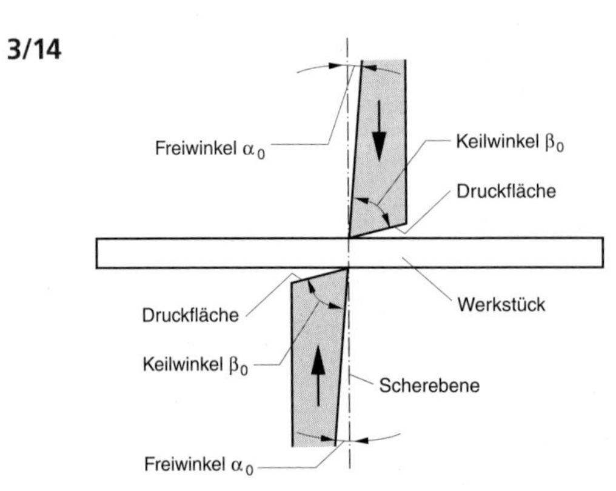

3/15 Beim Scherschneiden wird der Werkstoffzusammenhang auf drei verschiedene Arten überwunden:
1. Phase = Einkerbung
2. Phase = Schnitt
3. Phase = Bruch

3/16 a) Der Schneidspalt ist der Abstand zwischen den Schneiden einer Schere.

b) Starke Gratbildung an der Schnittkante, Verkanten des Bleches bei Scheren ohne Niederhalter

c) Starke Reibung und Abnutzung der Schneiden

3/17 a) Kreuzender Schnitt

b) Werkstück wird gekrümmt

3/18

Aufgabe	geeignete Schere
Ablängen von L-Profilen	kombinierte Handhebelschere
lange gerade Schnitte an Dünnblechen, 0,8 mm dick	Handtafelschere
Trennen von Flach- und Rundmaterial	kombinierte Handhebelschere
kurze Blechschnitte an Stahlblech, 1,5 mm dick	kombinierte Handhebelschere

4 Spanen von Hand und mit einfachen Maschinen

4/1 a), b) und c)

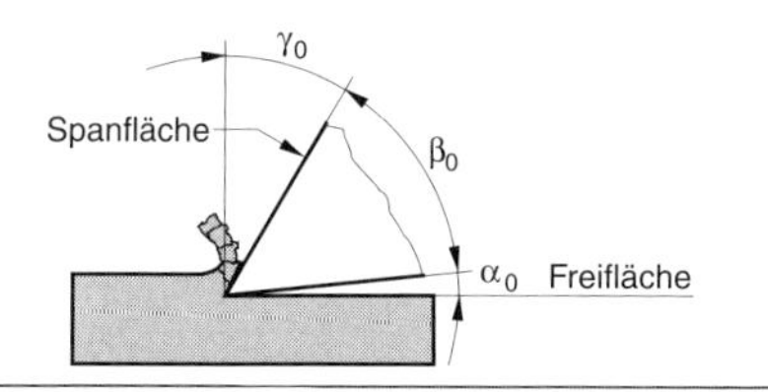

α_0 = Freiwinkel
β_0 = Keilwinkel
γ_0 = Spanwinkel

Freiwinkel + Keilwinkel + Spanwinkel = 90°

4/2

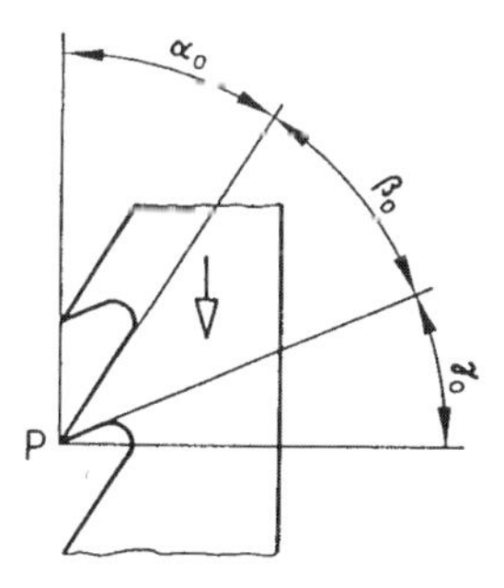

α_0 = Freiwinkel
β_0 = Keilwinkel
γ_0 = Spanwinkel

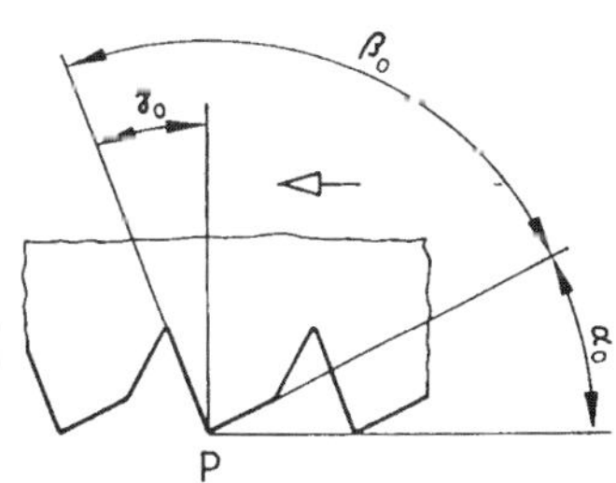

Sägen

4/3 a)

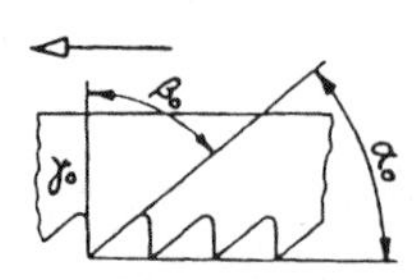

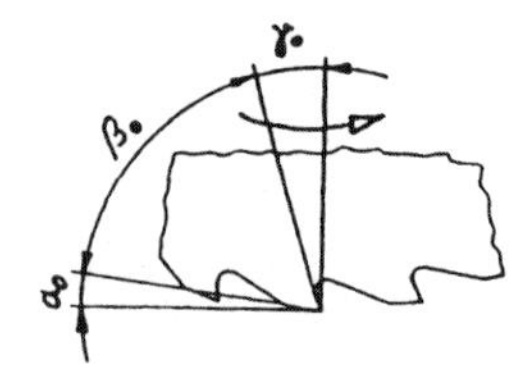

b) Handsägeblatt für Bügelsäge — Kreissägeblatt

c) Winkelangaben für Stahl

Handsägeblatt für Bügelsäge		Kreissägeblatt	
$\alpha_0 = 40°$	$\beta_0 = 50°$	$\alpha_0 = 8°$	$\beta_0 = 64$ bis $67°$
$\gamma_0 = 0°$		$\gamma_0 = 15$ bis $18°$	

4/4 a) Man misst den Abstand von einem Zahn zum nächsten, oder von 11 Zähnen und teilt ihn durch 10.

b) Die Zahnteilung wird angegeben durch die Anzahl der Zähne auf 1 Zoll Länge.

Zahnteilung	fein	mittel	grob
Zähne pro Zoll	32	24	16

4/5

Feine Zahnteilung	Grobe Zahnteilung
– viele Zähne je Zoll (32) – kleiner Spanraum – Bei großer Werkstofffestigkeit werden kleine Späne abgenommen – Für Werkstoffe großer Festigkeit, z. B. Stahl, werden Sägeblätter mit feiner Zahnteilung verwendet.	– wenige Zähne je Zoll (16) – großer Spanraum – Bei geringer Werkstofffestigkeit werden große Späne abgenommen – Für Werkstoffe mit geringer Festigkeit, z. B. Kupfer, werden Sägeblätter mit grober Zahnteilung verwendet.

4/6 a) Dünnwandige Rohteile werden stets mit Sägeblättern mit feiner Zahnteilung (32 Zähne je Zoll) gesägt.

b)

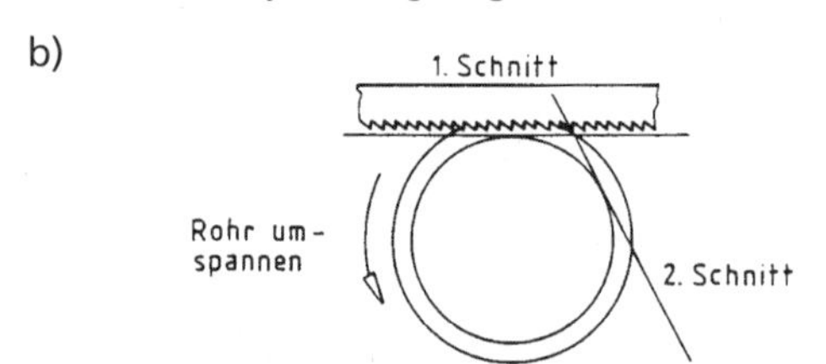

Beim Sägen muss das Rohr mehrfach gedreht werden.

4/7 a) Durch Schränken der Zähne oder durch Wellen des Sägeblattes im Bereich der Schneiden.

b) Durch Hohlschliff bei kleinen Kreissägeblättern oder durch Bestücken mit konischen Zahnsegmenten.

Feilen

4/8 a) ① x = 55°, y = 75° ② x = 55°, y = 55°

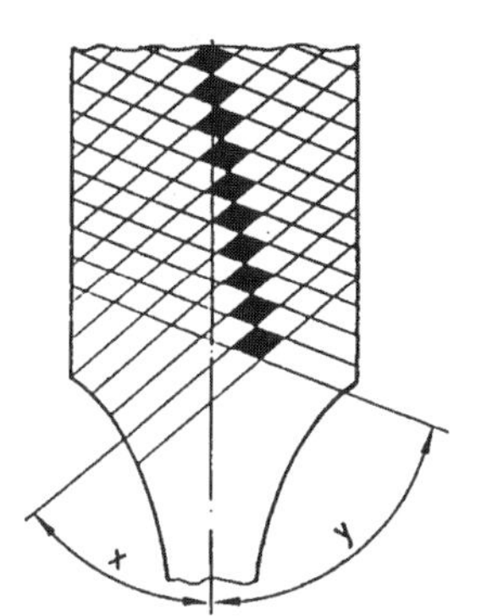

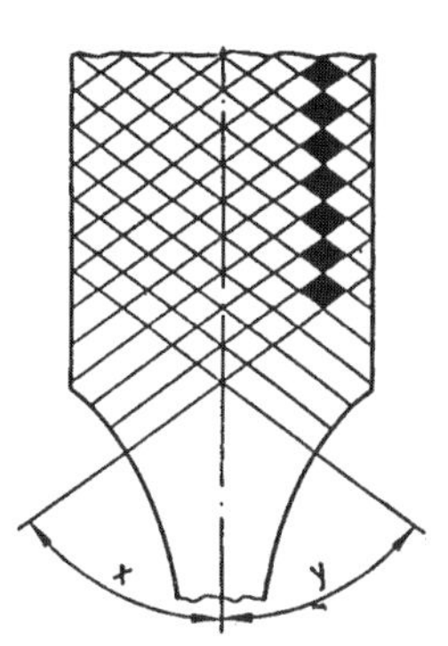

b) Verwendet wird nur die erste Form; durch die Schnürung wird Riefenbildung beim Feilen vermindert.

4/9

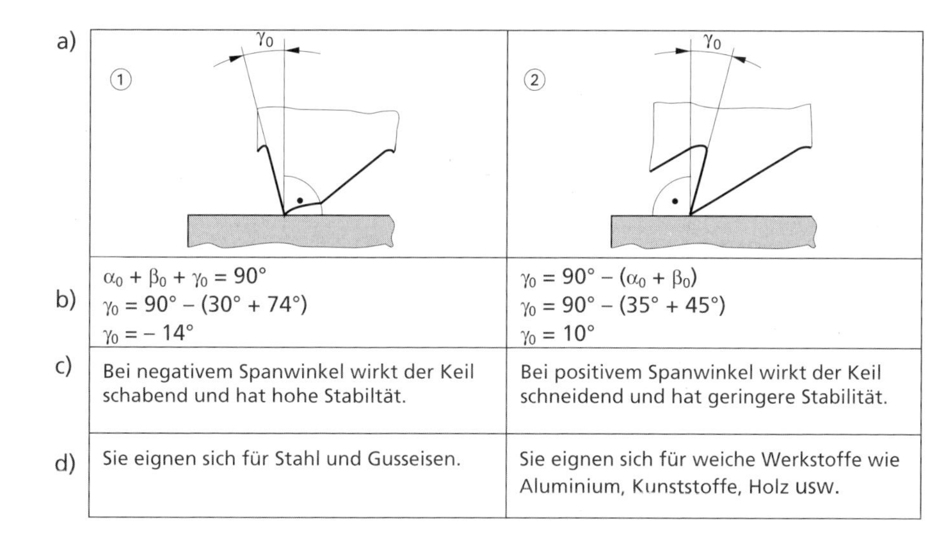

	①	②
a)	(Abbildung)	(Abbildung)
b)	$\alpha_0 + \beta_0 + \gamma_0 = 90°$ $\gamma_0 = 90° - (30° + 74°)$ $\gamma_0 = -14°$	$\gamma_0 = 90° - (\alpha_0 + \beta_0)$ $\gamma_0 = 90° - (35° + 45°)$ $\gamma_0 = 10°$
c)	Bei negativem Spanwinkel wirkt der Keil schabend und hat hohe Stabiltät.	Bei positivem Spanwinkel wirkt der Keil schneidend und hat geringere Stabilität.
d)	Sie eignen sich für Stahl und Gusseisen.	Sie eignen sich für weiche Werkstoffe wie Aluminium, Kunststoffe, Holz usw.

4/10 Für eine große Spanabnahme benötigt man eine Feile mit ~~hoher~~/*niedriger* Hiebnummer. Zur Erzielung einer feingeschlichteten Werkstückoberfläche benötigt man eine Feile mit ~~hoher~~/*niedriger* Hiebnummer.

4/11 <u>Werkstattfeile C 350 – 1 DIN 7261</u> (Karton 1)

- Querschnittsform = Dreikantfeile (C)
- Hiebnummer = 1
- Feilenlänge = 350 mm
- Normbezeichnung = Werkstattfeile
- DIN Blatt = 7261

Bohren

4/12

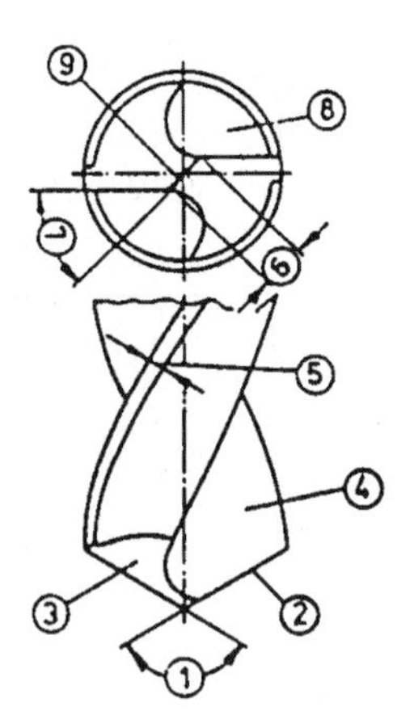

② Hauptschneide
③ Freifläche
① Spitzenwinkel
⑨ Querschneide

⑥ Kerndicke
⑤ Fase
⑧ Spannut
④ Spanfläche
⑦ Winkel zwischen Quer- und Hauptschneide

4/13 Freiwinkel α_0 = 6°
Spanwinkel γ_0 = 30°
Keilwinkel β_0 = 90° – (6° + 30°); $\beta_0 = \underline{\underline{54°}}$

4/14

Bohrer mit 140° Spitzenwinkel	Bohrer mit 118° Spitzenwinkel	Bohrer mit 80° Spitzenwinkel
kurze Hauptschneiden	mittlere Hauptschneiden	lange Hauptschneiden
schlechte Wärmeableitung durch Bohrer	mittlere Wärmeableitung durch Bohrer	gute Wärmeableitung durch Bohrer
für Werkstoffe mit guter Wärmeleitfähigkeit	für Werkstoffe mit mittlerer Wärmeleitfähigkeit	für Werkstoffe mit schlechter Wärmeleitfähigkeit
Aluminium	Stahl	Kunststoff

4/15

Aufgabe	Bohrertyp	Spitzenwinkel
Bohren eines Stahlträgers aus S 235 (St 37)	N	118°
Bohren eines Gehäuses aus EN AC AlSi12	W	140°
Bohren einer Dämpfungsunterlage aus Hartgummi	H	80°
Bohren eines Flansches aus X10 CrNiTi 18-8	N	130°- 140°
Bohren eines Bremssattels aus EN-GJS-400	N	118°
Bohren einer Messingbüchse aus G-CuZn28	H	118°

4/16 a) Zylindrisches Rohteil wird senkrecht in eine prismatische Aufnahme eines Maschinenschraubstocks gespannt.

b) Werkstück wird direkt mit Spanneisen und Spannschraube auf dem Bohrtisch befestigt und zwischen den Bohrungen durch Unterlagen gestützt.

c) Rohr wird in ein Prisma gelegt, ausgerichtet und mit Spanneisen und Spannschraube auf dem Bohrtisch befestigt.

4/17 $v_c = d \cdot \pi \cdot n$; $n = \frac{v_c}{d \cdot \pi}$;

a) $n = \frac{130 \frac{m}{min}}{0{,}006\ m \cdot \pi}$; $n = 6\,897 \frac{1}{min}$

b) $n = \frac{80 \frac{m}{min}}{0{,}018\ m \cdot \pi}$; $n = 1\,415 \frac{1}{min}$

4/18 $n = \frac{v_c}{d \cdot \pi}$; $n = \frac{24 \frac{m}{min}}{0{,}016\ m \cdot \pi}$; $n = 477 \frac{1}{min}$ gewählt: $n = 400 \frac{1}{min}$

4/19

		a)	b)	c)
Bohrerdurchmesser	d mm	30	12	24
Umdrehungsfrequenz	n 1/min	370	1 274	424
Schnittgeschwindigkeit	v_c m/min	34,87	48	32
Schnittgeschwindigkeit	v_c m/s	0,58	0,80	0,53

4/20 a) Lochabstand t = (350 mm – 2 · 25 mm) : 10 = 30 mm

1. Mit einem Streichmaß wird ein Längsriss auf halber Breite angerissen.
2. Mit einem Streichmaß wird ein Randabstand von 25 mm angerissen.
3. Die erste Bohrung wird gekörnt.
4. Der Lochabstand von 30 mm wird in einem Federzirkel eingestellt; von der Körnung wird mit dem Zirkel die nächste Lochmitte angerissen und dann gekörnt. Dieser Vorgang wird neunmal wiederholt.

b) Die Schiene wird in einen Maschinenschraubstock eingelegt und gespannt. Nach einigen Bohrungen wird die Schiene im Schraubstock verschoben.

c) Schnittgeschwindigkeit v_c = 55 m/min (mittlerer Wert)
Kühlmittel: Bohrolemulsion

Umdrehungsfrequenz $n = \frac{v_c}{d \cdot \pi}$; $n = \frac{55\ m}{min \cdot 0{,}008\ m \cdot \pi}$

n = 2 188 1/min

Vorschub f = 0,12 mm

d) Maßnahmen zur Arbeitssicherheit
- Schiene muss sicher im Maschinenschraubstock gespannt werden.
- Maschinenschraubstock gegen Mitnahme sichern.
- Vorschriften für das Arbeiten an Werkzeugmaschinen einhalten. (Eng anliegende Kleidung, evtl. Mütze, keine Handschuhe).
- Schutzbrille tragen, da Messing ein sehr spröder Werkstoff ist und weil eine hohe Drehzahl eingestellt ist.

e) Bohrungsdurchmesser mit der Innenmesseinrichtung des Universalmessschiebers messen.
Mittenabstände von 30 mm werden mit dem Universalmessschieber kontrolliert:
- mit der Außenmesseinrichtung Kontrollmaß 22 mm,
- mit der Innenmesseinrichtung Kontrollmaß 38 mm.

f) Rohteil

$$m = V \cdot \varrho$$
$$m = 5\ \text{cm} \cdot 1{,}5\ \text{cm} \cdot 35\ \text{cm} \cdot 8{,}5\ \text{g/cm}^3$$
$$m = \underline{\underline{2\,231{,}25\ \text{g}}}$$

Masseverlust durch 11 Bohrungen

$$m = (0{,}8\ \text{cm})^2\ \pi/4 \cdot 1{,}5\ \text{cm} \cdot 8{,}5\ \text{g/cm}^3 \cdot 11$$
$$m = \underline{\underline{70{,}5\ \text{g}}}$$

$$\text{Masseverlust in Prozent} = \frac{100\ \% \cdot 70{,}5\ \text{g}}{2\,231{,}25\ \text{g}} = \underline{\underline{3{,}16\ \%}}$$

Senken

4/21

		Bohren	Senken
a)	abzutragende Spanmenge	groß	klein
b)	Schnittbewegung	kreisförmig	kreisförmig
c)	Schnittgeschwindigkeit	gemäß Richtwerten	halb so hoch wie beim Bohren unter gleichen Bedingungen

4/22

	90°	75°	
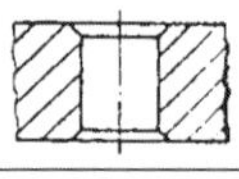 Entgraten	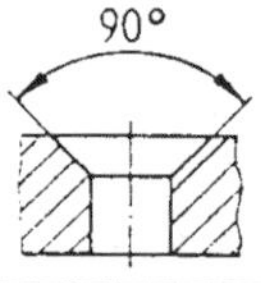 für Senkschrauben	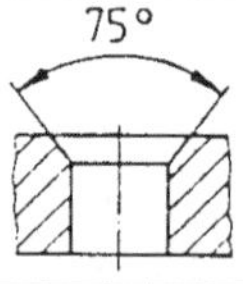 für Senknieten	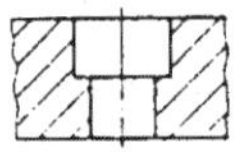 für zylindrische Schraubenköpfe
mit Entgrater	mit Kegelsenker 90° mit Führungszapfen	mit Kegelsenker 75 °	mit Flachsenker mit Führungszapfen

4/23 a) Sie ergeben genau zentrische Senkungen.

b) Bei Flachsenkungen für zylindrische Schraubenköpfe.

Gewindeschneiden

4/24 a) $L = 100\ \text{mm} \cdot \pi$; $L \approx \underline{\underline{314{,}2\ \text{mm}}}$

$h = \underline{\underline{50\ \text{mm}}}$

b)

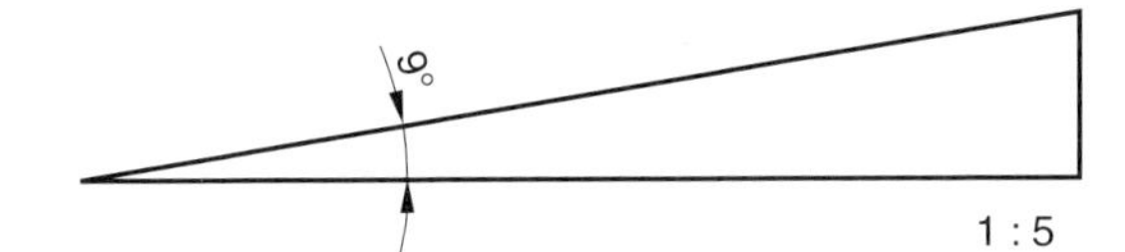

4/25

Messgröße	Maß
Nenndurchmesser D	24,0 mm
Kerndurchmesser D_1	20,8 mm
Flankendurchmesser D_2	22,0 mm
Steigung P	3,0 mm
Flankenwinkel	60°

Metrisches ISO-Regelgewinde M24.

4/26 a) $d_{Bohrer} = \underline{\underline{6{,}8\ \text{mm}}}$ b) Bohrlochtiefe $\geq \underline{\underline{25\ \text{mm}}}$

4/27 Profilform, Steigung, Flankenwinkel

4/28 Die Ausschussseite hat bei einem Gewindegrenzlehrdorn verkürzte Flanken und nur wenige Gewindegänge.

4/29

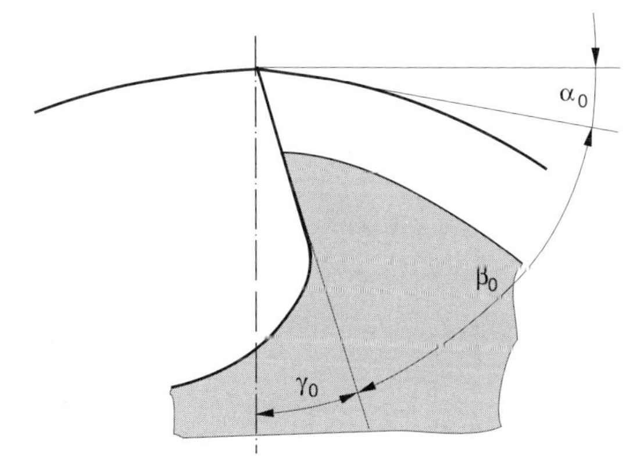

4/30 $d_{Bolzen} = 16{,}0\ \text{mm} - 0{,}1 \cdot 2\ \text{mm}$
$d_{Bolzen} = \underline{\underline{15{,}8\ \text{mm}}}$

4/31

Nr.	Tätigkeit/Schritt	Fertigungs-verfahren	Werkzeug-maschine	Werkzeug	Spann- und Hilfs-mittel
1	Rohteil ablängen, Rohteillänge 80 mm	Sägen	Hubsäge	Sägeblatt	Schraubstock an der Hubsäge
2	Planen Stirnfläche links	Plandrehen	Drehmaschine	Drehmeißel	Dreibackenfutter
3	Planen Stirnfläche rechts Fertiglänge 77 mm	Plandrehen	Drehmaschine	Drehmeißel	Dreibackenfutter
4	Gewindebolzen mit Fase drehen (Schruppen, Schlichten)	Runddrehen	Drehmaschine	Drehmeißel	Dreibackenfutter
5	Fertigen des Außengewindes (Schruppen, Schlichten)	Gewinde-schneiden	Drehmaschine	Schneideisen	Dreibackenfutter, Schraubstock
6	Obere Abflachung an Zylinder herstellen	Feilen	–	Feile	Schraubstock
7	Drei Flächen des Vierkants herstellen	Feilen	–	Feilen	Schraubstock
8	Abschrägung herstellen	Feilen	–	Feilen	Schraubstock
9	Kernbohrung des Gewindes herstellen	Bohren Senken	Bohrmaschine Bohrmaschine	Spiralbohrer Kegelsenker	Maschinen-schraubstock
10	Gewindebohrung herstellen	Gewinde-schneiden	–	Gewinde-bohrersatz	Schraubstock Windeisen

Reiben

4/32 4 mm Bohrung – vorbohren auf 3,9 mm

10 mm Bohrung – vorbohren auf 9,8 mm

25 mm Bohrung – vorbohren auf 24,5 mm

4/33 **a)**

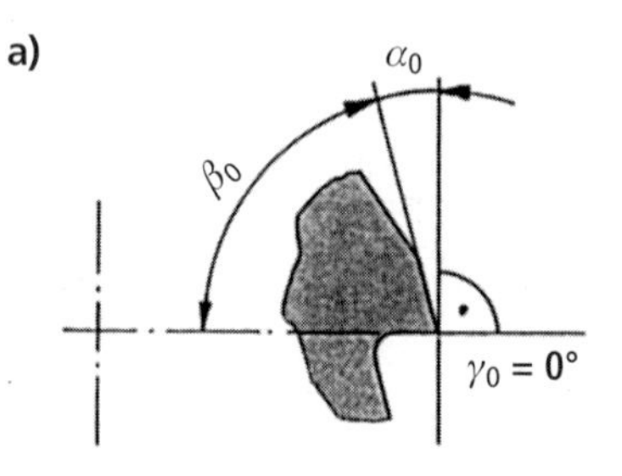

b) Der Spanwinkel von 0° bedingt eine schabende Wirkung der Schneiden.

4/34 Durch die ungleiche Teilung vermeidet man Rattermarken aufgrund von Materialfehlern im Werkstück.

4/35 Drallgenutete Reibahlen:

Gerade Schneiden können in die Nut gedrückt werden, die Bohrung wird unrund.

4/36

	Handreibahle	Maschinenreibahle
Einspannende	zylindrisch mit Vierkant	Zylinder oder Kugelschaft
Länge des Abschnitts	lang	kurz
Länge des Führungsteils	lang	kurz

4/37

- bessere Führung der Reibahle
  ⇒ bessere Lagegenauigkeit der Bohrung
- höhere Schnittgeschwindigkeit
  ⇒ kürzere Fertigungszeit
- gleichmäßigere Schnittbedingungen
  ⇒ höhere Oberflächengüte
- kürzerer Anschnitt der Reibahle
  ⇒ besseres Aufreiben von Grundlochbohrungen

5 Grundlagen zur Fertigung mit Dreh-, Fräs- und Schleifmaschinen

Technologische Grundbegriffe

5/1 a) Eingangsgrößen:

- Werkzeugmaschine: Drehmaschine
- Spannmittel: Dreibackenfutter und Reitstock mit Zentrierspitze
- Rohteilmaße: blanker Rundstahl ∅ 120 x 255

b) Einstellgrößen:

- Umdrehungsfrequenz n (1/min)
- Vorschub f (mm)

5/2 **Eingangsgrößen** **Ausgangsgrößen**

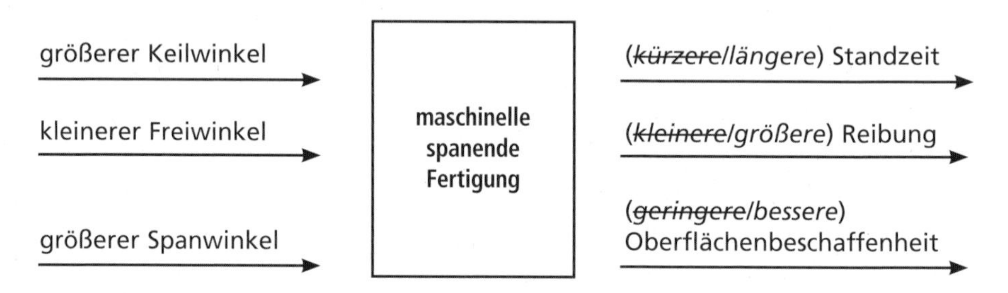

5/3

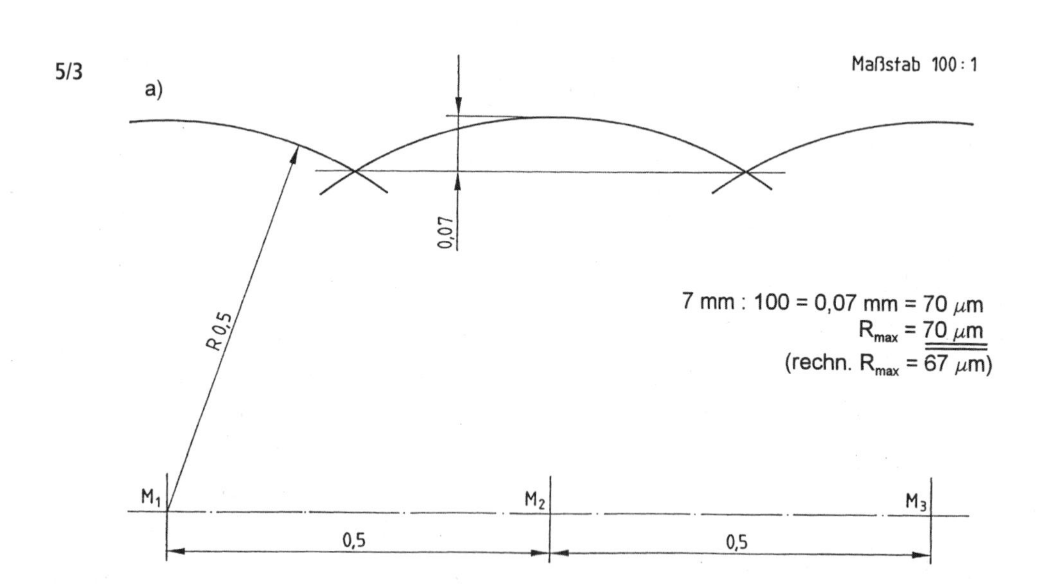

5/4

	Formelzeichen	Einheit
Vorschub	f	mm
Schnitttiefe	a_p	mm
Spanungsquerschnitt	S	mm^2

5/5 a) $S = f \cdot a_p$; $S = 1{,}5 \text{ mm} \cdot 8 \text{ mm}$; $S = \underline{\underline{12 \text{ mm}^2}}$

b) $S = 3 \text{ mm} \cdot 4 \text{ mm}$; $S = \underline{\underline{12 \text{ mm}^2}}$

5/6 a) $a_p : f = 8 : 1$

$a_p = 8 \cdot 0{,}75 \text{ mm}$; $ap = \underline{\underline{6 \text{ mm}}}$

b) $S = a_p \cdot f$; $S = 6 \text{ mm} \cdot 0{,}75 \text{ mm}$; $S = \underline{\underline{4{,}5 \text{ mm}^2}}$

c) $d_1 = 100 \text{ mm} - 2 \cdot 6 \text{ mm}$; $d_1 = \underline{\underline{88 \text{ mm}}}$

5/7

Spanarten			
Benennung	Fließspan	Scherspan	Reißspan
Stauchung	gering	mittel	stark
Spanwinkel	groß	mittel	klein
Werkstoff	zäh	zäh und leicht spröde	spröde
Werkstück-oberfläche	glatt	nicht so glatt	rau

5/8 Es ist ein Scherspan anzustreben, weil ein kurzer bröckliger Span den Arbeitsvorgang nicht behindert.

Schneidstoffe für maschinelles Spanen

5/9 Bei der Zerspanung von Stahl entstehen so hohe Temperaturen an der Schneide, dass der Kohlenstoff des polykristallinen Diamanten in den Stahl eindiffundiert. Die Schneidhaltigkeit des Diamanten geht dadurch verloren.

5/10 a) Beschichtung mit Titankarbid (TiC), Tantalkarbid (TaC), Titankarbonnitrid und Keramik

b) Schneideplatten sind extrem verschleißfest.
Die Standzeit kann sich gegenüber einer unbeschichteten Platte verdreifachen.

5/11 a) Hartmetall: Härteträger sind WC, TiC und TaC
Cermets: Härteträger sind Karbide und Nitride von Ti, Ta, Nb, Mo, W
Cermets erlauben erheblich höhere Schnittgeschwindigkeiten und sind härter und verschleißfester.
Hartmetalle sind temperaturwechselbeständiger als Cermets.

b) Drehen, Fräsen

5/12

	Schnellarbeitsstahl	Hartmetall	Schneidkeramik
Härte	mittel	hoch	sehr hoch
Zähigkeit	hoch	mittel	gering
Standzeit	niedrig	mittel	hoch
Warmstandfestigkeit	bis 600 °C	bis 900 °C	bis 1300 °C
Schnittgeschwindigkeit	niedrig	mittel	sehr groß

5/13 a) beschichtetes Hartmetall 200 m/min
Aluminiumoxid 700 m/min
Siliziumnitrid 1000 m/min

b) Siliziumnitrid

c) zu großer Spanungsquerschnitt gewählt
Maschinenbetrieb nicht schwingungs- und stoßfrei

Normung von Wendeschneidplatten

5/14 a) Schneidplatte DIN 4987 – TNMG 16 04 04 E N-K10

Grundform:	gleichseitiges Dreieck
Normal-Freiwinkel:	0°
Toleranzklasse:	untere Toleranzstufe
Ausführung der Spanfläche:	doppelseitige Spanleitelemente und Befestigungsbohrung
Plattengröße:	Schneidenlänge l = 16 mm
Plattendicke:	s = 4 mm
Ausführung der Schneidecke:	Radius R = 0,4 mm
Schneide:	gerundet
Schneidrichtung:	rechts- und linksschneidend
Schneidstoff:	Hartmetall für kurzspanende Werkstoffe

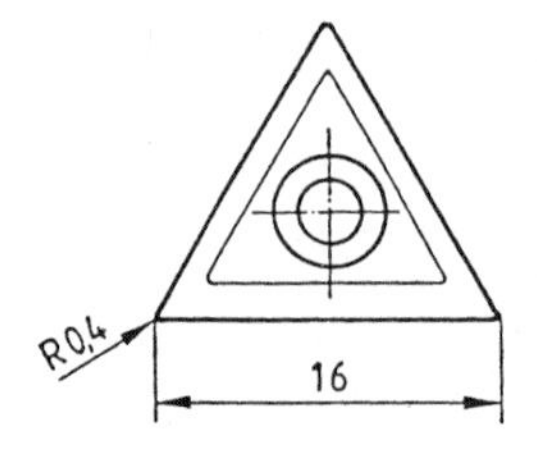

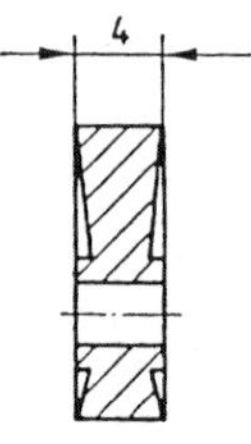

6 Fertigen mit Drehmaschinen

6/1 a) **1.** Zustellbewegung
2. Vorschubbewegung
3. Schnittbewegung

b) **1.** geradlinig und schrittweise
2. geradlinig und stetig
3. kreisförmig und stetig

c) $Q = a_p \cdot f \cdot v$
große Schnitttiefe
großer Vorschub pro Umdrehung

Drehmaschinen – Drehverfahren

6/2 a) 1800 mm
b) $D_{max} = 700$ mm
c) Schnitttiefe und Vorschub pro Umdrehung

6/3 A Außen-Längsdrehen
B Formdrehen
C Außendrehen in Querrichtung
D Innenformdrehen
E Schraubdrehen (Gewindedrehen)
F Einstechdrehen in Querrichtung

Drehwerkzeuge

6/4 a) ① Einstellwinkel χ_r
② Eckenwinkel ε_r

6/5 ① Freifläche der Hauptschneide
② Hauptschneide
③ Nebenschneide
④ Spanfläche
⑤ Freifläche der Nebenschneide

6/6 a) Der Keilwinkel wird in einer Ebene gemessen, die senkrecht zur Meißelauflagefläche und senkrecht zur Hauptschneide liegt.

b) ① Spanwinkel γ_o
② Keilwinkel β_o
③ Freiwinkel α_o

6/7 a) Man wählt Freiwinkel zwischen 3° und 12°.

b) Mit größerem Freiwinkel wird die Kontaktzone kleiner und damit auch die Reibungskraft. Der Zerspanungsvorgang wird durch den Freiwinkel kaum beeinflusst.

6/8 Die Schnittkraftkomponente senkrecht zur Werkstücklängsachse ist bei einem Einstellwinkel $x_r = 90°$ gleich Null. Bei einem Einstellwinkel von $x_r = 45°$ verursacht dieser Kraftanteil eventuell eine Durchbiegung des Werkstücks, wodurch bei langen und dünnen Werkstücken eine Durchmesserverringerung des Werkstücks eintritt.

6/9 a)

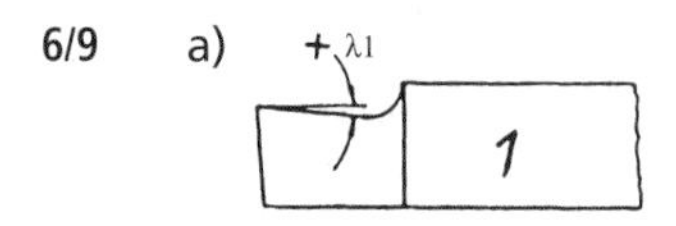

positiver Neigungswinkel

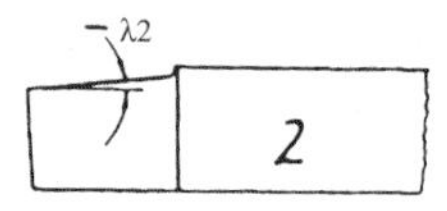

negativer Neigungswinkel

b) Einsatz von Drehmeißel mit positivem Neigungswinkel:
- bei gut zerspanbaren Werkstoffen
- bei ununterbrochenem Schnitt

Einsatz von Drehmeißel mit negativem Neigungswinkel:
- bei schwer zerspanbaren Werkstoffen
- bei unterbrochenem Schnitt

6/10 a)

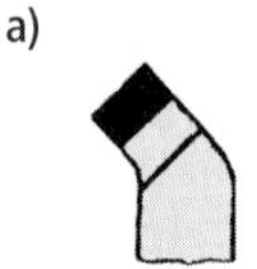

rechter gebogener Drehmeißel

b)

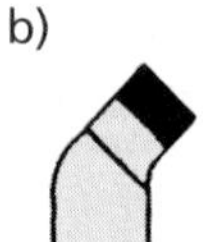

linker gebogener Drehmeißel

c)

rechter gerader Drehmeißel

d)

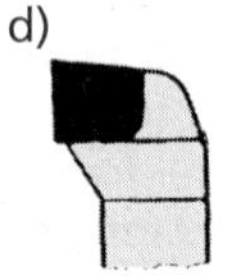

rechter abgesetzter Drehmeißel

6/11
1 Längs-Runddrehen mit geradem linkem Drehmeißel
2 Quer-Plandrehen mit abgesetztem rechtem Eckdrehmeißel
3 Längs-Runddrehen mit gebogenem rechtem Drehmeißel

6/12

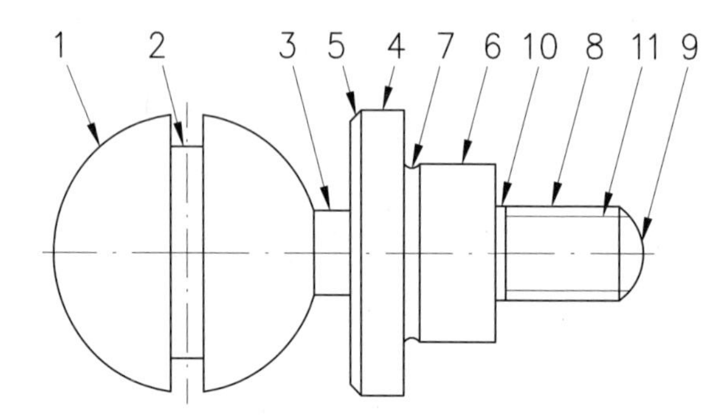

Bezeichnung der Drehverfahren für die gekennzeichneten Konturen:

1 Formdrehen einer Kugel
2 Außen-Quer-Einstechdrehen
3 Außen-Quer-Einstechdrehen
4 Längsrunddrehen
5 Querplandrehen einer Fase
6 Längsrunddrehen
7 Profildrehen eines Freistichs
8 Längsrunddrehen
9 Formdrehen einer Linsenkuppe
10 Profildrehen eines Freistichs
11 Schraubdrehen eines Gewindes

Spannen und Stützen der Werkstücke

6/13

Spannen im Dreibackenfutter	Spannen im Vierbackenfutter
Rundstahl ∅ 30	Achtkantprofil
Sechskantstahl	Vierkantstahl
Rundstahl ∅ 120	–

6/14 a) Eine Spannzange ist ein geschlitzter Hohlzylinder, der im Einspannbereich einen kurzen Außenkegel hat. Nach dem Einführen des Werkstücks wird die Spannzange mechanisch etwas tiefer in den Außenkegel hineingezogen. Dabei wird der geschlitzte Kegel der Spannzange zusammengedrückt und hält das Werkstück durch Kraftschluss.

b) Stangenmaterial und Werkstücke mit kurzen, vorgedrehten kleinen Durchmessern.

c) Die Spannzange würde sonst zu stark zusammengedrückt werden und möglicherweise eine bleibende Verformung erleiden.

d) Die Reibungskraft zwischen Spannzeug und Werkstück verhindert ein Mitdrehen des Werkstücks.
Die Kraftgröße ist abhängig von der Normalkraft und der Reibungszahl.

6/15

a) ∅ 8d9	– 40	7,960 mm	
	– 76	7,924 mm	kann gespannt werden
b) ∅ 12x8	+ 67	12,067 mm	
	+ 40	12,040 mm	kann gespannt werden
c) ∅ 16h11	0	16,000 mm	
	– 110	15,890 mm	kann gespannt werden
d) ∅ 20a11	– 300	19,700 mm	
	– 430	19,570 mm	kann nicht gespannt werden

6/16 Bei selbstzentrierenden Lünetten wird die Rüstzeit erheblich verkürzt, da das Ausrichten entfällt. Die Qualität der Werkstückführung wird gesteigert, da eine sehr hohe Rundlaufgenauigkeit erreicht wird.

6/17 Benötigt wird eine Planscheibe mit vier einzeln verstellbaren Backen:

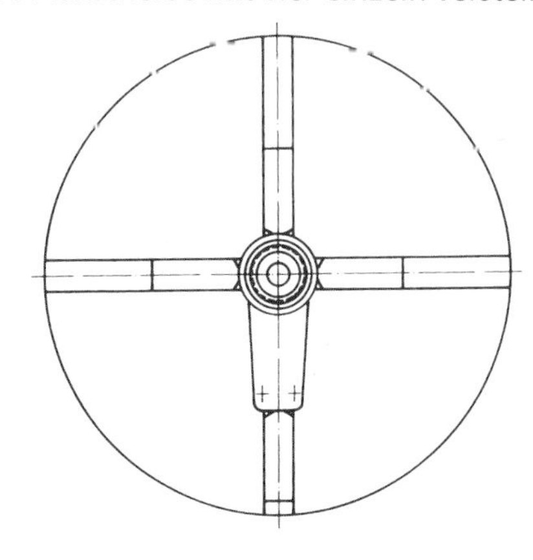

6/18
- Anreißen der Bohrungsmitte mit einem Zentrierwinkel
- Rissmitte ankörnen
- Körner im Reitstock einsetzen
- Werkstück auf Planscheibe aufspannen
- Körner an das Werkstück heranfahren
- Werkstück nach der Körnerspitze ausrichten
- Werkstück festspannen

Spezielle Drehverfahren

6/19 a) Kegeldrehen durch Oberschlittenverstellung
Kegeldrehen durch Reitstockverstellung

b) Kegeldrehen durch Reitstockverstellung und mit einem Leitlineal

c) Kegeldrehen durch Oberschlittenverstellung

6/20 a) $\text{Kegelverjüngung} = \frac{\text{Durchmesseränderung}}{\text{Kegellänge}}$;

$C = \frac{100\text{ mm} - 40\text{ mm}}{60\text{ mm}}$; $C = \underline{\underline{1:1}}$

b) $\tan\frac{\alpha}{2} = 1:2$; $\frac{\alpha}{2} = \underline{\underline{26{,}57°}}$

6/21 a) $\text{Neigung} = \frac{\text{Kegelverjüngung}}{2}$; $\text{Neigung} = \underline{\underline{1:20}}$

b) $\tan\frac{\alpha}{2} = \frac{1}{20}$; $\frac{\alpha}{2} = \underline{\underline{2{,}86°}}$

Einflussgrößen auf die Oberflächenbeschaffenheit beim Drehen

6/22 a) Die Rautiefe bei Drehteilen ist abhängig von:
- der Schnittgeschwindigkeit,
- dem Vorschub,
- der geeigneten Kühlschmierung bzw. ohne,
- dem Eckenradius am Drehmeißel,
- dem Spanwinkel,
- dem Einstellwinkel.

b) Eine möglichst kleine Rautiefe erreicht man durch die Wahl
- einer hohen Schnittgeschwindigkeit,
- eines kleinen Vorschubs,
- eines auf den Werkstoff abgestimmten Kühlschmiermittels,
- eines großen Eckenradius,
- eines möglichst großen positiven Spanwinkels,
- eines möglichst großen Einstellwinkels.

c) Kleine Partikel der sich periodisch aufbauenden und wieder abreißenden Aufbauschneide gleiten zwischen Span- und Freifläche ab und verursachen eine große Rautiefe.

d) Eine Verringerung der Aufbauschneidenbildung wird erreicht durch
- eine gute Schmierung bei niedriger Schnittgeschwindigkeit und
- eine gute Kühlung bei hoher Schnittgeschwindigkeit.

Bestimmen von Arbeitsgrößen beim Drehen

6/23 a) Schruppen: $f = \frac{1}{8} \cdot a_p$; $f = \frac{1}{8} \cdot 5\ mm$; $f = \underline{\underline{0{,}625\ mm}}$

Schlichten: $f = \frac{1}{5} \cdot a_p$; $f = \frac{1}{5} \cdot 1\ mm$; $f = \underline{\underline{0{,}2\ mm}}$

b) Schuppen: P25; $v_c = 60$ m/min; f = 0,8 mm
P10; $v_c = 100$ m/min; f = 0,25 mm (jeweils Mittelwerte)

6/24

	Schnittgeschwindigkeit	Durchmesser	Umdrehungsfrequenz
a)	30 m/min	150 mm	63 1/min
b)	40 m/min	90 mm	140 1/min
c)	50 m/min	50 mm	325 1/min

6/25 a) $R_t = \frac{f_2}{8R}$; $f\sqrt{8R \cdot R_t}$;

$f\sqrt{8 \cdot 0{,}8\ mm \cdot 0{,}012\ mm}$; $f = 0{,}277\ mm$

Es wird ein Vorschub von 0,3 mm eingestellt.

b) Schnittgeschwindigkeit: $v_c = 75\ \frac{m}{min}$ (bei M10)

Umdrehungsfrequenz: $n = \frac{75\ m}{0{,}12\ m \cdot min \cdot \pi}$; $n = 199\ \frac{1}{min}$

$n_{gew} = 180\ \frac{1}{min}$

Vorschubgeschwindigkeit: $v_f = f \cdot n$;

$v_f = 0{,}3\ mm \cdot 180\ \frac{1}{min}$; $v_f = 54\ \frac{mm}{min}$

Hauptnutzungszeit: $t_h = \frac{i\ (L + 2 \cdot lü)}{v_f}$;

$t_h = \frac{(950\ mm + 2 \cdot 2\ mm)\ min}{54\ mm}$; $t_h = \underline{\underline{17{,}7\ min}}$

6/26 a) Spanungsquerschnitt:
$S = f \cdot a_p$; $S = 0{,}8\ mm \cdot 8\ mm$; $S = \underline{\underline{6{,}4\ mm^2}}$

b) Schnittkraft;
(h = 0,57 mm; $k_c = \frac{2200\ N}{mm^2}$)

$F_c = k_c \cdot S$; $F_c = 2200\ \frac{N}{mm^2} \cdot 64\ mm^2$ $F_c = \underline{\underline{14\ kN}}$

c) Gewählte Schnittgeschwindigkeit:

$v_c = \underline{\underline{90\ \frac{m}{min}}}$

d) Antriebsleistung der Maschine:

$P_c = F_c \cdot v_c$; $P_c = 14\ kN \cdot 90\ \frac{m \cdot 60\ min}{min \cdot s}$; $P_c = \underline{\underline{21\ kW}}$

$n = \frac{P_c}{P_{zu}}$ $P_{zu} = \frac{P_c}{\eta}$; $P_{zu} = \frac{21\ kW}{0{,}6}$; $P_{zu} = \underline{\underline{35\ kW}}$

6/27 a) Schruppen:

$$F_c = \frac{P_{zu} \cdot n}{v_c}; \qquad F_c = \frac{4500\ \text{Nm} \cdot 0{,}45 \cdot \text{min} \cdot 60\ \text{s}}{\text{s} \cdot 40\ \text{m} \cdot \text{min}}; \qquad F_c = \underline{\underline{3\,037{,}5\ \text{N}}}$$

b) Schlichten:

$$F_c = \frac{4\,500\ \text{Nm} \cdot 0{,}45 \cdot \text{min} \cdot 60\ \text{s}}{\text{s} \cdot 120\ \text{m} \cdot \text{min}}; \qquad F_c = \underline{\underline{1\,012{,}5\ \text{N}}}$$

7 Fertigen mit Fräsmaschinen

7/1 a) und b)

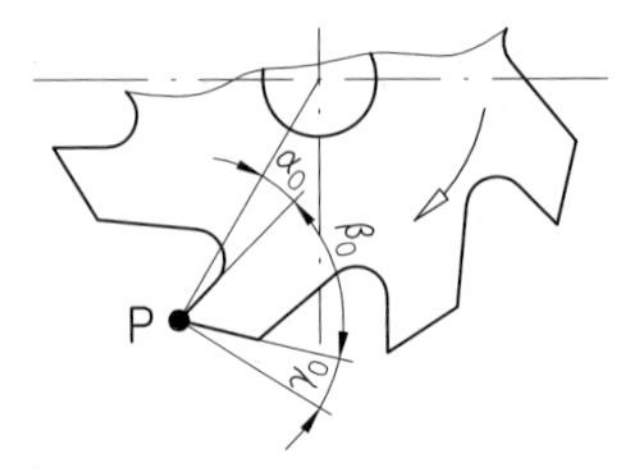

Fräsmaschinen – Fräsverfahren

7/2 a) 1 X-Achse
2 Y-Achse
3 Z-Achse
4 A-Schwenkbewegung um X-Achse
5 B-Schwenkbewegung um Y-Achse

b) Im Formenbau werden häufig Werkstücke mit schrägen oder gekrümmten Flächen bearbeitet. Dabei muss die Stellung des Werkzeugs zur Werkstückoberfläche durch Schwenkbewegungen angepasst werden.

7/3 1 Stirn-Umfangs-Planfräsen
2 Außenrundfräsen
3 Längs-Profilfräsen

7/4 a) Stirnplanfräsen:
- Die Nebenschneiden an der Stirnseite des Fräsers erzeugen die Werkstückoberfläche.
- Die Spandicke ist nahezu gleichmäßig.

Umfangsplanfräsen:
- Die Hauptschneiden am Umfang des Fräsers erzeugen die Werkstückoberfläche.
- Der Span ist kommaförmig.

b) Vorteile des Stirnplanfräsens:
- Gleichmäßige Schneidenbelastung,
- hohe Oberflächengüte,
- hohes Zeitspanvolumen,
- ruhiger Lauf des Fräsers.

7/5 a) Als Gegenlauffräsen bezeichnet man einen Fräsvorgang, bei dem die Schnittbewegung und die Vorschubbewegung in (~~gleicher~~/*entgegengesetzter*) Richtung wirken.

Der kommaförmige Span hat dabei seinen größten Querschnitt am (~~Anfang~~/ *Ende*) eines jeden Schnittes.

b) Als Gleichlauffräsen bezeichnet man einen Fräsvorgang, bei dem die Schnittbewegung und die Vorschubbewegung in (gleicher/~~entgegengesetzter~~) Richtung wirken.
Der kommaförmige Span hat dabei seinen größten Querschnitt am (Anfang/ *Ende*) eines jeden Schnittes.

7/6 a) Planfräsen b) Umfangsfräsen c) Gegenlauffräsen

Fräswerkzeuge

7/7 Beim Fräser Nr. 1 ist der Einstellwinkel der Schneidplatte halb so groß wie beim Fräser Nr. 2. Kleine Einstellwinkel sind für den Zerspannungsprozess günster, weil sich die Schnittbelastung auf einen längeren Schneidenanteil verteilt.

7/8 a) Werkstoff EN AC-AlCuMg 2 mit Fräsertyp W
Für weiche Werkstoffe benötigen die Fräser große Spanräume.

Werkstoff X 155 CrVMo 12-1 mit Fräsertyp H
Für harte Werkstoffe werden Fräser mit vielen Schneiden und kleinen Spanräumen eingesetzt.

7/9

Walzenstirnfräser	Planfräskopf
– für kleine ebene Flächen – Schneidenzahl: 4–12 – mittlere Oberflächengüte – geringe Zerspanleistung – Schneiden und Fräserkörper aus Schnellarbeitsstahl	– für große ebene Flächen – Schneidenzahl: 6–60 – hohe Oberflächengüte – sehr hohe Zerspanleistung – auswechselbare Schneidplättchen aus Hartmetall

7/10 Form 1: Langlochfräser; ein Zahn schneidet über Mitte (Zentrumsschnitt)
Die Bearbeitung kleiner Flächen, Nuten, Langlöcher und Taschen erfolgt durch Stirn-Umfangsfräsen, ein Eintauchen ins volle Material ist möglich.
Form 2: Schaftfräser ohne Zentrumsschnitt
Die Bearbeitung kleiner Flächen erfolgt durch Umfangsfräsen, ein Eintauchen ins volle Material ist nicht möglich.

7/11 Hartmetallbestückte Fräser ermöglichen sehr hohe Zerspanleistungen bei langen Standzeiten. Verschlissene Hartmetallplättchen werden ersetzt.
Hartmetallbestückte Fräser sind in der Anschaffung erheblich teuerer als HSS-Fräser, jedoch kann der Grundkörper des Fräsers lange eingesetzt werden.

7/12 Bei der Bearbeitung gekrümmter Oberflächen mit Kugelkopffräsern kommen zwar unterschiedliche Schneidenbereiche zum Einsatz, jedoch bleibt der Abstand zum Kugelmittelpunkt konstant.
Übergangsradien können direkt erzeugt werden.

7/13 Zirkulardurchmesser = (55 mm – 32 mm) : 2 = 11,5 mm

7/14 a) Profilfräser sind für Schruppbearbeitungen weniger geeignet. Die Schneidenherstellung durch Hinterdrehen ist aufwändig.

b) Beidseitig Kanten brechen, z. B. auf einer Stoßmaschine:

7/15 Auf einer Waagerechtfräsmaschine werden benötigt:
- für Flächen 1, 4 und 5 ein Walzen- oder Walzenstirnfräser,
- für Fläche 2 ein Scheibenfräser mit Umfangsschneiden in geeigneter Breite,
- für Fläche 3 ein Scheibenfräser dreiseitig schneidend in geeigneter Breite oder schmaler.

Spannzeuge für Werkzeuge auf Fräsmaschinen

7/16 Zur Steigerung der Werkstückqualität und zur Erhöhung der Standzeiten ist es erforderlich, dass Werkzeug und Werkzeugaufnahme eine möglichst kompakte Einheit bilden. Das kann auf verschiedene Arten erreicht werden, z. B. durch Schrumpffutter, Dehnspannfutter oder Polygonspannen.
Mit diesen Spannsystemen erreicht man eine schwingungsarme Bearbeitung. Man erzielt hohe Oberflächengüten und Maßgenauigkeiten.

7/17 a) In der CNC-Fertigung werden ausschließlich voreingestellte Werkzeuge eingesetzt, deren Kenngrößen in Werkzeugspeichern abgelegt sind und damit während des gesamten Fertigungsablaufs zur Verfügung stehen. Anhand der Werkzeugmaße werden die Zustellbewegungen geregelt.

b) Datenübermittlung erfolgt
- in kodierter Form über Etiketten oder einen Chip am Werkzeug,
- online für jedes Werkzeug vom Voreinstellgerät in Datenspeicher.

Positionieren und Spannen von Werkstücken auf Fräsmaschinen

7/18 **a)** Das Werkstück kann nicht an allen Anlageflächen der winkelförmigen Positionierelemente gleichzeitig anliegen.

b) Beispiel (Draufsicht)

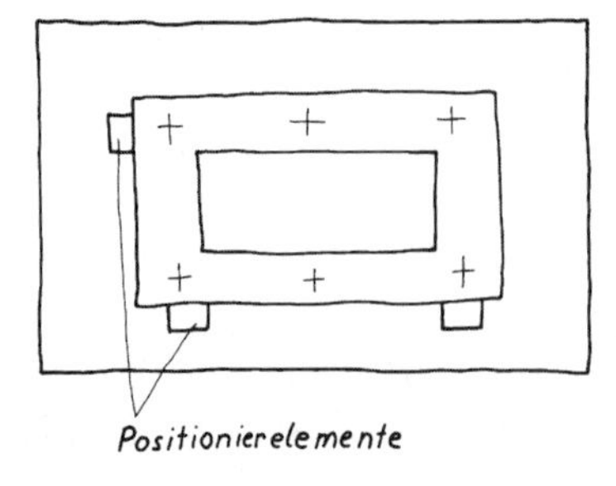

Im Beispiel wird durch größtmöglichen Abstand der Positionierelemente größte Lagegenauigkeit erzielt.

7/19

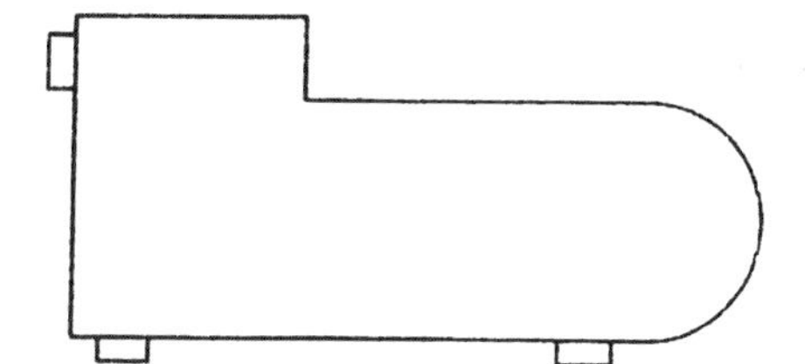

7/20 Da dieses Werkstück auf dem Maschinentisch gespannt werden soll, muss es zunächst entsprechend den Maschinenachsen ausgerichtet werden. Da das Werkstück eine gerade Kante besitzt, wird diese grob nach den Spannnuten des Maschinentischs ausgerichtet. Nach leichtem Anziehen der Spannelemente wird eine Lagekontrolle mithilfe der Messuhr durchgeführt und die Lage des Werkstücks entsprechend korrigiert und dann endgültig festgespannt.

7/21 ①

$$F_W + F_L = 30\ \text{kN}$$

(a)

$$F_L = 30\ \text{kN} - F_W$$

$$F_W \cdot a = F_L \cdot b$$

(a) eingesetzt:

$$F_W = \frac{(30\ \text{kN} - F_W) \cdot b}{a}$$

$$F_W = \frac{30\ \text{kN} \cdot 70 - F_W \cdot 70}{20}$$

$$20 \cdot F_W = 30\ \text{kN} \cdot 70 - F_W \cdot 70$$

$$20\ F_W + 70\ F_W = 30\ \text{kN} \cdot 70$$

$$90\ F_W = 30\ \text{kN} \cdot 70$$

②

$$F_W = \frac{2\,100\ \text{kN}}{90} = \underline{\underline{23{,}3\ \text{kN}}}$$

$$F_W + F_L = F$$

$$F_W = \underline{\underline{15\ \text{kN}}}$$

$$F_L = \underline{\underline{15\ \text{kN}}}$$

Unterschied der Spannkräfte = 23,3 kN – 15 kN = $\underline{\underline{8{,}3\ \text{kN}}}$

7/22 **a)** Der Aufnahmebolzen ist in drei Ebenen zu positionieren: Höhenlage, Lage in Längsrichtung und Festlegung der Drehbewegung um die Drehachse.

b)

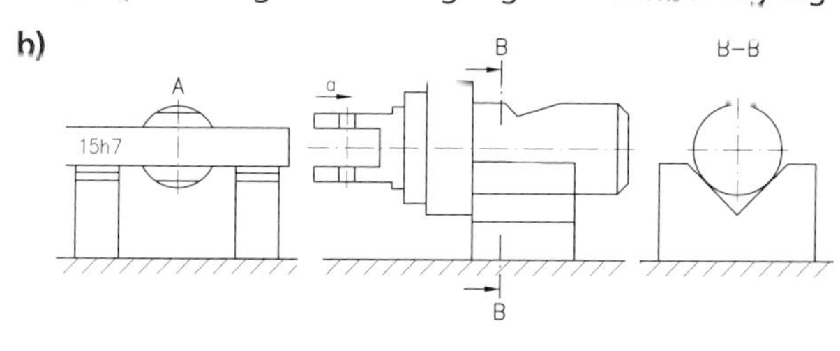

c) Teil 1: **Prisma** zur Höhenpositionierung und als Längsanschlag

Teil 2: **Endmaß 15h7 mit waagerechter Halterung** zur Positionierung in der zutreffenden Höhenlage der Drehbewegung um die Werkstückachse in der Gabelnut.

Teilen

7/23 Fräser, Zahnräder, fünf Bohrungen mit gleichen Abständen auf einem Lochkreis, Sechskantprisma, mehrgängige Schnecke

7/24

Anzahl der Rasten	Anzahl der Teilungen	Anzahl der zu verstellenden Rasten
36	3	12
36	4	9
36	6	6
36	9	4
36	12	3
36	18	2
36	36	1

Der Teiler gibt die Eckenzahl des n-Ecks an. Um die Anzahl der Teilabschnitte muss die Spindel weitergedreht werden.

7/25 a) $N_k = \frac{40}{T}$; $N_k = \frac{40}{34}$; $N_k = 1\frac{6}{34}$ Umdrehungen

Zunächst ist eine Umdrehung der Teilkurbel erforderlich.

b) Lochscheibe I und Kreis mit 17 Löchern

c) $\frac{6}{34} = \frac{3}{17}$

Es sind drei Lochabstände bei jeder Verstellung auf dem 17er-Lochkreis erforderlich.

7/26 a) $N_k = \frac{40}{T}$; $N_k = \frac{40}{15}$; $N_k = 2\frac{10}{15}$ Umdrehungen

Lochscheibe I und Lochkreis mit 15 Löchern

Es sind zwei ganze Umdrehungen der Teilkurbel und 10 Teilabstände auf dem 15er-Lochkreis erforderlich.

b) $N_k = \frac{40}{T}$; $N_k = \frac{40}{22}$; $N_k = 1\frac{1}{9}$ Umdrehungen

Lochhscheibe II und Lochkreis mit 33 Löchern

$\frac{9}{11} = \frac{27}{33}$

Es sind eine ganze Umdrehung der Teilkurbel und 27 Teilungen auf dem 33er-lochkreis erforderlich.

Bestimmen von Arbeitsgrößen zum Fräsen

7/27 a) $v_c = d \cdot \pi \cdot n$; $n = \frac{v_c}{d \cdot \pi}$; $n = \frac{120\ \text{m}}{\text{min} \cdot 0{,}2\ \text{m} \cdot \pi}$; $n = 191\ \frac{1}{\text{min}}$

b) $v_f = f_z \cdot z \cdot n$; $v_f = 0{,}1\ \text{mm} \cdot 16 \cdot 191\ \frac{1}{\text{min}}$; $v_f = 305{,}6\ \frac{1}{\text{min}}$

7/28 a) Mindestanlaufweg:

$l_a = \sqrt{d \cdot a_e - a_e^2}$; $l_a = \sqrt{125\ \text{mm} \cdot 8\ \text{mm} - (8\ \text{mm})^2}$; $l_a = 30{,}6\ \text{mm}$

b) Hauptnutzungszeit:

$n = \frac{v_c}{d \cdot \pi}$; $\quad n = \frac{30 \text{ m}}{\text{min} \cdot 0{,}125 \text{ m} \cdot \pi}$; $\quad \underline{n = 76 \frac{1}{\text{min}}}$

$v_f = z \cdot f_2 \cdot n$; $\quad v_f = 10 \cdot 0{,}1 \text{ mm} \cdot 78 \frac{1}{\text{min}}$; $\quad \underline{v_f = 76 \frac{\text{mm}}{\text{min}}}$

$t_h = \frac{i\,(l + l_a + l_ü)}{v_f}$; $\quad t_h = \frac{(450 \text{ mm} + 30{,}6 \text{ mm} + 2 \text{ mm}) \cdot \text{min}}{76 \text{ mm}}$; $\quad t_h = \underline{\underline{6{,}35 \text{ min}}}$

7/29 **a)** Schruppen: $f_z = 0{,}15$ mm

$v_c = 22{,}55 \frac{\text{m}}{\text{min}}$

Schlichten: $f_z = 0{,}075$ mm Mittelwerte lt. Tabelle

$v_c = 22{,}5 \frac{\text{m}}{\text{min}}$

b) Schruppen: $n = \frac{22{,}5 \text{ m}}{\text{min} \cdot 0{,}07 \text{ m} \cdot \pi}$; $\quad \underline{\underline{n = 102 \frac{1}{\text{min}}}}$

$v_f = z \cdot f_z \cdot n$; $\quad v_f = 10 \cdot 0{,}15 \text{ mm} \cdot 102 \frac{1}{\text{min}}$

$\underline{\underline{v_f = 153 \frac{\text{mm}}{\text{min}}}}$

Schlichten: $n = 102 \frac{1}{\text{min}}$

$v_1 = 10 \cdot 0{,}075 \text{ mm} \cdot 102 \frac{1}{\text{min}}$; $\quad \underline{\underline{v_f = 76{,}5 \frac{\text{mm}}{\text{min}}}}$

7/30 **a)** $v_v = 95 \frac{\text{m}}{\text{min}}$ Schruppen || $v_c = 110 \frac{\text{m}}{\text{min}}$ Schlichten

$f_z = 0{,}35$ mm || $f_z = 0{,}15$ mm

b) Schruppen: $n = \frac{95 \text{ m}}{\text{min} \cdot 0{,}1 \text{ m} \cdot \pi}$; $\quad \underline{\underline{n = 302 \frac{1}{\text{min}}}}$

$v_f = 8 \cdot 0{,}35 \text{ mm} \cdot 302 \frac{1}{\text{min}}$; $\quad \underline{\underline{v_f = 845{,}6 \frac{\text{mm}}{\text{min}}}}$

Schlichten: $n = \frac{110 \text{ m}}{\text{min} \cdot 0{,}1 \text{ m} \cdot \pi}$; $\quad \underline{\underline{n = 350 \frac{1}{\text{min}}}}$

$v_f = 8 \cdot 0{,}15 \text{ mm} \cdot 350 \frac{1}{\text{min}}$; $\quad \underline{\underline{v_f = 420 \frac{\text{mm}}{\text{min}}}}$

Hochgeschwindigkeitsfräsen (HSC)

7/31 Vorschub und Schnittgeschwindigkeit beim HSC-Fräsen sind für die einzelnen Werkstoffe und Werkzeuge von den Werkzeugherstellern in Versuchen optimal ermittelt. Veränderungen der Schnittdaten gegenüber den Herstellerempfehlungen kann eine geringere Standzeit des Werkzeugs verursachen.

7/32 Vorteile des HSC-Fräsens genüber dem Senkerodieren:
- Fertigen unmittelbar aus dem NC-Datensatz – keine Zusatzfertigung wie z. B. die Elektrode,
- kürzere Fertigungszeit und flexibler bei Konturänderungen, da Elektrodenanfertiung entfällt,
- keine „weiße" Schicht, die geringere Härte ausweist,
- auch Bearbeitung elektrisch nicht leitender Werkstoffe.

7/33 Herkömmliche CNC-Fräsmaschinen können nicht zu leistungsfähigen HSC-Fräsmaschinen umgerüstet werden. Die hohen Vorschubgeschwindigkeiten und die starken Beschleunigungen bei Richtungswechseln beim HSC-Fräsen erfordern erheblich steifere Maschinengestelle als übliche Fräsmachinen.
Direkte Vorschubantriebe durch Linearmotoren an HSC-Fräsmaschinen ergeben höhere Bahngenauigkeit als die üblichen Motoren und Getriebeeinheiten.
Auch die Steuerungen der HSC-Fräsmaschinen müssen wegen der schnelleren Bahnbewegungen kürzere Zykluszeiten aufweisen als übliche NC-Steuerungen.

7/34 Die Look-ahead-Funktion besagt, dass die Steuerung eine bestimmte Anzahl von Sätzen im Voraus berechnet und dabei die Werkzeugbahn und die Bearbeitungsgeschwindigkeit optimiert.

7/35 Grafit wird möglichst im Gegenlauf-Verfahren gefräst.

8 Fertigen mit Schleifmaschinen

8/1 a) A Trennschleifen
B Stirnschleifen
C Flächenschleifen

b) A Ablängen von Rohmaterial
B Schärfen eines Drehmeißels
C Schleifen einer ebenen Fläche

8/2 a)

	Anzahl der Schneiden	Größe von Keil- und Spanwinkel
Fräsen	bestimmte Anzahl	bestimmte Größe
Schleifen	unbestimmte Anzahl	unbestimmte Größe

8/3

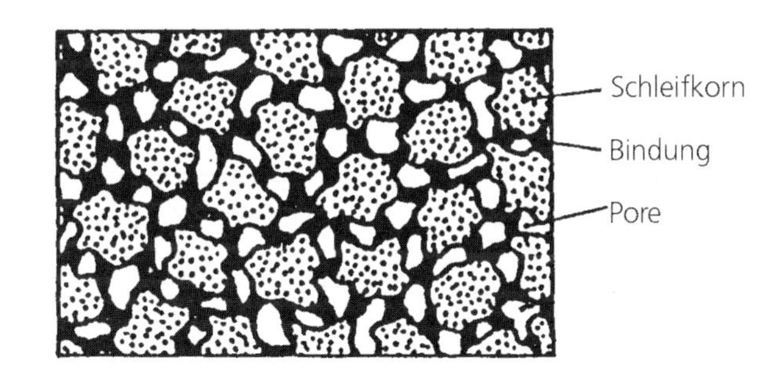

Schleifwerkzeuge

8/4 Normalkorund, Edelkorund, Siliciumkarbid, Diamant

8/5 a) Normalkorund und Edelkorund für Baustähle

b) Siliciumkarbid und Diamant für Hartmetalle

8/6 a) Die Körnung für Schleifmittel, mit Ausnahme von Diamant, wird durch eine Zahl gekennzeichnet, die der Anzahl der Siebmaschen auf 1 Zoll entspricht.

b) Die Körnung von Diamant wird durch ein D und eine Zahl angegeben, die in Mikrometern die Dicke der Diamantkörper angibt.

8/7 a) Korngröße 30 bis 60

b) Korngröße 150 bis 240

8/8

Einsatz der Schleifscheibe	Bindung	Kurzzeichen	Eigenschaften der Schleifscheibe
Maschinelles Schleifen für Werkstoffe mit mittlerer Festigkeit	keramische Bindung	V	unelastisch, porös empfindlich gegen Schlag, Stoß und seitlichen Druck
Feinstschleifen harter Werkstoffe	Kunstharzbindung	B	sehr elastische Bindung, von hoher Festigkeit
Trennschleifen	Kunstharzbindung faserverstärkt	BF	hohe Elastizität und Zähigkeit
Schleifen von Hartmetallen	Metallbindung	–	sehr hohe Festigkeit stoßempfindlich hohe Standzeit

8/9 „Unter der Härte einer Schleifscheibe versteht man ...
- die Widerstandskraft, den die Bindung dem Ausbrechen der Schleifkörner entgegensetzt."

8/10 Bei der Schleifbearbeitung von harten Werkstoffen werden die Schleifkörner (~~langsam~~/*schnell*) stumpf. Die Härte der Schleifscheibe muss daher (*gering*/~~groß~~) sein, damit die stumpfen Körner (~~langsam~~/*schnell*) ausbrechen.
Man bezeichnet in diesem Fall die Schleifscheibe als (*weich*/~~hart~~). Der große Kennbuchstabe für diese Härte steht mehr am (*Anfang*/~~Ende~~) des Alphabets.

8/11

	dichtes Gefüge	offenes Gefüge
Poranteil	(~~hoch~~/niedrig)	(hoch/~~niedrig~~)
abzutragende Spanmenge	(~~groß~~/klein)	(groß/~~klein~~)
Arbeitsverfahren	(~~Schruppen~~/Schlichten)	(Schruppen/~~Schlichten~~)
Oberflächengüte	(hoch/~~niedrig~~)	(~~hoch~~/niedrig)
zu bearbeitender Werkstoff	(hart/~~weich~~)	(~~hart~~/weich)
Kennziffer	(2/~~6~~)	(~~2~~/6)

8/12

Schleifkörper			
Benennung	gerade Schleifscheibe	Schleifteller	Schleifstift
Verwendungszweck	Plan-Rundschleifen	Scharfschleifen von Werkzeugen	Fertigschleifen von Formen

8/13 $v_c = d \cdot \pi \cdot n;$ $n = \frac{v_c}{d \cdot \pi};$ $n = \frac{25\ m}{s \cdot 0{,}2 \cdot \pi};$ $\underline{\underline{n = 2\,387 \frac{1}{min}}}$

8/14 Bei einem grünen Farbstreifen beträgt die zulässige Umfangsgeschwindigkeit 100 m/s.

8/15 Gerade Schleifscheibe mit

Normverweis	ISO 603-1
Form	1 gerade Scheibe
Außendurchmesser	180 mm
Scheibenbreite	15 mm
Bohrungsdurchmesser	45 mm
Schleifmittel	Siliciumkarbid
Körnung	fein
Härte	mittel
Gefüge	offen
Bindung	Kunstharzbindung
zulässige Umfangsgeschwindigkeit	50 m/s

8/16 Schleifscheiben müssen wegen ihrer hohen Umfangsgeschwindigkeiten vor dem Einsatz
- durch Klangprobe auf Risse geprüft werden,
- sorgfältig aufgespannt werden,
- ausgewuchtet werden,
- einen fünfminütigen Probelauf bestehen.

8/17 Beim Schleifvorgang werden Schleifkörner aus der Schleifscheibe herausgelöst und kleinste Spänchen von dem Werkstück abgetragen. Aufgrund der hohen Umfangsgeschwindigkeit sprühen diese Partikel tangential von der Schleifscheibe ab. Beim Auftreffen auf das Auge brennen sich diese Teilchen in die Bindehaut ein. Eisenspänchen beginnen zu rosten. Das Auge kann nur noch durch ein schnelles Aufsuchen des Augenarztes vor weiteren Schäden bewahrt werden.

8/18 a) Flache Werkstücke oder Werkstücke mit kleinem Durchmesser können vom Schleifstein in den Spalt zwischen Schleifstein und Auflage gezogen werden. Die Finger können dadurch vom Werkstück gegen den Schleifstein gepresst werden, was zu Verletzungen führt. – Außerdem kann bei einem kegelig zulaufenden Werkstück, wie z. B. einer Reißnadel, durch die Keilwirkung der Schleifstein zum Zerspringen gebracht werden, was zu einer Gefährdung des Schleifers und seiner Umgebung führt.

b) Der Schleifstein muss neu abgerichtet und die Schleifauflage muss nachgestellt werden (max. Abstand = 3 mm).

8/19 Durch Abrichten erhält man auf der Schleiffläche der Schleifscheibe scharfe Schleifkörner und die Schleifscheibe ist wieder rund.

8/20 a) Schleifscheiben werden mit Abrichtrollen oder Abrichtdiamanten nachgearbeitet.

b) Die ungleichmäßig abgenutzte oder zugesetzte Schleifscheibe wird mit dem Abrichtgerät so lange abgetragen, bis der Schleifstein wieder rund und die Schleiffläche formgenau ist.

Arbeitsverfahren auf Schleifmaschinen

8/21 a), b) und c)

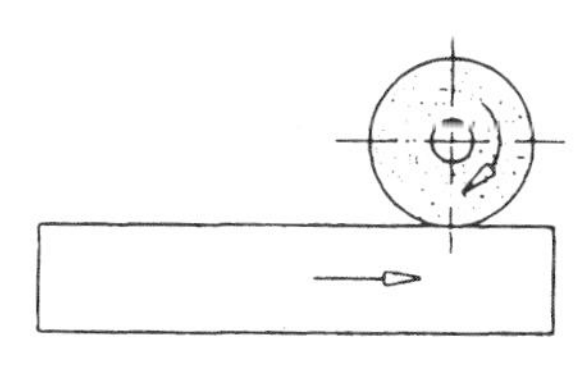

Umfangs-Planschleifen

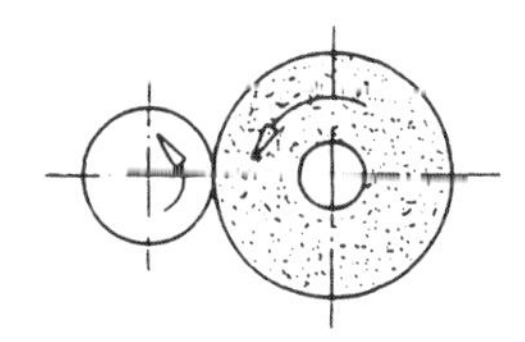

Außen-Rundschleifen

d) Beim Rundschleifen ergibt sich die Schnittbewegung aus der Überlagerung der Drehbewegung des Schleifsteins und der Drehbewegung des Werkstücks. Da beide Drehbewegungen gegenläufig sind, errechnet sich die Schnittgeschwindigkeit aus der Summe beider Umfangsgeschwindigkeiten.

8/22 a)

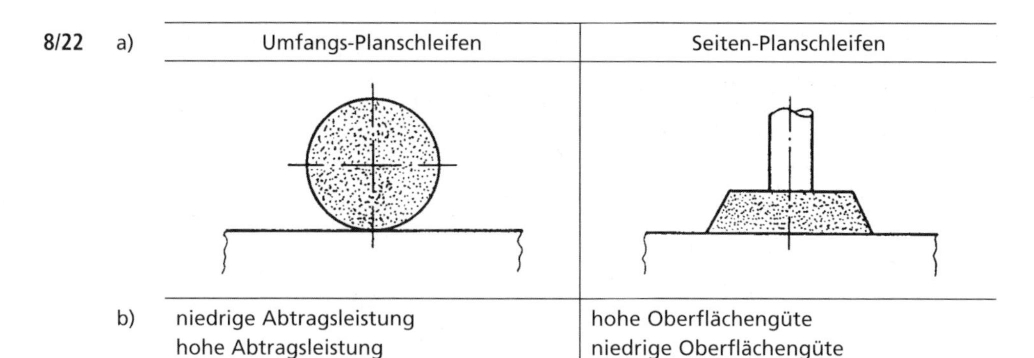

Umfangs-Planschleifen	Seiten-Planschleifen

b)

niedrige Abtragsleistung hohe Abtragsleistung	hohe Oberflächengüte niedrige Oberflächengüte

8/23

1 = Schnittbewegung
2 = Längsvorschubbewegung
3 = Quervorschubbewegung
4 = Zustellbewegung

8/24 a) Planschleifmaschine mit Langtisch

b) Der Werkstücktisch ist als Langtisch mit magnetischer Aufspannung für die Werkstücke ausgeführt. Die Schleifspindel liegt horizontal und damit parallel zur Aufspannfläche.

8/25

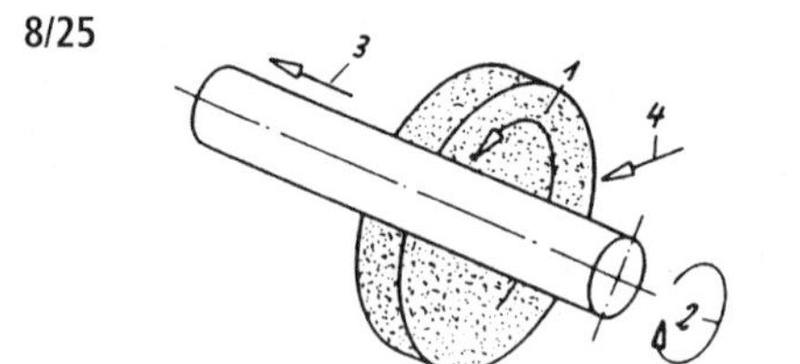

1 = Drehbewegung des Schleifsteins
2 = Drehbewegung des Werkstücks
3 = Längsvorschubbewegung
4 = Zustellbewegung

8/26 Quer-Außen-Profilschleifen

8/27 „Beim spitzenlosen Außenrundschleifen läuft die Schleifscheibe mit (*größerer*/~~kleinerer~~) Geschwindigkeit als die (~~größerer~~/*kleinere*) Regelscheibe. Die (~~härtere Schleifscheibe~~/*weichere Regelscheibe*) bremst die Drehbewegung des Werkstücks und erteilt durch ihre Neigung dem Werkstück die (~~Schnittbewegung~~/*Vorschubbewegung*). Dieses Schleifverfahren ist besonders für (*kurze*/*lange*) Werkstücke mit (~~großem~~/*kleinem*) Durchmesser geeignet."

8/28

a) Einflussfaktor	b) Auswahl
Körnung	gering
Härte	groß
Zustellung	gering
Vorschubgeschwindigkeit	gering
Geschwindigkeitsverhältnis v_c / v_f	groß

8/29 Rundschleifmaschine:

	Bewegungen	Maschinenteile
a)	Schnittbewegung	Längsvorschubbewegung
b)	Zustellbewegung	Schleifspindel, Werkstückspindel
c)	Werkstückschlitten	Schleifspindelstock

8/30 $n = \frac{v_c}{d \cdot \pi}$; $n = \frac{35 \text{ m} \cdot 60 \text{ s}}{\text{s} \cdot 0{,}25 \text{ m} \cdot p \cdot \text{min}}$; $n = 2\,675 \frac{1}{\text{min}}$

8/31 $d = \frac{v_c}{n \cdot \pi}$; $d_{max} = \frac{30\,000 \text{ mm} \cdot \text{min} \cdot 60 \text{ s}}{\text{s} \cdot 2\,800 \cdot p \cdot \text{min}}$; $d_{max} = 205 \text{ mm}$

$d_{min} = \frac{20\,000 \text{ mm} \cdot \text{min} \cdot 60 \text{ s}}{\text{s} \cdot 2\,800 \cdot p \cdot \text{min}}$; $d_{min} = 136 \text{ mm}$

8/32 a) $v_{Schl} = d_{Schl} \cdot \pi \cdot n_{Schl}$; $V_{Schl} = \frac{0{,}2 \text{ m} \cdot \pi \cdot 3\,000 \cdot \text{min}}{60 \text{ s} \cdot \text{min}}$; $v_{Schl} = 31{,}4 \frac{\text{m}}{\text{s}}$

b) $v_W = d_W \cdot \pi \cdot n_W$; $V_W = \frac{0{,}08 \text{ m} \cdot \pi \cdot 60 \cdot \text{min}}{60 \text{ s} \cdot \text{min}}$; $v_W = 0{,}25 \frac{\text{m}}{\text{s}}$

9 Abtragende Fertigungsverfahren

Autogenes Brennschneiden

9/1 Autogenes Brennschneiden ist ein (*thermochemisches*/~~elektrochemisch~~) Abtragen, bei dem die Trennstelle (~~durch chemische Einwirkung aufgelöst~~/*durch eine Heizflamme vorgewärmt*), sodass unter (~~dem Druck einer Schnittkante~~/*der Einwirkung eines Sauerstoffstrahls*) eine vollständige Werkstofftrennung erfolgt. Der Werkstoff an der Trennstelle (*oxidiert*/~~wird geätzt~~), und er wird durch den Druck (~~der Heizflamme~~/*des Sauerstoffstrahls*) aus der Trennfuge entfernt.

9/2 a)

Schneidbrenner

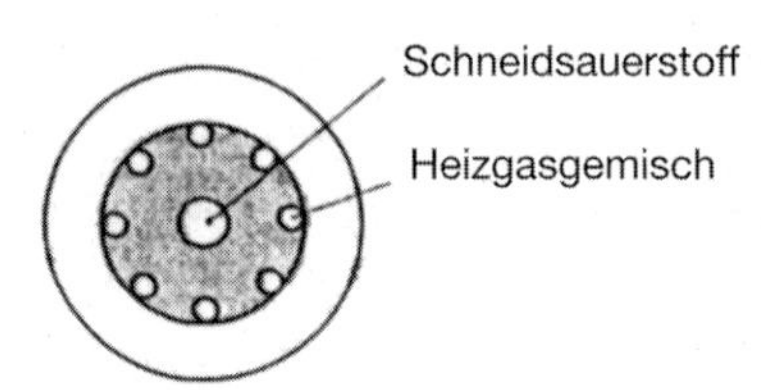

b) Das Heizgasgemisch dient zum Vorwärmen des Werkstückstoffes auf Entzündungstemperatur.
Der Schneidesauerstoff entzündet und verbrennt den zu trennenden Werkstoff.

9/3 Eine Eignung zum Brennschneiden ist vorhanden:
- wenn die Entzündungstemperatur des Metalls im Sauerstoffstrahl deutlich niedriger ist als seine Schmelztemperatur,
- wenn die Wärmeleitfähigkeit des Metalls gering ist, sodass die durch Vorwärmen und Oxidation aufgebrachte Wärme nur langsam von der Trennstelle abgeleitet wird.

9/4

Geeignet	Begrenzt geeignet (mit Vorwärmen)	Ungeeignet
17 Cr Ni Mo 6 20 Mn Cr 5	C 55 60 Si Mn 5 E 360 (St 70) X 40 Cr Mn 6-6-8	x 6 Cr Ni Mo Ti 17-12-2

9/5

Brennschneidmaschine: CNC						Gasart: Acetylen		
Auftrags-Nr.	Werkstoff	Rohteilmaße in mm	Schneiddicke in mm	Düsen Schneiddüse Nr.	Düsen Heizdüse Nr.	Brennerabstand in mm	Vorwärmen ja	Vorwärmen nein
1	S235 (St37)	520x370x15	15	3	1	5		x
2	E295 (St50)	o100x185Lg	100	7	1	8		x
3	20MoCr4	600x600x760	160	8	2	20		x
4	30CrNiMo8	1200x480x30	30	4	1	6	x	

9/6 a) – Brennschneiddüsen: Schneiddüse-Nr. 3
Heizdüse-Nr. 1
– Brennerabstand zum Werkstück 5 mm
– Heizflammeneinstellung: Acetylendruck 0,3 – 0,4 bar
Heizsauerstoffdruck 3,0 bar
– Schneidsauerstoffdruck 5,0 bar
– Schneidgeschwindigkeit 700 mm/min

b) Bearbeitungszugabe: $0{,}1 \cdot s = \underline{1\ \text{mm}}$

Rohdurchmesser: $d_{Roh} = 615\ \text{mm} + 2 \cdot 1\ \text{mm}$; $d_{Roh} = \underline{\underline{617\ \text{mm}}}$
Schnittfugenbreite: $b = \underline{1{,}5\ \text{mm}}$

c) $L = 24 \cdot d_{Roh} \cdot \pi$; $L = 24 \cdot 0{,}617\ \text{m} \cdot \pi$; $L = \underline{\underline{46{,}521\ \text{m}}}$

$t = \frac{\frac{1}{3} \cdot L}{v}$; $t = \frac{\frac{1}{3} \cdot 46{,}521\ \text{m}}{0{,}7\ \text{m/min}}$; $t = \underline{\underline{22{,}15\ \text{min}}}$ oder $t = \underline{\underline{0{,}37\ \text{h}}}$

e) Verbrauch je Brenner:
– Acetylen $0{,}37\ \text{h} \cdot 0{,}41\ \text{m}^3/\text{h} = \underline{\underline{0{,}152\ \text{m}^3}}$
– Heizsauerstoff $0{,}37\ \text{h} \cdot 0{,}53\ \text{m}^3/\text{h} = \underline{\underline{0{,}196\ \text{m}^3}}$
– Schneidsauerstoff $0{,}37\ \text{h} \cdot 1{,}2\ \text{m}^3/\text{h} = \underline{\underline{0{,}444\ \text{m}^3}}$
Gesamt-Sauerstoff $= \underline{\underline{0{,}640\ \text{m}^3}}$

Verbrauch für 3 Brenner:
– Acetylen $3 \cdot 0{,}152\ \text{m}^3 = \underline{\underline{0{,}456\ \text{m}^3}}$
– Sauerstoff $3 \cdot 0{,}640\ \text{m}^3 = \underline{\underline{1{,}92\ \text{m}^3}}$

9/7

Schnittfehler			**Ursache**
Bild (1):	starker Riefennachlauf	⇐	Vorschub zu schnell
	teilweise Kantenanschmelzung	⇐	Heizflamme zu stark oder zu nahe
Bild (2):	sehr starke Schlackenbildung	⇐	Vorschub zu langsam
	Kantenanschmelzung	⇐	Heizflamme zu stark
Bild (3):	gute Brennschnittfläche		

9/8 a) Richtig sind die Aussagen: 2; 4; 8; 9; 10

b) 1 Der Transport der Gasflaschen zum Brennschneiden darf **nicht** von einem Kran mit Elektromagnetgreifer durchgeführt werden.

3 Den Schneidbrenner mit gezündeter Heizflamme **darf** man **nicht** an die Gasflaschen hängen.

5 Ein stark mit Fett verschmutzter Arbeitsanzug stellt beim Brennschneiden **eine große** Gefahr dar, **da das Fett leicht entzündlich ist**.

6 Ein Arbeitsanzug aus **Baumwolle** ist bei Brennschneidearbeiten gut geeignet, weil er **schwer entflammbar** gemacht werden kann.

7 Beim Brennschneiden mit einem Handschneidbrenner kann auf das Tragen von Schutzhandschuhen **nicht** verzichtet werden, **da sie vor Spritzern und Wärme schützen**.

Plasmaschneiden

9/9 Erklärung von „Plasma" für Laien

Ein Plasma ist ein besonderer Zustand eines Gases. Der Plasmaschneidanlage wird Arbeitsgas zugeführt. Man erzielt in einem Plasmabrenner im Arbeitsgas durch einen elektrischen Lichtbogen so viel Energie, dass es infolge der starken Temperaturerhöhung in atomare Grundbausteinchen – es sind Elekronen und Ionen – zerfällt. Diese treten dann als elektrische Ladungsträger in Funktion und machen das Plasmagas elektrisch leitend. Jetzt wird der Hauptlichtbogen zum Werkstück hin übertragen. Bei der Umwandlung des ursprunglichen Gases in das Gemisch aus Elektronen, Ionen und noch neutralen Gasteilchen wird die Temperatur des Gemisches zusätzlich erhöht (bis 30 000 °C).

9/10 (3) Wolframelektrode (6) Düse (4) Arbeitsgas (5) Kühlwasser
(2) Pilotstromquelle (1) Schneidstromquelle (8) Plasmastrahl (7) Heißgasmantel

9/11 a)
- Druck des Plasmagases = $\underline{\underline{5–7 \text{ bar}}}$
- Stromstärke = $\underline{\underline{30 \text{ A}}}$
- Volumenstrom des Plasmagases = $\underline{\underline{12–18 \text{ l/mm}}}$

b) Vorschubgeschwindigkeit = 1,8 m/min
(Bei Zunahme der Blechdicke von 0,8 mm auf 2 mm nimmt die Vorschubgeschwindigkeit gleichmäßig von 2,2 m/min auf 1 m/min ab.)

c) $L = b_a + b_i + 2 \cdot (R_a - R_i)$

$b_a = \frac{2 \cdot R_a \cdot \pi \cdot \alpha°}{360°}$; $b_a = \frac{2 \cdot 0{,}552 \text{ m} \cdot \pi \cdot 155°}{360°}$; $b_a = \underline{\underline{1{,}493 \text{ m}}}$

$b_i = \frac{2 \cdot R_i \cdot \pi \cdot \alpha°}{360°}$; $b_a = \frac{2 \cdot 0{,}265 \text{ m} \cdot \pi \cdot 155°}{360°}$; $b_i = \underline{\underline{0{,}717 \text{ m}}}$

$L = 1{,}493 \text{ m} + 0{,}717 \text{ m} + 2 \cdot (0{,}552 \text{ m} - 0{,}265 \text{ m})$; $L = \underline{\underline{2{,}784 \text{ m}}}$

$t_h = \frac{8 \cdot L}{v}$; $t_h = \frac{8 \cdot 2{,}784 \text{ m}}{1{,}8 \text{ m/min}}$; $t_h = \underline{\underline{12{,}37 \text{ min}}}$

9/12 a)
- Schutz durch schwer entflammbaren Arbeitsanzug mit Lederbesatz auf den Ärmeln, Lederschürze, Lederhandschuhe, Sicherheitsschuhe, Gamaschen, Schutzbrille, Schutzhelm
- Lederschürze, Sicherheitsschuhe

b) – durch energiereiche UV-Strahlung und Wärmestrahlung
<-> Schutz durch Kleidung und Schutzbrille mit Filtergläsern oder Schutzschild
– durch Gasentwicklung (Stickstoffoxide, Ozon)
<-> Schutz durch eine Absauganlage oder durch Atemschutzmaske
– durch Lärmbelästigung als Folge der hohen Strömungsgeschwindigkeiten der austretenden Gase
<-> Schutz durch Kapselgehörschützer oder Ohrstöpsel

Trennen mit Laserstrahl

9/13

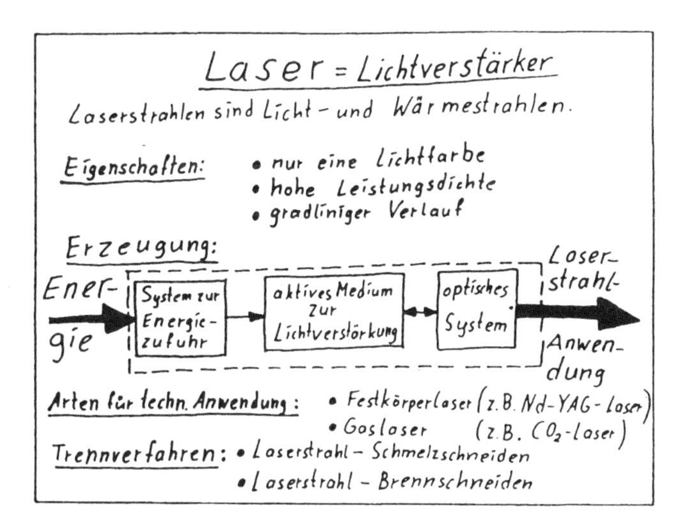

9/14

	Laserstrahl-Schmelzschneiden	Laserstrahl-Brennschneiden
Art des zugeführten Gases	inertes oder reaktionsträges Gas	Sauerstoff
Aufgabe des zugeführten Gases	Ausblasen der Werkstoffteilchen	Verbrennen und Ausblasen der Werkstoffteilchen
Höhe der Werkstofferwärmung	Schmelztemperatur des Werkstoffes	Entzündungstemperatur des Werkstoffes
Ausgeblasener Stoff	geschmolzener Werkstoff	oxidierter (verbrannter) Werkstoff
Trennbare Werkstoffe	metallische und bestimmte nichtmetallische Werkstoffe	metallische Werkstoffe

9/15 Stranggussbarren: durch autogenes Brennschneiden
Gründe: geeigneter Werkstoff, große Werkstückdicke, Ebenheit und Rechtwinkligkeit der Schnittfläche
Rohrausschnitt: durch Plasmaschneiden von Hand
Gründe: kostengünstig, Einzelfertigung, für die Verwendung ausreichende Schnittflächenausbildung
Verkleidungsblech: durch Laserstrahlbrennschneiden mit CNC-gesteuerter Anlage
Gründe: hohe Stückzahl, geringe Blechdicke, komplizierter Schnittlinienverlauf, entfallende Nacharbeit, kaum Wärmeverzug

Funkenerosives Abtragen

9/16 Funkenerosives Abtragen bietet gegenüber spanenden Verfahren folgende Vorzüge:
- Abtragen von Werkstoffen mit hoher Festigkeit und Härte,
- Herstellung komplizierter Werkstückformen mit einfach herzustellenden Werkzeugen,
- Erzielung hoher Form- und Maßgenauigkeit.

9/17 In einer Funkenerosionsanlage werden Werkstück und Werkzeug als Pole eines Gleichstromkreises geschaltet. Zwischen Werkstück und Werkzeug bleibt ein Spalt, welcher von einer elektrisch nicht leitenden Flüssigkeit durchspült wird. Durch eine periodische Funkenentladung erfolgt ein Werkstoffabtrag durch Aufschmelzen und Verdampfen räumlich begrenzter Werkstückbereiche.

9/18 Ein Gleichstrom~Impulsgenerator erzeugt bis 1 000 000 Stromimpulse. Diese bewirken an den engsten Stellen des bis zu 0,1 mm breiten Spaltes zwischen Werkzeug und Werkstück über das Dielektrikum eine Funkenentladung.

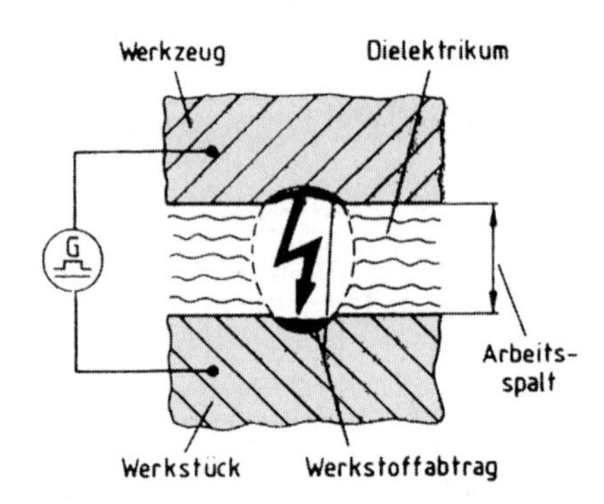

9/19 formabbildende Verfahren

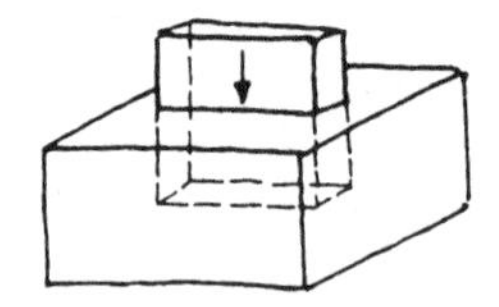

- spezielle Formelektrode
- Vorschub in eine Richtung

formerzeugende Verfahren

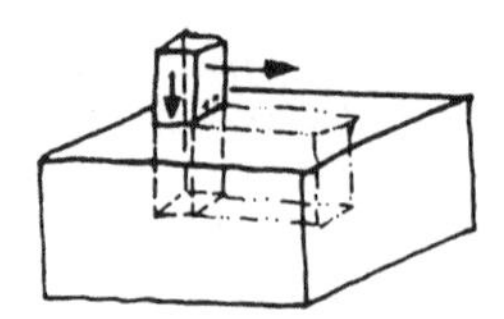

- handelsübliche Elektrodenform
- Vorschub in mehrere Richtungen

9/20 Bearbeitungszyklus
(zylindrisch aufweiten)

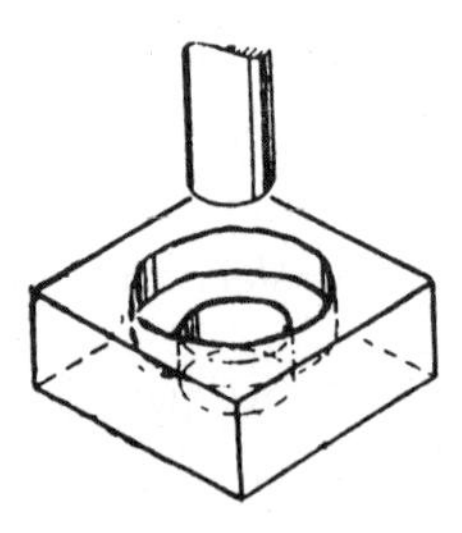

Planetärerosion

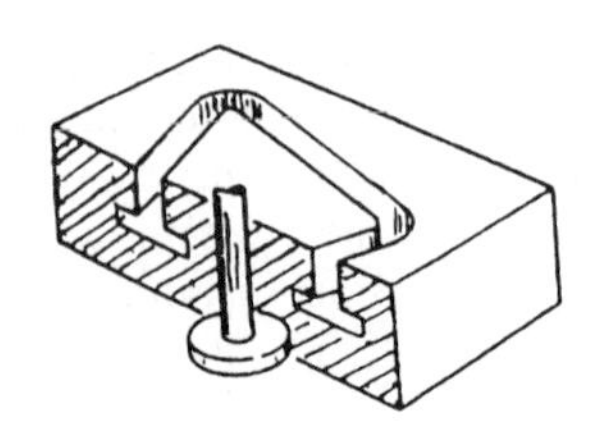

9/21 a)

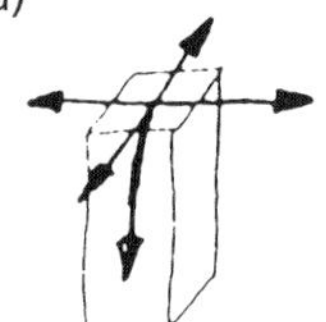

b)

c)

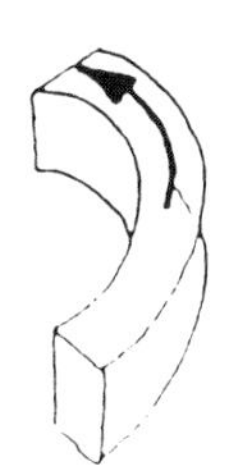

9/22 Es wird lediglich der Werkstoff im Schneidspalt durch Funkenentladung abgetragen und nicht der gesamte Werkstoff des zu erzeugenden Hohlraums. Daraus ergibt sich:

- der Einsatz eines einfachen Werkzeugs (Draht),
- eine große Energieersparnis und
- eine kürzere Bearbeitungszeit.

9/23 a)

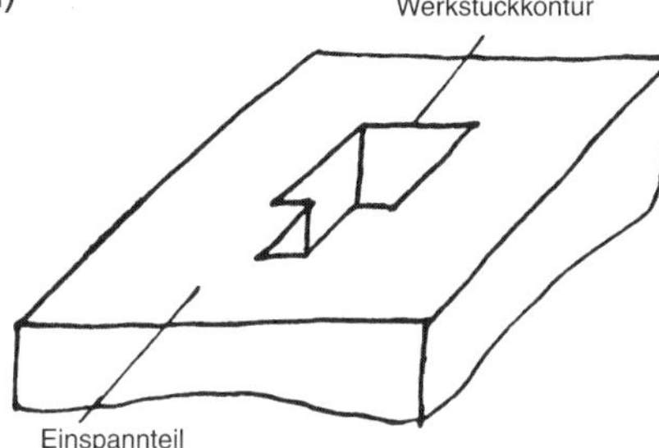

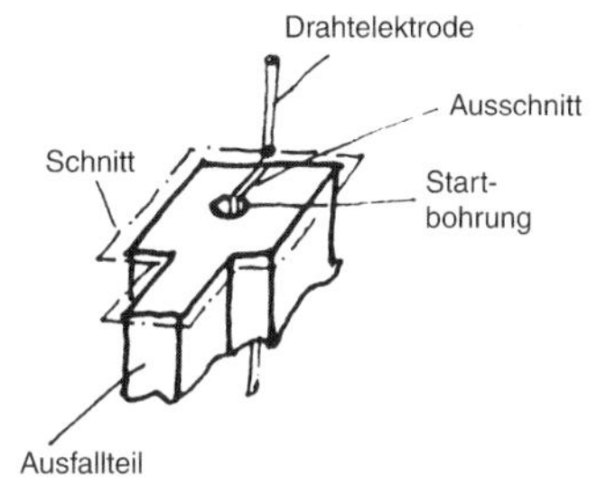

b) Eine Platte mit Startbohrung wird auf den Tisch einer Drahterodiermaschine gespannt. Die Startbohrung befindet sich innerhalb des Ausfallteils. Der Draht wird durch die Startbohrung geführt und dann in die Drahttransporteinrichtung eingelegt.
Der Erodierprozess wird gestartet. Zunächst wird der Draht auf einer programmierten Bahn an die Kontur herangeführt, sodass ein Anschnitt entsteht. Anschließend wird die Kontur programmgesteuert erodiert.

9/24 Zur Fertigung der Verstellmutter kann in folgenden Schritten vorgegangen werden:

1. Außenkontur durch funkenerosives Schneiden aus einem quadratischen Rohling ausschneiden.
2. Kernloch durch funkenerosives Senken mit einer zylindrischen Elektrode formabbildend herstellen.
3. Gewindegänge durch kreisendes planetäres Aufweiten ergänzen.

Hinweis: Die Arbeitsgänge 2 und 3 können mit einer entsprechenden Elektrode auch gleichzeitig ausgeführt werden.

10 Fertigungsverfahren des Urformens

10/1 Beispiele: Zylinderkopf, Maschinenständer, Getriebegehäuse;
Werkstoffe: Aluminium

10/2 Gießen und Sintern

Beim **Gießen** werden geschmolzene Metalle oder Kunststoffe in Formen gefüllt, in denen sie zu festen Werkstücken erstarren.

Beim **Sintern** werden Metallpulver in Formen gefüllt, in denen sie unter hohem Druck und großer Wärme zu festen Bauteilen „zusammenbacken".

Urformen durch Gießen

10/3 a) Verlorene Form = Form zum einmaligen Abgießen eines Gussteils
Dauerform = Form zum mehrmaligen Abgießen von Werkstücken

b) Verlorene Formen sind meist Sandformen, Dauerformen sind meist Metallformen.

10/4 a) 1 Bearbeitungszugabe
2 Kern
3 Kernmarke
4 Formschräge
5 Teilungsebene

b) Hohlräume werden in Gussstücken durch Kerne erzeugt.

c) Die Kernmarken am Modell erzeugen in der Form die Lagerstellen für Kerne.

d) Die Formschrägen machen ein Herausheben des Modells aus der Form möglich, ohne die Form zu beschädigen.

e) Schwindmaß für Gusseisen: 1 %

f) Durchmesser des Modells = 250 mm + 2,5 mm = 252,5 mm

g) Werkstoffe für Modelle: Holz, Kunststoff oder Metall

10/5

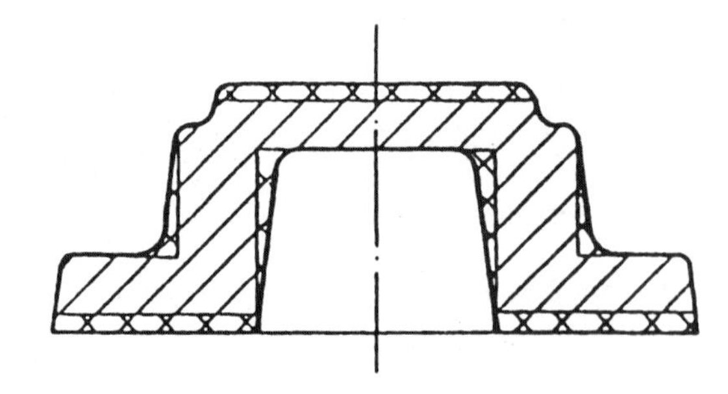

10/6 – Das Unterkastenmodell wird auf den Aufstampfboden gelegt, Formsand in den Kasten gefüllt und der Sand festgestampft.

– Der Unterkasten wird gewendet.

– Das Oberkastenmodell und das Modell für den Einguss werden auf die Unterkastenhälfte aufgesetzt. Der Oberkasten wird aufgesetzt und aufgestampft.

– Die aufgestampften Formhälften werden getrennt, die Modellhälften werden aus der Form gehoben.

– Lauf und Anschnitt werden hergestellt. Der Kern, der im Kernkasten hergestellt wurde, wird in den Formhohlraum gelegt.

– Oberkasten und Unterkasten werden zusammengelegt und beschwert. Die Form wird abgegossen.

10/7 a) 1 = Einguss 4 = Werkstück
2 = Lauf 5 = Grat
3 = Speiser

b) Nach dem Erstarren und Abkühlen wird das Werkstück aus der Form entnommen; dann werden Einguss, Lauf, Speiser und Grat abgetrennt.

10/8 Formschrägen und Formteilung entfallen

10/9

	Maskenformguss	Wachsausschmelzverfahren
– Modellwerkstoff	Metall	Wachs
– Wiederverwendbarkeit des Modells	ja	nein
– Anzahl der gleichzeitig hergestellten Gussteile	eins	mehrere

– Herstellungsverfahren der Form:
Beim **Maskenformverfahren** wird der mit Kunstharz gemischte Formsand auf vorgeheizten Modellplatten in einer bis zu 20 mm dicken Schicht erhärtet. Nach Entfernen des nicht ausgehärteten Formstoffs und Aushärten der Rückseite erhält man schalenförmige Formhälften. Diese werden zur fertigen Form zusammengeklebt oder verklammert.
Beim **Wachsausschmelzverfahren** wird für jedes Werkstück ein Modell aus Wachs hergestellt. Mehrere Modelle werden auf ein Eingussmodell aus Wachs zu einer Traube montiert. Diese Traube wird mehrfach in aufgeschlämmten Formstoff getaucht und getrocknet, bis eine stabile Schale entstanden ist. Die Traube wird mit dem Einguss nach unten erwärmt, sodass das Wachs schmilzt, aus der Form läuft und die Form aushärtet.

Urformverfahren für Kunststoffe

10/10

	Spritzgießen	Extrudieren
Verfahrensablauf	– dreistufig 1. Plastifizieren des Granulates bei drehender Schnecke 2. Spritzen bei Stillstand der Schnecke 3. Entnehmen des Werkstückes aus der Form	– kontinuierliches Plastifizieren des Kunststoffes und Formgeben im Werkzeug
herzustellende Werkstücke	Einzelteile beliebiger Form. Die Größe ist durch die Form und das Spritzvolumen der Maschine begrenzt.	Strangartige Bauteile mit konstantem Querschnitt und beliebiger Länge.
zu verarbeitende Kunststoffe	Thermoplaste	Thermoplaste

10/11 Bei der Herstellung von Steckdosen wird Kunststoffpulver in Metallformen gefüllt und durch einen Stempel unter hohen Druck zu Formkörpern gepresst. Diese härten in der beheizten Form zu duroplastischen Werkstücken aus.

Urformen durch Sintern

10/12 Durch Pressen;
durch Adhäsion und teilweises Verhaken

10/13 Beim Sintern wird aus formlosen metallischen Pulvern unter hohem Druck und Wärmeeinwirkung ein Werkstück gefertigt.

10/14

	Sintern	Gießen in Sandformen
Art des formlosen Stoffes	Metallpulver	Metallschmelze
Art der Form	mehrteilige Dauerform aus Metall	verlorene Sandform
Maß- und Formgenauigkeit	hoch	gering
Werkstoffverluste	keine	hohe, jedoch einschmelzbar
Aufwand an Maschinen und Geräten bei der Fertigung	sehr hoch	gering
Anwendung	kleinere Formkörper in großen Stückzahlen	komplizierte Werkstückformen in Einzel- und Serienfertigung

11 Fertigungsverfahren des Umformens

11/1 U-Profil: Walzen, Strangpressen
Rundmaterial: Walzen, Strangpressen, Ziehen
Sechskant: Strangpressen, Ziehen

11/2 Strangpressen, Ziehen

11/3 Beim Umformen werden Werkstücke unter Beibehaltung des Volumens plastisch verformt, wobei der Werkstoffzusammenhalt erhalten bleibt.

11/4 a) Probenlänge nach Entlastung gleich der Anfangslänge

b) Probenlänge nach Entlastung größer als Anfangslänge

11/5 a) Die Körner werden gestreckt, es treten keine Platzwechsel der Atome ein. Nach der Entlastung besteht wieder der alte Zustand.

b) Es treten Platzwechsel der Atome in den Körnern ein. Nach der Entlastung bleibt der neue Zustand erhalten.

11/6 a) Gummi besitzt eine große elastische Verformungsfähigkeit, ist jedoch nicht plastisch verformbar;
Gusseisen besitzt (praktisch) keine plastische Verformungsfähigkeit.

b) Abnehmende Eignung zum Umformen. – Kupfer; – S235 (St37); – E 360 (St70)

c) Gut umformbar sind Werkstoffe, die sich bei geringer Spannung stark bleibend dehnen; bei Werkstoffen mit hoher Festigkeit müssen für geringe Dehnungen hohe Kräfte aufgewendet werden.

11/7 Starkes Umformen großer Werkstücke aus Stahl kann nur als Warmumformen durchgeführt werden, da andernfalls extrem hohe Kräfte und Rekristallisationsvorgänge erforderlich wären.

11/8 Beim Kaltziehen erfolgt eine Kaltverfestigung des Werkstoffs; die Festigkeit nimmt zu, die Dehnbarkeit sinkt.

11/9 Die Festigkeitssteigerung erfolgt aufgrund der starken Kornumformung, welche ein Verspannen und Verkeilen der Körner bewirkt.

11/10
- Wickeln einer Zugfeder
- Ausbeulen eines Autokotflügels
- Biegen eines Kastens aus 1-mm-Blech

11/11 a) Die Temperatur, bei der in einem veränderten Metallgefüge eine Kornneubildung erfolgt, heißt Rekristallisationstemperatur.

b) Al bei 420 °C – oberhalb der Rekristallisationstemperatur
Stahl bei 420 °C – unterhalb der Rekristallisationstemperatur

Bei Al entsteht ein neues Gefüge, bei Stahl nicht.

Biegen von Blechen und Rohren

11/12 $F_1 \cdot l_1 = F_2 \cdot l_2$; $F_2 = \frac{F_1 \cdot l_1}{l_2}$; $F_2 = \frac{150\ \text{N} \cdot 200\ \text{mm}}{375\ \text{mm}}$; $F_2 = \underline{\underline{80\ \text{N}}}$

11/13 a), b) und c)

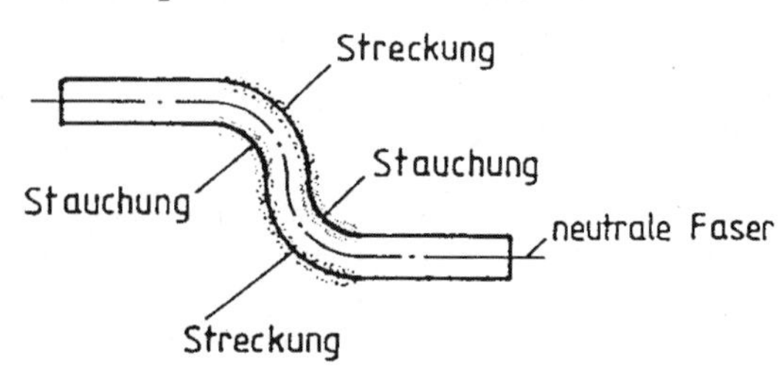

11/14 Die neutrale Faser ist die Werkstoffschicht, die beim Biegen keine Längenänderung erfährt. Sie ist die Grenze zwischen zug- und druckspannungbelastetem Querschnitt.

11/15

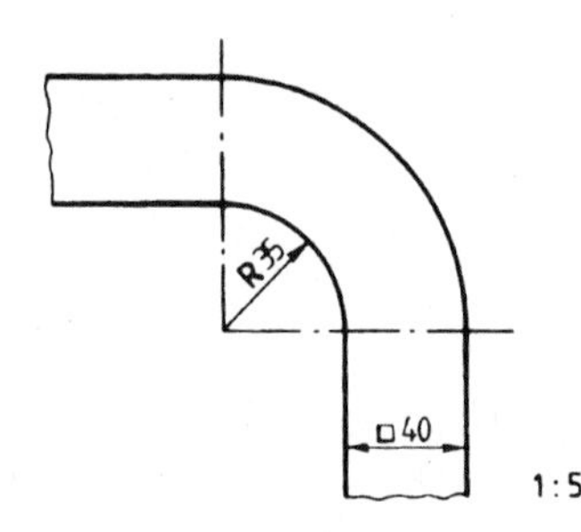

11/16 a) Beim Überschreiten können Risse entstehen.

b) Bei kleinem Biegeradius wird der Werkstoff stärker gedehnt; weiche Werkstoffe lassen eine hohe Dehnung zu.

11/17 a) $R = 2 \cdot 8$ mm; $R = 16$ mm
b) $R = 2 \cdot 30$ mm; $R = 60$ mm

11/18 a) Plastische Formänderung

b) Elastische Formänderung

c) Der Biegewinkel muss in Versuchen ermittelt werden.

11/19 a) Versuchsergebnisse bei Stahlblech (Idealwerte):

s in mm	0,2	0,4	0,6	0,8	1,0	1,5	2,0
α_R in °	≈ 5	≈ 2,5	≈ 1,7	≈ 1,3	≈ 1,1	≈ 0,8	≈ 0,6

b)

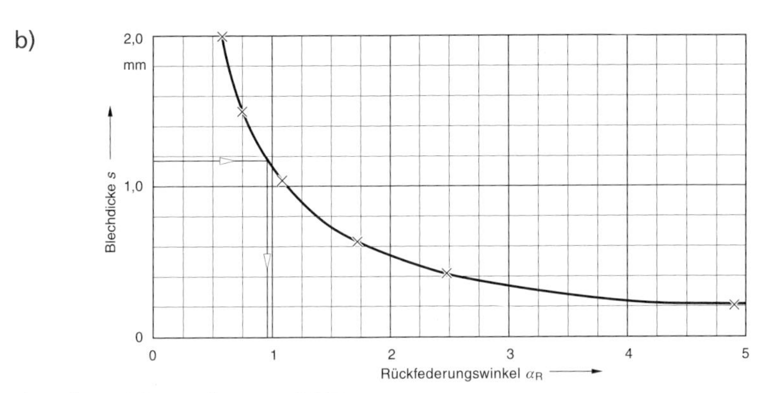

c) Bei s = 1,2 mm ist $a_R \approx 0{,}95°$

d) ca. 89°

11/20 1. $A_R = 112{,}7\ \text{mm} \cdot 84{,}18\ \text{mm}$; $A_R = \underline{9\,487\ \text{mm}^2}$

$$A_V = \frac{l_1 + l_2}{2} \cdot h_1 + \frac{l_3 + l_4}{2} \cdot h_2$$

$$A_V = \frac{42 + 31{,}7}{2}\ \text{mm} \cdot 56\ \text{mm} + \frac{22{,}2 + 14}{2}\ \text{mm} \cdot 27{,}88\ \text{mm}$$

$A_V = 2\,063\ \text{mm}^2 + 504{,}628\ \text{mm}^2$; $A_V = \underline{2\,568{,}2\ \text{mm}^2}$

$A_W = A_R - A_V$; $A_W = \underline{6\,918{,}8\ \text{mm}^2}$

$6\,918{,}8\ \text{mm}^2 \triangleq 100\ \%$

$2\,568{,}2\ \text{mm}^2 \triangleq x\ \%$

$$x = \frac{2\,568{,}2\ \text{mm}^2 \cdot 100\ \%}{6\,918{,}8\ \text{mm}^2} = \underline{\underline{37{,}1\ \%}}$$

2. $A_R = (26 + 2 \cdot 25)\ \text{mm} \cdot 2 \cdot 25\ \text{mm}$

$A_R = 76\ \text{mm} \cdot 50\ \text{mm}$; $A_R = \underline{3\,800\ \text{mm}^2}$

$A_W = d_2 \cdot \frac{\pi}{4} + a \cdot b$; $A_W = (50\ \text{mm})^2 \cdot \frac{\pi}{4} + 34\ \text{mm} \cdot 26\ \text{mm}$

$A_W = \underline{2\,847{,}5\ \text{mm}^2}$

$2\,847{,}5\ \text{mm}^2 \triangleq 100\ \%$

$952{,}5\ \text{mm}^2 \triangleq x\ \%$

$$x = \frac{952{,}5\ \text{mm}^2 \cdot 100\ \%}{2\,847{,}5\ \text{mm}^2} = \underline{\underline{33{,}5\ \%}}$$

3. $A_R = 310\ \text{mm} \cdot 200\ \text{mm}$; $A_R = 68\,200\ \text{mm}^2$

$$A_V = 2 \cdot \frac{l \cdot h}{2} + 5 \cdot d^2 \cdot \frac{\pi}{4}$$

$A_V = 112{,}5\ \text{mm} \cdot 155\ \text{mm} + (13\ \text{mm})^2 \cdot \frac{\pi}{4}\ 5$; $A_V = \underline{18\,101\ \text{mm}^2}$

$A_W = A_R - A_V$; $A_W = \underline{49\,899\ \text{mm}^2}$

$49\,899\ \text{mm}^2 \triangleq 100\ \%$

$18\,101\ \text{mm}^2 \triangleq x\ \%$

$$x = \frac{18\,101\ \text{mm}^2 \cdot 100\ \%}{49\,899\ \text{mm}^2} = \underline{\underline{36{,}2\ \%}}$$

11/21 $A_R = 1\,000 \text{ mm} \cdot 2\,000 \text{ mm};$ $A_R = \underline{2\,000\,000 \text{ mm}^2}$

$A_W = d_2 \cdot \frac{\pi}{4} \cdot 2;$ $A_W = (860 \text{ mm})^2 \cdot \frac{\pi}{2};$

$A_W = \underline{1\,161\,761 \text{ mm}^2}$

$A_V = A_R - A_W;$ $A_V = \underline{838\,239 \text{ mm}^2}$

$1\,161\,761 \text{ mm}^2 \triangleq 100\ \%$

$839\,239 \text{ mm}^2 \triangleq x\ \%$

$x = \frac{838\,239 \text{ mm}^2 \cdot 100\ \%}{1\,161\,761 \text{ mm}^2} = \underline{\underline{72{,}1\ \%}}$

11/22 a) Die Lösung 2 ist vorzuziehen.
Der Trichter erhält glatte Innenwände; das Einfüllmaterial gleitet besser an den Wandungen ab. Die abgekanteten Ränder bilden die Behälteraußenkanten, die Lötstellen werden auf Druck beansprucht. Flussmittel und Lot können von außen besser zugeführt werden.

b) Planung des Anrisses
(Mindestbiegeradien. 0,25 mm → scharfkantige Biegeschiene)

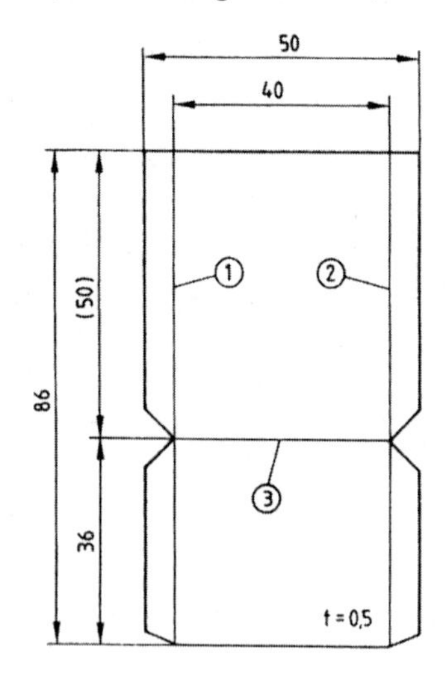

Abwicklungsfläche: $A = (50 \text{ mm} \cdot 86 \text{ mm} - 5 \text{ mm} \cdot 10 \text{ mm}) \cdot 2$

$+ (100 \text{ mm} \cdot 50 \text{ mm} + \frac{100 \text{ mm} + 60 \text{ mm}}{2} \cdot 30 \text{ mm}) \cdot 2$

$A = 23\,300 \text{ mm}^2 = 233 \text{ cm}^2$

Rohteilfläche: $A_R = (2 \cdot 50 \text{ mm } 2 \cdot 100 \text{ mm}) \cdot 86 \text{ mm}$

$A_R = 25\,800 \text{ mm}^2 = 258 \text{ cm}^2$

Verschnitt (%) = $\frac{258 \text{ cm}^2 - 233 \text{ cm}^2}{258 \text{ cm}^2} \cdot 100\ \%$

Verschnitt (%) = $\underline{\underline{9{,}7\ \%}}$

c) Modellanfertigung durch Schüler

11/23 In das Rohr wird eine Zugfeder eingeführt, oder es wird mit Sand gefüllt.

11/24 Das Rohr liegt an der Innenseite des Bogens in einer passenden Hohlform, und der Mindestbiegeradius wird nicht unterschritten.

11/25

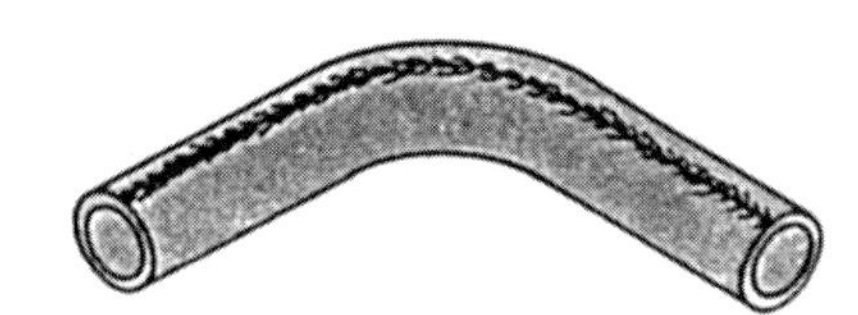

11/26 **1.**

		a)	b)	c)	d)	e)	f)
Außen-∅ des Ringes	d_a mm	320	*460*	800	*532*	*950*	600
Innen-∅ des Ringes	d_i mm	*288*	420	776	*508*	*890*	*584*
Material-∅	d mm	16	20	*12*	12	30	8
Material-∅ (neutrale Faser)	d_m mm	*304*	*440*	*788*	520	*920*	*592*
Rohlänge (gestreckte Länge)	L mm	*955,0*	*1382,3*	*2475,6*	*1633,6*	2 890,3	*1859,8*

2.

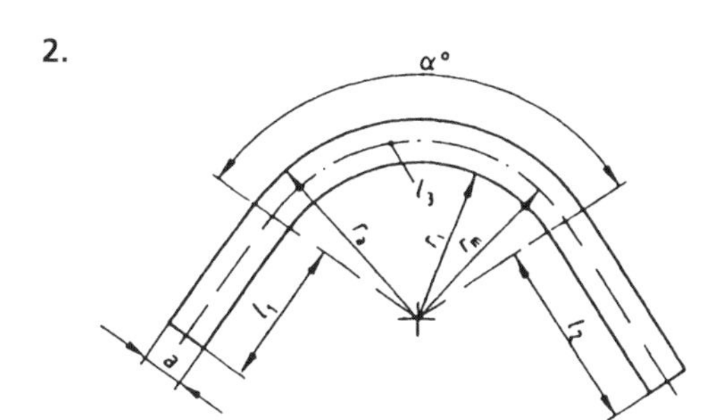

		a)	b)	c)	d)	e)
f_a	mm	250	*215*	420	*146*	*120*
f_i	mm	230	*185*	*404*	*134*	100
α	°	90	135	110	100	*95*
d_m	mm	*480*	400	*824*	280	*220*
a	mm	*20*	30	16	12	20
f_a	mm	90	200	120	65	100
l_1	mm	*377*	*471,2*	*791*	*244,4*	182,39
l_2	mm	110	80	50	95	150
$L = l_1 + l_2 + l_3$		*577*	*751,2*	*961*	*404,4*	*432,39*

3. a) $d_{m1} = 800 \text{ mm} - 8 \text{ mm};$ $\quad d_{m1} = 792 \text{ mm}$

$l_1 = dm_1 \cdot \pi;$ $\quad l_1 = 792 \text{ mm} \cdot \pi;$ $\quad l_1 = \underline{\underline{2\,488{,}1 \text{ mm}}}$

b) $d_{m2} = 800 \text{ mm} + 16 \text{ mm};$ $\quad d_{m2} = 816 \text{ mm}$

$l_2 = d_{m2} \cdot \pi;$ $\quad l_2 = 816 \text{ mm} \cdot \pi;$ $\quad l_2 = \underline{\underline{2\,563{,}5 \text{ mm}}}$

c) $d_{m3} = 800 \text{ mm} - (16 \cdot 2) \text{ mm};$ $\quad d_{m3} = 768 \text{ mm}$

$l_3 = d_{m3} \cdot \pi;$ $\quad l_3 = 768 \text{ mm} \cdot \pi;$ $\quad l_3 = \underline{\underline{2\,412{,}7 \text{ mm}}}$

4. a)

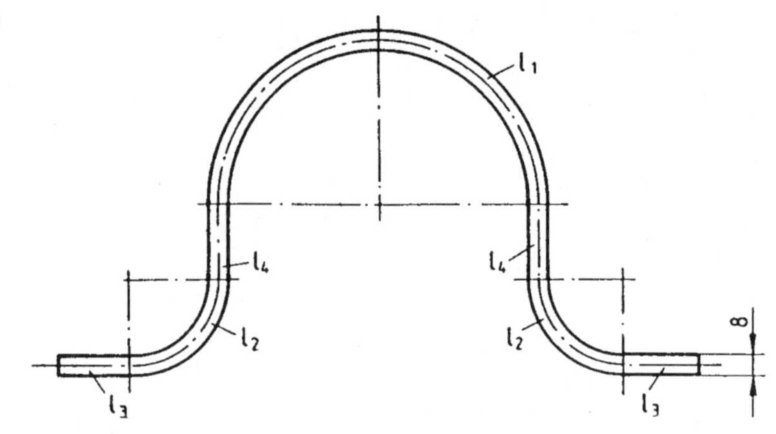

b) $d_{m1} = 100\ mm + 8\ mm;$ $d_{m1} = \underline{108\ mm}$

$l_1 = 0{,}5 \cdot 108\ mm \cdot \pi;$ $l_1 = \underline{169{,}6\ mm}$

$d_{m2} = 2 \cdot 20\ mm + 8\ mm;$ $d_{m2} = \underline{48\ mm}$

$l_2 = 0{,}5 \cdot 48\ mm \cdot \pi;$ $l_2 = \underline{75{,}4\ mm}$

$l_3 = 300\ mm - (100 + 2 \cdot 8 + 2 \cdot 20)\ mm;$ $L_3 = \underline{144\ mm}$

$l_4 = 110\ mm - (50 + 8 + 20 + 8)\ mm;$ $l_4 = \underline{24\ mm}$

$L = l_1 + l_2 + l_3 + 2 \cdot l_4$ $L = \underline{\underline{437\ mm}}$

5. $dm = 2 \cdot R - 6\ mm;$ $dm = \underline{\underline{54\ mm}}$

$l_1 = \frac{d_m \cdot \pi \cdot a°}{360°};$ $l_1 = \frac{54\ mm \cdot \pi \cdot 160°}{360°};$ $l_1 = \underline{75{,}4\ mm}$

6. 2 Bogen R 70; $d_{m1} = 140\ mm - 16\ mm;$ $d_{m1} = 124\ mm$

(2 Halbkreise) $l_1 = d_{m1} \cdot \pi;$ $l_1 = 124\ mm \cdot \pi;$ $l_1 = \underline{389{,}6}\ mm$

1 Bogen R 55; $d_{m2} = 119\ mm - 16\ mm;$ $d_{m2} = 94\ mm$

(Halbkreis) $l_2 = 0{,}5 \cdot d_{m2} \cdot \pi;$ $l_2 = 0{,}5 \cdot 94\ mm \cdot \pi;$ $l_2 = \underline{147{,}7\ mm}$

2 Bogen R 42; $d_{m3} = 84\ mm - 16\ mm;$ $d_{m3} = 68\ mm$

(2 Viertelkreise) $l_3 = 0{,}5 \cdot d_{m3} \cdot \pi;$ $l_3 = 0{,}5 \cdot 68\ mm \cdot \pi;$ $l_3 = \underline{106{,}8\ mm}$

$L = l_1 + l_2 + l_2 + 2 \cdot (75\ mm + 72\ mm)$ $\underline{\underline{L = 938{,}1\ mm}}$

11/27 ①

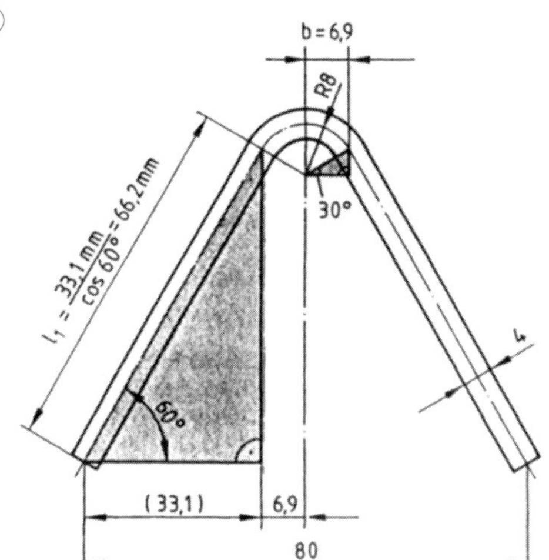

$\cos 30° = \frac{b}{8\ mm}$; $b = 8\ mm \cdot \cos 30°$

$b = \underline{6,9\ mm}$

$L_1 = \frac{33,1\ mm}{\cos 60°}$

$L_1 = 66,2\ mm$

l_{B}: $\frac{r}{s} = \frac{6\ mm}{4\ mm} = 1,5 \Rightarrow x\ 0,74$

$r_x = r + \frac{s \cdot x}{2}$; $\quad r_x = 6\ mm + \frac{4 \cdot 0,74}{2}$; $\quad r_x = \underline{7,5\ mm}$

$l_B = \frac{7,5\ mm \cdot \pi \cdot 120°}{180°}$; $\quad l_B = 15,7\ mm$

$L = 2 \cdot 66,2\ mm + 15,7\ mm$; $\quad L = \underline{\underline{148,1\ mm}}$

②

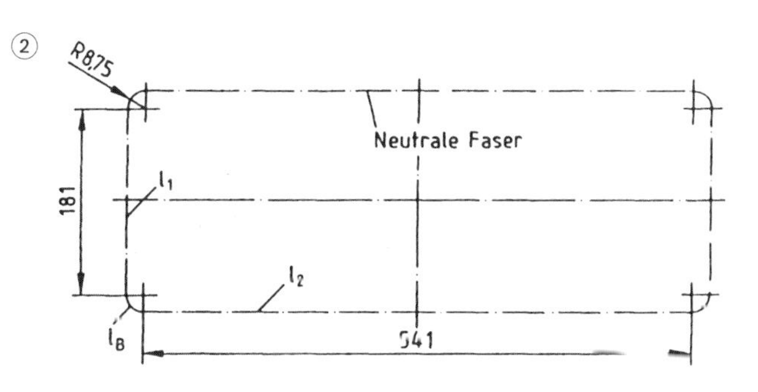

$L = 2 \cdot L_1 + 4 \cdot L_B + 2 \cdot L_1$

l_B: $\frac{r}{s} = \frac{8\ mm}{1,5\ mm} = 5,33 \Rightarrow$ kein Korrekturfaktor erforderlich (x = 1)

$l_B = \frac{8,75\ mm \cdot \pi}{2}$; $\quad l_B = \underline{13,7\ mm}$

$L = 2 \cdot 181\ mm + 4 \cdot 13,7\ mm + 2 \cdot 541\ mm$; $\quad L = \underline{\underline{1\,498,8\ mm}}$

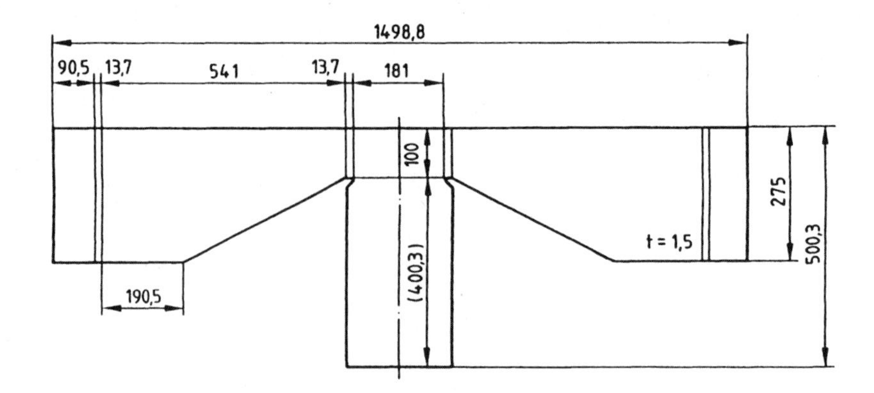

③

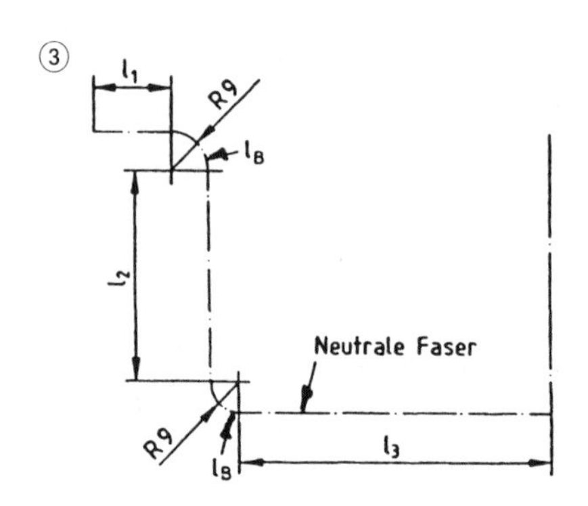

$L_1 = \underline{22\text{ mm}}$

$L_2 = \underline{60\text{ mm}}$

$L_3 = \underline{90\text{ mm}}$

$L = 2\ (L_1 + 2\ L_B + L_2 + L_3)$

l_B: $\frac{r}{s} = \frac{8\text{ mm}}{2\text{ mm}} = 4 \Rightarrow x = 0{,}96$

$r_x = r + \frac{s \cdot x}{2}$; $\quad r_x = 8\text{ mm} + \frac{2\text{ mm} \cdot 0{,}96}{2}$; $\quad r_x = \underline{8{,}96\text{ mm}}$

$l_B = \frac{8{,}96\text{ mm} \cdot \pi}{2}$; $\quad l_B = \underline{14{,}1\text{ mm}}$

$L = 2\ (22\text{ mm} + 2 \cdot 14{,}1\text{ mm} + 60\text{ mm} + 90\text{ mm})$; $\quad L = \underline{\underline{400{,}3\text{ mm}}}$

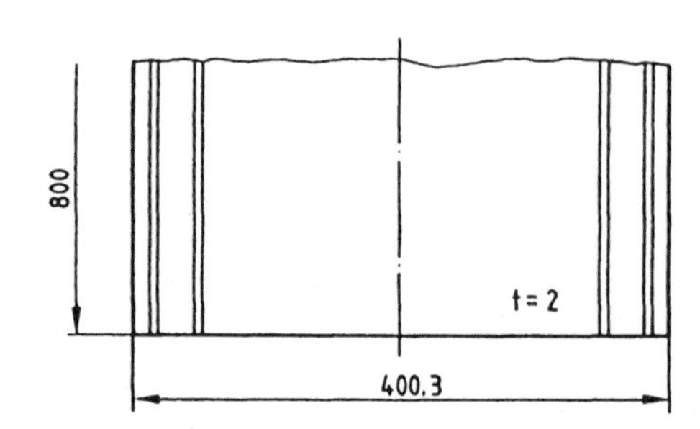

Sicken, Bördeln, Falzen

11/28 Vorschlag zur Aussteifung und Gestaltung der Türfüllung durch Sicken

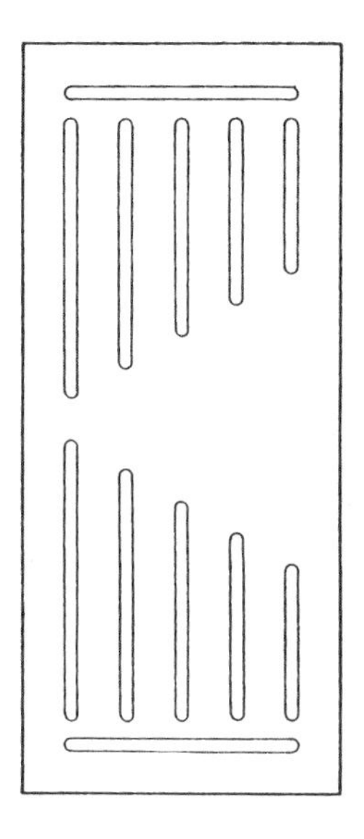

11/29 a) Beim Bördeln werden die Kanten von Blechzuschnitten in geringer Breite umgekantet, um dadurch das Werkstück zu verstärken, oder um eine Werkstoffreserve für ein Fügeverfahren zu schaffen.

b) $h_{max} = 4 \cdot t$; $h_{max} = 4 \cdot 1{,}5$ mm; $h_{max} = 6$ mm

11/30 a) Zweck:

Beim Falzen werden Blechteile unlösbar durch Formschluss miteinander gefügt; dabei bleibt der Falz deutlich sichtbar. Er verstärkt die Werkstückoberfläche.

Durchführung:

1. Zugaben für beide Werkstückteile ermitteln
2. Ränder entsprechend umkanten – ca. 150° bis 170°
3. Ränder in der Fügeposition verhaken
4. Falz mittels Holzklotz auf ganzer Länge dichtschlagen
5. Falz mittels Falzmeißel auf ganzer Länge einebnen und richten (durchsetzen)

b) Blech 1: $Z_1 = b - 2 \cdot t$; $Z_1 = 15$ mm $- 2 \cdot 0{,}8$ mm

$Z_1 = 13{,}4$ mm $\rightarrow Z_1 \approx \underline{\underline{13 \text{ mm}}}$

Blech 2: $Z_2 = 2 \cdot b + t$; $Z_2 = 2 \cdot 15$ mm $+ 0{,}8$ mm

$Z2 = 30{,}8$ mm $\rightarrow Z_2 \approx \underline{\underline{31 \text{ mm}}}$

Tiefziehen

11/31 Die Ronde hat z. B. bei runden Werkstücken größeren Durchmesser als die Matrize. Darum muss ein Teil des Werkstoffes gestaucht werden. Das Stauchen aber ist ein Druckumformvorgang. Da Ziehen und Stauchen gleichzeitig stattfinden, ist das Tiefziehen als Zug-Druck-Umformen einzuordnen.

11/32 ① $D_0 = \sqrt{d_2^2 + \cdot d_1 \cdot h}$

$D_0 = \sqrt{60^2 \text{ mm}^2 + 4 \cdot 38 \text{ mm} \cdot 25 \text{ mm}}$; $D_0 = \underline{\underline{86{,}0 \text{ mm}}}$

$\beta = \frac{D_0}{d_1}$; $\beta = \frac{86 \text{ mm}}{38 \text{ mm}}$; $\beta \approx \underline{\underline{2{,}3}}$

② $D_0 = \sqrt{d_2 + 4\,(h_1^2 + d \cdot h_2)}$

$D_0 = \sqrt{80^2 \text{ mm}^2 + 4 \cdot (140^2 \text{ mm}^2 + 80 \text{ mm} \cdot 20 \text{ mm})}$; $D^0 = \underline{\underline{138{,}6 \text{ mm}}}$

$\beta = \frac{138{,}6 \text{ mm}}{80 \text{ mm}}$; $\beta \approx \underline{\underline{1{,}7}}$

11/33

	Erstzug β_1	1 Weiterzug β_2 ohne Zwischenglühen
FE P03 (St13)	2,0	1,25
ENCW-Cu Zn 28 F 28	2,2	1,4
ENCW-Cu Ni 12 Zn 24	1,9	1,3

11/34 a) $D_0 = \sqrt{d_2 + 4 \cdot d \cdot h)}$

$D_0 = \sqrt{22{,}2^2 \text{ mm}^2 + 4 \cdot 22{,}2 \text{ mm} \cdot 30 \text{ mm}}$; $D_0 = \underline{\underline{56{,}2 \text{ mm}}}$

$\beta = \frac{56{,}2 \text{ mm}}{22{,}2 \text{ mm}} = \underline{\underline{2{,}53}}$; $2{,}53 > 2{,}5 \rightarrow$ Es sind 2 Züge erforderlich.

11/35 a) $D_0 = \sqrt{d_1^2 + 2 \cdot s \cdot (d_1 + d_2)}$

$D_0 = \sqrt{140^2 \text{ mm}^2 + 2 \cdot 202{,}2 \text{ mm} \cdot (140 \text{ mm} + 200 \text{ mm})}$;

Berechnung von s:

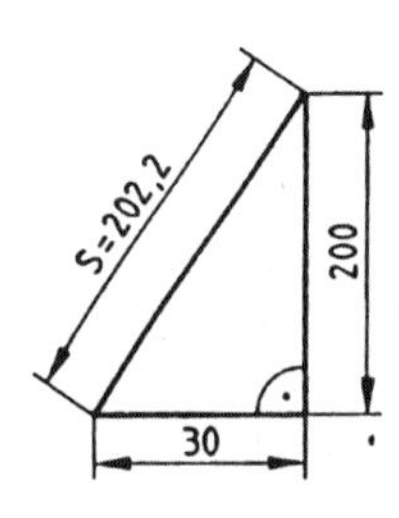

$D_0 = \underline{\underline{396{,}4 \text{ mm}}}$

b) Für einen Zug gilt: $\beta = \frac{396{,}4 \text{ mm}}{200 \text{ mm}} = 1{,}98$

Mit $\beta = 1{,}98$ ist das Ziehverhältnis für einen Zug zu groß.
Für einen Stahl X8Cr17 wird ein Ziehverhältnis von 1,55 für den Erstzug und 1,25 für den ersten Weiterzug nach Zwischenglühen angegeben. Daraus errechnet sich ein mögliches Ziehverhältnis von $\beta_{ges} = 1{,}55 \cdot 1{,}25 = \underline{1{,}93}$.

Dieses Ziehverhältnis ist zu klein. Es sind demnach zwei Weiterzüge notwendig, zwischen denen ein Rekristallisationsglühen stattfinden muss.

c) Als Schmierstoff eignen sich:
1. Wasser-Graphit-Brei oder
2. Leinöl-Bleiweiß mit 10 % Schwefel.

Schmieden

11/36 a) Meißel, Schraubenschlüssel, Scheren, Zangen, Kurbelwellen, Pleuelstangen, Tretlagerkurbeln

b) Die Umformkräfte wirken senkrecht von oben und von unten auf das Schmiedestück ein.

11/37 a)

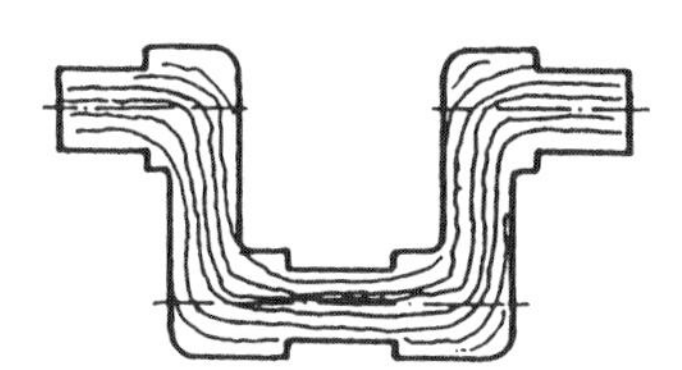

b) Die geschmiedete Kurbelwelle hat wegen des zusammenhängenden Faserverlaufs und der Kornverfeinerung höhere Festigkeitswerte.

11/38

	Baustahl mit 0,2 % C	Werkzeugstahl mit 0,8 % C
Anfangstemperatur	1 250 °C	1 180 °C
Endtemperatur	900 °C	820 °C

11/39 a) Beim **Freiformschmieden** kann der Werkstoff zwischen den Wirkflächen des Schmiedewerkzeugs frei ausweichen. Die Form des Werkstücks ist nicht oder nur teilweise in den Werkzeugen enthalten.
Beim **Gesenkschmieden** wird der Werkstoff des Rohteils unter der Wirkung von Druckkräften in die Gravur des Gesenkes gepresst. Die Form des Werkstücks ist vollständig in den Werkzeugen enthalten.

b) Bei Kunstschmiedearbeiten und bei der Einzelanfertigung von Werkzeugen und Ersatzteilen.

11/40 a) Gesenke, sie bestehen meist aus Ober- und Untergesenk.

b) Gravuren

11/41 Der Werkstoff für Gesenke muss
- eine hohe Festigkeit und hohe Zähigkeit,
- eine hohe Warmstandfestigkeit haben.

11/42 a) Er verbleibt in der Gratrille als Grat zwischen Ober- und Untergesenk.

b) Er stellt sicher, dass der Formhohlraum vollständig ausgefüllt wird.

11/43 Scharfkantige Übergänge sind durch Schmieden nicht herstellbar, weil scharfe Kanten den Werkstofffluss behindern und die Gesenke dort zu schnell verschleißen. Übergangsradien am Schmiedeteil vermindern die Kerbwirkung.

11/44 Hohe Formgenauigkeit – hohe Maßgenauigkeit der Werkstücke – kurze Fertigungszeiten

11/45 **1.**

	Rohling		wird umgeformt zu		Abbrand	Länge des Rohlings
	Form	Maße	Form	Maße in mm		
a)	Δ	d = 25 mm	Vierkantzapfen	18 × 18 × 60	6 %	$L_R \approx 44{,}4$ mm
b)	Δ	d = 12 mm	zylindrischer Kopf	Δ 20 × 10	5 %	$L_R \approx 29{,}2$ mm
c)	□	a = 30 mm	Vierkantzapfen	□ 20 × 100	7 %	$L_R \approx 47{,}6$ mm
d)	□	a = 27 mm	zylindrischer Kopf	Δ 36 × 25	7 %	$L_R \approx 37{,}4$ mm
e)		60 × 60	zylindrischer Zapfen	Δ 18 × 120	5 %	$L_R \approx 26{,}7$ mm
f)	Δ	d = 15 mm	Sechskantkopf	SW24 × 12hoch	4 %	$L_R \approx 35{,}2$ mm

2.

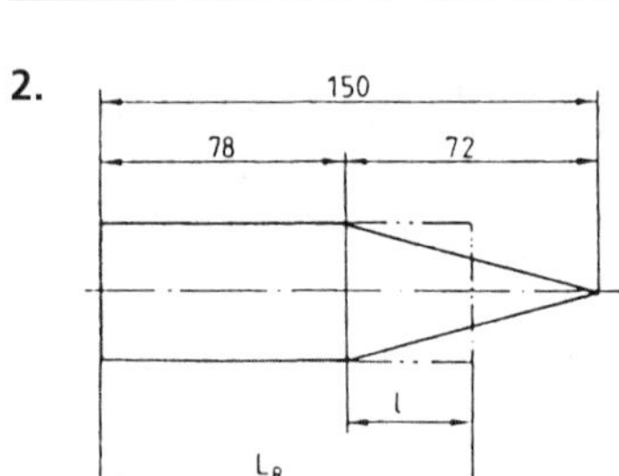

a) $V_W = \frac{A \cdot h}{3}$;

$V_W = \frac{(25\ \text{mm})^2 \cdot \pi \cdot 72\ \text{mm}}{3}$;

$V_W = 11\ 775\ \text{mm}^3$

$l = \frac{V_W}{A_R}$; $\quad l = \frac{11\ 775\ \text{mm}^3 \cdot 4}{(25\ \text{mm})^2}$

$l = 24$ mm

$L_R = (150\ \text{mm} - 72\ \text{mm}) + 24\ \text{mm}$;

$L_R = \underline{\underline{102\ \text{mm}}}$

b) $l = \frac{V_W + V_Z}{A_R}$; $\quad l = \frac{11\ 775\ \text{mm3} + 17\ 666{,}2\ \text{mm}^3}{490{,}6\ \text{mm}^2}$; $\quad l = \underline{\underline{27{,}6\ \text{mm}}}$

$L_R = (150\ \text{mm} - 72\ \text{mm}) + 27{,}6\ \text{mm}$; $\quad L_R = 105{,}6$ mm

3. $V_W = \frac{l_1 + l_2}{2} \cdot h \cdot b$; $\quad V_W = \frac{14\ \text{mm} + 5\ \text{mm}}{2} \cdot 40\ \text{mm} \cdot 30\ \text{mm}$;

$V_W = 11\ 400\ \text{mm}^3$

$l = \frac{V_W}{A_R} + l_2$; $\quad l = \frac{11\ 400\ \text{mm}^3}{20\ \text{mm} \cdot 30\ \text{mm}} + 8\ \text{mm}$ $\quad l = \underline{27\ \text{mm}}$

$L_R = 80\ \text{mm} + 27\ \text{mm}$; $\quad L_R = \underline{\underline{107\ \text{mm}}}$

Fließpressen

11/46

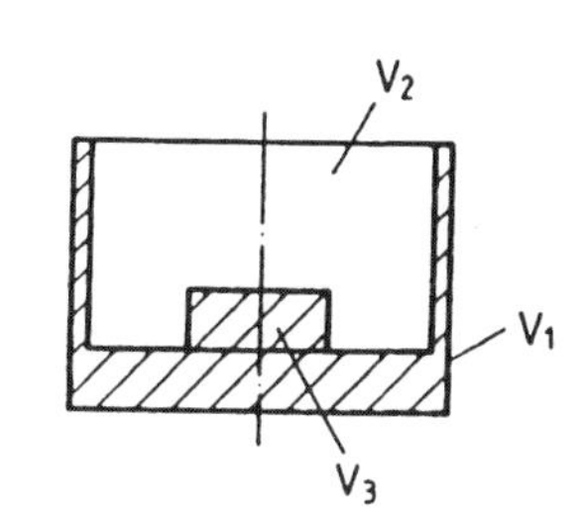

$V = V_1 + V_2 + V_3$

$V_1 = (3{,}5\ \text{cm})^2 \cdot \frac{\pi}{4} \cdot 2{,}5\ \text{cm};$ $\qquad V_1 = \underline{24{,}05\ \text{cm}^3}$

$V_2 = (3{,}1\ \text{cm})^2 \cdot \frac{\pi}{4} \cdot 2\ \text{cm};$ $\qquad V_2 = \underline{15{,}1\ \text{cm}^3}$

$V_3 = (1{,}3\ \text{cm})^2 \cdot \frac{\pi}{4} \cdot 0{,}5\ \text{cm};$ $\qquad V_3 = \underline{0{,}66\ \text{cm}^3}$

$V = (24{,}05 - 15{,}1 + 0{,}66)\text{cm}^3;$ $\qquad V = \underline{9{,}61\ \text{cm}^3}$

$s = \frac{V \cdot 4}{d_R^2 \cdot \pi};$ $\qquad s = \frac{9{,}61\ \text{cm}^3 \cdot 4}{(3{,}4\ \text{cm})^3 \cdot \pi};$ $\qquad s = \underline{\underline{1{,}06\ \text{cm} = 10{,}6\ \text{mm}}}$

11/47 a) 1 Stempel 3 Werkstück
2 Abstreifer 4 Matrize

b) Rückwärts-Fließpressen

11/48

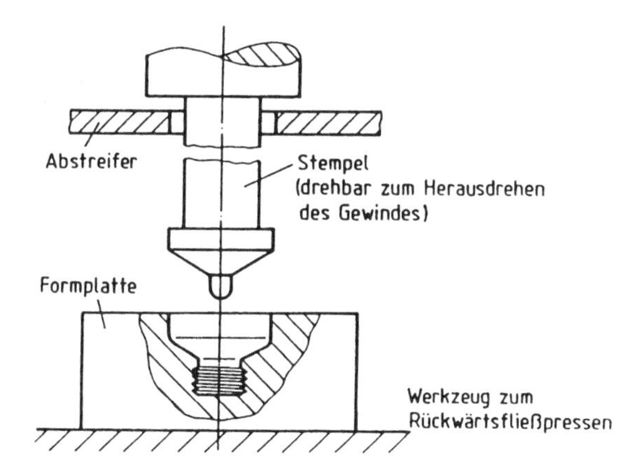

11/49

Fließpressen	Tiefziehen
– Druckumformen	– Zug-Druck-Umformen
– sehr große plastische Formänderungen	– geringe plastische Formveränderungen
– Werkstücke mit unterschiedlichen Wandstärken	– Werkstücke mit nahezu gleichen Wandstärken
– Werkstücke mit komplizierter Form	– Werkstücke mit einfacher, meist rotationssymmetrischer Form
– kürzere Fertigungszeit	– mehrere Arbeitsgänge, evtl. mit Zwischenglühen

11/50 a) Der Werkstoff muss sehr gut plastisch umformbar sein.

b) Tuben, Dosen, Schraubenrohlinge, Niete

Richten

11/51 a) Das gekrümmte Flacheisen wird mit der hohlen Seite auf eine Richtplatte gelegt. Das Flacheisen wird durch Hammerschläge auf die gewölbte Oberseite gerichtet.

b) Die gestreckten Fasern müssen gestaucht und die verkürzten Fasern gelängt werden.

11/52 a)
- Durch die Wärmekeile krümmt sich das Werkstück stärker. Da sich die kühlere Unterseite der Krümmung widersetzt, entstehen Druckspannungen.
- Eine weitere Erwärmung der Wärmekeile über 500 °C lässt diese Zonen plastisch werden, sodass die Druckspannungen den erwärmten Bereich stauchen.
- Bei Abkühlung des Werkstücks tritt an der Oberseite eine stärkere Schrumpfung ein als an der Unterseite, das Werkstück wird gestreckt.

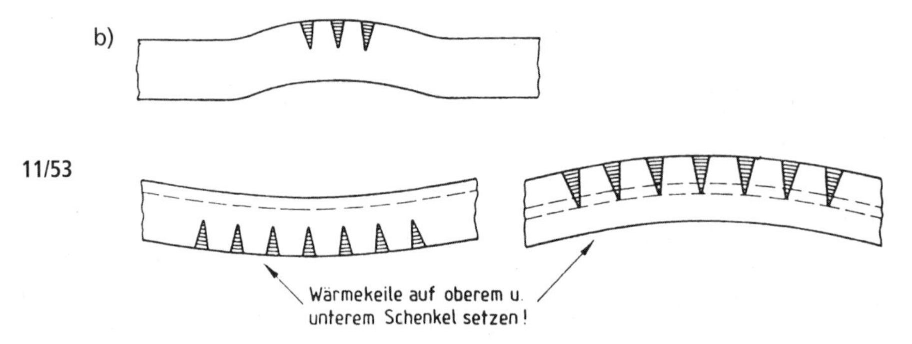

Umformverfahren für Kunststoffe

11/54 Der Joghurtbecher formt sich allmählich wieder zu einer Platte zurück. Ursache dafür sind die gestreckten Molekühle nach dem Vakuumformen.

11/55 Bild 1: Ein erwärmtes, schlauchförmiges Rohteil wird zwischen die beiden Blaswerkzeughälften eingeführt und auf den Blasdorn gesteckt.

Bild 2: Die Werkzeughälften werden geschlossen, wobei der Rohteilschlauch am Ende zusammengedrückt und dabei verschweißt wird. Durch den Blasdorn wird Luft in das Rohteil geblasen.

Bild 3: Der Blasvorgang wird fortgesetzt, bis der Werkzeugraum von dem Flaschenrohling ausgefüllt ist.

Bild 4: Durch Boden- und Schulterbuzen werden der Flaschenboden und der Flaschenhals geformt.

11/56 a)

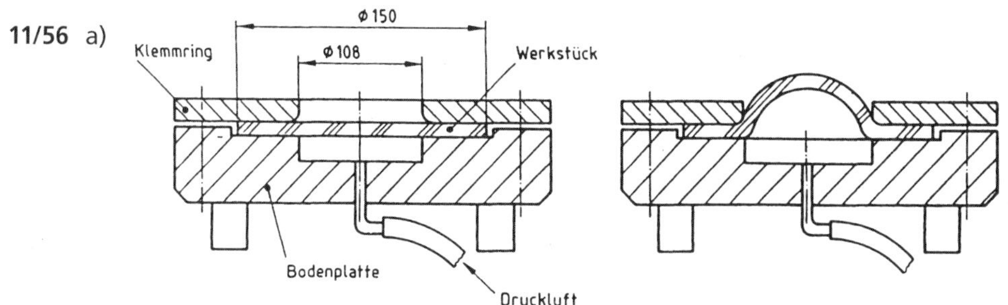

b) Der Plexiglasrohling wird in die Bodenplatte der Form eingelegt und dort mit einem Heizstrahler oder Warmluftgerät auf ca. 170 °C erwärmt. Dann wird das ringförmige Oberteil aufgesetzt und verschraubt. Durch vorsichtiges Aufgeben von Druckluft wird der Rohling in die Form geblasen.

12 Fertigungsverfahren des Fügens

Grundbegriffe

12/1

Fügen mit formlosem Stoff	Fügen mit Hilfsteilen	Fügen ohne Hilfsteile und ohne Stoff
Löten	Schrauben	Aufschrumpfen
Kleben	Nieten	
Schweißen	Verstiften	
	Verkeilen	

12/2 a) 1 = Schraube 2 = Stifte 3 = Passfeder

b) Fügen durch Zusammensetzen,
z. B. durch Einlegen einer Passfeder,
z. B. durch Einsetzen von Stiften

Fügen durch An- und Einpressen,
z. B. durch Anpressen mit Schraube

12/3

Fügen durch	Kraftschluss	Formschluss	Stoffschluss
Kleben			X
Schweißen			X
Löten			X
Passschrauben	X	X	
Schrumpfen	X		

12/4 Drehmomente werden
- von der Riemenscheibe des Motors auf Riemen und dann auf die Riemenscheibe der Bohrspindel **kraftschlüssig** übertragen.
- von der Passfeder zwischen Riemenscheibe und Bohrspindel **formschlüssig** übertragen,
- von der Bohrspindel mit kegeliger Hülse auf den Bohrer mit Kegelschaft **kraftschlüssig** übertragen.

12/5 a) – Fahrradkette – Hinterrad ist eine formschlüssige Übertragung;
– Flachriemen – Riemenscheibe ist eine kraftschlüssige Übertragung

b) Eine formschlüssige Übertragung erfolgt ohne Durchrutschen. (Zwangsübertragung)
Eine kraftschlüssige Übertragung wirkt auch als Überlastsicherung.

12/6
- Knebel und Spindel sind beweglich und unlösbar gefügt;
- Werkbank und Schraubstock sind fest und lösbar gefügt;
- Mutter und Spindel sind beweglich und lösbar gefügt.

12/7 a) Reibung zwischen Bremsbelag und Felgen,
Reibung zwischen Reifen und Straßenbelag

b) Reibung in den Lagern der Räder,
Reibung im Tretlager

12/8 a)

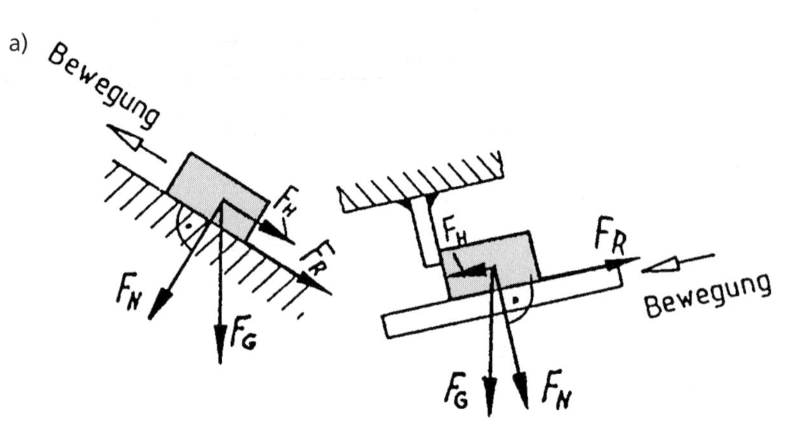

b) Als Normalkraft bezeichnet man die Kraft, die senkrecht auf die Reibfläche wirkt.

12/9 $F_N = F_G = 5\,000$ N; $\mu = \dfrac{F_R}{F_N}$

a) Stahl: $\mu = \dfrac{750 \text{ N}}{5\,000 \text{ N}}$; $\mu = \underline{\underline{0{,}15}}$

b) Gusseisen: $\mu = \dfrac{900 \text{ N}}{5\,000 \text{ N}}$; $\mu = \underline{\underline{0{,}18}}$

c) Bronze $\mu = \dfrac{800 \text{ N}}{5\,000 \text{ N}}$; $\mu = \underline{\underline{0{,}16}}$

12/10 a) $m = V \cdot \varrho$ $\quad m = l \cdot b \cdot h \cdot \varrho$

$$m = 4\,dm \cdot 2{,}5\,dm \cdot 0{,}5\,dm \cdot 7{,}85\,\frac{kg}{dm^3}; \qquad m = \underline{\underline{39{,}25\,kg}}$$

$$F_G = m \cdot g; \qquad F_G = 39{,}25\,kg \cdot 9{,}81\,\frac{N}{kg}; \qquad F_G = \underline{\underline{385\,N}}$$

b) $\mu = 0{,}13$ (Richtwerte für Reibungszahl)

$$F_R = \mu \cdot F_N; \qquad F_R = 0{,}13 \cdot 485\,N; \qquad F_R = \underline{\underline{50\,N}}$$

c) Die Größe der Kontaktfläche ist ohne Bedeutung.

12/11

Fall	Werkstoffpaarung	Reibungsart	Reibungsfaktor μ
Bremswirkung einer Scheibenbremse	Bremsbelag/Stahl	Gleitreibung trocken	*0,3 - 0,5*
Kraftübertragung Riemenscheibe-Riemen	Gusseisen/Gummi	Haftreibung trocken	*0,55*
Bremsen mit blockierenden Reifen	Gummi/Asphalt	Gleitreibung	*0,8*
Kraftübertragung Reifen-Straße	Gummi/Asphalt	Rollreibung	*0,015 - 0,025*
Sitz eines Kugellagers auf einer Welle	Stahl/Stahl	Haftreibung geschmiert	*0,1*
Spannen eines Bohrers im Bohrfutter	Stahl/Stahl	Haftreibung trocken	*0,18*
Kraftübertragung Spindel-Bohrer mit kegeligem Schaft	Stahl/Stahl	Haftreibung trocken	*0,18*

12/12 Eine größere Kraft wird beim Übergang aus dem Ruhezustand in die Bewegung angezeigt, da bei diesem Übergang Haftreibung überwunden wird.

12/13 Ein Schmierfilm verhindert eine Trockenreibung und damit ein evtl. „Fressen" des Lagers.

12/14 a) $F_{R1} = \mu_r \cdot F_N$; $\quad F_{R1} = 0{,}0012 \cdot 8\,500\,N \quad F_{R1} = \underline{\underline{10{,}2\,N}}$

(Rollreibung näherungsweise)

b) $F_{R2} = \mu \cdot F_N$; $\quad F_{R2} = 0{,}08 \cdot 8\,500\,N \quad F_{R2} = \underline{\underline{680\,N}}$

c) $10{,}2\,N \mathrel{\hat{=}} 100\,\%$

$$680\,N \mathrel{\hat{=}} x\,\% \qquad x = \frac{100\,\% \cdot 680\,N}{10{,}2} \qquad x \approx \underline{\underline{6\,667\,\%}}$$

Fügen mit Gewinden

12/15 Das Schrauben ist ein Fügeverfahren, das zum lösbaren Fügen von Bauteilen eingesetzt wird. Dabei erfolgt die Kraftübertragung zwischen den gefügten Teilen kraftschlüssig. Der Zusammenhalt zwischen den Bauteilen wird mit Hilfsteilen erzielt.

12/16

	Befestigungs-schraube	Bewegungs-schraube	Schraube mit besonderen Aufgaben
Gewindebolzen an Fahrradachse	X		
Gewinde einer Messpindel			X
Gewinde an der Schraubstockspindel		X	
Gewinde an einem Wagenheber		X	
Gewinde an einer Lampenfassung	X		

12/17 Am Schraubenschlüssel wird die aufgebrachte Kraft zunächst durch Hebelwirkung verstärkt. Ferner wird die Anzugskraft über den Gewindegang verstärkt, da dieser die Wirkung eines Keiles hat.

12/18 Die Abwicklung einer Schraubenlinie entspricht einer zur Horizontalen ansteigenden „geneigten Ebene", daher wirkt sie wie ein Keil mit entsprechenden Abmessungen.

12/19 Das Anzugsmoment für kleine Schrauben muss klein sein, da sonst die Schraube beim Anziehen reißt.
Größere Schrauben müssen mit einem höheren Anzugsmoment gespannt werden.

12/20 $F_u \cdot \frac{d_2}{2} = F_H \cdot l;$ $\quad l = \frac{F_u \cdot d_2}{2 \cdot F_H};$

$$l = \frac{12\,000 \text{ N} \cdot 22{,}05 \text{ mm}}{2 \cdot 410 \text{ N}}; \qquad l \approx \underline{\underline{323 \text{ mm}}}$$

12/21 $F_u \cdot \frac{d_2}{2} = F \cdot l;$ $\quad F_u \cdot \frac{F_u \cdot d_2}{2 \cdot F_H};$

$$F_u \cdot \frac{180 \text{ N} \cdot 300 \text{ mm} \cdot 2}{18{,}38 \text{ mm}}; \qquad F_u \approx \underline{\underline{5\,876 \text{ N}}}$$

12/22

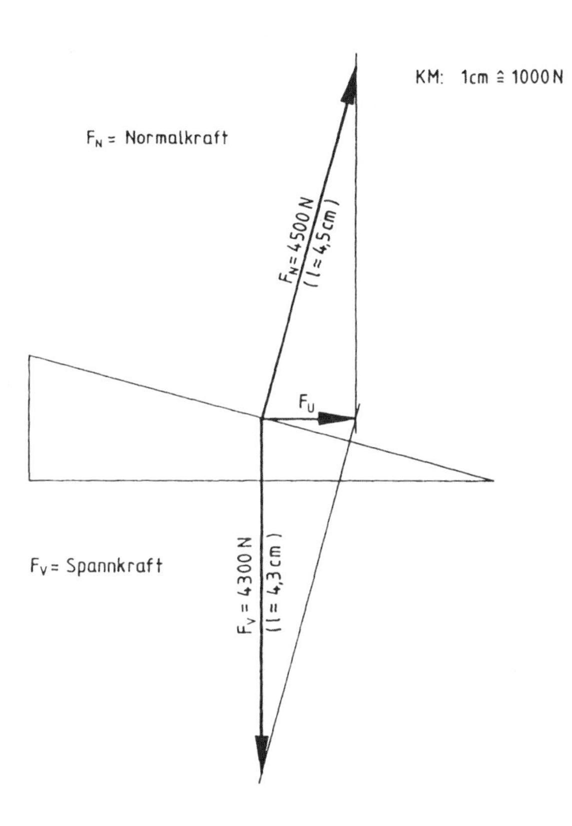

12/23 Mit kleiner werdendem Steigungswinkel steigen die Normalkraft und die Spannkraft an.

12/24 a) Sie versucht, die Verschraubung zu lösen.

b) Sie wirkt dem Lösen der Schraubenverbindung entgegen.

c) In Abhängigkeit vom Neigungswinkel ergibt sich ein Zusammenhang zwischen Hangabtriebskraft und Normalkraft, wie er mit dem Krafteparallelogramm ermittelt werden kann. Die Normalkraft bestimmt über die Reibungszahl die Reibungskraft.
Bei Befestigungsgewinden ist die Hangabtriebskraft kleiner als die Reibungskraft. → Selbsthemmung
Bei Bewegungsgewinden ohne Selbsthemmung ist die Hangabtriebskraft größer als die Reibungskraft.

12/25 a) Mit geringer Drehbewegung soll ein großer Einschraubweg erzielt werden.

b) Man erkennt drei Anfänge der Gewindegänge auf der Stirnseite der Schraube.

c) Steigung = Gangzahl · Teilung

$P_h = N \cdot P$; $N = \frac{P_h}{P}$; $N = \frac{11 \text{ mm}}{2{,}75 \text{ mm}}$; $N = \underline{\underline{4 \text{ Gänge}}}$

12/26 a) Schrauben in Normalausführung haben Rechtsgewinde. Es wird im Uhrzeigersinn angezogen.

b) Bei Rechtsdrehung schraubt sich eine Schraube ein; es liegt Rechtsgewinde vor.

c) – Lösen durch Betriebsbelastung verhindern,
z. B. linke Fahrradpedale
– Funktion erfüllen,
z. B. Gewinde einer Spannschlossseite
– Verwechslungen vermeiden,
z. B. Anschlussgewinde von Gasflaschen

12/27 a) Die Schleifspindel hat auf der linken Seite Linksgewinde und auf der rechten Seite Rechtsgewinde.

b) Die Mutter wird bei Linksgewinde im Uhrzeigersinn und bei Rechtsgewinde gegen den Uhrzeigersinn gelöst.

12/28 Durch die schrägen Gewindeflanken wird die Normalkraft im Gewinde erhöht und damit die Reibung gegenüber dem Flachgewinde erheblich verstärkt.

12/29 Der Flankenwinkel beträgt beim Metrischen Gewinde = 60°, beim Whitworth-Gewinde = 55°.

12/30 M 10 × 0,75 ➧ Metrisches ISO-Feingewinde mit 10 mm Nenndurchmesser und 0,75 mm Steigung

M 12 f ➧ Metrisches ISO-Regelgewinde mit 12 mm Nenndurchmesser, Genauigkeitsgrad fein

M 8 × 0,75 – LH ➧ Metrisches ISO-Feingewinde mit 8 mm Nenndurchmesser und 0,75 mm Steigung, Linksgewinde

M 12 – LH ➧ Metrisches ISO-Regelgewinde mit 12 mm Nenndurchmesser, Linksgewinde

12/31 G 1/2 ➧ Whitworth-Rohrgewinde für Rohre mit Nennweite ½", Befestigungsgewinde

12/32 a) φ = Steigungswinkel; $\tan \varphi = \frac{P}{d_2 \cdot \pi}$

Gewinde	Steigung	Flanken-Δ	Steigungswinkel
M 10	1,5 mm	9,026 mm	*tan φ = 0,0529; φ ≈ 3,0°*
M 10 × 0,75	*0,75 mm*	9,513 mm	*tan φ = 0,0251; φ ≈ 1,4°*
M 16	1,0 mm	14,701 mm	*tan φ = 0,0433; φ ≈ 2,5°*
M 16 × 1	*1,0 mm*	15,350 mm	*tan φ = 0,0207; φ ≈ 1,2°*

12/33 a) Es erlaubt bei großer Steigung eine begrenzte Gewindetiefe; große Steigungswinkel bewirken geringe Normalkraft und somit geringe Reibungskräfte.

b) Man verwendet es als Bewegungsgewinde, wenn es starken Verschmutzungen ausgesetzt ist. Die Gängigkeit bleibt erhalten.

12/34 a) Sägengewinde

b)

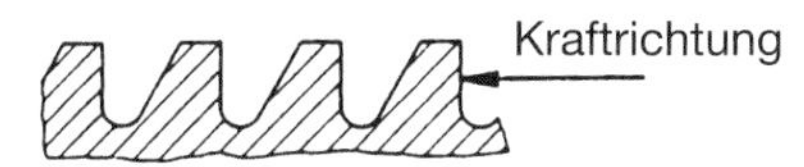

c) Für einseitige, hohe Belastungen

12/35 a) Trapezgewinde mit 32 mm Gewinde-Δ und 12 mm Steigung, einer Teilung von P = 4 mm, also dreigängig, Güteklasse mittel;

b) Metrisches ISO-Regelgewinde mit 30 mm Gewinde-Δ als Linksgewinde;

c) Rundgewinde mit 30 mm Gewinde-Δ und einer Steigung von 8 Gang je Zoll Länge.

12/36 a) A: Sechskantschraube als Durchsteckschraube mit Mutter
B: Stiftschraube mit Mutter

b)

Durchsteckschraube	Stiftschraube
– Durchgangsbohrungen einfach herstellbar – Kostengünstigere Verbindung – Beidseitige Zugänglichkeit erforderlich	– Gewindebohrung aufwendig – einseitige Zugänglichkeit erforderlich – komfortable Montage, etwas teurer

Der Konstrukteur sollte sich für die kostengünstige Lösung entscheiden.

12/37 a) Weil durch das Einsenken der Köpfe die Konstruktion nicht gestört wird und geringe Unfallgefahr gegeben ist; sicheres Anziehen der Schrauben ist möglich.

b) Im Kreuzschlitz zentriert sich der Schraubendreher, ein Abrutschen wird verhindert, kräftiges Anziehen ist möglich, günstig für den Einsatz von Elektroschraubern.

12/38 a) Verschraubungen an Lagergestellen

b) Schutz des Schraubenendes,
Schutz vor Verletzungen,
Verzierung

c) Muttern mit Linksgewinde sind an den Kanten des Sechskants mit einer Rille gekennzeichnet.

12/39 a) Federscheibe, Zahnscheibe, Sicherungsmutter, selbstsichernde Mutter

b) Kronenmutter mit Splint, Sicherungsblech mit Lappen, Drahtsicherung durch Schraubenköpfe mit Bohrung

c) Klebstoff, Lack oder Lot, Schraube mit mikroverkapseltem Klebstoff.

12/40 Bei starken Erschütterungen sollten formschlüssige Schraubensicherungen verwendet werden.

12/41 a) 6.8 bedeutet: $R_m = 6 \cdot 100 \frac{N}{mm^2} = 600 \frac{N}{mm^2}$; Mindestzugfestigkeit

$R_{eH} = 6 \cdot 8 \cdot 10 \frac{N}{mm^2} = 480 \frac{N}{mm^2}$; Mindeststreckgrenze

b) ⧄ bedeutet: 5.6

$R_m = 5 \cdot 100 \frac{N}{mm^2} = 500 \frac{N}{mm^2}$; Mindestzugfestigkeit

$R_{eH} = 5 \cdot 6 \cdot 10 \frac{N}{mm^2} = 300 \frac{N}{mm^2}$; Mindeststreckgrenze

12/42 a) 6.6: $R_m = 600\ N/mm^2$; $R_e = 360\ N/mm^2$
5.6: $R_m = 500\ N/mm^2$; $R_e = 400\ N/mm^2$

b) Bei der Schraube mit Re = 360 N/mm^2 tritt wegen der niedrigeren Streckgrenze zuerst eine bleibende Verformung ein.

12/43 Eine Schraube mit 10.9 ist zu fügen mit einer Mutter der Festigkeitskennzahl 10; in beiden Fällen ist $R_m = 1\,000\ N/mm^2$

12/44 $F_H \cdot l \cdot 2 \cdot \pi \cdot \mu = F_V \cdot P$

$F_V = \frac{F_H \cdot l \cdot 2 \cdot \pi \cdot \mu}{P}$; $F_V = \frac{150\ Nm \cdot 2 \cdot \pi \cdot 0{,}1}{0{,}00125\ m}$; $F_V = \underline{\underline{150\,796\ N}}$

12/45 $F_V = \frac{F_H \cdot 2 \cdot l \cdot \pi \cdot \mu}{P}$; $F_V = \frac{180\ N \cdot 2 \cdot 40\ cm \cdot \pi \cdot 0{,}15}{0{,}6\ cm}$; $F_V = \underline{\underline{11\,310\ N}}$

(Berechnen von Schrauben siehe Maschinen- und Gerätetechnik)

12/46 a) $\sigma_{zzul} = \frac{R_{eH}}{2}$; $\sigma_{zzul} = \frac{480\ N}{2\ mm^2}$; $\sigma_{zzul} = \underline{\underline{240 \frac{N}{mm^2}}}$;

$F_V = S_S \cdot \sigma_{zzul}$; $F_V = 84{,}3\ mm^2 \cdot 240 \frac{N}{mm^2}$; $F_V = \underline{\underline{20\,232\ N}}$

b) $l = \frac{F_V \cdot P}{F_H \cdot 2 \cdot \pi \cdot \mu}$; $l = \frac{20\,232\ N \cdot 1{,}75\ mm}{250\ N \cdot 2 \cdot \pi \cdot 0{,}12}$; $l = \underline{\underline{188\ mm}}$

12/47 a) $R_m = 500 \frac{N}{mm^2}$ ➧ $500 \frac{N}{mm^2} \hat{=} \sigma_{max}$

$F_V = S_S \cdot \sigma_{max}$; $F_V = 245\ mm^2 \cdot 500 \frac{N}{mm^2}$; $F_V = \underline{\underline{122\,500\ N}}$

b) $F_H = \frac{F_V \cdot P}{2 \cdot l \cdot \pi \cdot \mu}$; $F_V = \frac{122\,500\ N \cdot 2{,}5\ mm}{2 \cdot 300\ mm \cdot \pi \cdot 0{,}12}$; $F_V = \underline{\underline{1\,354\ N}}$

Fügen mit Stiften und Bolzen

12/48 a) Passstifte, Befestigungsstifte, Sicherungsstifte, Abscherstifte

b) Passstifte – dienen der Sicherung der genauen Lage von Bauteilen.
Befestigungsstifte – stellen eine Verbindung von Welle und Nabe her.
Sicherungsstifte – verhindern das Auseinanderfallen gefügter Bauteile.
Abscherstifte – sichern Bauteile gegen Überlastung.

12/49 a) Die Bohrungen müssen gerieben werden.

b) Stift $\Delta\ 5_{h8}$

c) Diese erlaubt das Entweichen der Luft aus der Bohrung.

12/50 Durch den schlanken Kegel entstehen beim Eintreiben große Normalkräfte, die große Reibung erzeugen und somit hohen Kraftschluss bewirken.

12/51 Gut geeignet ist ein Steckkerbstift mit ringförmiger Nut zum Einhängen der Feder; einfache Herstellung der Bohrung ohne Reiben.

12/52 Spannstift (Spannhülse) DIN 1481; einfache Herstellung der Bohrung, häufiges Lösen ist möglich.

12/53 a) Zur sicheren Fixierung der Lage sind in diagonaler Anordnung 2 Stifte zu setzen.

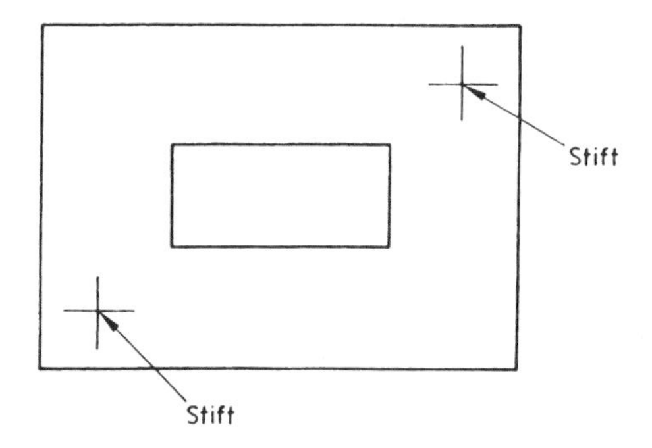

b) Zylinderstift DIN 7-5 m6 × Länge
Vorbereitung: Führungsplatte mit Zwischenlage und Schneidplatte in Gebrauchslage verschrauben, dann Bohrungen für Stifte mit z. B. 4,8 mm Durchmesser bohren, Stiftbohrungen mit Reibahle auf Δ 5 H7 aufreiben, Stifte einsetzen.

c) 4 Zylinderschrauben mit Innensechskant (DIN 912): Durchgangsbohrungen und zylindrische Senkung in der Führungsplatte, Durchgangsbohrungen in der Zwischenlage, Gewindebohrungen in der Schneidplatte.

12/54 a) z. B.

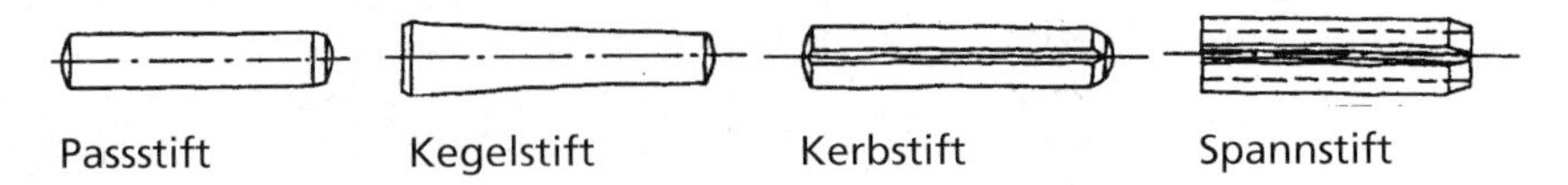

Passstifte: zur Lagesicherung von zusammengeschraubten Bauteilen,
Kegelstifte: zur Lagesicherung und Befestigung von gefügten Bauteilen, häufiges Lösen möglich,
Kerbstifte: zur Lagesicherung und Befestigung von gefügten Bauteilen, zur einmaligen Montage,
Spannstifte: zur Lagesicherung und Befestigung von gefügten Bauteilen, erneute Verwendung möglich

b) Bohrungen für Kerbstifte müssen nicht gerieben werden.

c) Spannstifte haben Übermaße bis 0,5 mm, die Aufnahmebohrungen dürfen größere Toleranzen haben.

12/55 a) Bolzen DIN EN 22 341 - B - 20 x Nennlänge
(Bolzen mit Kopf und Splintloch, 20h11)

b) Höchstspiel $P_{So} = 20{,}027\ \text{mm} - 19{,}870\ \text{mm}$

$P_{So} = \underline{\underline{0{,}157\ \text{mm}}}$

Mindestspiel $P_{Su} = 20{,}007\ \text{mm} - 20{,}000\ \text{mm}$

$P_{Su} = \underline{\underline{0{,}007\ \text{mm}}}$

c) Die Seilrolle sollte mit Schmierfett geschmiert werden, es haftet an der Schmierstelle.

Fügen mit Passfedern, Keilen und Profilformen

12/56 a) Passfedern übertragen Kräfte mit den Seitenflächen, sie bilden formschlüssige Verbindungen.
Keile übertragen Kräfte über Boden- und Deckfläche, sie bilden kraftschlüssige Verbindungen.

b) – Passfedern haben keine Neigung, sodass das Einpassen in die Nabe entfällt.
– Passfedern ermöglichen, dass Naben auf Wellen verschiebbar sind.
– Passfedern gewährleisten einen zentrischen Sitz von Naben auf Wellen (keine Unwucht).

12/57 Sie werden durch Halteschrauben befestigt.

12/58 Zum Verschieben eines Zahnrades auf einer Welle ist eine Passfederverbindung mit langer Feder sinnvoll. Die Feder muss in der Welle gesichert werden.

12/59 a) Einlegekeil: die Nabe muss seitlich auf der Welle verschoben werden,
Treibkeil: der Keil wird in einer verlängerten Nut „ausgetrieben".

b) Hohlkeile übertragen Kräfte auf die Welle nur durch Kraftschluss, begrenzte Reibungskraft bedeutet begrenzte Kraftübertragung; beim Einlegekeil kann ein gewisser Formschluss wirksam werden.

c) 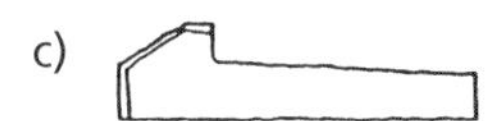 Die Nase dient zum Ausziehen des Keils.

12/60 a) Die Welle würde durch die Nut geschwächt; der Kraftfluss bei Vielnutprofilen ist wesentlich günstiger, daher hohe Sicherheit bei extremen Belastungen.

b) In der Großserienfertigung des Automobilbaus kann die schwieriger zu fertigende Profilform wirtschaftlich hergestellt werden.

12/61 a) **Kraftschlüssige Wellen-Naben-Verbindungen:**
- Keilverbindung (Einlege-, Treibkeil),
- konisches Wellenende mit entsprechender Nabenbohrung

Formschlüssige Wellen-Naben-Verbindungen:
- Passfederverbindungen (Gleit-, Zapfenfeder),
- Profilformen von Welle und Nabe (Keilwellenprofil, Kerbverzahnung, Polygonprofil)

b) Es wird eine Passfederverbindung vorgeschlagen. Durch die Passung zwischen Welle und Nabenbohrung wird ein zentrischer Sitz gewährleistet, der durch die Passfederverbindung nicht beeinträchtigt wird. Die Verbindung ist lösbar und preiswert.

c) Scheibenfeder-Verbindung

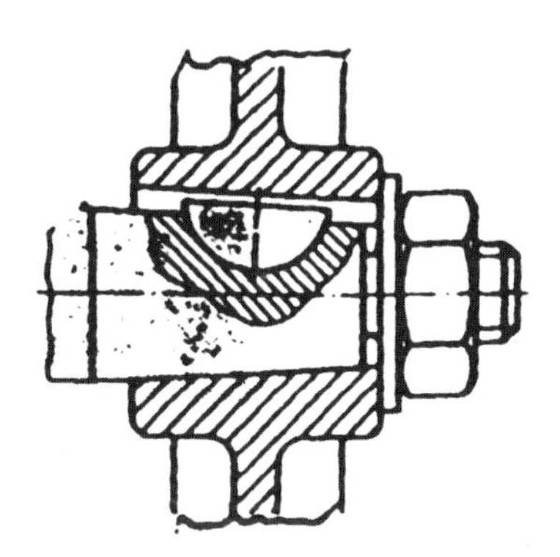

Fügen mit Nieten

12/62 Bis Rohnietdurchmesser 10 mm

12/63 a) Die Nietlänge wird mit der Klemmlänge plus Längenzugabe für den Kopf bestimmt und abgelängt. Anschließend werden die Nieten erwärmt, Kennfarbe Hellgelb, und durch die Bohrungen der zu fügenden Bleche gesteckt. Setzkopf in Gegenhalter einlegen. Einziehen der Niete mit dem Nietenzieher. Nietschaft durch senkrechte Hammerschläge stauchen. Kopf mit schrägen Hammerschlägen vorformen. Schließlich mit dem Kopfmacher fertigformen.

b) Bei der Warmnietung werden die Bleche durch das Schrumpfen des Niets zusammengepresst.

12/64 Durch das Schrumpfen beim Abkühlen des Niets werden die Bleche fest gegeneinander gedrückt. Beim Auftreten von Zugkräften in den Blechen wirken Reibungskräfte zwischen den Blechen einem Verschieben entgegen.

12/65 a) Kaltnietung: Beanspruchung auf Scherung

b) Warmnietung: Beanspruchung auf Zug

12/66 a)

Halbrundniet	**Senkniet**	**Linsenniet**	**Rohrniet**
Stahlbau Kunstgewerbe	glatte Flächen im Stahl- und Kesselbau	Stahlbau Behälterbau	Metallbau Leichtbau

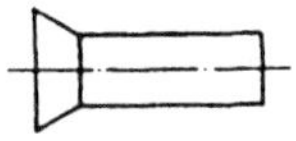

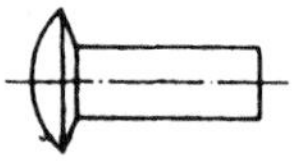

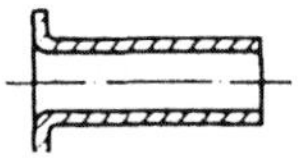

12/67 Rohmiete als Dornniete bzw. Durchzugniete

b) Der Schließkopf wird z. B. beim Durchzugniet dadurch gebildet, dass ein Dorn mit einer kegeligen Verdickung durch den hohlen Schaft gezogen wird. Dadurch weitet sich das Nietende auf und bildet den Schließkopf.

c) Flugzeugbau, Karrosseriebau, Maschinenbau, Stahlbau

12/68 a) Bei der Verarbeitung ist eine hohe plastische Umformbarkeit und im Betriebszustand eine hinreichend große Festigkeit erwünscht.

b) Nietwerkstoff und Werkstoff der zu verbindenden Teile sollte gleichartig sein.

Fügen durch Schweißen

12/69
- Durch Schweißen werden (*gleichartige*/~~völlig verschiedene~~) Werkstoffe in (*flüssigem* oder plastischem/~~in festem Zustand~~) zu einem gemeinsamen Gefüge vereinigt.
- Schweißen ist ein (~~lösbares~~/*unlösbares*) Fügen durch (~~Formschluss~~/*Stoffschluss*).

12/70

Zweck des Schweißens
- *Verbindungsschweißen*
- Auftragsschweißen

Art der Grundwerkstoffe
- *Metallschweißen*
- *Kunststoffschweißen*

Ablauf des Schweißvorgangs
- Schmelzschweißen
- Pressschweißen

Art der Fertigung
- Schweißen von Hand
- Maschinelles Schweißen

12/71 a) Die Konsole könnte durch Gießen, Umformen und Nieten oder durch Hartlöten hergestellt werden.

b) Konsole wird durch **Gießen** hergestellt.
Arbeitsaufwand:
- Modellherstellung
- Gießform anfertigen
- Abgießen, Entformen und Verputzen

Konsole wird als **Schweißkonstruktion** gefertigt.
Arbeitsaufwand:
- Zuschnitt der Einzelteile
- Schweißkantenvorbereitung
- Schweißen der Konsole
- Nacharbeit der Schweißnähte

c) Der Arbeitsaufwand für eine Herstellung durch Schweißen ist niedriger als durch Gießen. Weiterhin ist die Festigkeit und die Stoßunempfindlichkeit bei Stahl höher als bei Gusseisen.

12/72

12/73

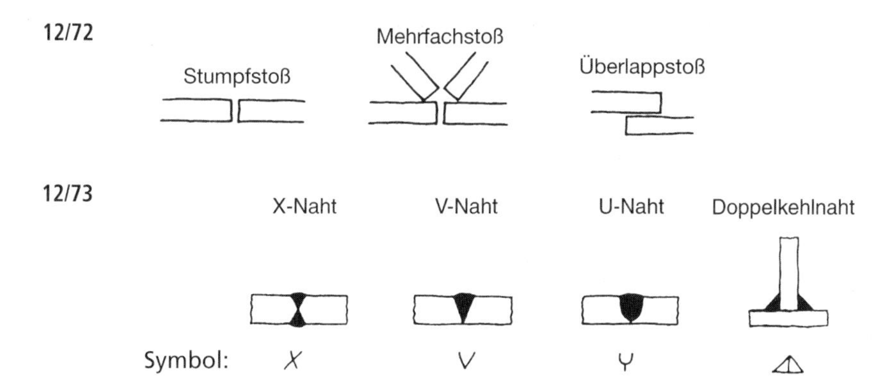

12/74 Schweißpositionen:

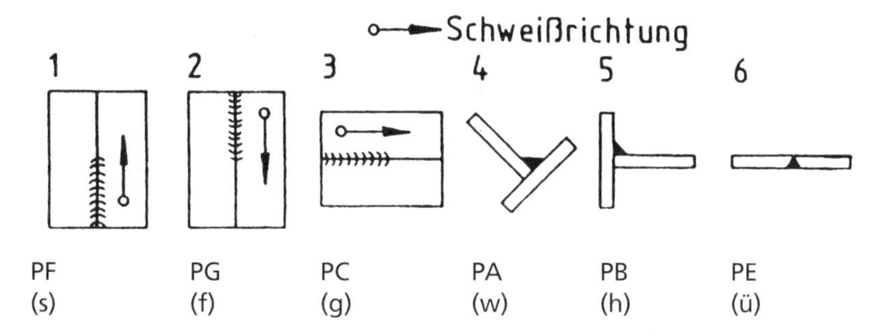

Gasschmelzschweißen

12/75 Die Gasschmelzschweißanlage ist ortsunabhängig. Man benötigt keine weitere Energie. Das Schweißen ist in allen Positionen möglich, da die Wärmezufuhr sehr gut dosierbar ist.

12/76 Beim Löten wird Propangas verwendet, das einen geringeren Heizwert als Acetylen hat. Der Lötbrenner nimmt den Sauerstoff aus der umgebenden Luft, dem Schweißbrenner wird reiner Sauerstoff zugeführt. Daher ergibt es beim Löten eine wesentlich geringere Flammtemperatur als beim Gasschmelzschweißen.
Beim Löten wird nur das Lot zum Schmelzen gebracht, wogegen beim Schweißen die zu verbindenden Teile an der Fügestelle und der Schweißdraht zum Schmelzen gebracht werden.

12/77

	Flaschenvolumen dm^3	Höchster Überdruck bar	Speicherbare Sauerstoffmenge
N-Flasche	*40*	*150*	*6 000 l*
L-Flasche	*50*	*200*	*10 000 l*

12/78 a) Sauerstoff wird komprimiert in Stahlflaschen gespeichert, Acetylen wird in einer Flüssigkeit (Aceton) gelöst, es wird unter geringem Druck in eine Stahlflasche gegeben, die mit einer porösen Masse gefüllt ist.

b) Acetylen zerfällt bei einem Druck von ca. 2 bar schlagartig, d.h., es kommt zu einem explosionsartigen Zerfall. Daher ist nur Speicherung als gelöstes Gas möglich.

12/79 50 l

12/80
- Keine zu schnelle Gasentnahme aus der Flasche, max. 1 000 l/Std. aus einer Flasche bei kurzer Entnahme, max. 700 l/Std. aus einer Flasche bei Dauerentnahme.
- Auf der Baustelle die liegende Flasche am Ventil unterlegen!

12/81 a) Bestandteile des Schweißbrenners:

A = Schweißdüse D = Ventile für Brenngas + Sauerstoff

B = Mischrohr E = Griffstück

C = Mischdüse F = Schweißeinsatz

b) Der mit hohem Druck durch die zentrische Düse einströmende Sauerstoff erzeugt einen Unterdruck, der das Brenngas nachströmen lässt. Die Gase vermischen sich im Mischrohr.

c) Anzündungsvorgang: 1. Sauerstoffventil öffnen,

2. Brenngasventil öffnen.

12/82 a)

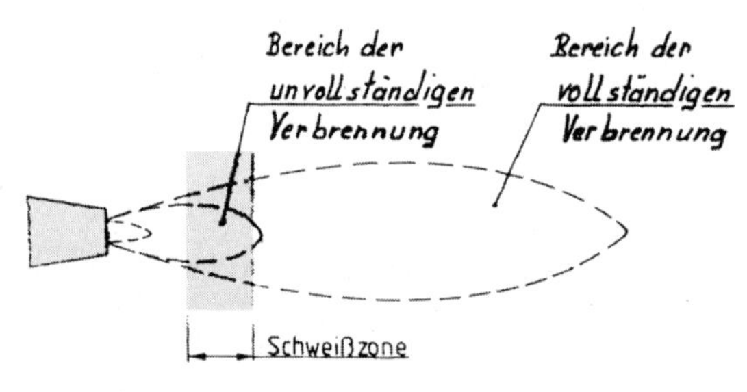

b) Schweißzone
ca. 3 200 °C

12/83 a) Eine neutrale Schweißflamme übt keinen chemischen Einfluss auf den geschmolzenen Werkstoff aus.

b) Zum Schweißen von Gusseisen und Leichtmetallen wird eine Flamme mit Acetylenüberschuss eingesetzt. Der Flammkern ist nicht scharf ausgebildet und stark vergrößert.

12/84 Arbeitsanweisung zur Durchführung der Schweißarbeit:
- geeignete Nahtvorbereitung: Stumpfstoß, 1-Naht
- Schweißmethode: Nachlinks-Schweißen
- erforderliche Schweißpositionen: Überkopf PE (ü), steigend PF (5) und horizontal PB (h)
- geeigneter Schweißstab: Schweißstabklasse G III oder G IV
- Schweißbrennereinsatz: 3 für Werkstückdicken zwischen 2,0 mm und 4,0 mm
- Flammeneinstellung: Flammen mit neutraler Einstellung und dem Mischungsverhältnis 1:1
- Arbeitsdrücke: Acetylen 0,5 bar
  Sauerstoff 2,5 bar

12/85 a) Schweißstabklasse O V

b) Am oberen Ende der Schweißstäbe befindet sich die Einprägung „O-V".

12/86 Der Linkshänder beginnt an der linken Seite der Bleche zu schweißen und schweißt nach rechts.

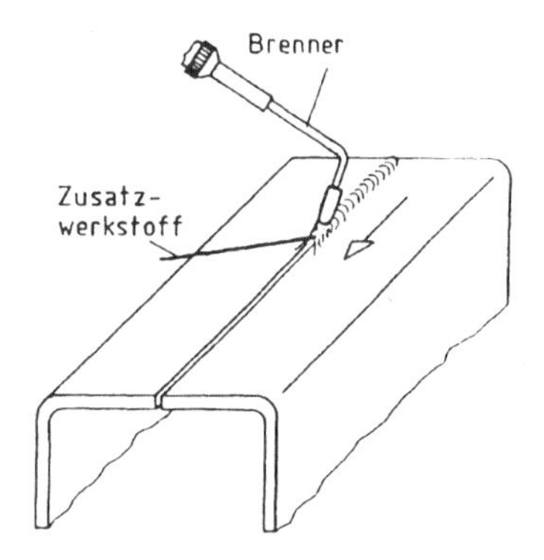

12/87 Dünnwandige Werkstücke werden beim Gasschmelzschweißen durch (*Nachlinks*-~~Nachrechts~~-) Schweißen verbunden, dickwandige Werkstücke ab etwa 3 mm werden durch (~~Nachlinks~~-*Nachrechts*-) Schweißen verbunden.

Lichtbogenschmelzschweißen

12/88

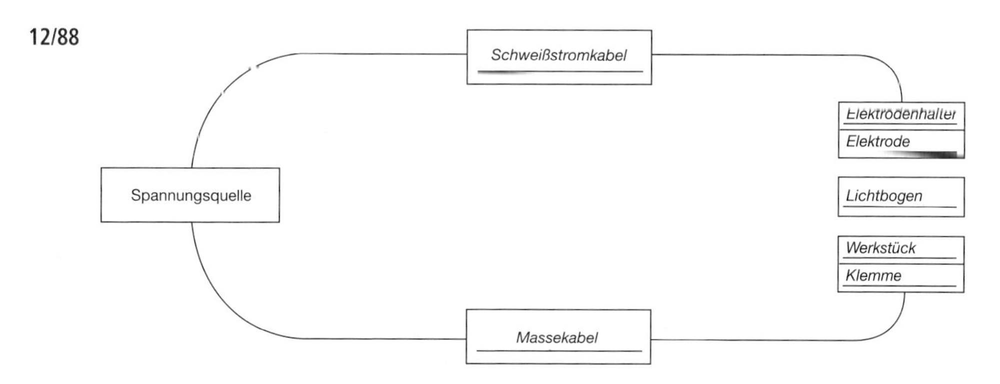

12/89

	Gleichstrom	Wechselstrom
Temperaturen	ca. 4 200 °C am Werkstück	ca. 4 000 °C im Lichtbogen
Eigenschaften des Lichtbogens	sehr stabil und ruhig brennnend	nicht so ruhig und nicht so stabil
Führung des Lichtbogens	leicht zu führen, gute Nahtoberfläche	schwieriger zu führen (Abreißen oder „Kleben")

12/90

	Schweiß-transformator	Schweißumformer	Schweiß-gleichrichter
Stromart	~	–	–
Wartungsaufwand wegen beweglicher Teile	fast keine Wartung	viel Wartung	geringe Wartung
Stromausnutzung	sehr günstig	ungünstig	günstig

12/91 Hinweis: Berechnung der Kurvenpunkte mithilfe des Ohmschen Gesetzes:

$U = R \cdot I$ $\quad$ $U = 0{,}2\ \Omega \cdot 50\ A$ $\quad$ $U = \underline{\underline{10\ V}}$

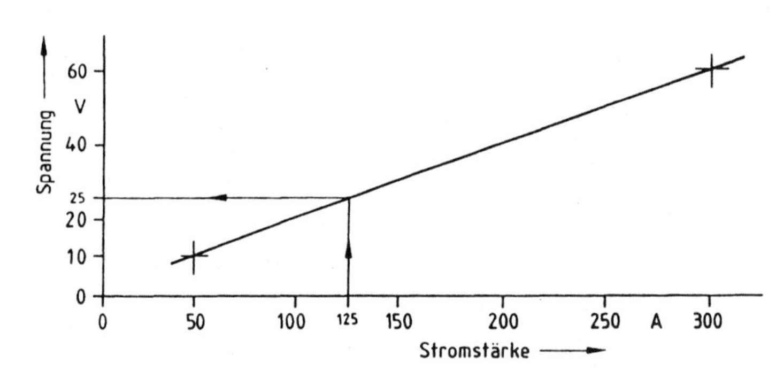

12/92 a) U = 25 V

b) Die Kennlinie des Lichtbogens „B" verläuft oberhalb der Kennlinie des Lichtbogens „A".
Begründung längerer Lichtbogen und damit ein größerer Widerstand.

12/93 a)

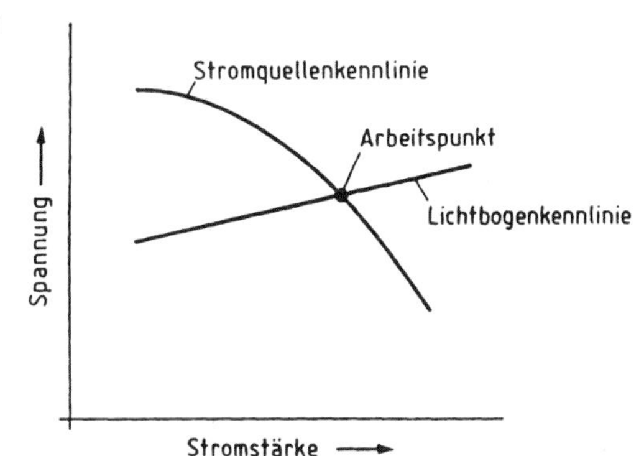

b)

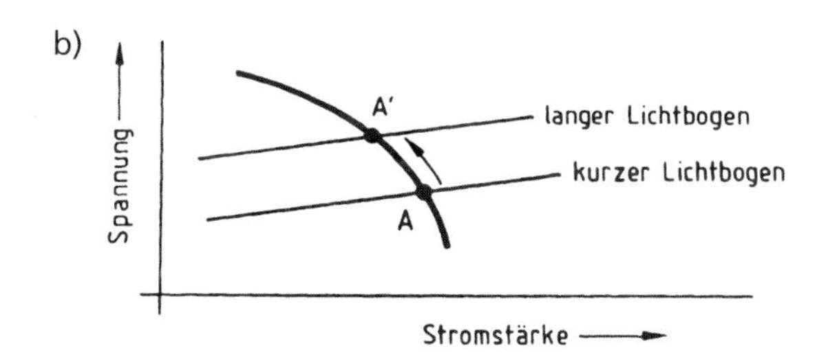

c) Beim Lichtbogenhandschweißen und Wolfram-Schutzgasschweißen kann die Lichtbogenlänge vom Ausführenden nicht konstant gehalten werden. Für ein gleichmäßiges Schweißergebnis müssen die Stromstärkenänderungen gering gehalten werden.

12/94 a) Um für unterschiedlich große Nahtquerschnitte eine angemessene Menge Zusatzwerkstoff einbringen zu können.

b) Blech 2 mm ➡ 1,0 – 1,5 mm Kernstabdurchmesser
Blech 4 mm ➡ 2,0 mm Kernstabdurchmesser
Blech 10 mm ➡ 4,0 – 5,0 mm Kernstabdurchmesser

12/95
- Schutz der Schweißstelle vor Luftzutritt
- Schlackenbildung zur Bindung von Verunreinigungen und als Abkühlschutz
- Stabilisierung des Lichtbogens
- Ersetzen oxidierter Werkstoffbestandteile

12/96 Werkstoffübergang: grobtropfiger
Spaltüberbrückbarkeit: besser
Einbrandtiefe: kleiner
Nahtaussehen: ungleichmäßiger

12/97 a)

Umhüllungstyp	A (sauer)	B (basisch)	R (rutil)
Hauptbestandteile	Fe_3O_4; SiO_2	CaF_2; $CaCO_3$	TiO_2

b) Bildet keine Schlacke und ist damit besonders für Fallnahtschweißungen geeignet.

12/98 a) Tropfenübergang: feintropfig bis sprühregenartig
Grund: hoher Sauerstoffanteil und damit dünnes Schmelzbad
➡ schlecht für das Schweißen in Zwangslagen

b) Umhüllungstyp B (basisch)

12/99 ① Träger
Gewählte Stabelektrode: AR11 oder RR11
Begründung: Hochleistungselektrode für großes Nahtvolumen bei langen Schweißnähten

② Rohr
Gewählte Stabelektrode: RR(B)7 oder RR(B)8
Begründung: Sehr gute Zwangslagenverschweißbarkeit (Kennziffer 2)
guter Schlackenabgang

③ Zugstange
Gewählte Stabelektrode: B10
Begründung: Hohe mechanische Kennwerte des Schweißgutes und gute Zwangslagenverschweißbarkeit (Kennziffer 2)

12/100 a) Blaswirkung tritt beim Gleichstromschweißen auf, weil Elektrode und Lichtbogen von einem stabilen Magnetfeld umgeben sind. Im Lichtbogenbereich ist durch den abknickenden Stromverlauf das Magnetfeld verschieden dicht ausgebildet. Der Lichtbogen wird dabei vom Masseanschluss weggedrückt.

b) Durch die mittige Lage des Masseanschlusses wirkt sich die Blaswirkung gleichmäßig aus und stört den Schweißvorgang nur geringfügig.

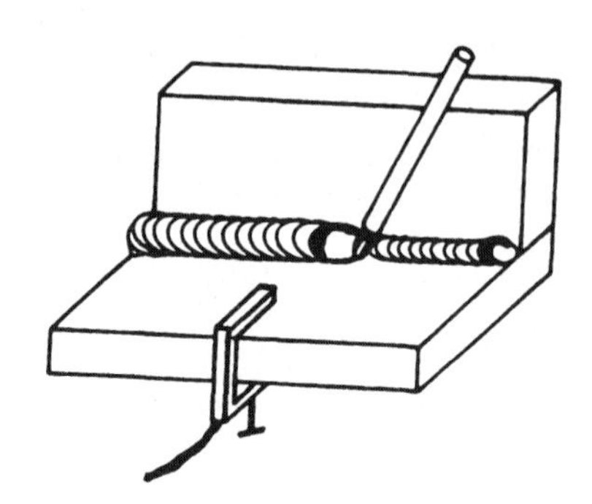

12/101 Inerte Gase
Zusammensetzung: Edelgas
Verhalten: keine Reaktionen mit dem Werkstoff

Aktive Gase
Zusammensetzung: Grundstoffe oder Gasgemische ohne Edelgascharakter
Verhalten: reaktionsfähig, doch nicht oxidierend auf das Schweißgut

12/102

	Schutzgas		Elektrode	
	inert	aktiv	nicht abschmelzend	abschmelzend
MIG	X			X
MAG		X		X
WIG	X		X	

12/103 a) Kleinspulengerät
Kabinengerät
Universalgerät

b)
- Schutzgasleitung
- Stromleitung
- Kühlung (Gas oder Wasser)
- Drahtelektrode mit Drahtführung
- Steuerleitung

c)
- Kabinengerät
  Schlauchpaketlänge von 3 m für Schweißkabine ausreichend (Drahtfördereinrichtung ist in der Schweißstromquelle integriert.)
- Universalgerät
  Bei größeren Schlauchpaketlängen (bis ca. 20 m), wie sie auf Baustellen benötigt werden, ist eine Trennung von Drahtfördereinrichtung und Schweißstromquelle erforderlich, damit keine Probleme bei der Drahtförderung entstehen.
- Kleinspulengerät
  Siehe Universalgerät, jedoch nachteilig:
  häufiger Spulenwechsel und schwerer Pistolen-Schweißbrenner

12/104 Innere Regelung
Arbeitspunkt wandert von A_2 nach A_1.
- Strom nimmt stark ab,
- Abschmelzleistung nimmt ab,
- Drahtelektrode wird mit konstanter Geschwindigkeit weitergefördert.

Damit stellt sich die ursprüngliche Lichtbogenlänge selbsttätig ein.

12/105 a) Gleichrichter

Impuls-Schweißstromquelle

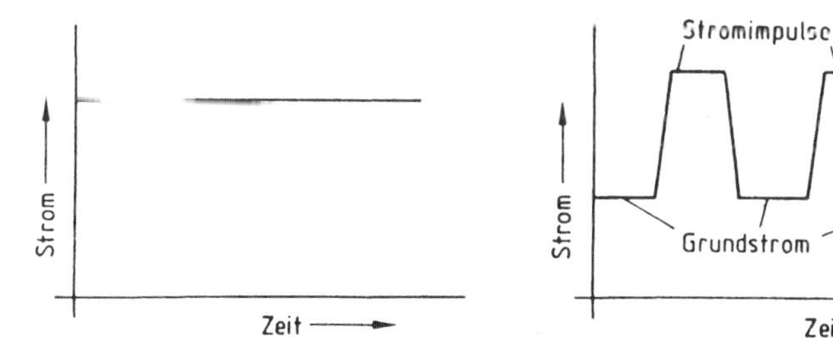

b) Gleichrichter — Strom über Zeit konstant
→ Tropfenübergang ungesteuert.

Impuls-Schweißstromquelle: Einem Grundstrom sind Stromimpulse überlagert.
→ Tropfenübergang gesteuert
(bei jedem Impuls wird ein Tropfen abgelöst).

c) Erhöhung der Impulsfrequenz

12/106 a) INTERTFIL 19 9 nC
Normbezeichnung: Drahtelektrode-DIN 8556-SG X 2 CrNi 19-9

b) X 2 CrNi 19-11, X 5 CrNi 18-10

c) Werkstückdicke: 1 mm bis 7 mm

12/107 a) Lichtbogen und Schweißgut vor nachteiligen Einflüssen aus der Luft (z. B. Stickstoff, Sauerstoff) schützen.

b) Inerte Gase sind reaktionsträge Gase (Edelgase). Aktive Gase sind chemisch reaktionsfähige Gase.

c) Inerte Gase: 99,998 % Argon; 30 % Argon und 70 % Helium
Aktive Gase: 99,6 % CO_2
Mischgase: 92 % Argon und 8 % Kohlendioxid

12/108

Werkstoff	Schutzgas	Gruppe	Schweißverfahren
13 CrMo 4-5	*Ar/CO₂*	M_2	*MAG M*
S235 (St37)	CO_2	*C*	*MAG C*
X 20 CrMoV 12-1	Ar/O_2	M_1	*MAG M*
EN AW-AlMg 3	*Ar*	*I*	*MIG*
15 Mo 3	Ar/CO_2	M_2	*MAG M*
E295 (St50-2)	CO_2	*C*	*MAG C*
X 5 CrNi 18-9	Ar/CO_2	M_1	*MAG M*
EN CW-CuSn 6	*Ar*	*I*	*MIG*

12/109 Das WIG-Verfahren ermöglicht das Schweißen chemisch beständiger Chrom-Nickel-Stähle. Es lassen sich mit diesem Verfahren qualitativ hochwertige Nähte ausführen, die bei Wärmetauschern erforderlich sind, um Schadensfälle z. B. durch oxidierte Stellen im Schweißnahtbereich zu vermeiden.

12/110 a) Stahl: Gleichrichter (Gleichstrom)
Aluminium: Transformator (Wechselstrom)

b) Aluminium hat einen Schmelzpunkt von etwa 660 °C. Die Oxidhaut ist jedoch hochschmelzend (über 2 000 °C). Der Wechsel der Polarität bewirkt die Zerstörung der Oxidhaut.

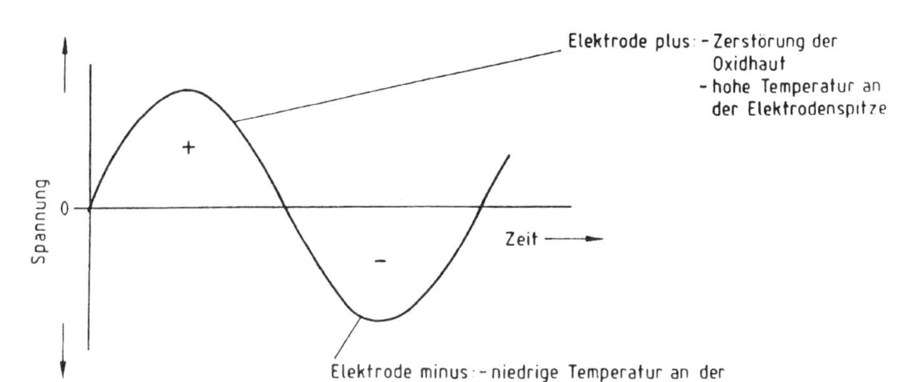

12/111 a) Wolframelektrode mit Thoriumoxid

b) 11,0 mm

c) Die Stromstärke muss gesenkt werden.

12/112 a) Legierter, warmfester Stahl mit 0,13 % Kohlenstoff, 1 % Chrom und 0,4 % Molybdän

b) Legierungskurzzeichen des geeigneten Schweißstabes: CrMo 1

12/113 a)

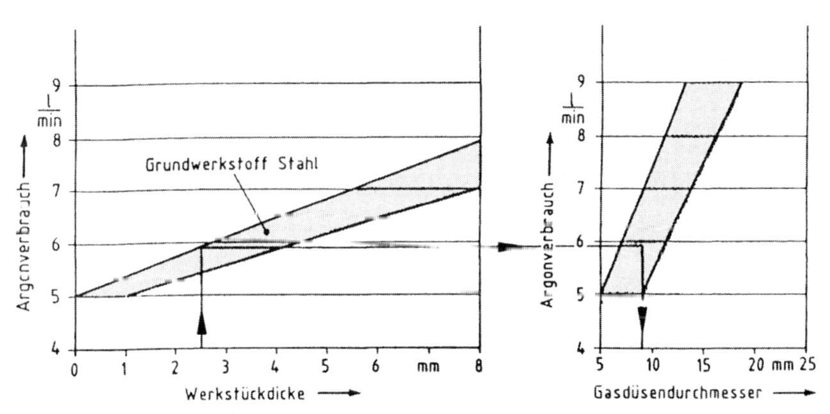

Argonverbrauch: ≈ 6 l/min
Gasdüsendurchmesser: ≈ 8 mm

b) Gleichrichter

c) Schweißstromart: Gleichstrom
Polung: Minuspol an die Elektrode
Stromquellenkennlinie: steil, fallend
Stromstärke: ca. 140 A

d) Schweißstab DIN 8575 - SG CrMo 2

e) Elektrode DIN 32528 - 1,6 - 75 - WT10

f) Ein Stahl ist warmfest, wenn er auch bei höheren Temperaturen noch eine ausreichende Festigkeit besitzt. Diese Eigenschaft wird durch Zulegieren von z. B. Chrom und Molybdän erreicht.
Nachteilig jedoch ist die Neigung warmfester Stähle zur Aufhärtung. Zur Vermeidung der Aufhärtung durch das Schweißen und nachfolgender Abkühlung sind folgende Maßnahmen einzuhalten:
- Vorwärmen des Werkstückes zum Heften und Schweißen auf ca. 300 °C,
- die Vorwärmtemperatur ist während der gesamten Schweißzeit einzuhalten,
- das Werkstück ist nach dem Schweißen langsam abzukühlen.

12/114 Durch Normalglühen

12/115 a) Beim Erwärmen dehnen sich Metalle aus,
beim Abkühlen ziehen sie sich zusammen.

b) 

12/116 a) Die vorhandenen kräftigen Außenverbindungen halten den Abstand; nach Einschweißen der weiteren Strebe kann die Konstruktion nicht schrumpfen.

b) Schweißspannungen entstehen, wenn Werkstücke beim Abkühlen nicht ungehindert schrumpfen können.

12/117 a) Poren: Gaseinschlüsse, meist durch Luftsauerstoff bewirkt
Bindefehler: Ungenügende Verbindung zwischen Grundwerkstoff und Schweißnaht

b) 1: Poren
2: Einbrandkerbe
3: Schlackeneinschluss
4: Wurzelüberhöhung
5: Wurzelbindefehler
6: Lagenbindefehler

12/118 a) Poren

b) Zerstörungsfreie Prüfverfahren wie Durchstrahlungsprüfung mit Röntgen-Strahlen oder Ultraschallprüfung.

12/119 a) Der Lichtbogen brennt auf dem vorlaufenden Schmelzbad und kann somit den Grundwerkstoff nicht aufschmelzen.

b) Die Schutzgasmenge ist mit 14 l/min zu groß, wodurch Verwirbelungen des Gases den Luftzutritt an das Schweißgut ermöglichen.

12/120 a) Auftretender Fehler:

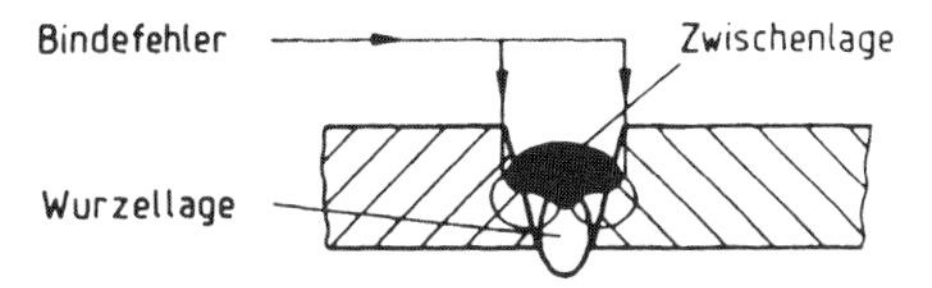

b) Zur Vermeidung von Bindefehlern sollte die Raupe der Wurzellage überschliffen werden.

12/121 a) Der Kontakt der Elektrode mit dem Schweißstab bzw. mit dem Schweißbad bewirkt den Wolframübergang in das Schweißbad. Es kommt zu Wolframeinschlüssen.

b) Wolframeinschlüsse wirken wie Kerben im Material. Sie führen zur Verminderung der mechanischen Festigkeitseigenschaften.

Kunststoffschweißen

12/122 a)

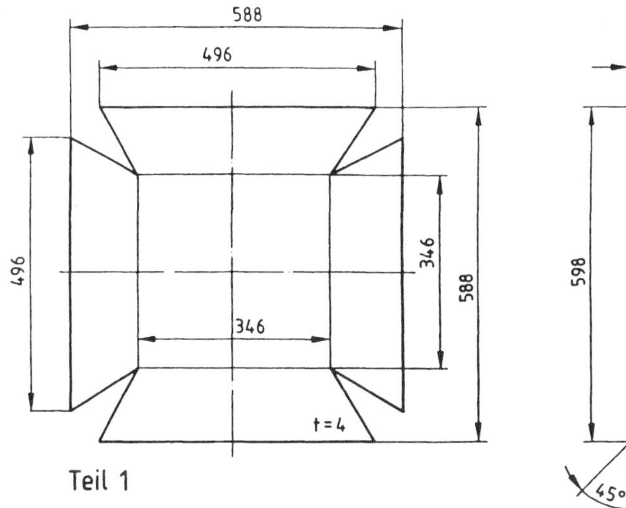

b) Kantenvorbereitung für 4 mm dicke Platten, sodass 60°-V-Nähte mit ca. 1 mm Schweißfuge an der Wurzel entstehen.

Beim Einschweißen des Pyramidenstumpfes kann die Wurzel der Schweißnaht an der Ober- oder Unterseite geplant werden.

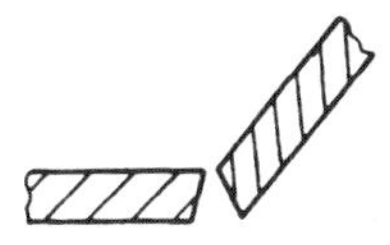

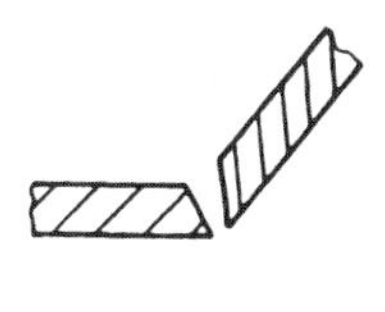

c) Warmgastemperatur 200 °C

d) 1. Eckkanten von Teil 1 nach dem Biegen verschweißen
   2. Gehrungen von Teil 2 (4 Stück) zu einem quadratischen Rahmen verschweißen
   3. Rahmen mit eingepasstem Pyramidenstumpf verschweißen

12/123 a) Zuschnittplanung

Um den Forderungen nach abgerundeten Kanten gerecht zu werden und dadurch auch beim Schweißen Eckstöße zu vermeiden, werden Schweißnähte – wie abgebildet – vorgesehen. Die 40 mm breiten Laschen werden gebogen und an den Gehrungen verschweißt. Dann werden entsprechend kleinere Seitenflächen eingepasst und verschweißt.

Eine weniger aufwendige Lösung ohne Kantenrundung an den Seitenflächen kann gewählt werden: Abwicklung der Mantelfläche ohne Laschen biegen und gesamte Seitenflächen einpassen.

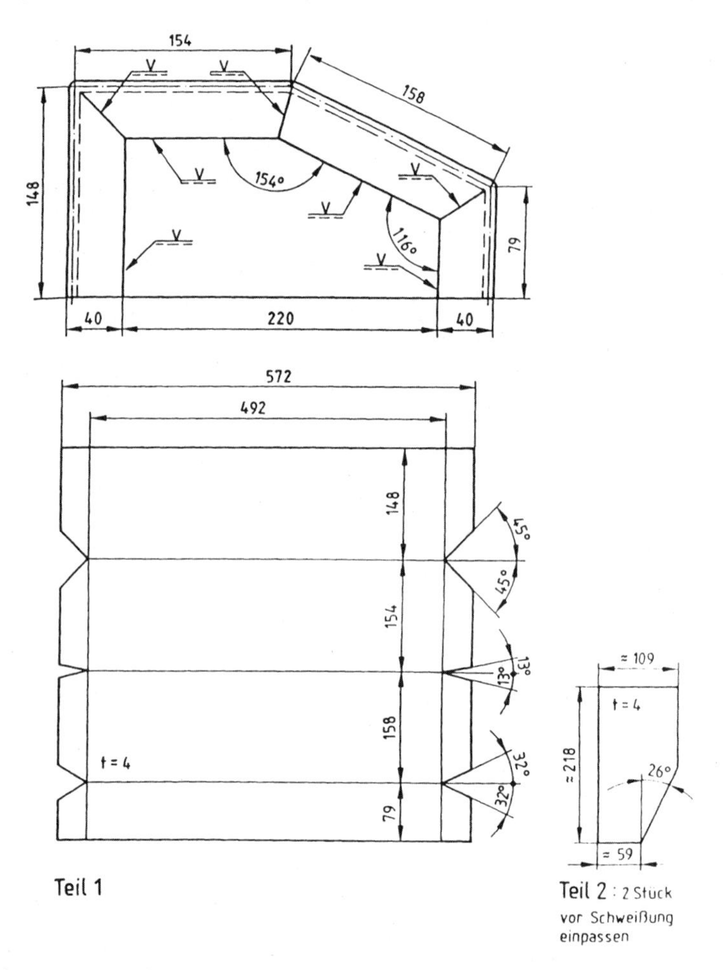

b) Fertigungsplanung
   1. Art der Abwicklung planen und erforderliche Maße ermitteln
   2. Mantelfläche auf einer hydraulischen Tafelschere schneiden (Schneidspalt in Abhängigkeit von Werkstoff und Plattendicke einstellen)

3. Anzeichnen und Aussägen der Ausklinkungen mit Kantenvorbereitung
4. Warmbiegen des Gehäusemantels nach Schablone oder eingestellter Schmiege
5. Warmbiegen der Laschen
6. Warmgasschweißen der Laschen (200 °C)
7. Einpassen der fehlenden Seitenflächen mit Schweißnahtvorbereitung
8. Warmgasschweißen der Seitenflächen (200 °C)
9. Eventuelle Nachbearbeitung der Schweißnähte

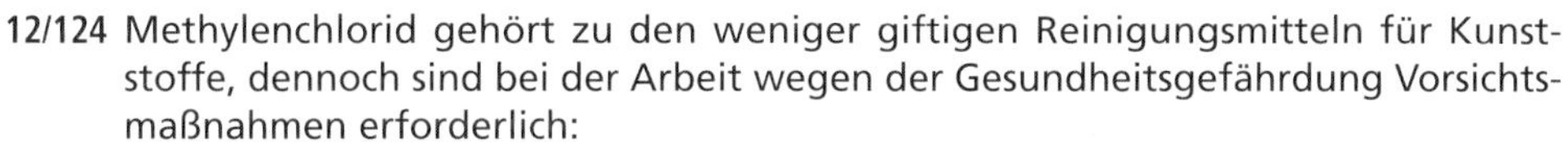

12/124 Methylenchlorid gehört zu den weniger giftigen Reinigungsmitteln für Kunststoffe, dennoch sind bei der Arbeit wegen der Gesundheitsgefährdung Vorsichtsmaßnahmen erforderlich:
- Arbeitsplatz belüften oder Absaugen der giftigen Dämpfe
- Schutzhandschuhe tragen
- Beim Umgang mit dem Reinigungsmittel nicht essen und nicht rauchen (Vergiftungs- und Brandgefahr)
- Behälter mit Wamsymbolen kennzeichnen (giftiger und feuergefährlicher Stoff)

Entsorgung von Methylenchlorid-Rückständen nur im Sondermüll

12/125 Arbeitsschritte
1. Schweißstellenvorbereitung
2. Rohrschweißgerät an den Rohrenden montieren (eventuell Rohrspannvorrichtung austauschen)
3. Heizelement zwischen Rohrenden schieben und auf erforderliche Schweißtemperatur einstellen
4. Verbinden der Rohrenden durch Schweißen
5. Demontieren der Schweißvorrichtung nach dem Abkühlvorgang
6. Entfernen des Schweißwulstes – falls erforderlich

12/126 Überprüfen der Polyethylenart (LD-PE oder HD-PE)

a) Zu verschweißende Rohrenden an den Stirnseiten rechtwinklig, eben und gratfrei bearbeiten

b) Schweißtemperatur: – für LD-PE 220 °C
– für HD-PE 240 °C

c) Schweißkraft $F = S \cdot p$

$S = (D^2 - d^2) \cdot \pi/4$

$S = (6^2\ cm^2 - 4{,}8^2\ cm^2) \cdot \pi/4$

$S = \underline{10{,}18\ cm^2}$

– für LD-PE $F = 10{,}18\ cm^2 - 5\ N/cm^2;$ $F = \underline{\underline{50{,}9\ N}}$

– für HD-PE $F = 10{,}18\ cm^2 - 20\ N/cm^2;$ $F = \underline{\underline{203{,}6\ N}}$

d) – Rohre mit geringem Druck gegen das Heizelement drücken, bis die Schweißtemperatur erreicht ist.
– Heizelement entfernen und die Rohre sofort mit errechneter Schweißkraft langsam zusammenpressen.
– Gefügte Rohre während der ermittelten Abkühlzeit fixiert halten.

e) Abkühlzeit: – für LD-PE $t = 0{,}5 \cdot s$; $t = 0{,}5 \cdot 6$; $t = \underline{\underline{3\ s}}$

– für HD-PE $t = 0{,}7 \cdot s$; $t = 0{,}7 \cdot 6$; $t = \underline{\underline{4{,}2\ s}}$

f) Unsaubere Fügeflächen, Verzögerung beim Entfernen des Heizelementes, zu niedrige Schweißtemperatur, zu niedriger Schweißdruck.

Fügen durch Kleben

12/127 Vorteile des Klebens hinsichtlich

- Fügetemperatur = meist nur bei Raumtemperatur oder niedriger Temperatur, kein Verzug,
- Werkstoffe = metallische und nichtmetallische Werkstoffe können geklebt werden,
- elektr. Eigenschatten = Klebstoffschicht wirkt isolierend, daher in der Elektroindustrie Einsatz als Isolatoren und bei Metallkonstruktionen zur Verhinderung von Kontaktkorrosion,
- Spannungsverteilung = gleichmäßig

12/128 Durch Kleben ist Leichtbauweise (z. B. Wabenkonstruktionen) besonders einfach zu verwirklichen.

12/129

	Fügen durch Schweißen	Fügen durch Löten	Fügen durch Kleben	Fügen durch Schrauben	Fügen durch Nieten
Gestaltung der Fügestelle (Skizze für je ein Beispiel)			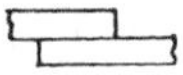	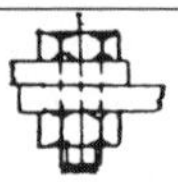	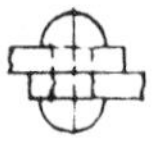
Fügeverfahren (Lösbarkeit)	nicht lösbar	nicht lösbar	nicht lösbar	lösbar	nicht lösbar
Art der Kraftübertragung (Schluss)	stoff-schlüssig	stoff-schlüssig	stoff-schlüssig	kraft-schlüssig	form-schlüssig
Verzug der Bauelemente (stark, gering, nicht vorhanden)	(evtl.) stark	gering	nicht vorhanden	nicht vorhanden	nicht vorhanden
Mögliche Betriebstemperatur über bzw. unter 200 °C oder 700 °C	über 700 °C	200 °C bis 700 °C	unter 200 °C	unter 200 °C	unter 200 °C

12/130 Damit genügend große Adhäsionskräfte zwischen Klebstoff und Werkstoffoberfläche wirksam werden, dürfen keine Fett- oder Schmutzteilchen in der Klebestelle sein.

12/131 Bei anderen Beanspruchungen reißen Klebestellen auf, insbesondere bei schälenden Kräften.

12/132 a) 1 Kohäsionskräfte
2 Adhäsionskräfte

b) Kohäsionskräfte bewirken den Zusammenhalt gleicher Werkstoffteilchen. Adhäsionskräfte bewirken den Zusammenhalt verschiedener Werkstoffteilchen.

12/133 – Physikalische Abbindemechanismen:
Verdunsten eines Lösungsmittels, Abkühlen eines erwärmten Klebstoffes

– Chemische Abbindemechanismen:
Vernetzung der Kunststoffmoleküle des Klebstoffes

12/134 a) Verdunsten eines Lösungsmittels

b) Verdunsten eines Lösungsmittels

c) Abkühlen und Erstarren eines erwärmten Klebstoffes

d) Vernetzung der Kunststoffmoleküle nach dem Mischen

12/135

① 

 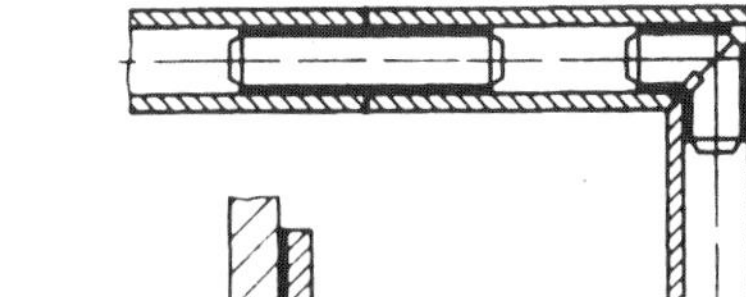

③ 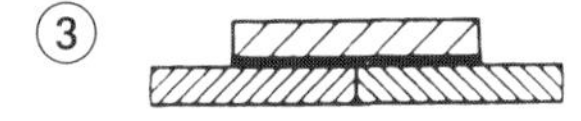

④ 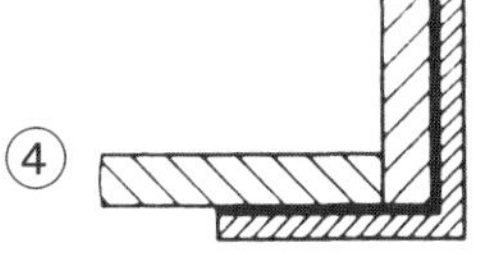

12/136

Unfallgefahr beim Kleben	Schutzmaßnahmen beim Kleben
Gesundheitsschädliche Dämpfe	gute Raumlüftung, Dämpfe nicht einatmen
Hautschäden	Klebstoff mit Hilfsmitteln auftragen, Hautkontakt vermeiden
Feuergefahr	Rauchen und offenes Feuer meiden

12/137 a) 1 = Warnung vor feuergefährlichen Stoffen
2 = Warnung vor explosionsfähiger Atmosphäre
3 = Warnung vor ätzenden Stoffen

b) Verhalten beim Vorfinden des Warnzeichens.
1 = für ausreichende Raumlüftung sorgen, nicht rauchen, äußerste Vorsicht bei unvermeidbaren Schweißarbeiten.
2 = Verbot jeglicher Zündmöglichkeiten: Rauchen, offenes Feuer, Schleifarbeiten, Schweißen, Brennschneiden, Brennöfen u. ä. sind verboten
3 = persönliche Schutzausrüstung benutzen: Schutzbrille, Gesichts- und Atemschutz, Handschuhe, Schürze, Schutzstiefel.

12/138 Es müssen Reaktionskleber gewählt werden. Üblicherweise werden Zweikomponentenkleber eingesetzt, da eine Erwärmung der Klebstelle vermieden werden soll,
z. B. Epoxidharz + Härter (gute Festigkeit der Klebstelle)
Methylmethacrylat + Härter (sehr gute Festigkeit der Klebstelle)

12/139 a) Reaktionskleber, z. B. Methylmethacrylat als Einkomponentenkleber, das Abbinden erfolgt nach Erwärmen auf 120 °C

b) Nasskleber, z. B. PVC in Methylenchlorid gelöst

c) Reaktionskleber, z. B. Methylmethacrylat als Einkomponentenkleber, das Abbinden erfolgt nach Erwärmen auf 120 °C

d) Nasskleber als Dispersionskleber, z. B. Weißleim

e) Reaktionskleber, z. B. Epoxidharz + Härter

12/140 a)

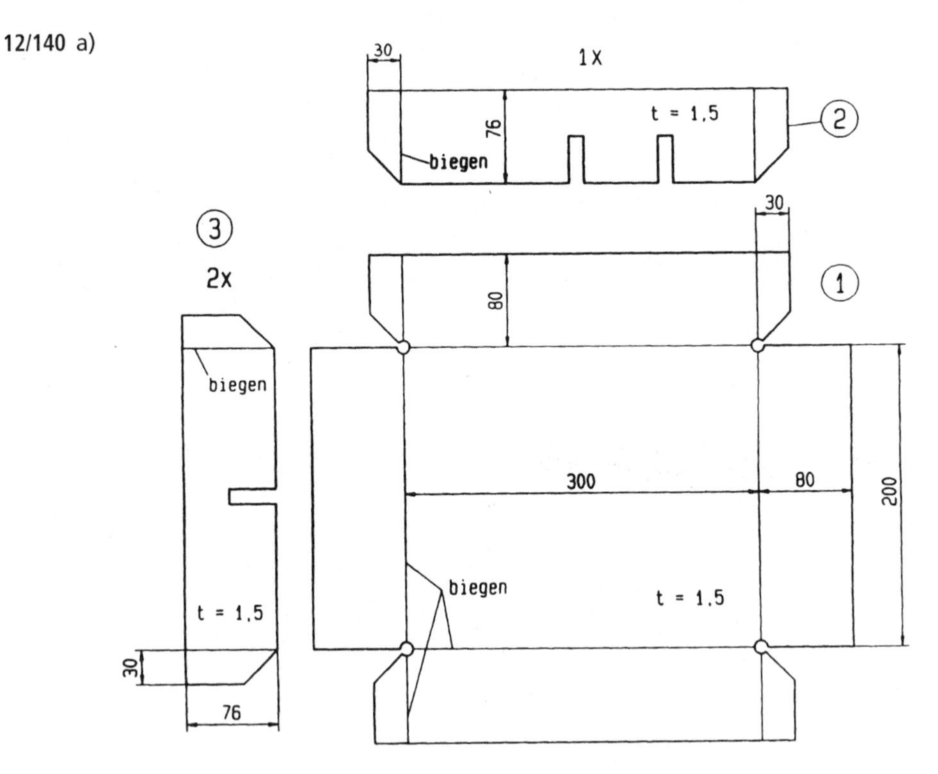

4 ebenen Deckel einlegen , Griff aufkleben

b) Arbeitsplan

1. Außenabmessungen der Abwicklung und der Einzelteile nach Zeichnung zuschneiden
2. Bohrungen, Ausklinkungen und Einschnitte anreißen und fertigen
3. Kasten an den Biegestellen erwärmen und über eine Kante biegen
4. Fügestellen mit einem Lösungsmittel entfetten, reinigen und anschließend trocknen
5. Kleber auftragen und Bauteile bis zum Abbinden fixieren
6. Trennwände der Fächerung biegen und einpassen
7. Arbeitsschritte 4 und 5 für Trennwände wiederholen
8. Deckel einpassen und Griff aufkleben

12/141 a) $m = 60\ cm \cdot 40{,}2\ cm \cdot 0{,}8\ cm \cdot 2{,}6 g/cm^3$; $m = 5\,016{,}96\ g$

b) $m = 5{,}017\ kg \rightarrow F = 50{,}17\ N$ $\sigma_{zul} = 0{,}25\ N/mm^2$

$$A = \frac{F}{\sigma_{zul}}; \quad A = \frac{50{,}17\ N}{0{,}25\ N/mm^2}; \quad A = \underline{200{,}7\ mm^2}$$

$$L = \frac{200{,}7\ mm^2}{20\ mm}; \quad L = 10{,}03\ mm \text{ gewählt} \quad L \approx \underline{\underline{11\ mm}}$$

Größe je Klebefläche: $\underline{\underline{20\ mm \times 11\ mm}}$

c)

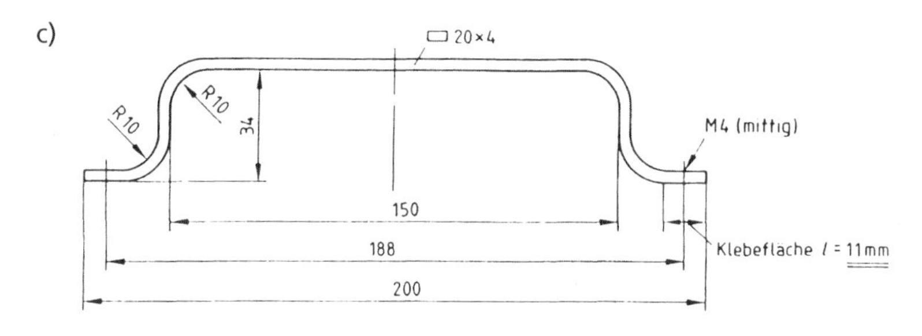

d) 1. Die Klebeflächen an der Scheibe und den Griffen mit einem lösungsmittelgetränkten Tuch entfetten und reinigen. Anschließend diese Stellen sorgfältig trocknen.
2. Epoxidharz und Härter nach Vorschrift des Herstellers vermischen.
3. Klebstoff unmittelbar nach der Reinigung der Klebeflächen dünn und gleichmäßig auftragen.
4. Die Griffe auf die Glasplatte aufsetzen, gegen Verschieben sichern und fest auf die Glasplatte drücken.
5. Für das Aushärten des Reaktionsklebers die Zeit und die Temperatur einhalten.

Klebstoffe sollten während der Verarbeitung nicht mit der Haut in Berührung kommen; der Arbeitsraum muss gut gelüftet werden.

Fügen durch Löten

12/142

	Schweißen	Löten
Temperatur an der Fügestelle	Grund- und Zusatzwerkstoff muss auf Schmelztemperatur gebracht werden	nur der Zusatzwerkstoff wird geschmolzen
Art von Grund- und Zusatzwerkstoff	Grund- und Zusatzwerkstoff müssen gleich sein	Metallische Grund- und Zusatzwerkstoffe können verschieden sein
Kraftübertragung in der Fügestelle	Festigkeit der Fügestelle gleich Festigkeit der Grundwerkstoffe, daher keine Vergrößerung der Fügestelle	Festigkeit der Fügestelle kleiner als Festigkeit der Grundwerkstoffe, daher großflächige Fügestelle erforderlich

12/143 Sehr verschiedenartige metallische Grundwerkstoffe können gelötet werden; variable Schmelzpunkte der Lote von ca. 200 bis 1 000 °C sind wählbar; wenig Hitze – wenig Verzug.

12/144 Durch Legierungsbildung zwischen Lot und Grundwerkstoff.

12/145 a) Groben Schmutz entfernen, Lötstelle metallisch blank machen und mit Flussmittel bestreichen.

b) Entfernen von Metalloxiden und eine Neubildung verhindern; Benetzbarkeit der Lötstelle verbessern.

12/146
- **Kabelenden:**
  Ansetzen des Lotes durch Eintauchen in flüssiges Lot bzw. durch Zugeben eines Lottropfens
- **überlappende Eckverbindung:**
  Einlegen eines eingepassten Lotteils
- **Kupferrohr in Flansch:**
  Ansetzen des Lotes
- **Widerstand in Leiterplatte:**
  Ansetzen des Lotes durch Benetzen von unten bzw durch Zugeben eines Lottropfens

12/147 Um eine genügend starke Kapillarwirkung zu erzielen, günstige Lötspaltbreite: 0,05 mm bis 0,2 mm.

12/148 a) Die niedrigste Löttemperatur muss im unteren Schmelzbereich des Lotes liegen. Die höchste Löttemperatur darf zu keiner Schädigung des Lotes führen.

b) Die Arbeitstemperatur ist die niedrigste Löttemperatur. Das Lot muss fließen und sich mit den zu fügenden Bauteilen verbinden können.

c) Zur Legierungsbildung ist diese Zeit erforderlich.

12/149 a)

Weichlöten:	Arbeitstemperatur bis 450 °C
Hartlöten:	Arbeitstemperatur über 450 °C bis 900 °C
Hochtemperaturlöten:	Arbeitstemperatur über 900 °C

b) Wird ein Flussmittel eingesetzt, welches korrodierend wirkt, so darf es nicht verwendet werden, wenn nach dem Löten die Lötstelle nicht mehr gereinigt werden kann.

12/150 a) Weil aufgrund der guten Wärmeleitfähigkeit des Kupfers ein schneller Wärmetransport zur Lötstelle erfolgt.

b) Weil die Wärmeabgabe eines Lötkolbens zu gering ist.

12/151 A = löttechnisch sehr günstig, Lot kann von unten „aufsteigen", Kraftübertragung günstig
B = Lötspaltverbreiterung ungünstig, sonst brauchbar
C = Lötfläche zu klein, ungeeignet
D = löttechnisch günstig, Kraftübertragung günstig

12/152 a) **S-Pb50Sn50** (DIN EN 2953) = L-5n50Pb (DIN 1707)
Weichlot mit 50 % Blei und 50 % Zinn

S-Sn60Pb38Cu2 = L-Sn60PbCu2
Weichlot mit 60 % Zinn, 38 % Blei und 2 % Kupfer

AG 207 (L-AG12)
Hartlot für Schwermetalle mit 12 % Silber, Rest Kupfer und Zinn

CU 301 (L-CUZn40)
Hartlot für Schwermetalle mit 40 % Zink und 60 % Kupfer

NI 105 (L-Ni5)
Hartlot mit 5 % Nickel

b) **Weichlote:** S-Pb50Sn50 (L-Sn50PB)
S-Sn60Pb38Cu2 (L-Sn60PbCu2)

Hartlote: AG 207 (L-Ag12)
CU 301 (L-CuZn40)

Hochtemperaturlote: NI 105 (L-Ni5)

c)

Lote	Anwendungsbereich
S-Pb50Sn50 (L-Sn50Pb)	Elektroindustrie Verzinnung
S-Sn60Pb38Cu2 (L-Sn60PbCu2)	Elektrogerätebau Feinwerktechnik
AG 207 (L-Ag12) CU 301 (L-CuZn40)	Löten von Stählen, Kupfer, Kupferlegierungen, Nickel, Nickellegierungen
NI 105 (L-Ni5)	Nickel, Cobalt Nickel- und Cobaltlegierungen, unlegierte und legierte Stähle

12/153 Art des Lötverfahrens (Hart- oder Weichlötung)
- Arbeitstemperatur
- korrosive Wirkung
- Art der zu verbindenden Werkstoffe (Schwer- oder Leichtmetalle)

12/154
- Wanne reinigen
- Rissumgebung, z. B. durch Schleifen, säubern
- prüfen, ob innen oder außen gelötet werden muss und ob eine Blechzulage erforderlich ist
- Lot wählen, geeignet Pb-Sn-Lot, z. B. S-Pb79Sn20Sb1 (L-PbSn20Sb), Arbeitstemperatur 270 °C
- Flussmittel wählen, geeignet: Lötwasser 3.2.2 (F-SW11)

- Lötkolben auswählen und auf Arbeitstemperatur erwärmen
- Flussmittel auftragen
- Lötstelle mit Kolben erwärmen und Lot aufbringen
- Flussmittel abspülen

12/155 a) Gewählt wird Vorschlag 1. Diese Lösung ist gegenüber Vorschlag 2 wegen des geringeren Durchmessers materialsparend und wirkt optisch besser als Vorschlag Nr. 3. Die Fertigung geschieht nur durch Außendrehen und Bohren. Sie ist somit einfacher durchführbar als die Fertigung für Vorschlag 2.

b)

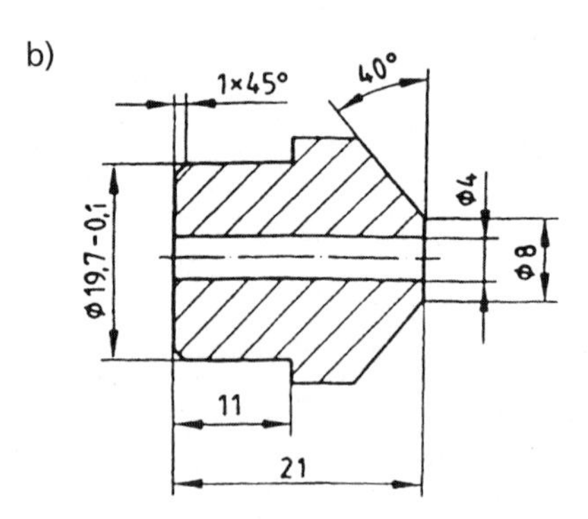

Allgemeintoleranzen ISO 2768-m

c) Lot: S-Pb 98 Sn 2 (L-PbSn 2); Flussmittel 3.1.1 (F-SW 21) (Lötfett)

13 Arbeitssicherheit und Unfallschutz

13/1 a) Das Entfettungsmittel ist feuergefährlich und giftig.

b) Kein offenes Feuer, ausreichende Belüftung

13/2 In Bereichen mit Elektrizität und Hochspannung darf nicht mit Wasser gelöscht werden.

13/3 a) **Verbotszeichen:** 2 und 4
Warnzeichen: 1, 3 und 5
Gebotszeichen: 6

b) 1 Warnung vor Laserstrahlen
2 Verbotszeichen: Für Fußgänger verboten
3 Warnung vor gefährlicher elektrischer Spannung
4 Verbotszeichen: Kein Trinkwasser
5 Warnung vor schwebender Last
6 Gebotszeichen: Gehörschutz tragen

13/4 Eine normale Brille genügt nicht, weil seitlich ein Schutz ganz fehlt. Außerdem brennen sich Partikel vom Werkstück und Schleifstein in die Brillengläser ein und mindern so den Gebrauchswert der Brille.

13/5 Die Lärmbelästigung führt auf Dauer zu einer starken Beeinträchtigung des Hörvermögens. Zudem kann das Nerven-, Herz- und Kreislaufsystem in Mitleidenschaft gezogen werden.

13/6 a) Die Hauptsicherung muss betätigt werden, um die Maschine wieder in Betrieb zu nehmen.

b) Ein erneutes Drücken der NOT-AUS-Taste darf nicht zur Wiedereinschaltung der Maschine ausreichen, weil in einer Schrecksituation ein zweimaliges Drücken der NOT-AUS-Taste möglich ist.

13/7 a) Der Bart am Meißelkopf muss unbedingt abgeschliffen werden, da schon kleinste Absplitterungen zu erheblichen Verletzungen führen können. Um den Verlust des Augenlichtes zu minimieren, ist zusätzlich zwingend eine Schutzbrille zu tragen.

b) Der Hammerkopf muss auf festen Sitz überprüft werden; weiterhin ist es ratsam, einen Meißel mit Handschutz zu verwenden.

13/8 Die größte Gefährdung beim Bohren besteht, wenn der Bohrer aus dem Werkstoff heraustritt. Bei dünnen und kleinen Werkstücken tritt eine große Gefährdung auf, wenn die Werkstücke nicht gut eingespannt sind.

13/9 Bei einem eventuellen Vergessen dieser Teile in der Bohrspindel würde durch eine Kette die Gefahr bei einem Einschalten der Maschine noch vergrößert.

13/10 Der Zerspanungsmechaniker hat vorher einen kegeligen Teil des Werkstückes bearbeitet. Dabei hat er den Oberschlitten zum Dreibackenfutter verstellt. Da der Endschalter vom Bettschlitten betätigt wird, führt diese Verstellung des Oberschlittens zu dieser gefährlichen Unfallsituation.

13/11 Die Schleifscheibe darf nicht mit dieser Drehzahl betrieben werden, weil die Schnittgeschwindigkeit dann über 62 m/s betragen würde.

13/12 Die Reißnadel wird am Umfang der Schleifscheibe nachgeschliffen. Die Reißnadel wird mit der linken Hand gehalten, wobei die Hand sich auf der Auflage abstützt. Die Reißnadel weist schräg nach oben, sie berührt erst im oberen Teil die Schleifscheibe.

13/13
- Schleifkörper sind vor dem Aufspannen auf Risse zu überprüfen.
- Schleifkörper spannungsfrei auf Schleifspindel schieben und neue elastische Zwischenlagen verwenden.
- Nach dem Aufspannen die Schleifscheiben auf Unwucht überprüfen, gegebenenfalls auswuchten.
- Probelauf von 5 Minuten mit zulässiger Umfangsgeschwindigkeit durchführen.

13/14 Die Spritzer beim E-Schweißen bestehen aus flüssigem Stahl. Sie brennen sich in die Haut ein. Neben dieser kleinen Verletzung kann durch eine Schreckreaktion hoher Sachschaden oder auch eine Gefährdung von Arbeitskollegen eintreten.

13/15 Sicherheitsregeln beim Gasschmelzschweißen:

- Aus flach liegenden Acetylenflaschen darf kein Gas entnommen werden, weil sonst das Lösungsmittel Aceton gleichzeitig mit dem Acetylen entnommen würde.
- Ausströmendes Acetylen würde sich am Boden des Behälters sammeln, da Acetylen schwerer ist als Luft. Bei weiteren Arbeiten könnte sich dieses Gas entzünden. Zudem könnte beim gebückten Arbeiten in Bodennähe eine Ohnmacht des Arbeitenden eintreten, weil er zu wenig Sauerstoff erhielte.

13/16 a) 1,5 bar

b) Die Acetylenflasche wird warm.
Bei öffnen des Flaschenventils tritt sichtbar Ruß oder Qualm aus.

c) Flaschenventil schließen. Flasche mit großen Wassermengen aus sicherer Entfernung kühlen. Wird die Erwärmung nicht gestoppt, muss die Feuerwehr benachrichtigt werden.

d) Beim Gasschmelzschweißen in engen Räumen wird Sauerstoff im Bereich der Streuflamme verbraucht. Dadurch sinkt der Sauerstoffgehalt der Luft. Zudem kann sich unverbranntes Acetylen im Bodenbereich sammeln.

e) Sauerstoff fördert die Explosions- und Brandgefahr brennbarer Stoffe.

f) Sauerstoff würde mit so hohem Druck in die Armatur strömen, dass es durch den Aufprall zu einer starken Erwärmung kommen kann. Dadurch ist sogar ein Verschweißen von dünnwandigen Bauteilen möglich.

13/17

- Haut verliert bei ständigem Kontakt mit Kühlschmierstoffen ihre Schutzschicht, sie wird anfällig gegenüber Erkrankungen, z. B. Entzündungen, Akne, Ekzeme.
- Fremdkörper in Kühlschmierstoffen, wie kleine Metallspäne verursachen winzige Verletzungen, die ebenfalls zu weiteren Hautschäden führen können.

13/18 a)

- Kontakt mit Kühlschmierstoffen möglichst vermeiden.
- Vor der Arbeit eine schützende Hautcreme auftragen.
- Nach dem Kontakt mit Kühlschmierstoffen die Hände mit geeigneten Mitteln, z. B. Emulsionsreinigern waschen. Auf keinen Fall die reinigende Wirkung der Kühlschmierstoffe selbst ausnutzen.
- Öldurchnässte Arbeitskleidung sofort wechseln und nicht auf der Haut trocknen lassen.
- Schutzbrille gegen Spritzer aus Kühlschmierstoffen tragen.

b) Als erstes sollte das Auge mit Wasser ausgespült werden. Anschließend ist in jedem Fall ein Augenarzt aufzusuchen. Diesem sind möglichst die Bezeichnung und Zusammensetzung des Kühlschmiermittels anzugeben.

13/19

1. NOT-AUS-Schalter betätigen.
2. Aus dem „Erste-Hilfe-Kasten" eine blutstillende und schützende Auflage entnehmen und auf die Wunde legen.
3. Firmensanitäter aufsuchen und Notverband anlegen lassen.
4. Je nach Schwere der Verletzung Unfallarzt aufsuchen oder Notarzt rufen.

14 Umweltschutz

14/1 Schmier- und Kühlschmiermittel sind Sonderabfälle und müssen als solche nach den Verordnungen des Bundesabfallgesetzes entsorgt werden.

14/2 a)
- Luftverschmutzung durch Kohlendioxid, Kohlenmonoxid und Rußpartikel
- Lärmbelästigung
- Anfall von Altöl
- Belastung durch Schrottteile, die nicht durch Recycling in den Werkstoffkreislauf zurückgeführt werden können

b)
- Bau von Autos mit geringerem Kraftstoffverbrauch
- Geschwindigkeitsbegrenzung auf Autobahnen
- Beschränkung des Individualverkehrs zugunsten von Massenverkehrsmitteln
- Vermeidung unnötiger Autofahrten

Werkstofftechnik

1 Eigenschaften der Werkstoffe

Physikalische Eigenschaften

1/1 a) $= \frac{m}{V} = \frac{0{,}54\ \text{kg}}{0{,}2\ \text{dm}^3} = 2{,}7\ \frac{\text{kg}}{\text{dm}^3}$

b) Aluminium

1/2 a) $A_1 = 2 \cdot l_1 \cdot h_1$; $A_1 = 2 \cdot 3\ \text{cm} \cdot 1\ \text{cm}$; $A_1 = \underline{\underline{6\ \text{cm}^2}}$

$m_1 = A_1 \cdot L_1 \cdot \rho_1$; $m_1 = 6\ \text{cm}^2 \cdot 120\ \text{cm} \cdot 7{,}85\ \frac{\text{g}}{\text{cm}^3}$; $m_1 = \underline{\underline{5\,652\ \text{g}}}$

b) $A_2 = l_2 \cdot h_2 + l_3 \cdot h_3$; $A_2 = 2\ \text{cm} \cdot 3\ \text{cm} + 2\ \text{cm} \cdot 2\ \text{cm}$; $A_2 = \underline{\underline{10\ \text{cm}^2}}$

$m_2 = A_2 \cdot L_2 \cdot \rho_2$; $m_2 = 10\ \text{cm}^2 \cdot 120\ \text{cm} \cdot 2{,}7\ \frac{\text{g}}{\text{cm}^3}$; $m_2 = \underline{\underline{3\,240\ \text{g}}}$

c) $5\,652\ \text{g} \mathrel{\hat{=}} 100\ \%$ $\qquad \frac{100\ \% \cdot 3\,240\ \text{g}}{5\,652\ \text{g}} = 57{,}32\ \%$

$3\,240\ \text{g} \mathrel{\hat{=}} x\ \%$

Einsparung = 100 % – 57,32 % = $\underline{\underline{42{,}68\ \%}}$

1/3 $m = S \cdot l \cdot \sigma$

$S = \frac{d^2 \cdot \pi}{4}$ $\qquad S = \frac{52\ \text{cm}^2 \cdot \pi}{4}$ $\qquad S = 19{,}6\ \text{cm}^2$

$l = \frac{m}{S \cdot \sigma}$ $\qquad l = \frac{500\ \text{g}\ \ \text{cm}^3}{19{,}6\ \text{cm}^2 \cdot 7{,}85\ \text{g}}$ $\qquad l = \underline{\underline{3{,}25\ \text{cm}}}$

1/4 $\sigma = \frac{F}{S_0}$ Aus den unterschiedlichen Versuchen ergeben sich unterschiedliche Ergebnisse.

b) – Cu-Draht an Aufhängung befestigen und durch Hängegewichte zusätzlich belasten
– Zwei Kraftmesser, die parallel geordnet werden
– Hebel zwischenschalten.

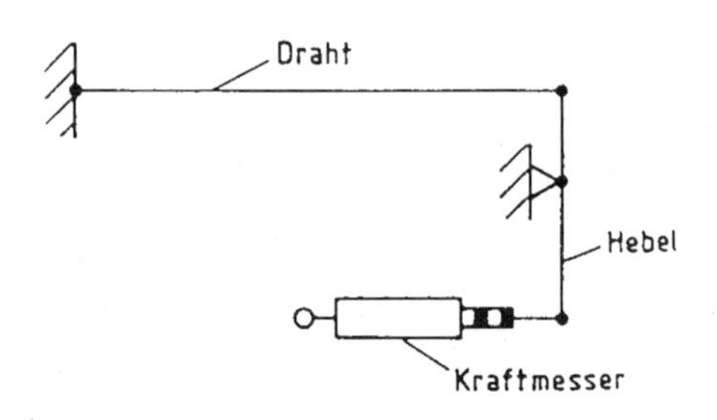

1/5 Der Kupferstab ist mit 100 N/mm² höher belastbar als der Aluminiumstab mit 96 N/mm².

1/6

	elastisch	plastisch	spröde
a)	*Gummi* *Federstahl* *Leder*	*Plastilin* *Blei* *Fensterkitt*	*Beton* *Porzellan*
b)	*Elaste*	*Aluminium*	*Salzkristall*

1/7 Die Bolzen werden durch Anfeilen sortiert:
- die Feile rutscht durch bei gehärteten Bolzen,
- die Feile nimmt das Material ab bei ungehärteten Bolzen.

1/8

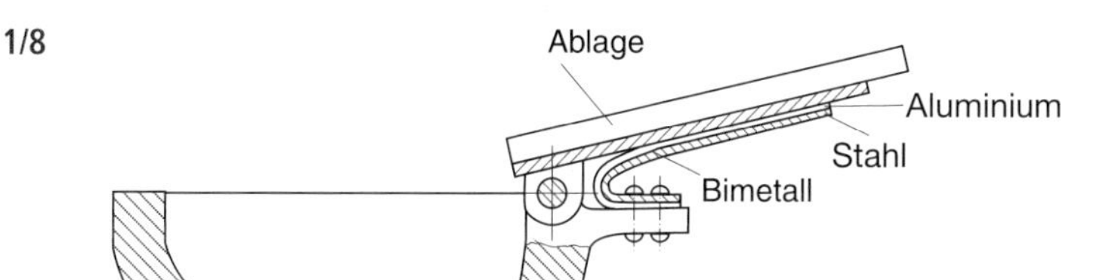

1/9 Holz hat eine viel geringere Wärmeleitfähigkeit als Stahl. Die Handwärme wird bei Stahl besser abgeleitet als bei Holz, daher fühlt sich Stahl kälter als Holz an.

1/10 Kesselstein hat eine geringere Wärmeleitfähigkeit als Kupfer. Der Wärmeübergang wird daher vom Kesselstein verringert, sodass das Wasser langsamer die verlangte Temperatur erreicht. Der Wirkungsgrad der Anlage sinkt, die Kosten steigen.

1/11 Die Streichhölzer werden auf den Blechen aus den angegebenen Werkstoffen in folgender Reihenfolge gezündet:
1. Kupferblech
2. Aluminiumblech
3. Zinkblech
4. Stahlblech

Chemische Eigenschaften

1/12 a) Zink oder Kupfer
b) hochlegierter, korrosionsbeständiger Stahl
c) Zink

1/13 Quecksilber verdampft und bildet giftige Dämpfe. Die Quecksilberkügelchen müssen aus den Fußbodenritzen abgesaugt werden.

Technologische Eigenschaften

1/14 Gut gießbar, schlecht schweißbar, leicht zerspanbar.

1/15

Felgen eines Rennrades	
physikalische Eigenschaften	hohe Festigkeit, hohe Elastizität
chemische Eigenschaften	korrosionsbeständig
technologische Eigenschaften	gut umformbar

1/16 Individuelle Lösung

2 Aufbau metallischer Werkstoffe

Chemische Elemente

2/1

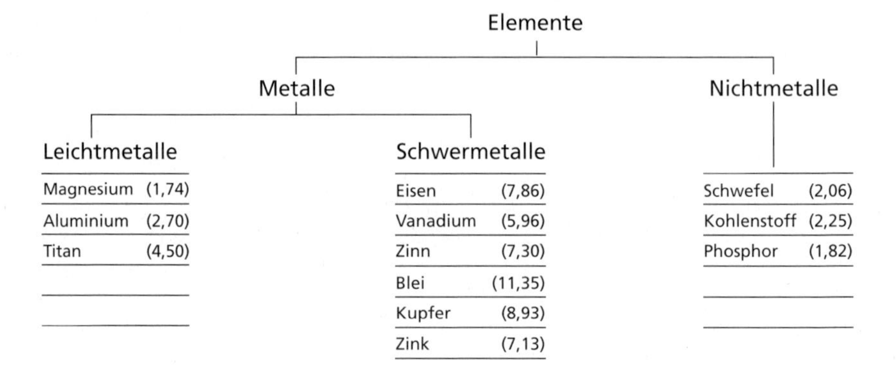

2/2

Name	chemisches Symbol	Name	chemisches Symbol
Wasserstoff	H	Blei	Pb
Kupfer	Cu	Stickstoff	N
Zinn	Sn	Mangan	Mn
Zink	Zn	Magnesium	Mg
Schwefel	S	Sauerstoff	O
Kohlenstoff	C	Chrom	Cr
Eisen	Fe		

2/3

Werkstoffkurzzeichen	Name der chemischen Elemente
C 45	Kohlenstoff
Mg Al 6 Zn	Magnesium, Aluminium, Zink
Ni Cu 14 Fe Mo	Nickel, Kupfer, Eisen, Molybdän
16 Mn Cr 4	Mangan, Chrom
Cu Al 12 Ni 5	Kupfer, Aluminium, Nickel
Cu Zn 40 Pb 2	Kupfer, Zink, Blei

2/4	Name des Atombausteins	elektrische Ladung	Massevergleich
Atomkern	Proton	el. positiv	1
	Neutron	el. neutral	1
Elektronenhülle	Elektron	el. negativ	$\approx \frac{1}{2\,000}$ des Protons

2/5 In der unterschiedlichen Anzahl der Protonen, Neutronen und Elektronen.

2/6 a) Weniger als vier Außenelektronen b) Mehr als vier Außenelektronen

Aufbau von Metallen

2/7 In einem Stück Aluminium werden die Ionen durch die freien Elektronen zwischen ihnen zusammengehalten.

2/8 Bei einer Verschiebung von Ionenschichten würden gleichgeladene Ionen einander gegenüberstehen. Da sich elektrisch gleichgeladene abstoßen, wird das Salz in dem Verschiebungsbereich zerfallen.

2/9 Die freien Elektronen, die die Metallionen zusammenhalten, sind im Metallgitter frei beweglich. Beim Anlegen einer Spannung werden sie im Leiter verschoben. Metalle leiten damit Strom.

2/10 a) Bei Erwärmung schwingen die Metallionen immer stärker um einen Fixpunkt.

b) Beim Aufschmelzen wird die Schwingung der Metallionen so groß, dass sie ihren festen Gitterplatz verlassen.

c) In der Metallschmelze sind auch die Metallionen frei beweglich.

2/11 a)

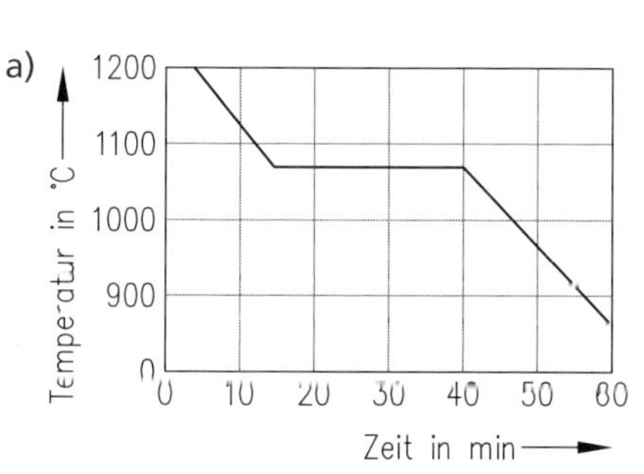

b) Erstarrungs- und Schmelztemperatur von Kupfer: 1 083 °C

2/12 a)

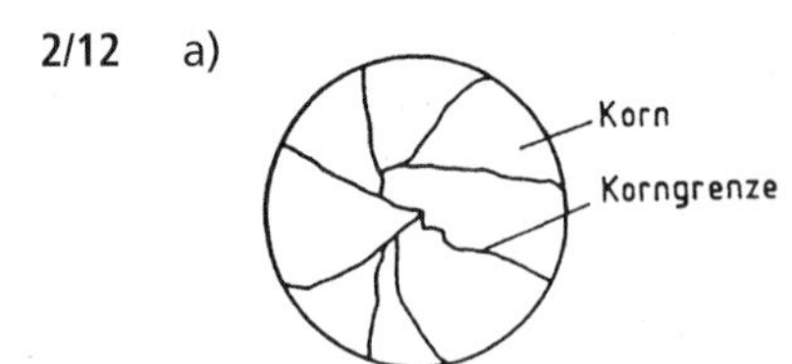

b) Gegeneinander gewachsene Kristalle nennt man Körner.
Die Grenze zwischen den Körnern heißt Korngrenze.

2/13 Zink bildet großflächige Kristalle auf der Oberfläche, welche das typische Muster verzinkter Stahlteile bilden.

2/14 Durch Grobkornglühen wird

a) die Zerspanbarkeit verbessert und

b) die Zähigkeit verringert.

2/15

Zufriedenstellend umformbar	gut umformbar	sehr gut umformbar
Magnesium Zink	Chrom	Eisen (erwärmt) Aluminium Kupfer

2/16

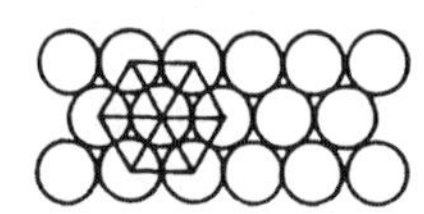

Hexagonales Gitter

Legierungen

2/17 Zur Verbesserung von Eigenschaften werden metallische Werkstoffe legiert.

2/18 a) Stahl b) Gusseisen c) Messing

2/19

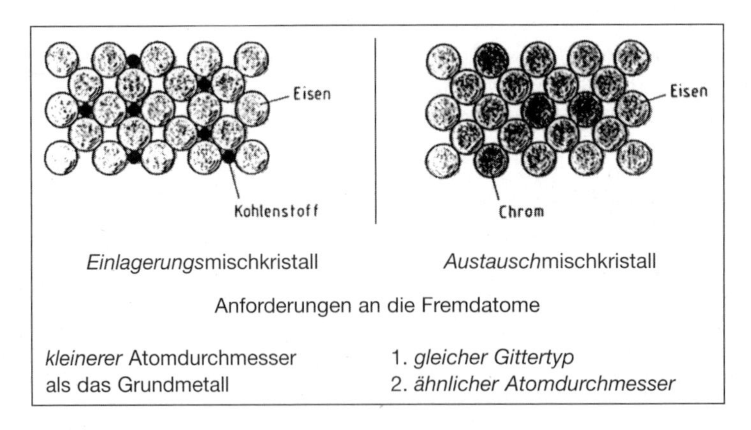

2/20 Mischkristalle haben hohe Zähigkeit, sind leicht umformbar und sind korrosionsbeständig

2/21

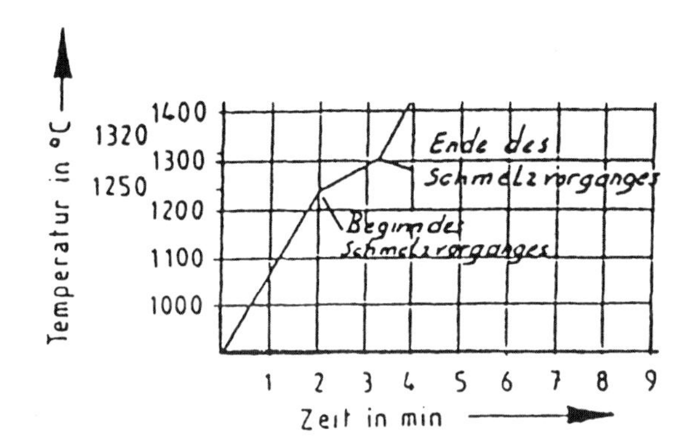

2/22 a) und b)

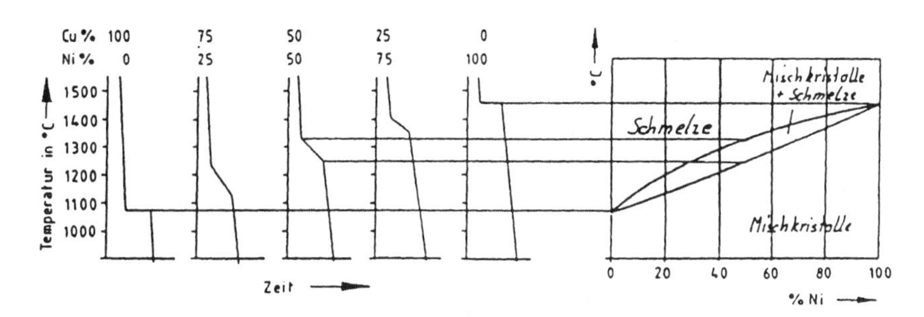

c) Beginn der Erstarrung 1 300 °C
Ende der Erstarrung 1 229 °C

2/23 a)

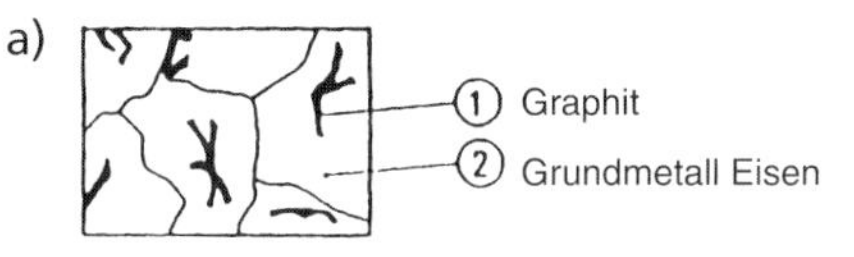

b) Die Legierungsbestandteile liegen getrennt nebeneinander.

2/24 Die Körper des härteren Legierungsbestandteits – das Eisen – übernehmen die tragende Funktion, während der weichere Graphit die Schmierung begünstigt.

2/25 a)

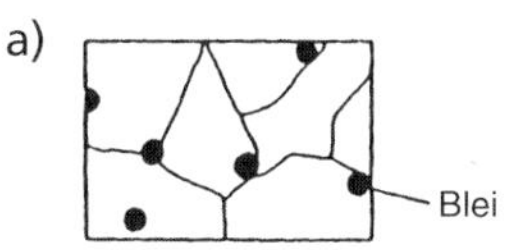

b) Am eingelagerten Blei bricht der Span. Es entstehen kurze Späne, die leicht abzuführen sind und die Arbeit des Automaten nicht stören.

2/26 a) Blei

b) Blei

c)

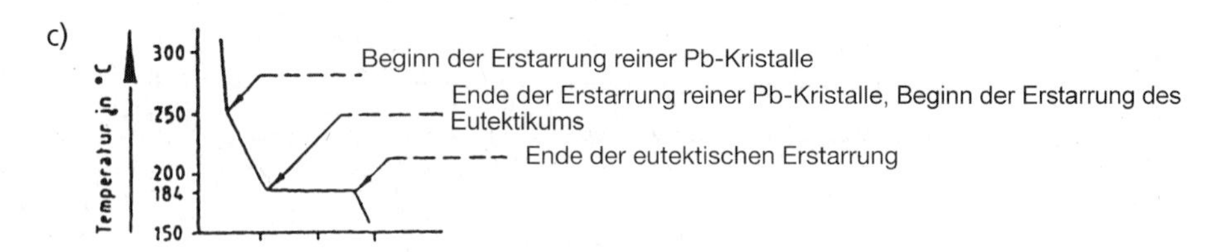

d) Ab 250 °C Erstarrung reiner Blei-Kristalle so lange, bis die Schmetze eutektische Zusammensetzung besitzt und die Temperatur bei 184 °C liegt (Erstarrungsintervall). Die eutektisch zusammengesetzte Schmelze erstarrt bei 184 °C (Haltepunkt).

2/27 a) Eutektikum

b) – Haltepunkt bei der Erstarrung.
– Beide Komponenten erstarren feinverteilt nebeneinander.
– Die Erstarrungstemperatur liegt tiefer als die des niedrigstschmelzenden Einzelmetalls.

2/28 a) Bei entsprechender Ätzung erkennt man zwei Gefügebestandteile.

b) Nur ein Teil des Gefüges weist eutektisches Gefüge auf.

2/29 a)

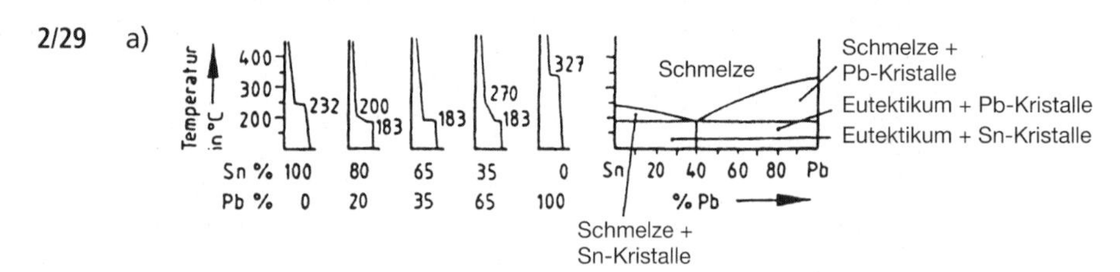

b) Legierung mit 65 % Sn und 35 % Pb

c) Untereutektische bzw. übereutektische Legierungen mit möglichst großem Erstarrungsbereich.

3 Eisen und Stahl

Roheisen- und Stahlerzeugung

3/1 a) 1. Stufe → 2. Stufe → 3. Stufe

Aufbereitung → Reduktion → Raffination

b) Aufbereitung: Trennung des tauben Gesteins vom eisenhaltigen Gestein
Reduktion: Aufbereitetes Erz wird zu Metall reduziert
Raffination: Verunreinigungen aus dem Rohmetall entfernen

3/2 a) 5 000 t Magneteisenstein enthalten 3 500 t $Fe_3 O_4$

b) 3 500 t $Fe_3 O_4$ enthalten 2 730 t reines Eisen

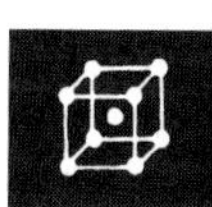

3/3 Durch Reduktion der Eisenoxide mit Kohlenstoff (C) und Kohlenmonoxid (CO)

3/4 Es ist folgende Reihenfolge richtig:
- Koks, Erz und Zuschläge werden über einen Schrägaufzug von oben schichtweise in den Hochofen geschüttet.
- Im obersten Teil des Hochofens wird das Erz auf etwa 200 °C vorgewärmt; Wasser entweicht als Wasserdampf.
- Heiße Luft wird durch Düsen von unten in den Hochofen geblasen.
- Bei der Verbrennung des Kokses entstehen Kohlenmonoxid und Kohlendioxid.
- Die Reduktion der oxidischen Eisenerze erfolgt mit den Reduktionsmitteln Kohlenstoff und Kohlenmonoxid.

3/5 a) Roheisen hat wesentlich mehr Verunreinigungen als Stahl. Die Verunreinigungen sind: C; Si; Mn; S; P.

b) Roheisen ist nicht schmiedbar und nicht schweißbar.
Stahl ist schmiedbar und schweißbar.

3/6 Durch Oxidation der Verunreinigungen und Beseitigung als Gase bzw. als Schlacke.

3/7 Es ist folgende Reihenfolge richtig:
- Die Roheisenschmelze wird in einen schwenkbaren Tiegel gegeben.
- Eine wassergekühlte Lanze wird in den Tiegel geführt.
- Durch diese Lanze wird Sauerstoff auf die Schmelze geblasen.
- Da die Verunreinigungen des Roheisens höheres Verbindungsbestreben mit Sauerstoff haben als Eisen, verbinden sich diese mit dem eingeblasenen Sauerstoff.
- Dieser technische Vorgang, den man als Oxidation bezeichnet, bewirkt eine beträchtliche Temperatursteigerung in der Schmelze.
- Die Temperaturerhöhung in der Schmelze ist so groß, dass Kühlschrott hinzugegeben werden muss.
- Die Oxide der Verunreinigungen entweichen zum Teil als Gas, und zum Teil schwimmen sie als Schlacke auf der Schmelze.
- Am Ende des Blasvorganges werden je nach Bedarf Legierungselemente zugegeben.
- Der flüssige Stahl wird abgegossen und weiterverarbeitet.

3/8 Die Oxidation der Eisenbegleiter bewirkt eine Temperaturerhöhung der Stahlschmelze.

3/9 a) Elektrischer Strom ist ein sauberer Energieträger. Er verursacht keine Verunreinigung der Schmelze.

b) Genaue Einstellung der Zusammensetzung ist möglich.

c) Hochschmelzende Legierungsbestandteile können zulegiert werden.

3/10

	Blockguss	Strangguss
Halbzeugherstellung	umfangreiche Walzarbeit	geringe Walzarbeit
Gefüge	ungleichmäßig	gleichmäßig
Umstellung auf unterschiedliche Querschnitte	teuer, da neue Kokillen	billiger, da nur andere Kupfer-Kokille
Anlagekosten	gering	hoch

3/11 Der im Gefüge eingeschlossene Wasserstoff kann, wenn er unter Druck gerät, Risse verursachen – Flockenrisse –.

3/12 Erhöhung der Warmfestigket: Cr, V, W, Mo.
Erhöhung der Korrosionsbeständigkeit: Si, Cr, Ni, W.

Gefüge und Eigenschaften von Stahl

3/13 a) Mischkristallgefüge
b) Austenit oder γ-Mischkristall
c) Kubisch-flächenzentriertes Gitter
d) Atomar im Gitter eingebaut
e) Gut umformbar

3/14 a) Zementit
b) Perlit
c) Austenit
d) Ferrit

3/15 a) Bei gleichen Teilen Ferrit und Perlit liegt ein Stahl mit 0,4 % Kohlenstoff vor.
b) Kubisch-raumzentriertes Gitter

3/16 a) Perlit
b) Ferrit und Zement
c) Zement = Fe_3C
d) Ferrit: Weich und gut umformbar
Zementit: Hart und spröde

3/17 a) und b)

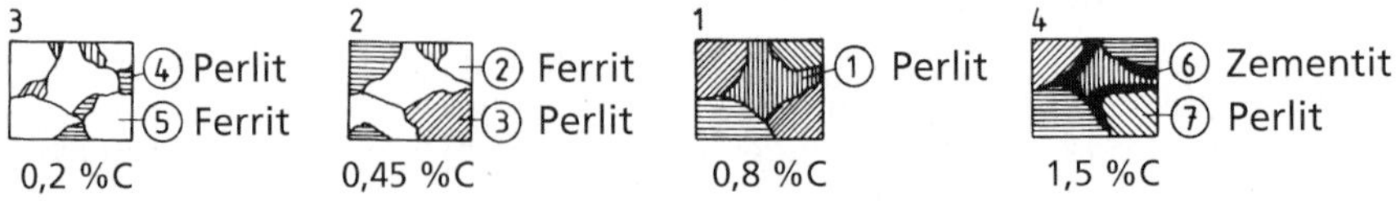

3 ④ Perlit ⑤ Ferrit 0,2 %C

2 ② Ferrit ③ Perlit 0,45 %C

1 ① Perlit 0,8 %C

4 ⑥ Zementit ⑦ Perlit 1,5 %C

Stoffeigenschaftändern von Stahl

3/18 a) Lamellarer Zementit wird zu kugelförmigem Zementit.

b) Die Spanbarkeit wird verbessert.

3/19 a) Dicht unterhalb 723 °C

b) Zunächst dicht oberhalb 723 °C zum Kugeligglühen des Sekundärzementits, dann dicht unter 723 °C zum Kugeligglühen des Zementits des Perlits.

3/20 Aufheizen auf 550 °C Glühzeit 5 h Abkühlung im Ofen

3/21 Aufheizen auf 820 °C
Haltezeit nach Durchwärmen 30 Minuten
Abkühlung an ruhender Luft

3/22 a) Härte steigt, Festigkeit steigt, Dehnbarkeit sinkt

b) Aufheizen auf 700 °C
Halten nach Durchwärmen ca. 30 Minuten
Abkühlen an Luft

3/23 Die Meißelschneide aus C70U wird auf 800 °C erwärmt. Es entsteht das Mischkristallgefüge Austenit mit kfz-Gitter. Der Kohlenstoff ist dabei in das Gitter eingelagert. Anschließend wird die Meißelschneide schnell abgekühlt. Aus dem kfz-Gitter des Austenits wird ein krz-Gitter. Durch die schnelle Abkühlung werden die Kohlenstoffatome im Gitter eingeschlossen. Dies bewirkt eine Verzerrung des Gitters. Dadurch wird die Meißelschneide wesentlich härter.

3/24 a) Der „Stahlnagel" hat eine höhere Festigkeit als der „normale" Nagel. Beide Nägel lassen sich mit einer Feile bearbeiten.

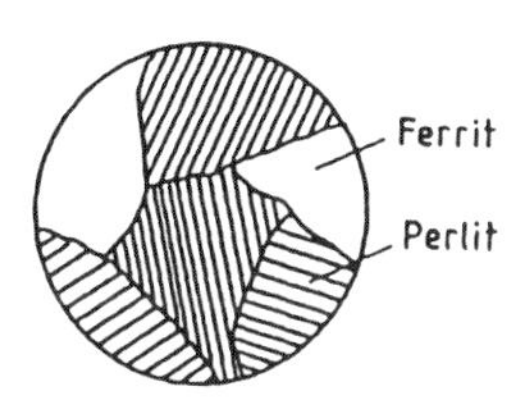

Stahlnagel
0,5% C

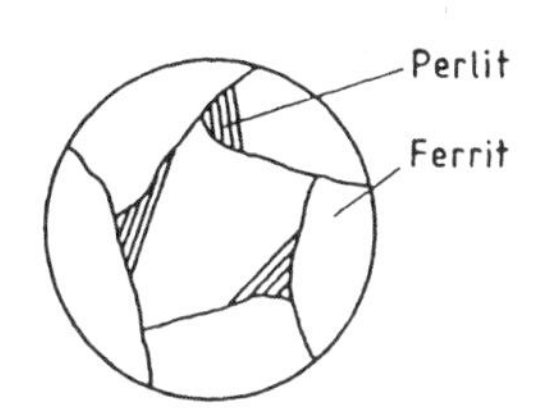

„normaler Nagel"
0,1% C

b) Der „Stahlnagel" hat das Härtegefüge Martensit und lässt sich nicht mit der Feile bearbeiten.
Der „normale" Nagel hat ein überwiegend ferritisches Gefüge. Eine Härtesteigerung ist nicht feststellbar, die Bearbeitung mit einer Feile ist nach wie vor möglich.

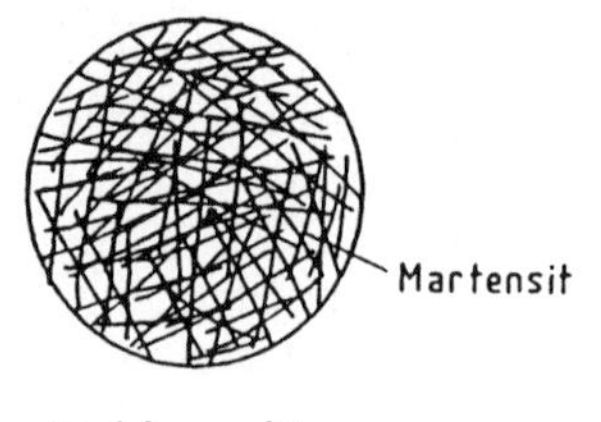

Perlit
Ferrit

„Stahlnagel" „normaler Nagel"

3/25 Über 800 °C.

3/26 Der Meißel wird an der Luft abgeschreckt.

3/27 Die Abkühlungsgeschwindigkeit ist im Inneren der Bauteile zu gering.

3/28 Aufheizen 1. Stufe 400 °C Haltetemperatur
10 Minuten Haltezeit nach Durchwärmen
2. Stufe 780 °C Haltetemperatur
10 Minuten Haltezeit nach Durchwärmen
Abschrecken: In Wasser Abschrecken bis ca. 150 °C
Im Wärmeofen ca. 10 Minuten halten
(Anlassen: ca. 200 °C Anlasstemperatur
1 Stunde Anlasszeit)

3/29 Anlasstemperatur ca. 200 °C
Beim Anlassen wandern C-Atome auf günstigere Zwischengitterplätze.

3/30 a) 500 °C

b) 700 N/mm²

c) bei 450 °C → R_{m1} = 840 N/mm²
bei 500 °C → R_{m2} = 790 N/mm²
Minderung von R_{m1} ca. 6 %

3/31 Härten
Aufheizen: 1. Stufe 400 °C
Haltezeit nach Durchwärmen ca. 17 Minuten
2. Stufe Härtetemperatur 820 °C
Haltezeit nach Durchwärmen ca. 17 Minuten
Abschrecken: Abschreckmittel Wasser
(anschließend Halten bei ca. 150 °C etwa 20 Minuten lang)

Vergüten
Aufheizen: 530 °C
Haltezeit nach Durchwärmen ca. 2 Stunden

3/32 Die Oberfläche wird hart und verschleißfest, der Kern bleibt zäh.

3/33

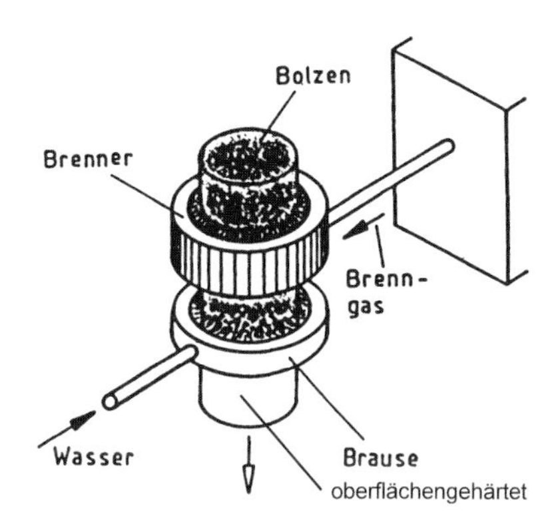

3/34

	Flammhärten	Induktionshärten
Anlagekosten	gering	hoch
Einhärtetiefe	1 mm und mehr	0,1 bis 1 mm
Form der zu härtenden Werkstücke	komplizierte Formen, große Werkstücke	einfache Formen

3/35
- Das Gefüge besteht bei Raumtemperatur aus Ferrit und sehr wenig Perlit.
- Beim Einsetzen, das bei 950 °C erfolgt, wandert Kohlenstoff von außen in die Randzone. Nach dem Abkühlen liegt in der Randzone Perlit vor.
- Zum Härten wird der Stahl auf 780 °C aufgeheizt. Der Perlit der Randzone wird nun bei 780 °C zu Austenit. Beim anschließenden Abschrecken entsteht aus dem Austenit das gewünschte Härtegefüge Martensit.

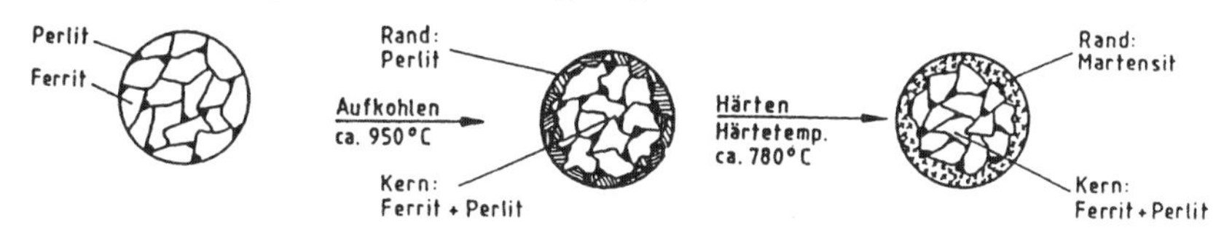

Ausgangsgefüge | **Gefüge nach dem Einsetzen und dem Abkühlen** | **Gefüge nach dem Härten**

3/36 a) 870 °C Einsatztemperatur

b) ca. 90 % CO in Glühatmosphäre

c) Abschrecktemperatur ca. 780 °C

3/37 Durch die Bildung harter und verschleißfester Metallnitride in der Randschicht der Bauteile besonders die Nitride von Al, Cr, Ti.

3/38 Vorteile: Nitrieren fertig bearbeiteter Werkstücke, gute Korrosionsbeständigkeit, keine Zunderbildung, kaum Verzug der Bauteile, kein Abschrecken.

Nachteile: Nitrieren ist zusätzlicher Arbeitsgang, Verwendung von Ammoniak, seltener von giftigen Zyaniden.

3/39 Al; Mo; V; Cr sind Nitrierstählen zulegiert

3/40 a) Gasförmiges Ammoniak, Zyansalze

b) Die Salzbäder sind giftig, weil sie Zyanide enthalten.

Einteilung, Normung und Verwendung von Stählen

3/41 a) S490Q Stahl für Stahlbau
490 N/mm^2 Streckgrenze ⇒ hoch belastbar
Vergütet ⇒ zäh

b) P355K6N Stahl für Druckbehälter
355 N/mm^2 Streckgrenze
40 J Kerbschlagarbeit bei – 60 °C ⇒ hohe Zähigkeit bei tiefen Temperaturen
normalisiert ⇒ feinkörnig und damit zäh

c) H420 Kaltgewalztes Flacherzeugnis ⇒ relativ hart, wenig dehnbar
420 N/mm^2 Streckgrenze ⇒ hoch belastbar

d) L355M Stahl für Rohrleitungen
355 N/mm^2 Streckgrenze ⇒ hoch belastbar
thermomechanisch gewalzt ⇒ falls der Stahl wärmebehandelt wird, sind seine anfänglichen Eigenschaften nicht wieder zu erreichen.

e) E355 Stahl für Maschinenbau
355 N/mm^2 Streckgrenze ⇒ hoch belastbar

3/42 a) Si; Co; Cr; W; Ni; Mn

b) C; P; S; N

c) Al; Cu; Mo; Ta; Ti; V Merkwort: Alcumotativ

3/43

	C %	Mn %	S %	Cr %	Al %	Ni %	Mo %	V %	Pb %
38 Cr 2	0,38			0,5					
16 MnCr 5	0,16	1,25		*					
34 CrAlNi 7	0,34			1,75	*	*			
40 CrMoV 6 - 7	0,40			1,5			0,7	*	
9 SMnPb 3 - 6	0,09	1,5	0,03						*

3/44 a) Es ist ein X der Angabe des Kohlenstoffgehalts vorangestellt.

b) Kohlenstoff Faktor 100, alle anderen Elemente werden mit vollen Gehalt angegeben, haben also den Faktor 1.

3/45

X 22 CrNi 17:	Hochlegierter Stahl mit 0,22 % C, 17 % Cr und geringen Anteilen an Nickel.
X 6 CrNiMo 18 - 10:	Hochlegierter Stahl mit 0,06 % C, 18 % Cr, 10 % Ni und geringen Anteilen Molybdän.
X 10 CrMoWV 12 - 1:	Hochlegierter Stahl mit 0,1 % C, 12 % Cr, 1 % Mo und geringen Anteilen an Wolfram und Vanadium.

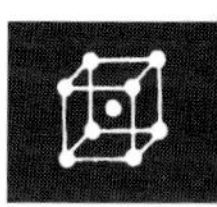

3/46

a) X 45 SiCr 6 - 3:	Hochlegierter Stahl mit 0,45 % C, 6 % Si und 3 % Cr
b) X 6 CrNi 18 - 9:	Hochlegierter Stahl mit 0,06 % C, 18 % Cr und 9 % Ni
c) X 45 CrNiMo 22 - 6 - 8:	Hochlegierter Stahl mit 0,45 % C, 22 % Cr, 6 % Ni und 8 % Mo

3/47 ca. 73,9 % Fe

3/48 a) E355

b) 70 Si 7

c) EN - GJS - 400

3/49 a) Eine Werkstoffnummer für Stahl erkennt man <u>an der Hauptgruppen-Nr. 1.</u>

b) In den Werkstoffnummern für Allgemeine Baustähle beginnt die Sortennummer stehts mit <u>00.</u>

Es folgt <u>die Zählnummer mit der Normangabe von 1/10 oder Mindestzugfestigkeit.</u>

c) Nichtrostende, hoch mit Chrom legierte Stähle beginnen in der Werkstoffnummer stehts mit <u>1.4...</u>

3/50 a) Die Streckgrenzen aus den Zugversuchen müssen miteinander verglichen werden.

b) Der Querschnitt der Zugstange muss um das 1,53-Fache vergrößert werden

$$\frac{360\ \text{N/mm}^2}{235\ \text{N/mm}^2} = 1{,}53;$$

3/51 Mit steigender Zugfestigkeit nimmt bei Stählen die Bruchdehnung ab.

3/52 Je größer die untersuchten Probendurchmesser, desto geringer ist die Zugfestigkeit.

3/53 Einsatzstähle sind:
C15; C10; 16 MnCr 5

3/54 Nach dem Einsetzen, weil in der Randzone Perlit zu sehen ist und noch kein Martensit.

3/55 In Nitrierstählen müssen die Elemente Cr, Al, Mo, V enthalten sein, weil sie mit Stickstoff harte Nitride bilden.

3/56 Schwefel- und Bleieinschlüsse im Gefüge bewirken in Automatenstählen den Spanbruch.

3/57 Die Elemente Si und Cr sind in Federstählen enthalten.

3/58

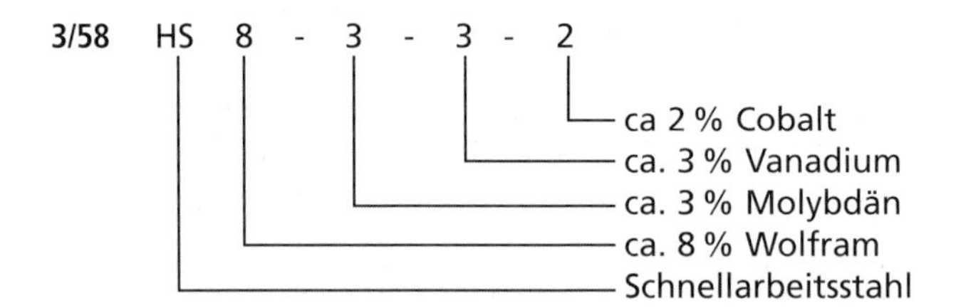

Eisen-Kohlenstoff-Gusswerkstoffe

3/59

	Stahl	Gusseisen
Kohlenstoffgehalt	bis 2,06 %	über 2,06 % meist 3,5 bis 4,5 % C
Kohlenstoff im Gefüge	– als Fe_3C – im Austenit bei austenitischen Stählen	– als Graphit in Lamellen- oder Kugelform – als Fe_3C im Grundgefüge
Zerspanbarkeit	zufriedenstellend bis gut	sehr gut
Festigkeit	hoch bis sehr hoch	GJS kommt fast an Stahl GJL erheblich geringer als Stahl

3/60 Stahlguss mit 0,5 % C bei ca. 1 400 °C
Gusseisen mit 4,2 % C bei ca. 1 142 °C
(ohne Berücksichtigung weiterer Legierungselemente)

3/61

	Gusseisen mit Lamellengraphit	Stahlguss
Kohlenstoffgehalt	2,5 % bis 4 %	0,15 % bis 0,75 %
Schmelztemperatur	ca. 1 300 °C	ca. 1 500 °C
Zugfestigkeit	ca. 200 bis 400 $\frac{N}{mm^2}$;	ca. 300 - 800 $\frac{N}{mm^2}$;
Volumenverminderung beim Erkalten	ca. 1 % bis 2%	ca. 6 %

3/62 Stahlguss benötigt erheblich höhere Gießtemperatur.
Er schwindet sehr viel mehr bei der Abkühlung. Dadurch wächst die Gefahr der Lunkerbildung bei der Erstarrung und die Gefahr der Rissbildung bei der Abkühlung auf Raumtemperatur.

3/63

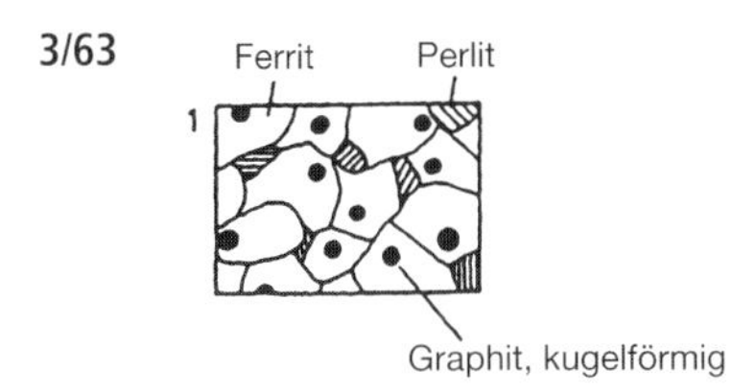

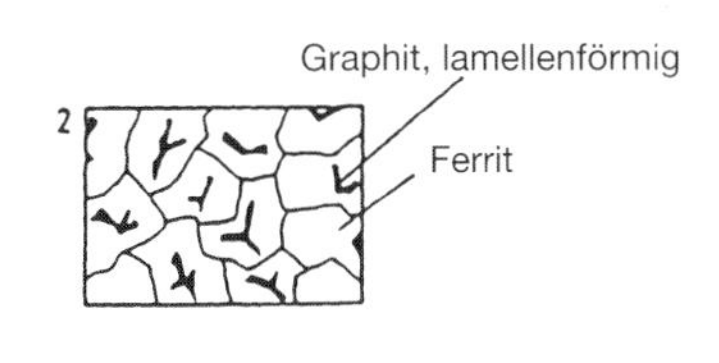

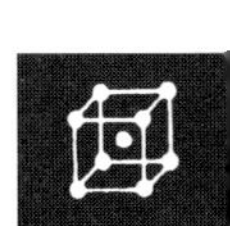

3/64 Die kugelförmige Ausbildung des Graphits im Gusseisen hat geringere Kerbwirkung als lamellenförmig ausgebildeter Graphit.

3/65 Gefüge mit steigender Festigkeit:
- Gusseisen mit Lammellengraphit in ferritischem Grundgefüge
- Gusseisen mit Lammellengraphit in perlischem Grundgefüge
- Gusseisen mit Kugelgraphit in perlitischem Grundgefüge

3/66 a) Die gute Gießbarkeit

b) Sie wirken schwingungsdämpfend

3/67 Gefügeaufbau: Gusseisen mit Lamellengraphit hat lamellenförmige Ausbildung des Graphits.
Gusseisen< mit Kugelgraphit hat kugelförmige Ausbildung des Graphits.

Zugfestigkeit: Gering bei Gusseisen mit Lamellengraphit, hoch bei Gusseisen mit Kugelgraphit.

Dehnbarkeit: Gusseisen mit Lamellengraphit ist kaum dehnbar, weil die Graphitlamellen Kerben im Grundwerkstoff bilden. Der Werkstoff bricht, ohne vorher eine große Dehnung erfahren zu haben.

Gusseisen mit Kugelgraphit hat ähnliche Eigenschaften wie Stahlguss, weil nur eine geringe Kerbwirkung durch die Graphitkugeln auftritt. Der Werkstoff besitzt eine höhere Bruchdehnung

3/68 a) Aus Gusseisen mit Kugelgraphit

b) Aus Stahlguss

c) Aus Gusseisen mit Lamellengraphit

3/69	a) GE300	GE	unlegierter Stahlguss
		300	Streckgrenze Re = 300 N/mm^2
	b) EN-GJL200	EN-	Europäische Norm
		GJ	Gusseisen
		L-	Lamellengraphit
		200	Mindestzugfestigkeit 200 N/mm^2
	c) EN-GJL-350	EN-	Europäische Norm
		GJ	Gusseisen
		L-	Lamellengraphit
		350	Mindestzugfestigkeit 350 N/mm^2
	d) EN-GJS-500	EN-	Europäische Norm
		GJ	Gusseisen
		L-	Kugelgraphit
		500	Mindestzugfestigkeit 500 N/mm^2

4 Nichteisenmetalle

Aluminium und Aluminiumlegierungen

4/1

steigendes Verbindungsbestreben mit O_2 ↓

Name des Metalls	verwendet als Nutzmetall seit
Kupfer	1 700 v. Chr.
Eisen	1 000 v. Chr.
Aluminium	1 900 n. Chr.

4/2

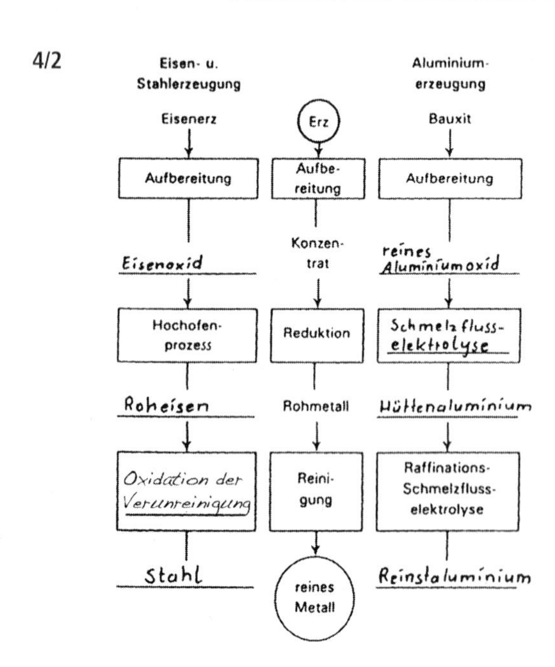

4/3 a) $\sigma = \frac{F}{S}$; $S_{Al} = \frac{F}{\sigma_{zul\ Al}}$; $S_{Al} = \frac{10\,000\ \text{N mm}^2}{60\ \text{N}}$ $= \underline{\underline{166{,}6\ \text{mm}^2}}$

b) $S_{Stahl} = \frac{F}{\sigma_{zul\ St}}$; $S_{Stahl} = \frac{10\,000\ \text{N mm}^2}{110\ \text{N}}$ $= \underline{\underline{90{,}9\ \text{mm}^2}}$

c) $V_{Al} = 166{,}6\ \text{mm}^2 \cdot 1\,300\ \text{mm} = 216\,170\ \text{mm}^3$; $V_{Al} = \underline{\underline{0{,}22\ \text{dm}^3}}$

$r = \frac{m}{v}$; $m = r \cdot v$; $m_{Al} = \frac{2{,}7\ \text{kg}}{\text{dm}^3} \cdot 0{,}22\ \text{dm}^3$ $= \underline{\underline{0{,}594\ \text{kg}}}$

$V_{Stahl} = 90{,}9\ \text{mm}^2 \cdot 1\,300\ \text{mm} = 118\,170\ \text{mm}^3$; $V_{Stahl} = \underline{\underline{0{,}12\ \text{dm}^3}}$

$m_{Stahl} = 7{,}8\ \frac{\text{kg}}{\text{dm}^3} \cdot 0{,}12\ \text{dm}^3 = \underline{\underline{0{,}936\ \text{kg}}}$

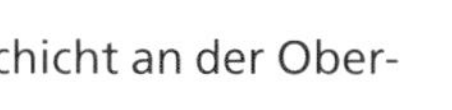

4/4 Durch Bildung einer undurchlässigen und fest haftenden Oxidschicht an der Oberfläche.

4/5 Si, Mg und Cu erhöhen Zugfestigkeit und Härte, verringern die Dehnbarkeit.

4/6 Aluminium-Knetlegierungen
- Profilstab für Rolladen
- Felge für Rennrad
- Fensterrahmenprofil

Aluminium-Gusslegierungen
- Motorgehäuse für Moped
- Kolben für Verbrennungsmotor

4/7 a) Lösungsglühtemperatur, Auslagerungstemperatur und Auslagerungszeit müssen aus Datenblattern entnommen werden.

b) Lösungsglühen – schnelles Abkühlen – warm Auslagern.

4/8

Europäische Norm	Werkstoff	Herstellung	chemische Bestandteile	Werkstoffzustand
EN	A Aluminium	C- Guss	Al Aluminium Mg Magnesium Si 0,5 0,5 % Silizium	0 weichgeglüht

4/9 a) EN AC-AlSi 10 Mg

EN	Europäische Norm
AC-	Aluminium-Gusslegierung
Al	Aluminium als Grundmetall
Si 10	10 % Silizium
Mg	Magnesium als wirksamer Anteil

b) EN AW-AlCu4SiMg1

EN	Europäische Norm
AW-	Aluminium-Knetlegierung
Al	Aluminium als Grundmetall
Cu4	4 % Kupfer
S	Silizium als wirksamer Anteil
Mg1	1 % Magnesium

c) EN AW-AlCuPbMgMn

EN	Europäische Norm
AW-	Aluminium-Knetlegierung
Al	Aluminium als Grundmetall
Cu	Kupfer als wirksamer Anteil
Pb	Blei als wirksamer Anteil
Mg	Magnesium als wirksamer Anteil
Mn	Mangan als wirksamer Anteil

Kupfer und Kupferlegierungen

4/10

Verwendung	Maßgebende Eigenschaft
Lötkolbenspitze	gute Wärmeleitfähigkeit
Heizungsrohr	gute Korrosionsbeständigkeit
Elektrokabel	gute elektrische Leitfähigkeit
Dichtung für Heißdampfleitung	gute Umformbarkeit
getriebene Haustürverzierung	gute Umformbarkeit

4/11

	Gefüge	Zinkgehalt	Beispiele für Verwendung
Messing zum Umformen	Mischkristall	unter 38 %	Hülsen und Federn
Messing zum Gießen und Zerspanen	Kristallgemenge	über 38 %	Ventile und Uhrenteile

4/12

a) Messing = Kupfer-Zink-Legierung

b) Zinn-Bronze: = Kupfer-Zinn-Legierung

c) Rotguss: = Kupfer-Zink-Zinn-Gusslegierungen

d) Neusilber: = Kupfer-Zink-Nickel-Legierungen

4/13

a) CuZn 28 = Messing
Cu = 72 % Kupfer als Grundmetall
Zn 28 = 28 % Zink

b) G-CuSn 12 = Gussbronze
G- = Gusslegierung
Cu = 88 % Kupfer als Grundmetall
Sn 12 = 12 % Zinn

c) GK-CuZn 37 Al 1		=	Messing
	GK	=	Kokillenguss
	Cu	=	62 % Kupfer als Grundmetall
	Zn 37	=	37 % Zink
	Al 1	=	1 % Aluminium
d) GZ-CuPb 10 Sn 8		=	Gussbronze hergestellt im Schleuderguss
	GZ-	=	Schleudergusslegierung
	Cu	=	82 % Kupfer als Grundmetall
	Pb 10	=	10 % Blei
	Sn 8	=	8 % Zinn

4/14 G-CuSn 16
Bronzen als Gusslegierungen haben mehr als 9 % Zinn.

5 Sinterwerkstoffe

5/1 a) Hartmetalle bestehen aus Cobalt und Wolframcarbid. Schmelzmetallurgisch ist das Gemisch nicht herzustellen.

b) Es ist ein poröser Lagerwerkstoff, der in den Poren Fett enthält. Porige Werkstoffe können nicht erschmolzen werden.

c) Filter sind hochporöse Teile, die nicht erschmolzen werden können.

d) Sinterwerkstücke konnen mit geringen Toleranzen erzeugt werden. Darum sind Zahnräder aus gesinterten Werkstoffen in weniger genau arbeitenden Maschinen wie dem Rasenmäher ohne Nacharbeit einsetzbar.

Herstellung von Sinterteilen aus Metallpulvern

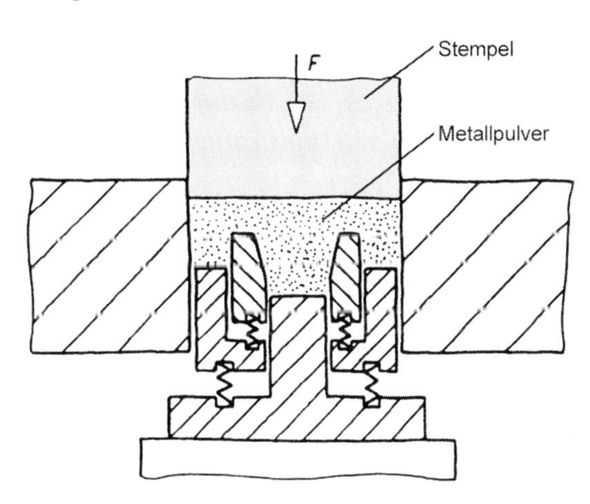

Presswerkzeug

5/3 Da in der Nähe des Pressstempels eine stärkere Verdichtung erfolgt, erzielt man mit zwei gegeneinander beweglichen Stempeln eine gleichmäßigere Werkstoffstruktur.

5/4 a)

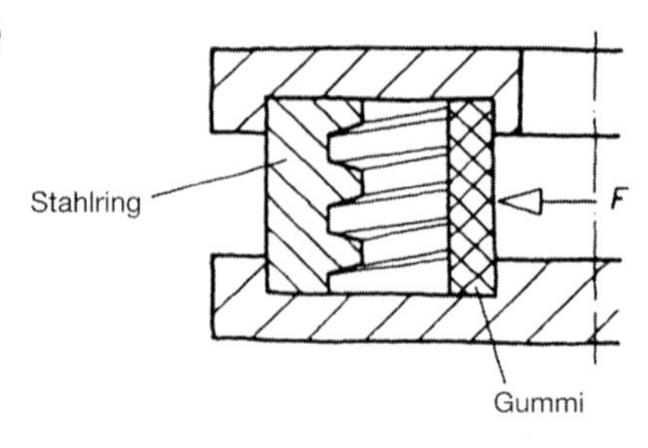

isostatisches Presswerkzeug

b) In die geöffnete Form wird Pulver eingefüllt und evtl. durch Rütteln verdichtet. Anschließend wird die Form dicht geschlossen und in einem Druckbehälter mit mehreren tausend Bar Druck beaufschlagt. Die Gummiform presst dabei das Pulver in die Gewindegänge und verdichtet es.

5/5 Die vorgepressten Werkstücke (Presslinge) werden so stark erhitzt, dass die Pulverteilchen an den Berührungsstellen verschweißen; der Vorgang erfolgt im Durchlaufofen unter Schutzgas.

5/6 Eine Aufkohlung in Salzschmelzen ist nicht zu empfehlen, weil Salzreste in den Poren später zu erheblicher Korrosion führen können. Das Aufkohlen wird in Gasöfen vorgenommen.

5/7 a) Die Wasserdampfbehandlung wendet man bei gesinterten, porösen Eisenwerkstoffen an.

b) Bei der Wasserdampfbehandlung wird Eisenoxid (Fe_3O_4) gebildet.

c) Es bildet sich eine harte, korrosionshemmende Schicht, die Dehnbarkeit des Werkstoffes sinkt.

5/8 Der Filter ist sehr weich und deshalb nicht direkt zu spannen. Zunächst werden ein Dorn mit dem Winkel des Innenkegels des Filters und eine Druckplatte gedreht. Der Dorn wird eingespannt, der Filter aufgesetzt und mithilfe von Reitstockspitze und Druckplatte angedrückt. Der Rand des Filters kann dann mit einem Drehstahl – großer Spanwinkel – abgedreht werden.

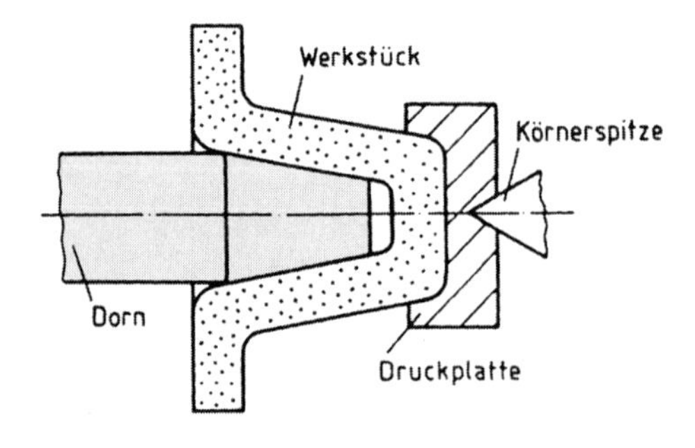

5/9

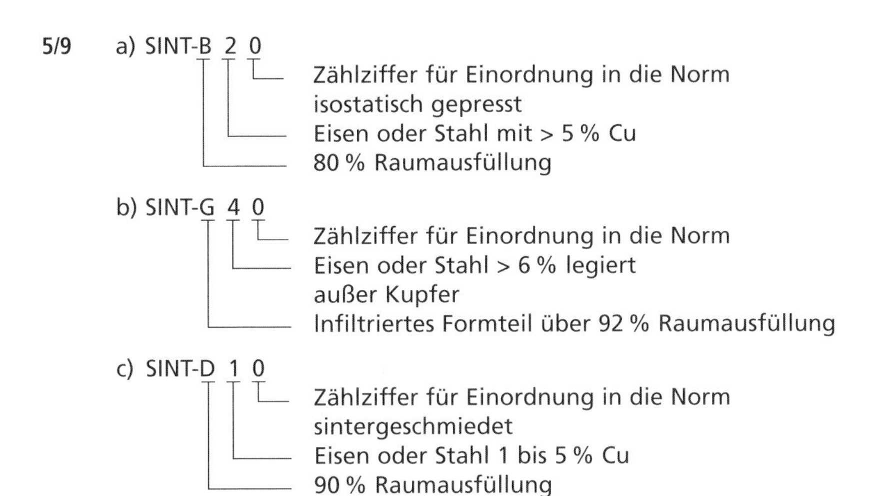

Hartmetalle

5/10

	HW	HT (Cermets)
Härteträger	WC	Carbide und Nitride von Ta; Ti; W; Nb
Bindemittel	Co	Ni; Co; Mo
Dichte	höher	ca. 50 % geringer
Härte und Verschleißfestigkeit	gut	besser als HW
Wärmedehnung	gering	höher
Wärmeleitfähigkeit	höher	geringer
Temperaturwechselbeständigkeit	gut	erheblich geringer

5/11 Die Biegefestigkeit steigt mit höherem Co-Anteil.

5/12 GS-X6 CrNiMo 18-10 ist ein austenitischer Stahl. Es sollte ein Hartmetall für die Gruppe M gewählt werden.
Wegen des unterbrochenen Schnittes empfiehlt sich M 30 bzw. M 40.

Keramische Werkstoffe

5/13 a) Zündkerzenkopf aus Keramik wegen hoher Temperatur und Isolierung bei Hochspannung

b) Schneidplatte aus Keramik wegen hoher Härte, Schneidhaltigkeit und geringer Fertigungskosten

c) Pumpenkolben aus Keramik wegen geringer Wärmedehnung und geringem Verschleiß

d) Rotor im Turbolader aus Keramik wegen hoher Temperaturbeständigkeit

e) Fadenführung aus Keramik wegen geringem Verschleiß und geringer Kosten

5/14 Beim heißisostatischen Pressen wird ein vorgesinterter Formkörper mit dichter Randschicht in heißen Gasen unter Hochdruck gesintert.
Beim kaltisostatischen Pressen werden hingegen in elastischen Formen Formkörper aus Pulvern erzeugt.

5/15 Keramische Werkstoffe lassen sich nur mit Werkzeugen bearbeiten, die Schneiden aus Diamant oder Borcarbid haben.

5/16

$\Delta d_{Zylinder} = d_0 \cdot (T_1 - T_0)\, \alpha_{St}$

$\Delta d_{Zylinder} = 30{,}008\ mm \cdot 60\ K \cdot 0{,}000012\ 1/K$

$\Delta d_{Zylinder} = \underline{0{,}022\ mm}$

$\Delta d_{Kolben} = d_0 \cdot (T_1 - T_0)\, \alpha_{Al_2O_3}$

$\Delta d_{Kolben} = 29{,}887\ mm \cdot 60\ K \cdot 0{,}000008\ 1/K$

$\Delta d_{Kolben} = \underline{0{,}0114\ mm}$

Spiel = Istmaß Zylinder – Istmaß Kolben

Spiel = (30,008 mm + 0,022 mm) – (29,887 mm + 0,014 mm)

Spiel = $\underline{\underline{0{,}129\ mm}}$

5/17 Die Grundplatte ist voraussichtlich gehärtet. Die Ausnehmung für den Keramikeinsatz muss daher ausgeschliffen werden.
Die Keramikleiste wird nur durch sehr geringe Kräfte beansprucht. Darum ist Kleben als Fügeverfahren geeignet. Als Kleber kann ein warm aushärtender Epoxid-Kleber verwendet werden.

6 Verbundwerkstoffe

6/1

Bauteile	Art des Verbundwerkstoffes
Stahlbeton	Faserverbund
Verbundglas	Schichtverbund
Drahtglas	Faserverbund
Sinterlager	Durchdringungsverbund
Angelrute	Faserverbund
Schleifscheibe	Teilchenverbund

6/2 a) Es handelt sich beim Stahlgürtelreifen eigentlich um einen Faserverbundwerkstoff. Diese Bezeichnung ist aber wegen der Dicke und der geringen Anzahl der Drähte je cm^2 nicht üblich.

b) Die Kombination von Stahldraht und Gummi verkörpert einen idealen Faserverbund, da die Matrix Gummi erheblich elastischer ist als der Verstärkungswerkstoft Stahl. Der Stahl kann sehr hoch belastet werden, ohne dass nennenswerte Spannungen im Gummi auftreten.

6/3 Die Welle wird bei geringer Biegebeanspruchung im Wesentlichen durch Torsionsspannungen belastet. Darum sollte die Welle etwa unter 45° gegenläufig gewickelt werden.
(Genaue Angaben können nur aufgrund ausführlicher Berechnungen gemacht werden.)

6/4 Kohlenstofffasern haben nur geringe Bruchdehnung von etwa 1 bis 2 %. Schlagartige Beanspruchung führt örtlich zu hohen Dehnungen, dadurch können Fasern einreißen. Durch den Spezialanstrich werden solche Stellen hoher Dehnung markiert.

7 Korrosion und Korrosionsschutz

7/1 a) Chemische Korrosion

b) Emaillieren
Verwendung korrosionsbeständiger Stähle (z.B. X6 CrNi MoTi 18-8)

7/2 a)

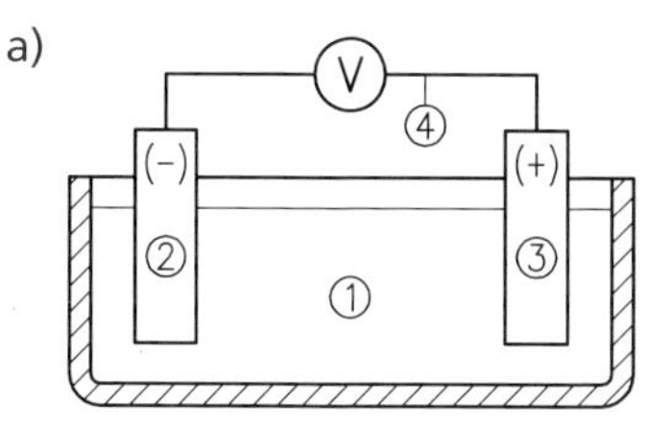

1 Elektrolyt
2 – Pol (Stahl)
3 + Pol (Messing)
4 metallische Verbindung

b) 0,3 V – (– 0,43 V) = 0,73 V

7/3 Bild 1 = Interkristalline Korrosion
Bild 2 = Kontaktkorrosion

7/4

	Beschichtung A Kosten in EUR je m^2	Beschichtung B Kosten in EUR je m^2
Entrosten durch Sandstrahlen	*8,80*	*8,80*
Lohnkosten für 4 Beschichtungen (1 Beschichtung kostet 4,60 EUR/m^2)	*18,40*	*18,40*
Materialkosten für 4 Beschichtungen	*12,80*	*22,40*
Gesamtkosten	*40,00*	*49,60*
Haltbarkeit in Jahren	*5*	*7*
Korrosionsschutzkosten in EUR pro Jahr	*8,00*	*7,09*

7/5 Die Stellen, an denen verschiedene Metalle sich unmittelbar berühren, werden durch Kontaktkorrosion zerstört.

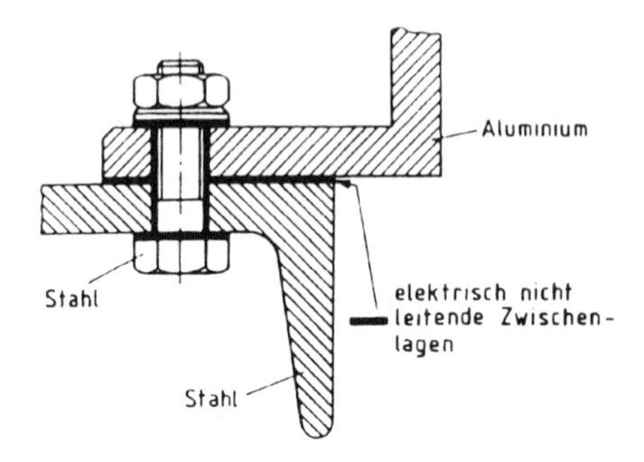

7/6 a) Der unedlere Magnesiumstab wird zerstört, während der verzinkte Stahlstab unversehrt bleibt.

b) Beide Stäbe werden mit dem Draht elektrisch leitend verbunden.

7/7

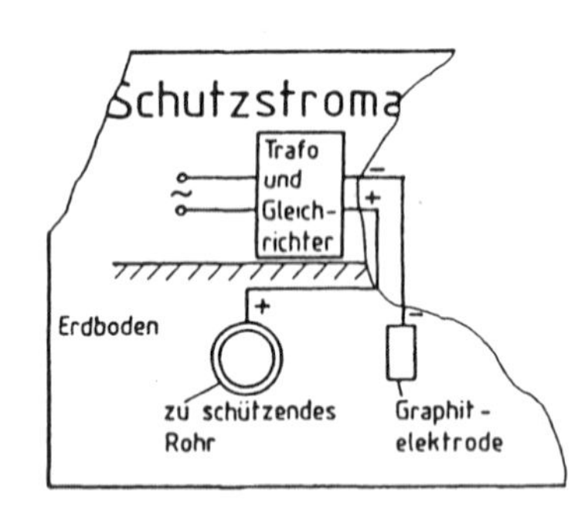

7/8 a) Mindestzeit: $\frac{80\ \mu m \cdot \text{Jahr}}{13\ \mu m}$ = 6 Jahre in Industrieluft

b) Oberfläche = 12,5 m^2; Wanddicke = 8 mm

$V = \frac{1\,250\ dm^2}{2} \cdot 0{,}08\ dm;$ $V = 50\ dm^3$

$\varrho = \frac{m}{V};$ $m = \varrho \cdot V;$ $m = \frac{7{,}85\ kg}{dm^3} \cdot 50\ dm^3;$ $m = \underline{392{,}5\ kg}$

Bei 520 EUR/t; Preis für Behälter 204 EUR

c) Korrosionsschutzkosten pro Jahr:

$\frac{204\ EUR}{6\ Jahre} = 34\ EUR/Jahr$

8 Kunststoffe

8/1 a)

	Kunststoffgehäuse	Aluminiumgehäuse
Gewicht	geringer	höher
Isolierfähigkeit	höher	keine
Festigkeit	geringer, aber höhere Zähigkeit	höher

b) Im Winter wäre das Kunststoffgehäuse vorzuziehen, da es Wärme schlechter ableitet und sich deshalb „wärmer" anfühlt, weil die Körperwärme schlechter abgeleitet wird.

c) Der Kunststoff besteht aus Großmolekülen. Das Metall hingegen aus Metallionen, die einen Metallkristall bilden.

8/2 a)

b)

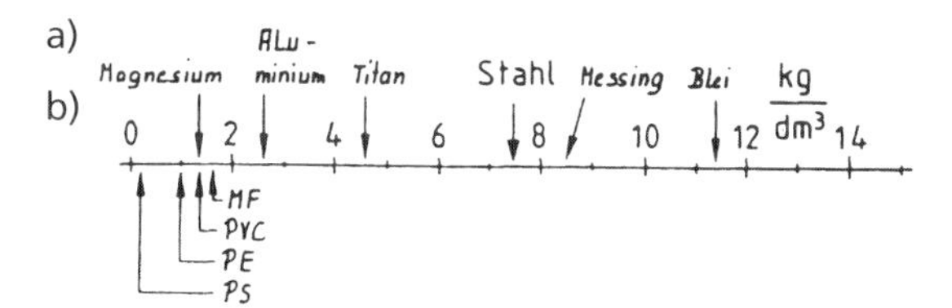

c) Die Dichten der Kunststoffe sind erheblich geringer als bei den Metallen (Ausnahme Mg). Außerdem liegen die Dichten bei den Kunststoffen enger zusammen als bei den Metallen.

8/3

	leicht	korrosions-beständig	elektrische Isolierung	Wärme-isolierung
Gehäuse einer elektrischen Handbohrmaschine	X	X	X	(X)
Dachrinne		X		
Auskleidung einer Tiefkühltruhe		X		X
Heizöltank	X	X		

8/4 a) Verlängerung des Polyethylenstabes: 33,0 mm

b) Differenzbetrag: 30,8 mm

Einteilung der Kunststoffe

8/5 Bei Silikonen besteht das Großmolekül aus einem Gerüst von Si- und O-Atomen, bei den Kunststoffen auf Kohlenstoffbasis besteht das Gerüst vorwiegend aus C-Atomen.

8/6 a) Im thermoplastischen Polyester liegen die Großmoleküle unverknüpft, wie Fäden in Watte, vor.
Im duroplastischen Polyester sind die Großmoleküle zu einem räumlichen Netzwerk verknüpft.

b) Wegen der fehlenden Verknüpfung sind thermoplastische Polyester in der Wärme formbar und schweißbar. Sie lassen sich meist auch durch Lösungsmittel anlösen. Dies ist bei duroplastischen Polyestern nicht möglich.

8/7

	Thermoplaste	Duroplaste
Anordnung der Makromoleküle	unvernetzt	vernetzt
Eignung zum Schweißen	Makromoleküle verknäulen an der Grenzfläche	ungeeignet, weil kein Verknäulen möglich
Eignung zum Umformen	gut, weil Moleküle leicht verschiebbar sind.	nicht möglich, da vernetzte Moleküle nicht verschiebbar sind.

Kunststoffe durch Polymerisation

8/8

Ausgangsmoleküle

```
F F     F F     F F     F F     F F
| |     | |     | |     | |     | |
C=C     C=C     C=C     C=C     C=C
| |     | |     | |     | |     | |
F F     F F     F F     F F     F F
```

Ausgangsmoleküle aktiviert

```
 F F      F F      F F      F F      F F
 | |      | |      | |      | |      | |
-C-C-    -C-C-    -C-C-    -C-C-    -C-C-
 | |      | |      | |      | |      | |
 F F      F F      F F      F F      F F
```

Polymer

```
    F F F F F F F F F F
    | | | | | | | | | |
···-C-C-C-C-C-C-C-C-C-C-···
    | | | | | | | | | |
    F F F F F F F F F F
```

Kleine Ausgangsmoleküle – Monomere – werden nach Aktivierung zu kettenförmigen Makromolekülen – Polymeren – verbunden.
Bei der Aktivierung wird die Doppelbindung zwischen zwei Kohlenstoffatomen aufgespalten.

8/9 a) Der Werkstoff Polyethylen besteht normalerweise aus unvernetzten Makromolekülen mit der folgenden Struktur:

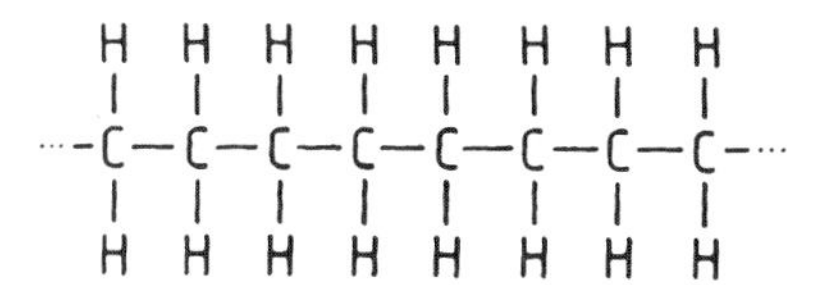

b) Da der Werkstoff (ohne spezielle Vorbehandlung) nicht klebbar ist, kann die Plane nur durch Anschweißen eines Folienteiles vergrößert werden.

c) Beim Verbrennen entstehen CO_2 und H_2O und evtl. Ruß-Stoffe, die auch beim Brennen einer Kerze entstehen. Diese Stoffe sind ungiftig.

8/10 a) PVC besteht aus den Elementen Wasserstoff, Kohlenstoff und Chlor.

b) Bei der Verbrennung kann Salzsäure (HCl) entstehen.

8/11 Es sind verschiedene Lösungen möglich.
Beispiel für die Gestaltung der Verbindung von Schacht und Flansch.

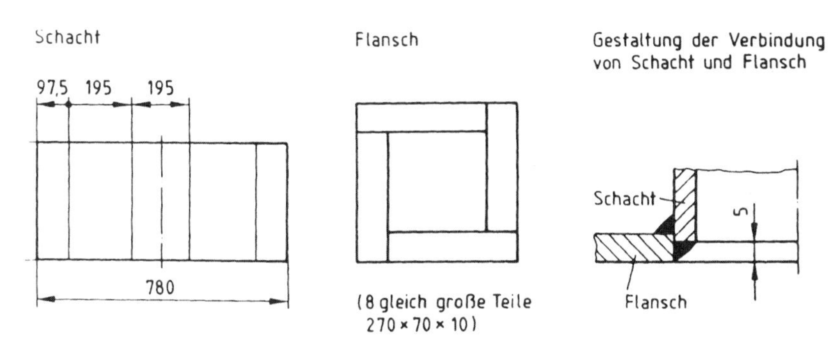

Fertigungsplanung

1. Rohteile für Schacht und Flansch zuschneiden
2. Biegekanten auf dem Schachtrohteil anzeichnen
3. Biegen des Schachtes
4. Schweißkantenvorbereitung für V-Naht
5. Schweißen der Schachtlängsnaht
6. Vorbereitung der Verschweißung von Schacht und Flansch
7. Flanschteile nach Skizze um den Schacht legen und außen verschweißen
8. Schacht mit gefügtem Flansch umdrehen und innen verschweißen
9. Fertigungsschritte 6 bis 8 für den zweiten Flansch wiederholen
10. Schweißnähte außen nacharbeiten

8/12 Die Flächenpressung zwischen Deckel und Gehäuse verringert sich mit größer werdendem Innendruck. Da das elastische Dehnvermögen der O-Ringe nur gering ist, würde bei der als „falsch" gekennzeichneten Einbaudarstellung der O-Ring nicht mehr abdichten. Bei der „richtigen" Einbauweise ändert sich dagegen die Dichtwirkung nicht.

8/13 a) Der Werkstoff ist Polystyrol.

b) Das Polystyrol ist sehr spröde bei tiefer Temperatur und es hat nur geringe Festigkeit.

c) ABS enthält Teile von Acrylnitril, Butadien und Styrol.
ABS ist ein Maschinenbauwerkstoff.

Kunststoffe durch Polykondensation

8/14 Ausgangsstoffe für Polyamid

```
    H             H                  O              O                H
    |             |   ┌-------┐      ||             ||   ┌-------┐   |
H — N — (CH2)6 — N — |H + HO| — C — (CH2)4 — C — |OH + H| — N —···
                      └-------┘                         └-------┘
```

Polyamid

```
    H             H   O             O   H
    |             |   ||            ||  |                Wasser
H — N — (CH2)6 — N — C — (CH2)4 — C — N —···          + x H2O
```

8/15
1. Form mit Trennmittel – Trennwachs, Trennlack – einstreichen.
2. Eingefärbtes Polyesterharz mit Härter anmischen, auftragen und aushärten lassen.
3. Glasmatte auflegen und mit Gemisch aus Polyesterharz + Härter mithilfe von Pinsel oder Rolle tränken.
4. Bei Erreichen des lederartigen Zustandes infolge Aushärtung die überstehende Glasmatte abschneiden.
5. Nach vollständigem Aushärten Werkstück von der Form trennen.

8/16 a) Es ist die 3,34-fache Wandstärke notwendig. Dies sind 3,3 mm.

b) Der Glasfaseranteil für $\sigma_B = 100\ \text{N/mm}^2$ ist laut Tabelle etwa 35 %.

c) <u>Masse der Blechhaube mit eingesetzten Seitenteilen:</u>

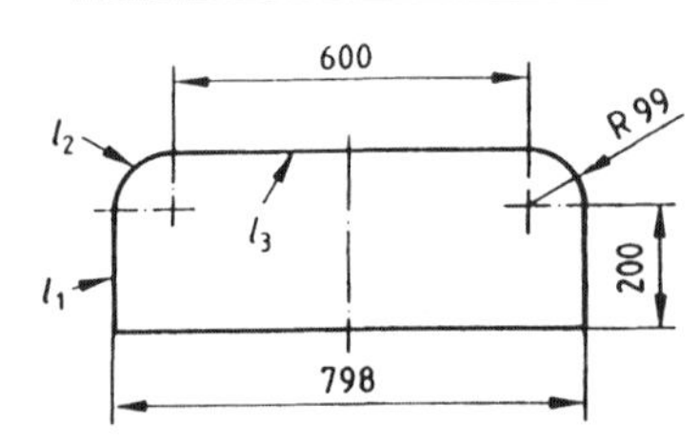

$A_S = 2 \cdot (60\ \text{cm} \cdot 9{,}9\ \text{cm} + (9{,}9\ \text{cm})^2 \cdot \frac{\pi}{2} + 79{,}8\ \text{cm} \cdot 20\ \text{cm})$

$A_S = \underline{\underline{4\,688\ \text{cm}^2}}$

Mantelfläche

$L_M = 2 \cdot l_1 + 2 \cdot l_2 + l_3$

$L_M = 2 \cdot 20\ \text{cm} + 2 \cdot \dfrac{19{,}7\ \text{cm} \cdot \pi}{4} + 60\ \text{cm}$

$L_M = \underline{\underline{131\ \text{cm}}}$

A_M = gestreckte Länge · Breite
$A_M = 131\ \text{cm} \cdot 120\ \text{cm}$
$A_M = \underline{\underline{15\,720\ \text{cm}^2}}$

Masse

$m_{Blech} = V \cdot \varrho_{St}$; $m_{Blech} = (A_S + A_M) \cdot s \cdot \varrho_{St}$

$m_{Blech} = (46{,}88\ \text{dm}^2 + 157{,}2\ \text{dm}^2) \cdot 0{,}01\ \text{dm} \cdot 7{,}85\ \text{kg/dm}^3$

$m_{Blech} = \underline{\underline{16\ \text{kg}}}$

Masse der Kunststoffhaube mit eingesetzten Seitenteilen
(Für diese Überschlagrechnung werden die Flächen der Teile für die Blech- und GFK-Hauben gleichgesetzt.)

$m_{GFK} = V \cdot \varrho_{GFK}$; $m_{GFK} = (A_S + A_M) \cdot s \cdot \varrho_{St}$

$m_{GFK} = 204\ \text{dm}^2 \cdot 0{,}033\ \text{dm} \cdot 1{,}8\ \text{kg/dm}^2$

$m_{GFK} = \underline{\underline{12\ \text{kg}}}$

Massenersparnis

$\Delta m = m_{Blech} - m_{GFK}$; $\Delta m = 16\ \text{kg} - 12\ \text{kg}$; $\Delta m = \underline{\underline{4\ \text{kg}}}$

8/17 a) $A_{erf} = \dfrac{F}{p_{zul}}$; $A_{erf} = \dfrac{4\,000\ \text{N} \cdot \text{mm}^2}{22\ \text{N}}$; $A_{erf} = \underline{\underline{182\ \text{mm}^2}}$

$p_{zul} = 22\ \text{N/mm}^2$ (Diagrammwert)

$h = \dfrac{A_{erf}}{d}$; $h = \dfrac{182\ \text{mm}^2}{16\ \text{mm}}$; $h = \underline{\underline{11{,}4\ \text{mm}}}$;

gewählt: $h = \underline{\underline{12\ \text{mm}}}$

b)

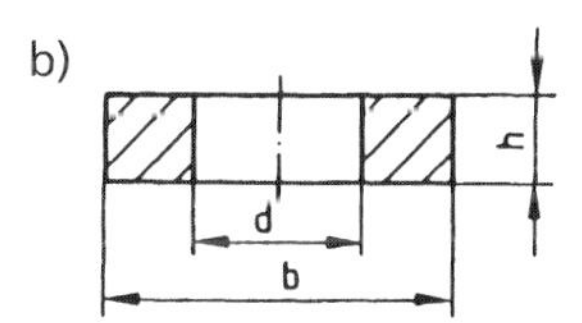

$S = \dfrac{F}{\sigma_{zzul}}$; $S = \dfrac{4\,000\ \text{N} \cdot \text{mm}^2}{60\ \text{N}}$

$S = \underline{\underline{67\ \text{mm}^2}}$

$b = \dfrac{67\ \text{mm}^2}{12\ \text{mm}} + 16\ \text{mm}$

$b = 21{,}6\ \text{mm}$ gewählt $b = \underline{\underline{22\ \text{mm}}}$

Kunststoffe durch Polyaddition

8/18 a) Wälzlagerkäfige haben die Aufgabe, die Wälzlager in gleichmäßigen Abständen zu halten. Sie müssen verschleißfest gegen Gleitverschleiß sein. Die Reibung zwischen Wälzkörper und Käfig muss gering sein.

b) Außer Polyurethanen erfüllen Polyamide diese Forderungen.

8/19 Polyurethan- und Epoxidharz härten durch Polyaddition. Es entsteht dabei kein Nebenprodukt, das durch Abdampfen entfernt werden muss. Wenn außerdem keine Lösungsmittel, die abdampfen, verwendet werden, so härten sie in jeder Dicke durch.

8/20 a) Bei einer Spindel sind sehr geringe Durchbiegungen infolge des Eigengewichtes unvermeidlich. Sie sind neben der Form, dem Lagerabstand u. a. vom Eigengewicht und der Elastizität abhängig. Die Durchbiegungen verursachen bei hohen Drehzahlen eine Unwucht, welche Schwingungen zur Folge hat. Darum ist geringes Eigengewicht neben hohem Elastizitätsmodul Voraussetzung für schwingungsarmen Lauf.

b) Schläge auf die Oberfläche, Einspannungen mit punktförmiger Auflage und ähnliche Belastungen beim Eintreiben oder Ausrichten führen schon zu Verformungen, die unter Umständen den Bruch von Fasern zur Folge haben können. Bei der Montage müssen darum alle punktförmigen Belastungen vermieden werden.

Unterscheiden von Kunststoffen

8/21 Es werden wahrscheinlich folgende Kunststoffe vorliegen:
a) Polyethylen; b) Polyamid; c) Polystyrol

d) Polyvinylchlorid

9 Schmierstoffe

Schmieröle

9/1 Hoher Verschleiß und geringe Lebensdauer des Getriebes, stärkere Erwärmung, höherer Energieverbrauch der Antriebsmaschine

9/2 Schmierung bewegter Teile und damit Verminderung von Reibung und Verschleiß und damit Leistungsverlusten. Wärmeabfuhr

9/3 Wasser bildet keinen druckfesten Schmierfilm. Viele metallische Bauteile korrodieren mit Wasser.

9/4 Dickflüssiges Öl

9/5 Erhöhung der Viskosität bewirkt:

- größere Schmierfilmdicke,
- steigende Flüssigkeitsreibung im Lager,
- steigende Energieverluste im Leitungssystem,
- erhöhten Energiebedarf der Schmierölpumpe.

9/6 Beide Öle haben etwa die gleiche Viskosität. Das Kfz-Öl SAE 90 kann verwendet werden.

9/7 1. $f = \frac{F}{d \cdot b} \cdot \frac{i+1}{i} \cdot 3 \cdot \frac{1}{v};$ $f = \frac{2\,800\text{ N}}{73\text{ mm} \cdot 20\text{ mm}} \cdot \frac{1{,}5+1}{1{,}5} \cdot 3 \cdot \frac{1}{3\text{ m/s}};$

$f = 3{,}2 \frac{\text{N}}{\text{mm}^2 \cdot \text{m/s}}$

nach Diagramm ergibt sich für

$f = 3{,}2 \rightarrow \nu = \underline{320\text{ mm}^2\text{/s bei }40\text{ °C}}$

nach Tabelle im Lehrbuch → ISO-VF320 bzw. SAE140

2. $i = \frac{n_1}{n_2};$ $i = \frac{1\,500}{600}$ $i = \underline{2{,}5}$

$d_1 = m \cdot z_1;$ $d_1 = 5\text{ mm} \cdot 29;$ $d_1 = \underline{145\text{ mm}}$

$v_1 = d_1 \cdot \pi \cdot n_1;$ $v_1 = 0{,}145\text{ m} \cdot \pi \cdot 1\,500 \frac{1}{\text{min}}$ $v_1 = 11{,}4\text{ m/s}$

$F = \frac{P}{v_1};$ $F = \frac{5\,000\text{ Nm} \cdot \text{s}}{11{,}4\text{ m} \cdot \text{s}}$ $F = \underline{439\text{ N}}$

$f = \frac{F}{d_1 \cdot b} \cdot \frac{i+1}{i} \cdot 3 \cdot \frac{1}{v};$

$f = \frac{439\text{ N}}{145\text{ mm} \cdot 20\text{ mm}} \cdot \frac{2{,}5+1}{2{,}5} \cdot 3 \cdot \frac{1}{11{,}4\text{ m/s}};$

$f = 0{,}056 \frac{\text{N}}{\text{mm}^2 \cdot \text{m/s}}$ nach Diagramm $\nu = 65 \frac{\text{mm}^2}{\text{s}}$ bei 40 °C

nach Tabelle → ISO-VG68 bzw. SAE80W

9/8 a) Mit steigender Temperatur werden Öle dünnflüssiger – ihre Viskosität nimmt ab.
Mit steigender Temperatur wächst die Menge an brennbaren Gasen, die bei Erreichen des Flammpunktes entzündbar sind.

b) Luft im Hydrauliköl bewirkt erhöhte Kompressibilität des Öles. Damit folgen Kolbenbewegungen unter Last nicht mehr den zuvor eingestellten Größen.

c) Die Verwendung von Kupferrohren kann zu verstärkter Alterung des Öles führen. Darum scheidet Kupfer als Werkstoff aus.
Stahlrohre lassen sich gut verarbeiten, haben hohe Festigkeit und sind preiswert. In Schmieranlagen ist ein hinreichender Korrosionsschutz gegeben.

9/9 Das Hydrauliköl kann Luft als kleinste Bläschen beeinhalten. Es sollte das Luftabgabeverhalten geprüft werden.

9/10 Durch die Reinigung der Mineralöle wird die Bildung von Harzen und Säuren verhindert. Durch Zusätze wird die Tragfähigkeit des Schmierfilms verbessert und der Temperaturbereich für den Einsatz des Öles erweitert.

9/11 Zylinderöl, schweres Maschinenöl, leichtes Maschinenöl, Spindelöl

abnehmende Viskosität

9/12

	Mineralöl	Synthetisches Öl
Innerer Aufbau und Reinheit	Gemisch unterschiedlicher Kohlen-Wasserstoff-Verbindungen geringere Reinheit	einheitliche Zusammensetzung höhere Reinheit
Viskositätsänderung bei Temperaturerhöhung	höhere Viskositätsänderung	geringere Viskositätsänderung

9/13 a) Der Unterschied zwischen synthetischen Ölen und Mineralölen liegt in der Gleichmäßigkeit im Molekülaufbau. Synthetische Öle haben weitgehend gleichwertig aufgebaute Moleküle. Sie können darum spezifischer auf die Anforderungen abgestimmt werden.

b) Als Schmiermittel kommen Mineralöle nicht mehr infrage. Es empfehlen sich Polyalphaolefine oder Ester.
Das Schmiersystem muss vor der Umstellung des Schmierstoffes gründlich gesäubert werden, da Mineralöle und synthetische Öle nicht gemischt werden dürfen.

9/14 Zweitraffinate sind Öle, die aus gebrauchten Schmierölen (Erstraffinate) durch erneute Raffination gewonnen wurden.

Schmierfette

9/15 Seife und Mineralöl

9/16 Lithiumverseifte Fette sind wasserabweisend, wenig kälteempfindlich, für höhere Temperaturen gut geeignet.

9/17 An Wellendurchführungen u.ä. kann Fett austreten bzw. Regenwasser in das Getriebe eindringen. Darum kommt ein natriumverseiftes Fett nicht infrage. Es empfiehlt sich ein lithiumverseiftes Fett, da es gegen Wasser beständig ist.

9/18 Das Lager wird mit ca. 90 % der Nenndrehzahl bei 60 °C belastet. Das ergibt für Zylinderrollenlager eine Fettwechselfrist von etwa 1 800 Betriebsstunden.

Festschmierstoffe

9/19 Graphit und Talkum bestehen aus Plättchen, die übereinander gleiten.

9/20 Talkum zersetzt nicht das Gummikabel, Öl zersetzt es.

9/21 Bei ungenügender Schmierung übernimmt das Trockenschmiermittel die Aufgabe des Schmierens, dadurch wird eine unmittelbare Berührung metallischer Bauteile verhindert.

9/22 Oberhalb 450 °C wird der Festschmierstoff teilweise zersetzt. Bei Molybdänsulfid entstehen feste und harte MoO_3-Teilchen, welche Verschleiß verursachen können.

10 Kühlschmierstoffe

10/1 Die größte Erwärmung ist nicht an der Schneidenspitze, sondern kurz danach.

10/2 Aus der Tabelle „Anwendung von Kühlschmierstoffen" lässt sich ablesen, dass bei Verfahren mit großer Reibfläche – wie z.B. Tieflochbohren – nicht wassermischbare Kühlschmierstoffe (Öle) bevorzugt eingesetzt werden. Diese werden auch bei Automatenarbeiten empfohlen, da bei ihnen lange Werkzeugeinsätze mit nur kurzen Unterbrechungen anfallen.

10/3 Die Viskosität von 18 mm^3/s ist ein Hinweis darauf, dass das Öl im Bereich der Dünnflüssigkeit anzusiedeln ist.
Dieses Kühlschmiermittel wird im Schlichtbereich bei hohen Schnittgeschwindigkeiten und bei kleinen Spanquerschnitten eingesetzt.

10/4 In diesem Falle wäre es ratsam, sich die Betriebsanweisung § 20 der GEFSTOFFV zu beschaffen und das Kühlschmiermittel dann gemäß der Anleitung zu entsorgen.

10/5 Bakterien und Pilze sammeln sich gerne in sogenannten toten Ecken der Behälter. Werden diese nicht entsorgt, ist das neu eingefüllte Kühlschmiermittel in kürzester Zeit wieder unbrauchbar.

10/6 Ein 8%-iger Ansatz heißt, 80 ml Konzentrat müssen 920 ml Wasser zugegeber werden. Dem 5 l Konzentrat müssen 57,5 l Wasser zugegeben werden.

10/7 a) Über die zentral geschmierten Lager gelangt Öl in die Spänewanne und von dort in das Kühlschmiermittel.

b) Fremdöl kann nach dem Aufschwimmen abgesaugt oder zentrifugiert werden.

10/8 Beachten Sie die Fragestellung: „......Welche ... ergreifen Sie in Ihrem Betrieb?"
Dies ist eine individuelle Frage! Hier ist keine allgemeine Antwort möglich!

10/9 Beachten Sie die Fragestellung: „......Wie werden in Ihrem Ausbildungsbetrieb ..."
Dies ist eine individuelle Frage! Hier ist keine allgemeine Antwort möglich!

10/10 Metallsplitter im Kühlschmiermittel können kleine Verletzungen der Oberhaut bewirken. Wegen der fettemulgierenden Wirkung von Kühlschmiermitteln versprödet die Haut und Talgdrüsen werden verstopft. Dadurch können eitrige Entzündungen entstehen.

10/11 a) Mit Putztüchern das Kühlschmiermittel aufsaugen.

b) Benötigte Putztücher im Behälter 14 (blau) ablegen.

11 Werkstoffprüfung

Mechanische Prüfverfahren

11/1 a) $R_{eH} = \frac{F_S}{S_0}$; für $S_0 = \frac{d_2 \cdot \pi}{4}$

$R_{eH} = \frac{F_S \cdot 4}{S_0}$; $R_{eH} = \frac{27\,500 \text{ N} \cdot 4}{10^2 \text{ mm}^2 \cdot \pi}$; $R_{eH} = 350{,}1 \frac{\text{N}}{\text{mm}^2}$

b) $R_m = \frac{F_m}{S_0}$

Probe I: $R_m = \frac{34\,900 \text{ N} \cdot 4}{10^2 \text{ mm}^2 \cdot \pi}$; $R_m = 444{,}3 \frac{\text{N}}{\text{mm}^2}$

Probe II: $R_m = \frac{32\,500 \text{ N} \cdot 4}{10^2 \text{ mm}^2 \cdot \pi}$; $R_m = 413{,}8 \frac{\text{N}}{\text{mm}^2}$

c)

	Pobe I	Probe II
Streckgrenze R_{eH} in N/mm^2	-	*350,14*
Zugfestigkeit R_m in N/mm^2	*444,36*	*413,802*

d) Werkstoff von Probe II, weil er erheblich größere Dehnbarkeit aufweist.

11/2 a) $\sigma_z = \frac{F}{S_0}$; $\sigma_z = \frac{18\,140 \text{ N}}{50 \text{ mm}^2}$; $\sigma_z = 362{,}8 \frac{\text{N}}{\text{mm}^2}$

b) $\varepsilon = \frac{L_u - L_o}{L_o} \cdot 100\ \%$ $\varepsilon = \frac{46{,}5 \text{ mm} - 40 \text{ mm}}{40 \text{ mm}} \cdot 100\ \%$; $\varepsilon = 16{,}25\ \%$

11/3 a) $\sigma_z = \frac{F}{S_0}$; $\sigma_z = \frac{21\,200 \text{ N}}{50 \text{ mm}^2}$; $\sigma_z = 424 \frac{\text{N}}{\text{mm}^2}$

b) $\varepsilon = \frac{L_u - L_o}{L_o} \cdot 100\ \%$ $\varepsilon = \frac{44 \text{ mm} - 40 \text{ mm}}{40 \text{ mm}} \cdot 100\ \%$; $\varepsilon = 10\ \%$

11/4 a) $R_{eH} = \frac{F_S}{S_0}$; $\quad R_{eH} = \frac{13\,218\ \text{N} \cdot 4}{8^2\ \text{mm}^2 \cdot \pi}$; $\quad R_{eH} = \underline{\underline{262{,}9\ \frac{\text{N}}{\text{mm}^2}}}$

b) $R_m = \frac{F_m}{S_0}$; $\quad R_m = \frac{22\,142\ \text{N} \cdot 4}{8^2\ \text{mm}^2 \cdot \pi}$; $\quad R_m = \underline{\underline{440{,}5\ \frac{\text{N}}{\text{mm}^2}}}$

c) $A = \frac{L_u - L_o}{L_o} \cdot 100\ \%$ $\quad A = \frac{45{,}8\ \text{mm} - 40\ \text{mm}}{40\ \text{mm}} \cdot 100\ \%$; $\quad A = \underline{\underline{14{,}5\ \%}}$

11/5 a) $R_m = \frac{F_m}{S_0}$; $\quad R_m = \frac{18\,000\ \text{N} \cdot 4}{8^2\ \text{mm}^2 \cdot \pi}$; $\quad R_m = \underline{\underline{358{,}1\ \frac{\text{N}}{\text{mm}^2}}}$

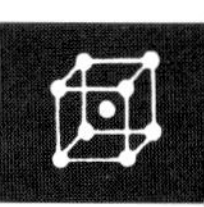

b) S 235 hat R_m von 340 bis 470 N/mm^2 (Tabellenwert)
Der Probestab genügt mit R_m = 358,1 N/mm^2 den gestellten Anforderungen.

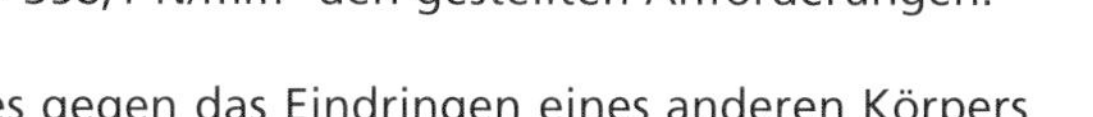

11/6 Den Widerstand eines Werkstoffes gegen das Eindringen eines anderen Körpers bezeichnet man als Härte.

11/7 Alle 16 Bohrer bestehen aus dem gleichen Werkstoff und alle Bohrer haben den gleichen Vorschub und die gleiche Schnittgeschwindigkeit. Bei ungleichmäßiger Härte der zu bohrenden Bauteile werden die Bohrer unterschiedlich schnell stumpf. Dies führt zu unterschiedlichen Bohrungsqualitäten und evtl. Bohrerbruch.

11/8 Da die vergüteten Bolzen geringere Härte aufweisen als die nur gehärteten, können sie durch die Feilprobe erkannt werden.

11/9 $$\text{HBS} = \frac{2 \cdot 10\,000 \cdot 0{,}102}{10 \cdot 3{,}14 \cdot (10 - \sqrt{100 - 11{,}22})} = \underline{\underline{112{,}6}}$$

112 HBS

11/10 a) $$\text{HBW} = \frac{2\ F \cdot 0{,}102}{D \cdot \pi \cdot (D - \sqrt{D^2 - d^2})}$$

$$\text{HBW} = \frac{2 \cdot 7\,350 \cdot 0{,}102}{5 \cdot 3{,}14 \cdot (5 - \sqrt{25 - 6{,}2})} = \underline{\underline{143}}$$

b) $R_m = 3{,}5 \cdot 143\ \text{N/mm}^2 = 500\ \text{N/mm}^2$

11/11 $$\text{HV} = \frac{0{,}1891 \cdot 294{,}2}{0{,}415^2} = \underline{\underline{323}}$$ 323 HV

11/12 Gusseisen darf mit der Vickershärteprüfung nicht geprüft werden weil das Gefüge inhomogen ist und unter Umständen von der Diamantpyramide nur die Härte in der Nähe einer Graphitlamelle geprüft werden könnte.

11/13

	Härteprüfung nach Brinell	Härteprüfung nach Vickers	Härteprüfung nach Rockwell-C
Form des Prüfkörpers	Kugel	Pyramide	Kegel
Werkstoff des Prüfkörpers	gehärteter Stahl oder Diamant	Diamant	Diamant
Ermittlung der Härte	$HB = 0{,}102 \cdot \frac{F}{A}$	$HV = \frac{0{,}1891 \cdot F}{d^2}$	aus Eindringtiefe
Anwendung	weiche Werkstoffe; Werkstoffe mit ungleichmäßigem Gefüge	gehärtete Stähle; Randschichten	harte Werkstoffe

11/14 Spröde sind Werkstoffe, die mit dem Pendelschlagwerk ohne nennenswerte Verformung durchgebrochen werden. Zäh sind Werkstoffe, die mit dem Pendelschlagwerk durch die Widerlager gezogen werden und nicht durchbrechen.

11/15 a) Der Kerbschlagbiegeversuch dient zur Ermittlung eines Kennwertes zur Beurteilung der Zähigkeit eines Werkstoffes.

b) Im Kerbschlagbiegeversuch wird die zum Zerschlagen der Probe benötigte Schlagarbeit ermittelt.

11/16 Der Steilabfall muss bei tiefen Temperaturen liegen.

Technologische Prüfverfahren

11/17 Der Flachstahl 50 × 8 wird auf das 2,4-Fache ausgebreitet und ist deshalb besser zum Schmieden geeignet als der Flachstahl 80 × 8, der nur auf das 2-Fache ausgebreitet werden kann.

11/18

	Faltbarkeit	Ausbreitung	Tiefung
Werkstoff für Meißel		X	
Werkstoff für Autokarosserieblech	X		X
Werkstoff für Dachrinnenblech	X		
Werkstoff für Schraubenschlüssel		X	
Werkstoff für Konservendosenblech	X		

11/19 a) Mindestwert der Tiefung = 10,6 mm

b) Mit 10,8 mm Tiefung genügt es den Anforderungen.

Metallografische Prüfverfahren

11/20 a) Makroskopische Untersuchung

b) Faserverlauf der geschmiedeten Kurbelwelle

11/21 Probe absägen, schleifen mit zunehmend feinerer Körnung, polieren, ätzen der polierten Fläche, nachspülen und trocknen.

Zerstörungsfreie Prüfverfahren

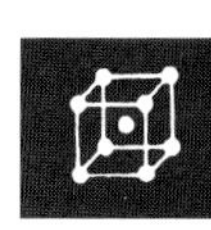

11/22 a) Die Schweißnaht ist deshalb heller, weil sie dicker ist als das Blech.

b) Die Wurzel der Naht ist nicht durchgeschweißt.

11/23 a) Röntgenstrahlen sind sehr schädlich für den menschlichen Körper. Sie zerstören das Gewebe und die Knochen.

b) Zutritt verhindern!
Fernbedienung und starke Abschirmung der Röntgenstelle notwendig.

11/24 Folgende Aussagen sind richtig: b); d), evtl. e)

11/25

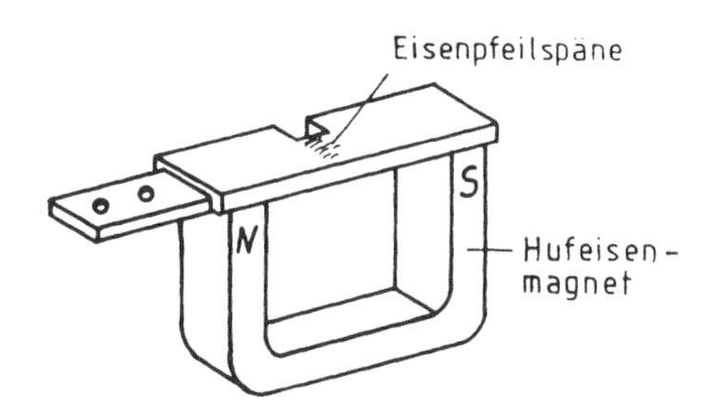

Die Blattfedern werden auf einen Hufeisenmagneten gelegt. Feines Eisenpulver wird aufgestreut. Nach vorsichtigem Abblasen von nichthaftenden Pulverteilchen wird ein evtl. Anriss durch haftende Späne sichtbar.
Zur Vermeidung von Verschmutzung des Magneten sollte zwischen Werkstück und Magnet Folie gelegt werden. Mit Petrolium-Magnetpulveraufschlämmung sind bessere Ergebnisse erzielbar.

11/26

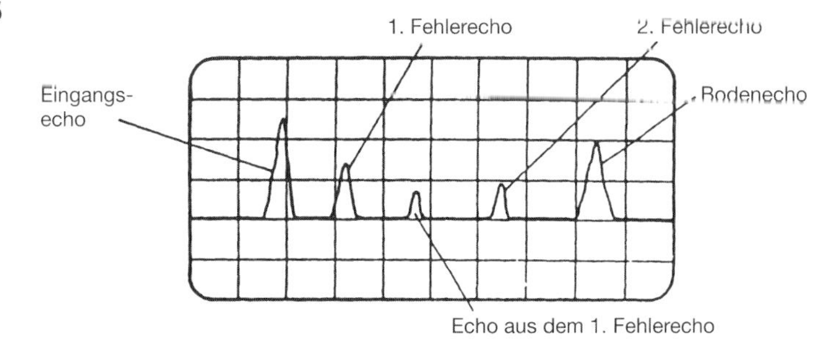

11/27

	Röntgen-Verfahren	Kapillar-Verfahren	Ultraschall-Verfahren	Magnetprüf-Verfahren
Lunker in Stranggussbarren	X		X	
Härteriss in einem oberflächengehärteten Bolzen		X		X
Schlacke in einer Schweißnaht	X		X	
Riss in einem Aluminiumgusstück an der Oberfläche		X		
Risse in gegossenen Anhängerkupplungen aus GJS				X

Dauerschwingfestigkeit

11/28

Nr.	Mittelspannung N/mm²	Spannungsausschlag N/mm²	Oberspannung N/mm²	Unterspannung N/mm²
1	100	40	*140*	*60*
2	80	60	140	*20*
3	150	30	180	*120*
4	- 100	60	- 40	- 160
5	20	120	140	- 100

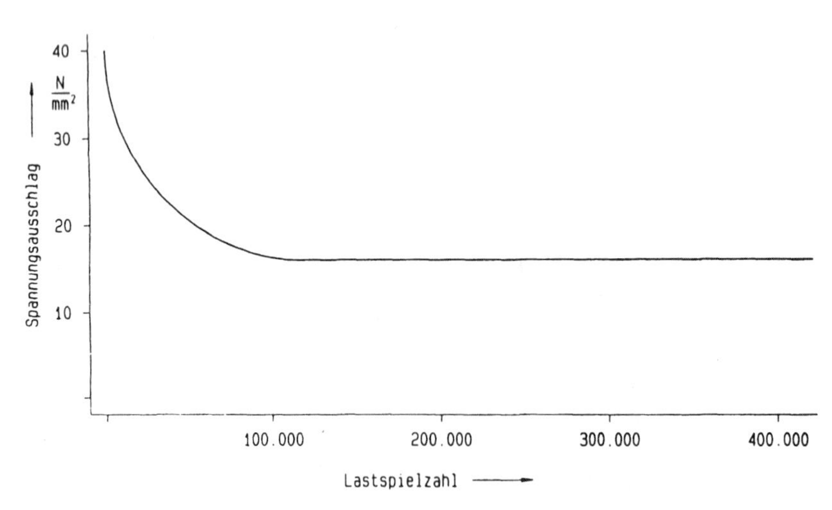

1 Energie, Stoff, Information

Energie und Energieumsetzung

1/1 Die Behauptung des Kollegen ist richtig.
Die Arbeit ergibt sich aus dem Produkt von Weg und Kraft in Richtung des Weges. Der Träger der Last hat darum im streng physikalischen Sinne nur beim Heben der Last Arbeit verrichtet.

1/2 a) Im Falle der kurzen Rampe ist die aufzuwendende Kraft groß, der Weg hingegen ist klein.
Im Fall der langen Rampe ist die aufzuwendende Kraft kleiner, der Weg ist jedoch größer.
Die physikalische Arbeit ist in beiden Fällen gleich.

b) Lösung z. B.: wenn bei physikalischer Arbeit die Kraft verringert werden soll, muss der Weg entsprechend vergrößert werden.

1/3

physikalische Größe	Formelzeichen	Einheit im SI-System
Weg	s	m
Arbeit	W	Ws
Arbeit	W	J; Nm; Ws
Masse	m	kg
Gewichtskraft	F_G	N

Mechanische Arbeit, Leistung, Wirkungsgrad

1/4

	a)	b)	c)	d)	e)
Kraft	3 000 N	4 000 N	*4 N*	100 N	0,3 N
Weg	50 mm	*4,5 m*	5 dm	5 km	*4 m*
Arbeit	*150 Nm*	18 kJ	2 J	*500 kJ*	1 200 Nm

1/5 $W = F_G \cdot s;$ $W = 5\,000 \cdot 0{,}8\ \text{m};$ $W = \underline{\underline{4\,000\ \text{Nm}}}$

1/6 $F = \frac{W}{s};$ $F = \frac{36\,000\ \text{Nm}}{1{,}8\ \text{m}};$ $F_G = \underline{\underline{20\,000\ \text{N}}}$

$m = \frac{F_G}{g};$ $m = \frac{20\,000\ \text{N kg}}{9{,}81\ \text{N}};$ $m = \underline{\underline{2\,039\ \text{kg}}}$

1/7 $m = \varrho \cdot V;$ $m = 1{,}8 \frac{kg}{dm^3} \cdot 40\,000\ dm^3;$ $m = \underline{72\,000\ kg};$

$F_G = m \cdot g;$ $F_G = 72\,000\ kg \cdot 9{,}81 \frac{N}{kg};$ $F_G = \underline{706\,320\ N}$

$W = F_G \cdot s;$ $W = 706\,320\ N \cdot 3\ m;$ $W = \underline{\underline{2\,118\,960\ Nm}}$

In 9 Stunden werden 19070 kJ Arbeit verrichtet.

1/8 $F_G = m \cdot g;$ $F_G = 1\,350\ kg \cdot 9{,}81 \frac{N}{kg};$ $F_G = \underline{13\,243{,}5\ N}$

$W = F_G \cdot s;$ $W = 13\,243\ N \cdot 1{,}8\ m;$ $W = \underline{\underline{23\,838{,}5\ N}}$

$P = F_G \cdot v;$ $P = 13\,242{,}5\ N \cdot 0{,}3 \frac{m}{s};$ $\underline{\underline{P = 3\,973 \frac{Nm}{s}}}$

1/9

	a)	b)	c)	d)
Leistung	*5,216 KW*	*21,25 kW*	12 kW	*13,3̄ kW*
Kraft	3 260 N	25 kN	–	20 kN
Zeit	7,5 s	*15 s*	45 min	2,7 min
Arbeit	39 120 Nm	318,75 kNm	*32 400 kJ*	*2 160 kJ*
Geschwindigkeit	*1,6 m/s*	0,85 m/s	–	40 m/min

1/10 Energie ist gespeicherte Arbeit oder Arbeitsvermögen. Man unterscheidet bei mechanischer Energie:

- potenzielle Energie, z. B. hochgezogener Fallhammer,
- kinetische Energie, z. B. Wasser, das von oben in Turbine strömt,
- Druckenergie, z. B. Druckluft In Pneumatikanlagen.

1/11 Aus dem Diagramm ergibt sich für einen Federweg von 8 mm eine Kraft von 80 N.

$W = \frac{80\ N \cdot 8\ mm}{2};$ $W = 640\ Nmm;$ $W = \underline{\underline{0{,}64\ Nm}}$

1/12 $F_G = \varrho \cdot V \cdot g;$ $F_G = 1\,000 \frac{kg}{m^3} \cdot 180\,000\ m^3 \cdot 9{,}81 \frac{N}{kg};$

$F_G = \underline{1{,}76 \cdot 10^9\ N}$

$W = 1{,}76 \cdot 10^9\ N \cdot 35\ m;$ $W = \underline{\underline{6{,}18 \cdot 10^{10}\ Nm}}$

1/13 $P_e = \frac{F_G \cdot s}{t};$ $P_e = \frac{280\ kg \cdot 9{,}81\ N \cdot 12{,}\ m}{7\ s};$ $P_e = \underline{470{,}88 \frac{Nm}{s}}$

$\eta = \frac{P_e}{P_i};$ $\eta = \frac{470{,}88\ W}{1\,520{,}00\ W};$ $\eta = 0{,}31$

1/14 $\eta_3 = \frac{\eta_{ges}}{\eta_1 \cdot \eta_2};$ $\eta_3 = \frac{0{,}504}{0{,}9 \cdot 0{,}7};$ $\eta_3 = \underline{\underline{0{,}8}}$

1/15 $P_e = P_i \cdot \eta_{ges}$; $P_e = 6\,000 \text{ W} \cdot 0{,}9 \cdot 0{,}5$; $P_e = \underline{2\,700 \text{ W}}$

$F = \frac{P \cdot t}{s}$; $F = \frac{2\,700 \text{ Nm} \cdot 10 \text{ s}}{\text{s} \quad 5 \text{ m}}$; $F = \underline{\underline{5\,400 \text{ N}}}$

Stoff und Stoffumsetzung

1/16

formloser Stoff	geometrisch bestimmter Körper
Sand	gegossene Eisenbahnschwelle
Transportbeton	Blechabschnitt
Kunststoffgranulat	Träger
Klebstoff	Blechtafel
Gießharz	gefeilter Schlüssel
Feilspäne	Wachsmodell

1/17 Vorteile des Gabelstaplereinsatzes

- Der Gabelstapler ist vielseitiger einsetzbar, da er nicht an einen bestimmten Transportweg gebunden ist.
- Durch den Einsatz von Paletten werden gleich viele Gehäuse auf kleinem Raum konzentriert, damit ist der Raumbedarf geringer und die Pufferung zwischen Gießerei und mechanischer Bearbeitung einfacher zu gestalten.
- Der Gabelstapler ist preiswerter in der Anschaffung.

Nachteile des Gabelstaplereinsatzes

- höherer Personaleinsatz, denn es wird ein Fahrer benötigt,
- höhere Gefährdung, da die Transportwege in der gleichen Ebene wie die übrigen Verkehrswege liegen,
- sorgfältiges Stapeln auf Palette notwendig,
- Palettenwechsel stört u. U. den kontinuierlichen Betriebsablauf an der Bearbeitungsmaschine

Vorteile der Hängebahn

- sicherer Transportweg außerhalb der übrigen Verkehrswege, so ist z. B. eine kreuzungsfreie Führung in der Höhe möglich,
- Werkstücke sind bereits vereinzelt und können unmittelbar an die nächste Bearbeitungsmaschine herangeführt werden

Nachteile der Hängebahn

- hohe Anschaffungskosten,
- nicht flexibel, da nur zwischen Eingabe- und Entnahmestation einsetzbar,
- hoher Raumbedarf für Pufferung in der Fertigung

Bei stets gleicher Fertigung, wie z. B. bei der Herstellung von Getriebegehäusen für Automobile üblich, sollte der Hängebahnbetrieb vorgezogen werden.

Stofftransport

1/18

	a)	b)	c)
v	1,2 m/s	*2,86 m/s*	2,1 m/s
s	*42 m*	200 m	30 m
t	35 s	70 s	*14,3 s*
t_{ges}	7 h	*42 min*	4 h
m	8,5 t	7 t	*3,2 t*
$\dot{m}$	*1 213 kg/h*	10 000 kg/h	0,8 t/h

1/19 a) $t = \frac{s}{v}$; $t = \frac{360 \text{ m} \cdot \text{s}}{1{,}19 \text{ m}}$; $t = \underline{\underline{302{,}6 \text{ s}}}$

b) $\dot{m} = \frac{m}{t_{ges}}$; $\dot{m} = \frac{300 \text{ t} \cdot \text{h}}{7 \text{ h} \cdot 3\,600 \text{ s}}$; $\dot{m} = \underline{\underline{0{,}0119 \frac{\text{t}}{\text{s}}}}$; $\dot{m} = \underline{\underline{11{,}9 \frac{\text{kg}}{\text{s}}}}$

1/20

	a)	b)	c)
V	*0,42 dm³*	5 m³	13 m²
t	12 s	0,45 h	*2,5 s*
$\dot{V}$	*0,035 dm³/s*	*3, 086 dm³/s*	5 200 dm³/s
S	15 mm²	491 mm²	*346,6̄ dm²*
v	2,3 m/s	*6,286 m/s*	1,5 m/s

1/21 a) $q_v = S \cdot v$; $q_v = \frac{25{,}4 \text{ mm}^2 \cdot \pi \cdot \text{m}^2}{4 \cdot 10^6 \text{ mm}} \cdot 3{,}55 \frac{\text{m}}{\text{s}}$; $q_v = 0{,}0018 \frac{\text{m}^3}{\text{s}}$

b) $S_2 = \frac{S_1 \cdot v_1}{v_2}$; $S_2 = \frac{25{,}4^2 \text{ mm}^2 \cdot \pi \cdot 3{,}55 \cdot \text{s}}{4 \quad 1{,}6 \text{ m} \cdot \text{s}}$;

$S_2 = \underline{\underline{1\,124 \text{ mm}^2}}$ $d = \underline{\underline{37{,}8 \text{ mm}}}$

1/22 $v_2 = \frac{S_1 \cdot v_1}{S_2}$; $v_2 = \frac{310 \text{ mm}^2 \cdot 2{,}5 \text{ m}}{12 \text{ mm}^2 \cdot \text{s}}$; $v_2 = \underline{\underline{64{,}58 \frac{\text{m}}{\text{s}}}}$

1/23 $S = \frac{W}{v}$ $S = \frac{4{,}2 \text{ m}^3 \cdot \text{s} \cdot \text{h}}{\text{h} \cdot 0{,}3 \text{ m} \cdot 3\,600 \text{ s}}$; $S = \underline{0{,}00389 \text{ m}^2}$

$d = \underline{\underline{70{,}3 \text{ mm}}}$

1/24 $q_v = \frac{V}{t}$; $q_v = \frac{10 \text{ m}_3 \cdot \text{min}}{27 \text{ min} \cdot 60 \text{ s}}$; $q_v = \underline{0{,}00617 \frac{\text{m}^3}{\text{s}}}$

$v = \frac{q_v}{S}$; $v = \frac{0{,}00617 \text{ m}^3 \cdot 4}{\text{s} \cdot 0{,}065^2 \text{ m}^2 \cdot \pi}$; $v = \underline{\underline{1{,}86 \frac{\text{m}}{\text{s}}}}$

Information und Informationsumsetzung

1/25

	Sender	Empfänger
a	Maschine	Maschine
b	Mensch	Mensch
c	Maschine	Mensch
d	Mensch	Maschine
e	Maschine	Mensch

1/26 Alle Informationen, welche die Maße und die Form betreffen, sind Weginformationen, z.B. ist auf einer Strecke von 50 mm Länge ein Zylinder mit 48 mm Durchmesser zu drehen.
Alle Informationen, welche Drehzahl, Vorschub u.a. betreffen, sind Schaltinformationen, z.B. ist für S 235 bei einem Hartmetall-Drehmeißel und einem Vorschub von ca. 0,5 mm eine Schnittgeschwindigkeit von ca. 250 m/min möglich. Dem entspricht bei 48 mm Durchmesser die Schaltinformation
n = 1 658 1/min.

1/27 a) Kein dialoges Kommunikationssystem

b) Dialoges Kommunikationssystem

c) Kein dialoges Kommunikationssystem

2 Systeme zur Umsetzung von Energie, Stoff und Information

Systemtechnische Grundlagen

2/1 b)

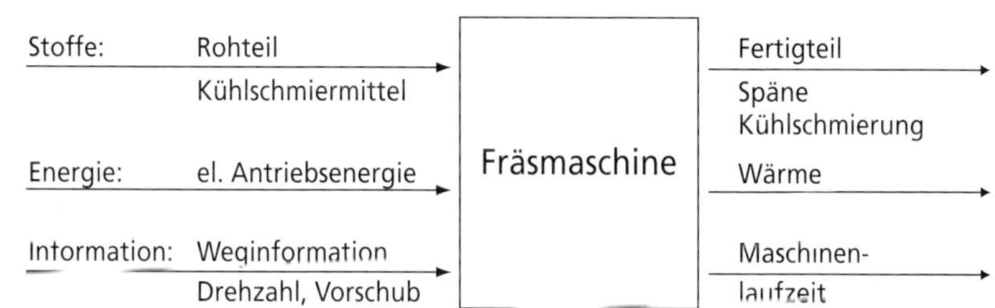

2/2 a) Hauptfunktion des Systems Tanksäule ist der Transport von Stoff.

b) und c)

2/3 a) Hauptfunktion des Systems Schweißbrenner ist die Umwandlung chemisch gebundener Energie in Wärmeenergie.

b)

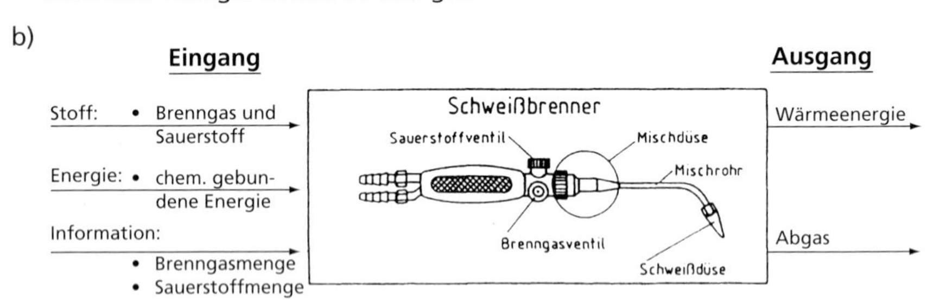

2/4 Hauptfunktionen:

a) Energieformung
b) Informationstransport
c) Energietransport und Energieformung
d) Stoffumwandlung

2/5

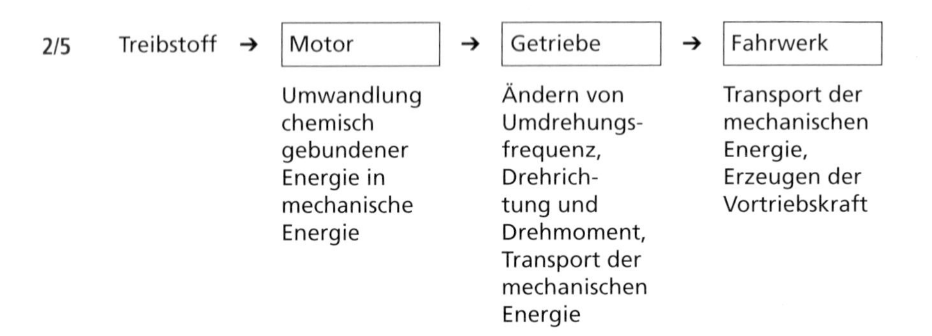

2/6 a) Hauptfunktion des Systems ist die Informationsverarbeitung

b) Einrichtungen sind z. B. Computer, Tastatur, Maus, Lautsprecher

c) Funktionsgruppen in der Einrichtung Computer sind z. B.
- Gehäuse mit Stütz- und Trageinheiten
- Energieversorgung
- Zentraleinheit (CPU)
- Speichereinheiten (RAM; ROM)
- Festplatte
- Kühlgebläse

d) Elemente des Kühlgebläses sind z. B. Motor, Ventilator

e) individuelle Lösung

2/7

Kurbelantrieb	Richten einer hin- und hergehenden Bewegung in eine Drehbewegung
Kompressorkessel	Speichern eines komprimierten Gases
Keilriemenbetrieb	Leiten des Drehmoments von einer Welle auf eine andere
Kupplung im Motorrad	Koppeln und Unterbrechen des Energieflusses zwischen Motor und Getriebe
Vergaser im Kfz	Mischen von Treibstoff und Luft
Rohrleitung in einer Druckluftanlage	Führen der Druckluft

2/8

Hebel	Vergrößern der Kraft zum Drehen der Spindel
Spindel mit Mutter Längsführung	Ändern der Drehbewegung in eine Längsbewegung Vergrößern der Umfangskraft an der Spindel in eine längs der Spindel gerichteten Anpresskraft Führen der beweglichen Schraubstockbacke
Spannbacken	Speichern des Werkstückes in der Einspannposition

Systeme zum Energieumsatz

2/9

Mechanische Energie des strömenden Wassers → Turbine → Bewegungsenergie → Generator → Elektrische Energie

2/10

Vorteile	Nachteile
Kostenlose Antriebsenergie	Ungleichmäßig starke und zeitlich nicht vorplanbare Erzeugung elektrischer Energie
Keine Umweltbelastung durch Abfallstoffe	Aufwendige Steuerung, damit elektrische Energie ins öffentliche Verbundnetz eingespeist werden kann, bzw. aufwendige Speicherung
	Geräusch- und Sichtbelästigung
	Ungünstiges Verhältnis von Kosten zu Nutzen

2/11

	Bez. des Taktes	Einlassventil	Auslassventil
1. Takt	Ansaugen	offen	geschlossen
2. Takt	Verdichten	geschlossen	geschlossen
3. Takt	Arbeiten	geschlossen	geschlossen
4. Takt	Auslassen	geschlossen	offen

2/12 Bei einem Arbeitstakt macht die Kurbelwelle zwei Umdrehungen. Dabei werden Ein- und Auslassventil nur einmal geöffnet. Darum muss die Nockenwelle während eines Arbeitstaktes nur eine Umdrehung machen.
Die Drehzahlen der Wellen müssen im Verhältnis 2 : 1 stehen.

2/13 a) $W = \frac{32\,000 \text{ kJ} \cdot 1 \text{ kg} \cdot 0{,}35}{0{,}84 \text{ kg}}$; $\underline{\underline{W = 13\,333 \text{ kJ}}}$

b) (individuelle Lösung)

c) Eine Speicherung elektrischer Energie in Bleiakkumulatoren führt zu so ungünstigen Gewichtsverhältnissen, dass ein Elektroantrieb unter diesen Bedingungen wirtschaftlich nicht sinnvoll ist. Die Speicherung der elektrischen Energie in modernen Akkumulatoren und der Hybridbetrieb können hingegen wirtschaftlich und umweltschonend sein.

Systeme zum Stoffumsatz

2/14

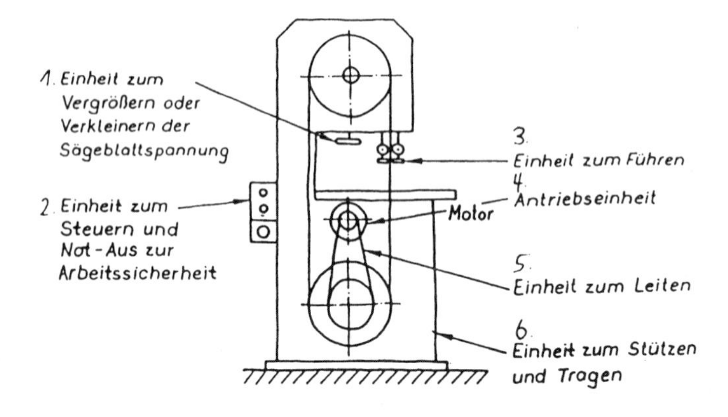

2/15

	Bohrmaschine	Drehmaschine	Fräsmaschine	Flächenschleif-maschine
Werkzeug-aufnahme	*Bohrfutter Kegel*	*Spannklauen Schnellwechsel-system*	*Kegel Spannzan-ge*	*Wellenende mit Gewinde, Zwischenlagen und Mutter*
Werkstück-aufnahme	*Schraubstock Prisma*	*Backenfutter Spannzange Planscheibe Spitzen*	*Schraubstock Spannpratzen*	*Magnet-spannplatte Spannpratzen Schraubstock*

2/16
1. Dreibackenfutter
2. Vierbackenfutter
3. Planscheibe
4. Schraubstock mit prismatischer Ausnehmung
5. Bohrprisma
6. Spannklauen
7. Spannklauen

2/17 Pumpen dienen zum Transport von Flüssigkeiten und Gasen. Verdichter dienen zum Komprimieren und gleichzeitigem Transport von Gasen.

2/18 Der Rootsverdichter arbeitet nach dem Verdrängerprinzip.

Systeme zum Informationsumsatz

2/19 Individuelle Beantwortung

2/20 Am Tastbolzen wird die Messgröße **aufgenommen**. Ein Heben **wandelt** die Längenänderung in eine Winkeländerung. Durch das Verhältnis von kleinem Hebelarm zwischen Zeigerdrehpunkt und Tastenbolzenschneide zum langen Zeiger wird der Ausschlag **verstärkt** und auf einer Skala angezeigt.

2/21 a) Die Funktion des Flüssigkeitsthermometers beruht auf der Volumenänderung von Flüssigkeiten bei Temperaturänderungen

b) Am Behälter am unteren Ende des Thermometers wird die Messgröße Temperatur **aufgenommen** und in eine Volumenänderung **gewandelt**, die sich in der Höhe des Flüssigkeitsstandes in der Kapillare auswirkt. Durch die Kapillare wird die Höhenänderung des Flüssigkeitsspiegels **verstärkt**.

c) Die Ablesegenauigkeit kann vergrößert werden durch Verringerung des Querschnittes der Kapillaren und durch Vergrößerung des Flüssigkeitsvolumens.

2/22 a) Regeln; b) Steuern; c) Regeln; d) Steuern; d) Regeln

2/23 a) Der Wasserstand wird geregelt.

b) Das Stellglied ist das Ventil.

c) Je näher der Drehpunkt zum Ventil verschoben wird, desto größer werden die Schwankungen des Wasserspiegels, bevor sie ausgeglichen werden.

d)

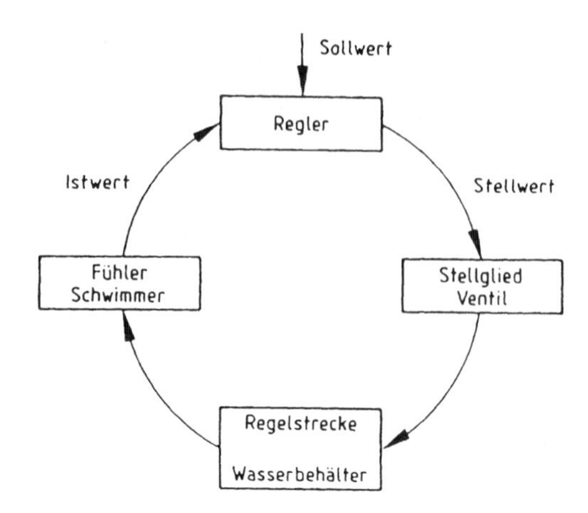

2/24 Der Schweißer korrigiert die Einstellung der Schweißflamme, wenn er eine Abweichung feststellt. Der Vorgang ist also geregelt. Die Einstellgröße Düsendurchmesser wird beim Schweißvorgang nicht geändert. Ihr Einsatz muss demnach als gesteuerter Vorgang gelten.

2/25 Individuelle Lösung

3 Funktionseinheiten des Maschinenbaus

3/1

Bauelemente und Baueinheiten	Funktion
Niet, Schraube, Stift	Verbindungselement
Gleitlager; Maschinenständer; Drehbankbett	Abstützungselement
Antriebswelle; Leitspindel	Einheit zur Übertragung mechanischer Energie
Riemen- und Kettentriebe	Einheit zur Umformung der Energie
Verbrennunngs- und Hydraulikmotor	Antriebseinheiten

Funktionseinheiten zum Stützen und Tragen

Auflagerkräfte

3/2 a) $F_A = \dfrac{3\,000\ \text{N} \cdot 0{,}2\ \text{m}}{0{,}6\ \text{m}}$; $F_A = \underline{\underline{1\,000\ \text{N}}}$ $F_B = \underline{\underline{2\,000\ \text{N}}}$

b) $F_A = \dfrac{2000\ \text{N} \cdot 0{,}3\ \text{m} + 3000\ \text{N} \cdot 0{,}1\ \text{m}}{0{,}6\ \text{m}}$; $F_A = \underline{\underline{1\,500\ \text{N}}}$

$F_B = \underline{\underline{3\,500\ \text{N}}}$

c) $F_A = \frac{3\,000\ \text{N} \cdot 0{,}2\ \text{m} - 1\,000\ \text{N} \cdot 0{,}2\ \text{m}}{0{,}6\ \text{m}}$;

$F_A = \underline{\underline{667\ \text{N}}}$

$F_B = \underline{\underline{3\,333\ \text{N}}}$

3/3 $F_2 = \frac{50\ \text{kN} \cdot 120\ \text{mm}}{400\ \text{mm}}$; $F_2 = \underline{\underline{16\ \text{kN}}}$ $F_1 = \underline{\underline{35\ \text{kN}}}$

3/4 $F_A = \frac{800\ \text{N} \cdot 760\ \text{mm} + 2\,500\ \text{N} \cdot 240\ \text{mm}}{460\ \text{mm}}$;

$F_A = \underline{\underline{2\,626\ \text{N}}}$

$F_B = \underline{\underline{674\ \text{N}}}$

3/5 A = Radiallager als Wälzlager
B = Axiallager als Wälzlager

3/6

	sehr gut	gut	befriedigend	ausreichend
Gleiteigenschaft	*Polyamid*	*Lg-PbSn10*	*SINT – B10*	
Tragfähigkeit		*Lg-PbSn10*	*SINT – B10*	*Polyamid*
Notlaufeigenschaft	*Polyamid* *SINT – B10*	*Lg-PbSn10*		

3/7 Kunststoff, weil wartungsfrei und gering belastet

3/8 Gute Notlaufeigenschaft eines Lagers bedeutet, dass auch bei Ausfall der Schmierung des Lagers nicht sofort ein „Festfressen" der Lagerteile erfolgt.

3/9 Durch den längeren Stillstand der Mischtrommel liegen Welle und Lager unmittelbar aufeinander. Es befindet sich kein Schmierfilm zwischen Lager und Welle. Beim Anfahren besteht deshalb zunächst Trockenreibung. Durch die Bewegung wird sehr schnell Schmiermittel zwischen Welle und Lager gezogen. Es entsteht Mischreibung und schließlich Flüssigkeitsreibung.

3/10 Da das Druckmaximum sich normalerweise im unteren Teil des Lagers befindet, würden Nuten ein Abreißen des Schmierfilms bedeuten. Die Folge ist ungenügende Schmierung des Lagers.

3/11 Genaue Dosierung des Schmiermittels, automatische Versorgung jeder Schmierstelle, kein Stillstand teurer Maschinen für die Schmierung.

3/12

	hydrodynamisch geschmiert	hydrostatisch geschmiert
Reibung beim Anlauf	Misch- bzw. Trockenreibung	Flüssigkeitsreibung
Abhängigkeit von Drehzahl	abhängig	unabhängig
Laufgenauigkeit	geringere Laufgenauigkeit	hohe Laufgenauigkeit
Kosten	gering	hoch

3/13 Bei geringen Drehzahlen ist die Bildung eines zusammenhängenden Schmierfilms bei Fettschmierung erheblich sicherer als bei einer Ölschmierung, in der sich das Ölpolster erst mit steigender Drehzahl aufbaut.

3/14 A = Außenring
B = Innenring
C = Wälzkörper
D = Wälzkörperkäfig

3/15 Gleichmäßige Verteilung der Wälzkörper auf den Umfang und somit gleichmäßige Belastungsverteilung, Verhinderung der direkten Berührung der Wälzkörper untereinander und somit Verminderung der Reibung.

3/16 Je nach den zur Verfügung stehenden Platzverhältnissen kann man ein Nadellager mit bzw. ohne Innen- und/oder Außenring verwenden. Die Wälzkörper – Nadeln – würden dann gegebenenfalls unmittelbar auf der Welle bzw. im Lager laufen.

3/17

A = Rillenkugellager
B = Schulterkugellager
C = Schrägkugellager
D = Pendelkugellager
E = Zylinderrollenlager
F = Kegelrollenlager
G = Tonnenlager
H = Pendelrollenlager
L = Axialkugellager
M = Axialpendelrollenlager
N = Radialnadellager
O = Axialnadellager

3/18 Lager A

	Belastungsart
Außenring	*Umfangslast*
Innenring	*Punktlast*

Lager B

	Belastungsart
Außenring	*Punktlast*
Innenring	*Umfangslast*

3/19

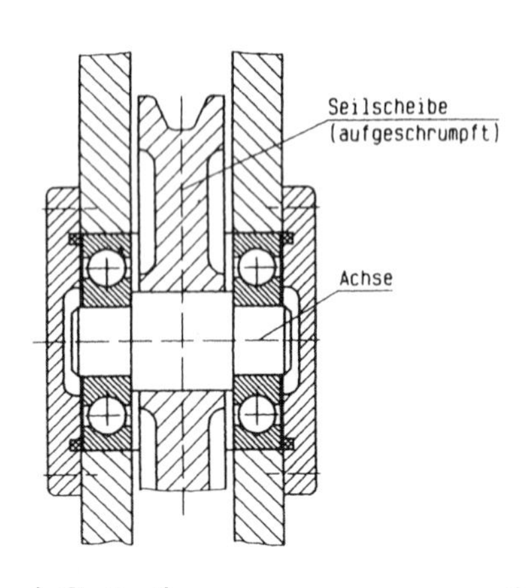

Im vorliegenden Fall hat der Innenring Umfangslast. Der Außenring hat Punktlast. Der Innenring muss fester gefügt sein. Der Mechaniker hat beobachtet, dass ein Fehler in der Gestaltung der Passung vorlag.

3/20 a) ① Festlager
② Loslager
③ Festlager
④ Loslager

b) ② Welle verschiebt über Innenring das ganze Wälzlager.
④ Welle verschiebt sich nur mit Innenring.

c) ①, ② und ③ sind Rillenkugellager; ④ ist ein Zylinderrollenlager, alle Lager sind einreihig.

3/21 Die Zusage ist nicht korrekt, da durch das ständige Überrollen Oberflächenzerrüttung auftritt. Es kommt zu Wälzverschleiß mit Schälung.

3/22 Das Vorderrad eines Pkw wird zweckmäßig mit Kegelrollenlagern ausgerüstet, weil
- Axial- und Radialkräfte aufzunehmen sind,
- geringe Wartung anfallen soll, z. B. Einstellung, Schmierung,
- nur begrenzte Lebensdauer, ca. 3 000 Laufstunden, zu erwarten ist.

Bei der Turbine ist ein Gleitlager mit hydrostatischer Schmierung ausgerüstet, weil
- hohe Kräfte auftreten,
- lange Laufzeiten erwartet werden,
- hohe Temperaturen auftreten.

3/23 Bei Flach- und Schwalbenschwanzführungen bewirkt die Abnutzung ungenauere Führung. Es muss nachgestellt werden.
Bei V- und Dachführungen wird diese Abnutzung selbsttätig ausgeglichen.

3/24

	Gleitführung	Wälzführung
Art der Reibung	*Gleitreibung*	*Rollreibung*
Kraftaufwand zum Verschieben	*groß*	*gering*
Schmiermittelverbrauch	*hoch*	*gering*
Stick-Slip-Effekt	*vorhanden*	*nicht vorhanden*
Möglichkeiten des Austauschbaus	*aufwendig*	*einfach*
Passungsspiel	*vorhanden*	*kaum vorhanden*

3/25 Stick-Slip-Effekt bedeutet ruckartiges bzw. stotterndes Anfahren gleitender Bauteile.

3/26 Kugelführungen mit zylinderförmigen Laufflächen erlauben Hub-, Dreh- und Hub-Dreh-Bewegungen.

3/27 Das Maschinenteil bewegt sich doppelt so schnell wie die Wälzkörper. Deswegen bleiben die Wälzkörper bei der Bewegung zurück. Damit das Maschinenteil während des gesamten Hubes aufliegen soll, muss die Führung um den halben Hub länger als das Maschinenteil sein.

3/28 Wälzführung = Länge Werkzeug + 0,5 (Hub)

Wälzführung = 80 mm + 0,5 (30 mm) = $\underline{\underline{95\ \text{mm}}}$

3/29 $F = \frac{F_G}{4}$; $F = \frac{300\ \text{kg} \cdot 9{,}81\ \text{N}}{4\ \text{kg}}$; $F = \underline{735{,}7\ \text{N}}$

$M_b = F \cdot l$; $M_b = 735{,}7\ \text{N} \cdot 0{,}15\ \text{m}$; $M_b = \underline{\underline{110{,}3\ \text{Nm}}}$

3/30 Druckspannungen auf der Unterseite.
Zugspannungen auf der Oberseite.

3/31

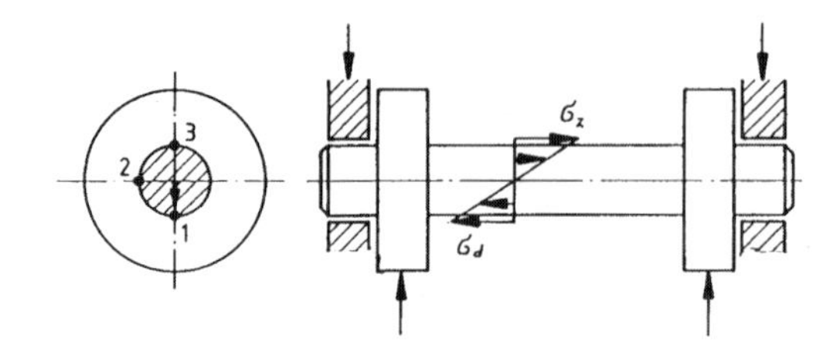

In Position: 1 Druckspannungen (Höchstwert)
2 keine Zug- und Druckspannungen
3 Zugspannungen (Höchstwert)

Elemente und Gruppen zur Energieübertragung

3/32 a) Falsch, es liegt eine Welle vor, da ein Drehmoment übertragen wird.

b) Richtig, es wird ein Drehmoment übertragen.

c) Falsch, es liegt eine Welle vor, denn es wird ein Drehmoment bei angeschlossenen Aggregaten übertragen.

d) Richtig, er wird nicht auf Verdrehen beansprucht.

3/33 Wellen werden stets auf *Verdrehen (Torsion)* beansprucht. Achsen dagegen werden hautpsächlich auf *Biegung* beansprucht.
Wellen sind Maschinenelemente, die *mechanische Energie* weiterleiten.

3/34

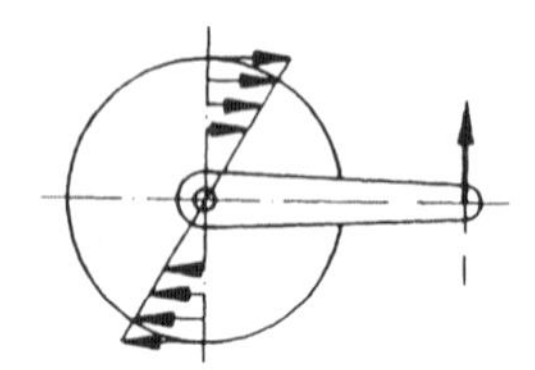

3/35 Stirnzapfen liegen am Ende einer Welle bzw. Achse, während Halszapfen innerhalb einer Welle bzw. Achse liegen.

3/36 Ringzapfen sind Stützzapfen, die Kräfte in axialer Richtung auf das Lager übertragen.

3/37 Der Anriss ist wahrscheinlich auf Kerbwirkung zurückzuführen.
Ein größerer Übergangsradius kann erneuten Schaden verhindern.

3/38 Individuelle Lösung

3/39

Keilverbindung	Federverbindung
– Nabe und Welle verkanten – sicherer Sitz der Nabe in axialer Richtung – empfindlich gegen wechselnde Belastung	– Zentrieren von Welle und Nabe – axiale Sicherung notwendig – unempfindlich gegen wechselnde Belastung – leicht lösbar

3/40 An Kraftfahrzeugen, an Bohrmaschinen mit Mehrspindelköpfen u. Ä. werden Gelenkwellen verwendet.

3/41 Das Teleskopstück soll den unterschiedlichen Abstand zwischen den zu überbrückenden Wellenenden und Längsverschiebungen während einer Umdrehung ausgleichen.

3/42

schaltbare Kupplung	nichtschaltbare Kupplung
a) Autokupplung b) Freilauf im Fahrradhinterrad	c) Klauenkupplung zwischen Motor und Pumpe

3/43 Eine Schalenkupplung kann nach dem festen Einbau der zu verbindenen Baugruppen eingebaut werden. Dies erleichtert die Ausrichtung der Wellen beim Einbau der Baugruppen.
Die Scheiben der Scheibenkupplung müssen vor dem endgültigen Einbau der letzten Baugruppen aufgesetzt werden. Dies erschwert die Ausrichtung der Wellen. Beim Austausch der Kupplung ist mindestens eine der verbundenen Baugruppen ebenfalls auszubauen.

3/44 Es kommen elastische Kupplungen infrage, z. B. ELCO-, Periflex-, Winiflex- oder Miniflex-Kupplung.

3/45 a) Die Kupplung zwischen Arbeitsspindel und Bohrspindel ist eine Gelenkkupplung.

b) Aufgabe der Gelenkkupplung ist die Übertragung von Drehmomenten zwischen gegeneinander versetzten Wellen.

3/46 Die Kupplung muss als Doppelkegelkupplung gestaltet werden.

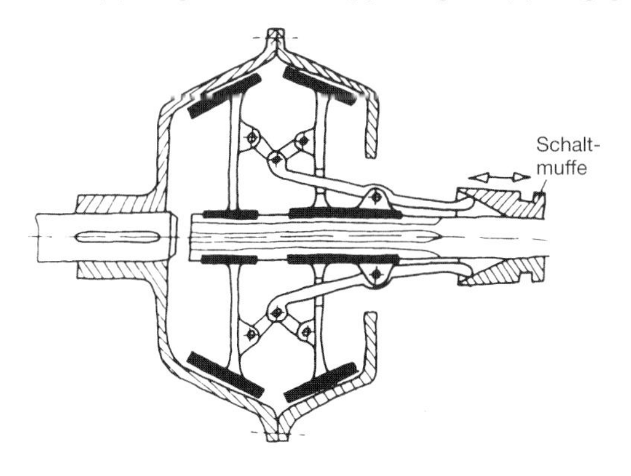

3/47 Zwischen Antrieb und Hauptspindel wird meist eine Lamellenkupplung eingebaut. Falls im Vorschubgetriebe Kupplungen eingesetzt werden, sind dies im Stillstand schaltbare Kupplungen, z. B. Zahnkupplungen.

3/48 Lamellenkupplungen bestehen aus zwei Kupplungshälften, die mit den beiden Wellenenden verbunden sind. Die Übertragung des Drehmoments geschieht durch Lamellen.
Dabei unterscheidet man Außen- und Innenlamellen. Die Außenlamellen werden vom Kupplungsgehäuse mitgenommen. Die Innenlamellen werden vom Kupplungsteil auf der getriebenen Welle in Nuten mitgenommen. Die Lamellen werden beim Einschalten gegeneinander gepresst. Dabei wird durch Reibung das Drehmoment von den Außenlamellen auf die Innenlamellen übertragen. Die Andruckkraft kann mechanisch, hydraulisch, pneumatisch oder elektromagnetisch erzeugt werden.

3/49 Beim Einschalten der fest montierten Magnetspule wird der Außenring angezogen. Dabei werden von links her die Lamellen zusammengepresst. Zwischen Außenring und Magnetspule muss ein Luftspalt bleiben, damit sich der Außenring frei gegenüber der Spule drehen kann.

3/50 In Strömungskuplungen verleiht die treibende Schale, die wie eine Pumpe wirkt, dem Öl kinetische Energie, die an die getriebene Schale, die wie eine Turbine wirkt, abgegeben wird. Das Drehmoment wird also durch strömendes Öl übertragen.

3/51 Ölstrom und Drehzahldifferenz

3/52 Überlastungskupplungen sind selbsttätig schaltende und kraftschlüssig wirkende Kupplungen, die beim Auftreten überhöhter Drehmomente durchrutschen.

3/53 Beim Anfahren mit dem Fahrrad ist der Freilauf eingekuppelt – Hinterrad und Nabe werden mitgenommen. Der Freilauf bleibt so lange eingekuppelt, wie die treibende Welle über das Ritzel ein Drehmoment auf das Hinterrad überträgt. Wird die Drehzahl des Hinterrades größer als die Drehzahl des Ritzels, kann kein Drehmoment übertragen werden, der Freilauf kuppelt aus.

Umfangsgeschwindigkeit, Übersetzungsverhältnis

3/54 $v = d \cdot \pi \cdot n$; $v = \frac{350\text{ mm} \cdot \pi \cdot 220 \cdot 1\text{m}}{\text{min} \cdot 1\,000\text{ mm}}$; $\underline{\underline{v = 241{,}9\ \frac{\text{m}}{\text{min}}}}$

3/55 $v_c = d \cdot \pi \cdot n$; $n = \frac{115\text{ m} \cdot 1\,000\text{ mm}}{\text{min} \cdot \pi \cdot 20\text{ mm} \cdot 1\text{ m}}$; $\underline{\underline{n = 1\,830\ \frac{1}{\text{min}}}}$

3/56 $\frac{n_1}{n_2} = \frac{d_2}{d_1}$; $d_2 = \frac{400\ \frac{1}{\text{min}} \cdot 60\text{ mm}}{100\ \frac{1}{\text{min}}}$; $d_2 = \underline{\underline{240\text{ mm}}}$

3/57 a) $i_1 = \frac{d_2}{d_1}$; $i_1 = \frac{150\text{ mm}}{60\text{ mm}}$; $i_1 = \underline{\underline{5:2}}$

$i_2 = \frac{d_4}{d_3}$; $i_2 = \frac{288\text{ mm}}{72\text{ mm}}$; $i_2 = \underline{\underline{4:1}}$

b) $i_{ges} = \frac{d_2 \cdot d_4}{d_1 \cdot d_3}$; $\quad i_{ges} = \frac{150\ mm \cdot 288\ mm}{60\ mm \cdot 72\ mm}$; $\quad i_{ges} = \underline{\underline{10:1}}$

oder

$i_{ges} = i_1 \cdot i_2$; $\quad i_{ges} = \frac{5}{\cancel{2}_1} \cdot \frac{\cancel{4}^2}{1}$; $\quad i_{ges} = \underline{\underline{10:1}}$

Drehmoment

3/58 $F = \frac{M_d}{r}$; $\quad F = \frac{3\,500\ Nmm}{40\ mm}$; $\quad F = \underline{\underline{87{,}5\ N}}$

Beide Räder haben gleiche Umfangskraft.

3/59 $M_d = F \cdot r$; $\quad M_d = \frac{1\,200\ N \cdot 40\ mm \cdot 1\ m}{1\,000\ mm} = \frac{960\ N \cdot 50\ mm \cdot 1\ m}{1\,000\ mm} =$

$\frac{800\ N \cdot 60\ mm \cdot 1\ m}{1\,000\ mm}$; $\quad M_d = \underline{\underline{48\ Nm}}$

Folgerung: Das Drehmoment an einem Stufengetriebe ist an einer Welle in allen Schaltstellungen konstant.

3/60 $M_d = F \cdot r$; $\quad M_d = \frac{1\,080\ N \cdot 60\ mm \cdot 1\ m}{1\,000\ mm}$; $\quad M_d = \underline{\underline{64{,}8\ Nm}}$

3/61 a) $M_d = \frac{P}{2 \cdot \pi \cdot n}$; $\quad M_d = \frac{3\,000\ Nm\ s}{s \cdot 2 \cdot \pi \cdot 50}$; $\quad M_d = \underline{\underline{9{,}55\ Nm}}$

b) $F = \frac{M_d}{r}$; $\quad F = \frac{9\,550\ Nmm}{50\ mm}$; $\quad F = \underline{\underline{191\ N}}$

3/62 a) $F_1 = \frac{F_2 \cdot r_2}{r_1}$; $\quad F_1 = \frac{400\ kg \cdot 9{,}81\ N \cdot 100\ mm}{kg \quad 200\ mm}$; $\quad F_1 = \underline{\underline{1\,962\ N}}$

b) $F_H = \frac{F_1 \cdot r_3}{l}$; $\quad F_H = \frac{1\,962\ N \cdot 50\ mm}{350\ mm}$; $\quad F_H = \underline{\underline{280\ N}}$

3/63 a) $M_d = F \cdot r$; $\quad M_d = 2\,200\ N \cdot 40\ mm$; $\quad M_d = \underline{\underline{68\ Nm}}$

b) $P = M_d \cdot 2 \cdot \pi \cdot n$; $\quad P = 68\ Nm \cdot 2 \cdot \pi \cdot \frac{1\,000}{60\ s}$; $\quad P = 9\,215\ \frac{Nm}{s} = \underline{\underline{9{,}215\ kW}}$

3/64 Vorteil: Der Dehnungsschlupf wird geringer, genauere Übertragung der Umfangsgeschwindigkeit.
Nachteil: Die Lager werden stark belastet.

3/65 Riementriebe übertragen Drehbewegungen *(~~formschlüssig~~/kraftschlüssig)*. Die Größe der übertragbaren *(Umfangskraft/~~Schnittkraft~~)* wächst mit *(steigender/~~fallender~~)* Normalkraft, mit *(~~kleiner~~/größer)* werdender Reibungszahl und mit *(~~kleinerem~~/größerem)* Umschlingungswinkel des *(~~größeren~~/kleineren)* Rades.

3/66 Beim Riementrieb unterscheidet man Arbeitstrum und Leertrum. Das Arbeitstrum wird stärker auf Zug belastet als das Leertrum. Durch die höhere Zugbelastung des Arbeitstrums wird der Flachriemen stärker elastisch gestreckt als auf der Seite des Leertrums. Beim Überlaufen des Riemens über das getriebene Rad nimmt die Zugspannung bis auf die Größe im Leertrum ab. Der Riemen verkürzt sich wieder und überträgt so eine geringere Umfangsgeschwindigkeit auf das getriebene Rad als das treibende sie hat.

3/67 Keilriemen können höhere Umfangskräfte übertragen.

3/68 Der Kettentrieb weist bei den geringen Geschwindigkeiten des Zugmittels geringere Verluste auf als ein Riementrieb, der das gleiche Drehmoment kraftschlüssig übertragen könnte.

3/69 Formschlüssige Zugmittelgetriebe: Zahnriementrieb, Kettengetriebe

Kraftschlüssige Zugmittelgetriebe: Flachriementrieb, Keilriementrieb

Zugmittelgetriebe werden dort verwendet, wo große Achsabstände überbrückt werden müssen.

3/70 Es werden keine Erschütterungen übertragen, und bei Überlastung rutscht das kraftschlüssige Zugmittel durch.

3/71 Es können nur gerade Zahlen an Kettengliedern herausgenommen werden, wenn (ohne sonstige Einstellungen) die Lage der Nocken zueinander nicht verändert werden soll.
(Theoretisch ist bei Entfernung eines Gliedes aus dem Zugtrum, ein Glied im Leertrum zu entfernen.)

Stirnradabmessungen

3/72

	a)	b)	c)	d)	e)
p	7,854 mm	12,57 mm	9,42 mm	7,85 mm	10,21 mm
m	2,5 mm	4 mm	3 mm	2,5 mm	3,25 mm
d	200 mm	240 mm	240 mm	100 mm	253,5 mm
d_a	205 mm	248 mm	246 mm	105 mm	260 mm
d_f	194 mm	230,4 mm	232,8 mm	94 mm	245,7 mm
h	5,5 mm	8,8 mm	6,6 mm	5,5 mm	7,15 mm
h_a	2,5 mm	4 mm	3 mm	2,5 mm	3,25 mm
h_f	3,0 mm	4,8 mm	3,6 mm	3 mm	3,9 mm
z	80	60	80	40	78

3/73 Modul: Verhältniszahl, die das Verhältnis d/z angibt. Module sind in Modulreihen festgelegt. Der Modul bestimmt die Zahnabmessungen. Es können nur Zahnräder mit gleichem Modul in Eingriff gebracht werden.

Teilkreisdurchmesser: Durchmesser des Kreises, auf den die Teilung der Zähne bezogen ist.

Aus den Teilkreisdurchmessern von Zahnrädern, die miteinander im Eingriff sind, ergibt sich der Achsabstand.

Teilung: Der Mittenabstand benachbarter Zähne ist die Teilung. Nur Räder mit gleicher Teilung können in Eingriff gebracht werden.

3/74 a) Ein Zwischenrad hat keinen Einfluss auf das Übersetzungsverhältnis.

b) Das treibende und das getriebene Rad haben bei Zusatz eines Zwischenrades gleiche Drehrichtung.

3/75 Das Zahnrad kann nicht eingebaut werden, weil nur Zahnräder mit gleicher Zahnform und gleichem Modul miteinander in Eingriff gebracht werden können. Erst gleiche Module ergeben gleiche Zahnteilungen.

3/76

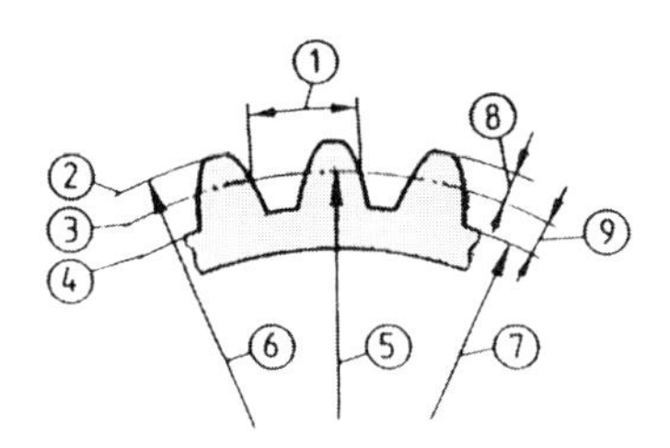

① Zahnteilung
② Kopfkreis
③ Teilkreis
④ Fußkreis
⑤ Teilkreisdurchmesser
⑥ Kopfkreisdurchmesser
⑦ Fußkreisdurchmesser
⑧ Zahnkopfhöhe
⑨ Zahnfußhöhe

3/77

$d_a = m(z+2)$;	$d_a = \frac{126\ \text{mm}}{61+2}$;	$m = \underline{\underline{2\ \text{mm}}}$
$d = m \cdot z$;	$d = 2\ \text{mm} \cdot 61$;	$d = \underline{\underline{122\ \text{mm}}}$
$p = m \cdot \pi$;	$p = 2\ \text{mm} \cdot \pi$;	$p = \underline{\underline{6{,}28\ \text{mm}}}$
$d_f = m\,(z - 2{,}4)$;	$d_f = 2\ \text{mm}\ (61 - 2{,}4)$;	$d_f = \underline{\underline{117{,}2\ \text{mm}}}$

3/78 unbeschädigtes Rad: $z_1 = \frac{d}{m}$; $z_1 = \frac{37{,}6\ \text{mm}}{0{,}8\ \text{mm}}$; $z_1 = 47$ Zähne

neues Rad:

$i = \frac{z_2}{z_1}$; $\frac{2{,}617}{1} = \frac{z_2}{z_1}$; $z_2 = 2{,}617 \cdot 47$; $z_2 = 123$ Zähne

$p = m \cdot \pi;$ $p = 0{,}8 \text{ mm} \cdot \pi;$ $p = \underline{\underline{2{,}51 \text{ mm}}}$

$d = m \cdot z_2;$ $d = 0{,}8 \text{ mm} \cdot 123;$ $d = \underline{\underline{98{,}4 \text{ mm}}}$

$d_a = m \cdot (z + 2);$ $d_a = 0{,}8 \text{ mm} \cdot (123 + 2);$ $d_a = \underline{\underline{100 \text{ mm}}}$

$d_f = m \cdot (z - 2{,}4);$ $d_f = 0{,}8 \text{ mm} \cdot (123 - 2{,}4);$ $d_f = \underline{\underline{96{,}48 \text{ mm}}}$

3/79 $a = \frac{m\,(z_1 + z_2)}{2};$ $a = \frac{8 \text{ mm}\,(17 + 84)}{2};$ $a = \underline{\underline{404 \text{ mm}}}$

3/80 $a = \frac{m\,(z_1 + z_2)}{2};$ $z_2 = \frac{2 \cdot 144 \text{ mm}}{4 \text{ mm}} - 35;$ $z_2 = \underline{\underline{37}}$

3/81 $p_1 = m_1 \cdot \pi;$ $p_1 = 3 \text{ mm} \cdot \pi;$ $p_1 = \underline{\underline{9{,}42 \text{ mm}}}$

$p_2 = m_2 \cdot \pi;$ $p_2 = 4 \text{ mm} \cdot \pi;$ $p_2 = \underline{\underline{12{,}57 \text{ mm}}}$

Die Zähne der beiden Zahnräder mit unterschiedlichen Modulen können deshalb nicht ineinander greifen, weil ihre Zahnteilungen unterschiedlich sind.

3/82 N-Rad = Null-Rad, Profilmittellinie berührt den Teilkreis

V-Rad = Verschobenes Null-Rad, Profilmittellinie berührt nicht mehr Teilkreis

V-Plus-Rad = Rad mit positiver Profilverschiebung, Radmitte nach außen verschoben

3/83

	Evolventen-Verzahnung	Zykloiden-Verzahnung
Schwierigkeiten der Herstellung	*leichter*	*schwierig*
Abrollverhalten	*weniger gut*	*gut*
Verschleiß	*höher*	*gering*
Verwendung	*Maschinenbau; Kfz; Bau*	*Feinwerktechnik*

3/84 a) Kurve A = Evolvente
Eine Evolvente entsteht als Bahnkurve, wenn ein Faden von einem Zylinder abgewickelt wird.

Kurve B = Zykloide
Eine Zykloide entsteht, wenn der Weg eines Punktes auf einem rollenden Zylinder betrachtet wird.

b) Evolventenverzahnung: Maschinenbau und Kraftfahrzeugbau

Zykloidenverzahnung: Feinwerktechnik

3/85 a) ① Stirnradgetriebe
② Kegelradgetriebe
③ Schraubenradgetriebe
④ Schneckenradgetriebe

b) ① Parallel in einer Ebene
② sich schneidend in einer Ebene
③ sich kreuzend in zwei nicht parallelen Ebenen
④ sich kreuzend in zwei nicht parallelen Ebenen

3/86

	geradverzahntes Stirnrad	schrägverzahntes Stirnrad
Wirkungsgrad	*höher*	*geringer*
Kräfteverteilung in den Wellen	*Radialkräfte*	*Radial- und Axialkräfte*
Laufruhe	*höhere Geräuschentwicklung*	*höhere Laufruhe*
Auswirkung geringer Fertigungsfehler	*groß*	*geringer*
Eignung für hohe Drehzahlen	*ungünstig*	*gut*

3/87

Pfeilverzahnung

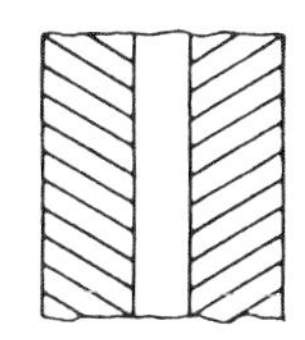

Doppelschrägverzahnung

In beiden Fällen werden die Schubkräfte in axialer Richtung aufgehoben.

3/88 Schnecken und Schraubenradgetriebe übertragen Drehbewegungen bei sich kreuzenden Wellen.

Schraubenradgetriebe übertragen *kleine* Drehmomente. Durch die Art der Berührung haben Schraubenradgetriebe *hohen* Verschleiß.
Schneckengetriebe dagegen übertragen *große* Drehmomente. Sie laufen mit *geringem* Geräusch. Schneckengetriebe haben durch die Gleitbewegung *hohen* Verschleiß. Mit Schneckengetrieben sind *große* Übersetzungen möglich.

3/89 Übersetzungsverhältnis $i = \frac{z_{Hohl}}{z_{Sonne}} = \frac{190}{37} = 2{,}95$

Das Hohlrad dreht sich einmal, wenn sich das Sonnenrad 2,95-mal gedreht hat.

3/90 a) 1 Abtrieb des Harmonic-Drive-Getriebes (Zahnrad)
2 elastische Zahnbuchse
3 feststehende Zirkularscheibe
4 Wellengenerator

b) Die Antriebswelle mit Wellengenerator (4) dreht sich. Durch die elliptische Form des Wellengenerators (4) wird die elastische Zahnbuchse (2) verformt. Die Zähne der Zahnbuchse kommen nacheinander mit den Zahnlücken der Zirkularscheibe (3) in Eingriff.
Ist die Zähnezahl der Zahnbuchse (2) geringer als die der Zirkularscheibe (3), dreht sich die Zahnbuchse (2) bei einer Umdrehung des Wellengenerators (4) um die Differenz der Zähnezahlen weniger weit als der Wellengenerator (4). Die Zahnbuchse (2) dreht sich dadurch langsam entgegengesetzt zur Drehrichtung des Wellengenerators (4). Die Zahnbuchse (2) ist fest mit dem Zahnrad (1) verbunden und bildet den Abtrieb des Harmonic-Drive-Getriebes.

3/91 ① Innenradgetriebe
② Zahnstangengetrieb
③ Kegelradgetriebe
④ Schneckenradgetriebe

3/92 $3 \cdot 2 \cdot 2 = 12$ Möglichkeiten

4 Festigkeitsberechnung von Bauelementen

Grundlagen zur Festigkeitsberechnung

4/1

a) Gewindespindel: Zug
Schraubstockbacken: Druck Flächenpressung
Handhebel: Biegung
Gewinde: Flächenpressung (Abscheren)

b) Welle: Verdrehen
Hebel: Biegung
Schraube: Zug
Klemmbacken: Flächenpressung

c) Seil: Zug
Zugkette: Zug
Wellen: Verdrehung

4/2 Bolzen: Scherbeanspruchung, wechselnd
Schraube: Zugbeanspruchung, schwellend

Zugbeanspruchung

4/3

	a) Rundstab	b) Winkelprofil	c) Vierkantstab
Maße	∅ 36,13 mm	L 45 mm × 30 mm × 5 mm	□ 30 mm × 12 mm
F_{max}	65 kN	45 kN	64,7 kN
σ_z	63,4 N/mm²	128,57 N/mm²	180 N/mm²

4/4 $F = \sigma_{zzul} \cdot 2 \cdot S$; $F_{zul} = 110 \frac{N}{mm^2} \cdot 2 \cdot 19{,}6\ mm^2$; $F_{zul} = \underline{\underline{4\,317\ N}}$

4/5 F_{seil} laut Kräfteparallelogramm: 8 718,4 N

$S_{erf} = \frac{F_{max}}{\sigma_{zzul}}$; $S_{erf} = \frac{8\,718{,}4\ Nmm^2}{170\ N}$; $S_{erf} = \underline{51{,}28\ mm^2}$

$d = \underline{\underline{8\ mm}}$

4/6 F_{seil} laut Kräfteparallelogramm: 40 000 N

$S_{erf} = \frac{F_{max}}{\sigma_{zzul}}$; $S_{erf} = \frac{40\,000 \text{ Nmm}^2}{3200 \text{ N}}$; $S_{erf} = \underline{\underline{125 \text{ mm}^2}}$

Druckbeanspruchung

4/7

	a) Vierkantstab	b) Quadratstab	c) Rundstab
Maße	◻ 40 × 16 mm	◻ 16 mm	∅ 25 mm
σ_{dzul}	110 N/mm²	85 N/mm²	75 N/mm²
F_{zul}	*70 400 N*	*21 760 N*	*36 796 N*

4/8 $p = 30 \text{ bar} = 3 \frac{\text{N}}{\text{mm}^2}$

a) $F = p \cdot A$; $F = 3 \frac{\text{N}}{\text{mm}^2} \cdot 2\,826 \text{ mm}^2$; $F = \underline{8\,478 \text{ N}}$

$\sigma_d = \frac{F}{S}$; $\sigma_d = \frac{8\,478 \text{ N}}{490{,}6 \text{ mm}^2}$; $\sigma_d = \underline{\underline{17{,}3 \frac{\text{N}}{\text{mm}^2}}}$

b) $\sigma_d = \frac{p \cdot A}{S}$; $\sigma_d = \frac{3 \text{ N} \cdot (2\,826 \text{ mm}^2 - 490{,}6 \text{ mm}^2)}{\text{mm}^2 \quad 490{,}6 \text{ mm}^2}$; $\sigma_d = \underline{14{,}3 \frac{\text{N}}{\text{mm}^2}}$

Die Spannung verringert sich um $\underline{\underline{3 \frac{\text{N}}{\text{mm}^2}}}$.

Flächenpressung

4/9 $A = \frac{F}{p_{zul}}$; $A = \frac{15\,000 \text{ N} \cdot \text{mm}^2}{0{,}8 \text{ N}}$; $A = 18\,750 \text{ mm}^2$

$A = a \cdot b$; bei $\frac{a}{b} = \frac{1}{2}$ gilt: $2a = b$ und $A = 2a^2$

$a = \sqrt{\frac{18\,750 \text{ mm}^2}{2}}$; $a = \underline{\underline{97 \text{ mm}}}$; $b = \underline{\underline{194 \text{ mm}}}$

4/10 $A_{erf} = \frac{F}{p_{zul}}$; $A_{erf} = \frac{250\,000 \text{ N} \cdot \text{mm}^2}{12{,}5 \text{ N}}$; $A = \underline{\underline{20\,000 \text{ mm}^2}}$

4/11 $A_{erf} = \frac{F}{p_{zul}}$; $A_{erf} = \frac{125\,000 \text{ N} \cdot \text{mm}^2}{50 \text{ N}}$; $A_{erf} = \underline{2\,500 \text{ mm}^2}$

$l = \frac{A_{erf}}{d}$; $l = \frac{2\,500 \text{ mm}^2}{40 \text{ mm}}$; $l = \underline{\underline{62{,}5 \text{ mm}}}$

4/12 $p = \frac{F}{d \cdot l}$; $p = \frac{61\,200 \text{ N}}{24 \text{ mm} \cdot 30 \text{ mm}}$; $p = \underline{\underline{85 \frac{\text{N}}{\text{mm}^2}}}$

Scherbeanspruchung

4/13

	a) Zylinderstift	b) Bolzen	c) Niet
Werkstoff	E 295	E 360	E 235
σ_{2zul}	110 N/mm²	170 N/mm²	80 N/mm²
τ_{szul}	88 N/mm²	136 N/mm²	64 N/mm²
F_{max}	60 kN	6 840,8 kN	6 592 kN
S_{erf}	681,82 mm²	50,3 mm²	103 mm²

4/14 $F_{max} = \sigma_{zzul} \cdot S$; $F_{max} = \frac{80\ N \cdot 314\ mm^2}{mm^2}$; $F_{max} = \underline{25\,120\ N}$

$A_{erf} = \frac{F_{max}}{p_{zul}}$; $A_{erf} = \frac{25\,120\ N \cdot mm^2}{60\ N}$; $A_{erf} = \underline{418{,}6\ mm^2}$

$D = \sqrt{\frac{A_{ges} \cdot 4}{\pi}}$; $D = \sqrt{\frac{(418{,}6\ mm^2 + 314\ mm^2) \cdot 4}{\pi}}$; $D = \underline{\underline{30{,}5\ mm}}$

$h = \frac{F_{max}}{0{,}8 \cdot \sigma_{zzul} \cdot d \cdot \pi}$; $h = \frac{25\,120\ N \cdot mm^2}{0{,}8 \cdot 80\ N \cdot 20\ mm \cdot \pi}$; $h = \underline{\underline{6{,}2\ mm}}$

4/15 6 Schnitte

$S_{erf} = \frac{10\,000\ N\ mm^2}{6 \cdot 80\ N} = 20{,}8\ mm^2$

$d = 5{,}15\ mm$

$d_{gewählt} = \underline{\underline{6\ mm}}$

Berechnen von Verbindungselementen

Schraubenverbindungen

4/16 $R_{eH} = 360\ \frac{N}{mm^2}$;

$\vartheta = 2$

$\sigma_{zzul} = 180\ \frac{N}{mm^2}$;

$S_S = \frac{21\,500\ N\ mm^2}{180\ N}$; $S_S = 119\ mm^2$

gewählt $\underline{\underline{\text{M 16 mit 157 mm}^2}}$

4/17 $F_V = S_S \cdot \sigma_{zzul}$; $F_V = 157\ mm^2 \cdot 170\ \frac{N}{mm^2}$; $F_V = \underline{\underline{26\,690\ N}}$

4/18 $S_S = \frac{F_V}{\sigma_{zzul}}$; $S_S = \frac{11\,000\ N \cdot mm^2}{80\ N}$; $S_S = \underline{137{,}5\ mm^2}$

gewählt: $\underline{\underline{M\ 16}}$

4/19 F_{max} je Schraube: $F_{max} = \frac{11\,500\ N}{2} \cdot 1{,}7$; $F_{max} = \underline{9\,775\ N}$

$\sigma_{zzul} = R_e \frac{H}{1{,}5}$; $\sigma_{zzul} = \frac{320\ N}{1{,}5 \cdot mm^2}$; $\sigma_{zzul} = \underline{\underline{213\ \frac{N}{mm^2}}}$

$S_S = \frac{F_{max}}{\sigma_{zzul}}$; $S_S = \frac{9\,775\ N \cdot mm^2}{213\ N}$; $S_S = \underline{45{,}8\ mm^2}$

gewählt: $\underline{\underline{M\ 10}}$

Stiftverbindungen

4/20 a) $F_u = \frac{F \cdot l}{r}$; $F_u = \frac{200\ N \cdot 250\ mm}{10\ mm}$; $F_u = \underline{5\,000\ N}$

b) $S_{erf} = \frac{F_u}{i \cdot \tau_{szul}}$; $S_{erf} = \frac{5\,000\ Nmm^2}{2 \cdot 130\ N}$; $S_{erf} = \underline{19{,}23\ mm}$

Erforderlicher Stiftdurchmesser: $d = \underline{\underline{5\ mm}}$

4/21 a) $\tau_S = \frac{F}{i \cdot S}$; $\tau_S = \frac{3\,100\ N \cdot 4}{2 \cdot 6^2\ mm^2 \cdot \pi}$; $\tau_S = 54{,}8\ \frac{N}{mm^2} < \tau_{szul}$

$S_{erf} = \frac{F}{i \cdot \tau_{szul}}$; $S_{erf} = \frac{3100\ N\ mm^2}{2 \cdot 80\ N}$; $S_{erf} = 19{,}34\ mm^2 \Rightarrow d = 4{,}96\ mm$

Es reichen auch Stifte von d = 5 mm aus.

4/22 $\tau_{sB\ E\ 295} = 610\ \frac{N}{mm^2} \cdot 0{,}8 = 488\ \frac{N}{mm^2}$

a) $F_{max} = S \cdot \tau_{sB}$; $F_{max} = \frac{5^2 \cdot mm^2 \cdot \pi}{4} \cdot 488\ \frac{N}{mm^2}$; $F_{max} = \underline{\underline{9\,577\ N}}$

b) $F_{max} = i \cdot S \cdot \tau_{sB}$; $F_{max} = 2 \cdot \frac{4^2 \cdot mm^2 \cdot \pi}{4} \cdot 488\ \frac{N}{mm^2}$; $F_{max} = \underline{\underline{12\,458\ N}}$

Bei den maximalen Kräften werden die Sicherungsstifte abgeschert.

Passfederverbindungen

4/23 $M_d = \frac{P}{2 \cdot \pi \cdot n}$; $M_d = \frac{60\,000 \text{ Nm} \quad 60 \text{ s}}{\text{s} \cdot 2 \cdot \pi \cdot 1\,200}$; $M_d = \underline{478 \text{ Nm}}$

Passfeder für Wellendurchmesser 70 mm b = 20 mm h = 12 mm

$l_{erf} = \frac{4 \cdot M_d}{d \cdot h \cdot p_{zul}} + b$; $l_{erf} = \frac{4 \cdot 478\,000 \text{ N mm mm}^2}{70 \text{ mm} \cdot 12 \text{ mm} \cdot 100 \text{ N}} + 20 \text{ mm}$

$l_{erf} = 40{,}7 \text{ mm}$

$l_{gewählt} = \underline{\underline{45 \text{ mm}}}$

4/24 a) $l_{erf} = \frac{4 \cdot 50\,000 \text{ N mm mm}^2}{28 \text{ mm} \cdot 7 \text{ mm} \cdot 70 \text{ N}}$ ·; $l_{erf} = 14{,}58 \text{ mm}$

Die Nabe muss mindestens 15 mm breit werden.

b) Passfederabmessungen: 8 × 7 × 15 (Maße in mm)

4/25 Passfeder für Wellendurchmesser 36 mm b = 10 mm h = 8 mm

a) $M_{dzul} = \frac{l \cdot d \cdot h \cdot p_{zul}}{4}$; $M_{dzul} = \frac{50 \text{ mm} \cdot 36 \text{ mm} \cdot 8 \text{ mm} \cdot 70 \text{ N}}{4 \qquad \text{mm}^2}$

$M_{dzul} = \underline{\underline{252 \text{ N}}}$

b) $F_u = \frac{M_d \cdot 2}{m \cdot z}$; $F_u = \frac{252\,000 \text{ N mm} \cdot 2}{5 \text{ mm} \cdot 40}$ $F_u = \underline{\underline{2\,520 \text{ N}}}$

Klebe- und Lötverbindungen

4/26 $l_ü = \frac{F}{\tau_{szul} \cdot b}$; $l_ü = \frac{1\,800 \text{ N mm}^2}{8{,}5 \text{ N} \cdot 30 \text{ mm}}$; $l_ü = \underline{\underline{7 \text{ mm}}}$

4/27 $F = \tau_{szul} \cdot b \cdot l_ü$; $F = 18 \frac{\text{N}}{\text{mm}^2} \cdot 25 \text{ mm} \cdot 40 \text{ mm}$; $F = \underline{\underline{18\,000 \text{ N}}}$

4/28 a) $F = \sigma_{zzul} \cdot S$; $F = 80 \frac{\text{N}}{\text{mm}^2} \cdot 400 \text{ mm} \cdot 2 \text{ mm}$; $F = \underline{\underline{64\,000 \text{ N}}}$

b) $l_ü = \frac{F}{\tau_{szul} \cdot b}$; $l_ü = \frac{64\,000 \text{ N mm}^2}{9 \text{ N} \cdot 400 \text{ mm}}$; $l_ü = \underline{\underline{18 \text{ mm}}}$

5 Baugruppen und ihre Montage

Grundlagen

5/1 Beispiele: Dreh-, Fräs- und Schleifmaschine
Zugehörige Baugruppen:
- Antriebseinheit
- Bedienungs- und Steuerungseinheit
- Stütz- und Trageeinheit
- Werkstücktrageeinheit
- Werkzeugtrageeinheit
- Sicherheitseinheit

5/2 Vorteile der Baugruppenbauweise:
- Vereinfachung der Fertigung und Montage
- Schnellere Reparaturmöglichkeit
- Bessere Standardisierungs- und Automatisierungsmöglichkeit

5/3 

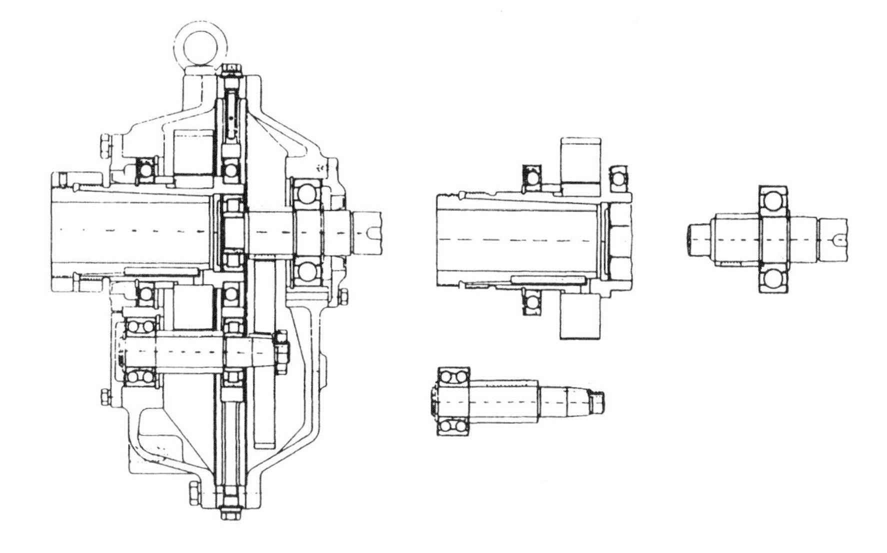

5/4

Haupttätigkeiten			Sondertätigkeiten
Fügen	Prüfen	Handhaben	
- Einhängen einer Zugfeder	- Rundlauf einer Welle prüfen	- Schrauben, Muttern und Unterlegscheiben zusammenführen	- Richten eines geschweißten Rohres - Wälzlager reinigen - Nacharbeiten einer Passfeder - Getriebe mit Öl füllen - Erwärmen eines Wälzlagers
- Spannen einer Zugstange	- Arbeitsablauf einer pneumatischen Steuerung überwachen	- Grundplatte aus einem Magazin entnehmen	
- Lagerschale einpressen			

Fügen im Montageprozess

5/5 a) Zusammensetzen, Füllen, An- und Einpressen, Urformen, Umformen, Schweißen, Löten, Kleben.

b), c) **Einpressen** der Bohrbuchse in die Deckplatte
Schweißen Bodenplatte mit Spanableitblech
Anpressen durch Verschrauben:
- Positionierbolzen und Rückwand
- Spannexzenter und Rückwand
- Deckplatte und Rückwand
- Anschlag und Rückwand
- Seitenplatte und Rückwand
- Positionierauflage und Rückwand
- Griff und Spannexzenter

Zusammensetzen des Positionierbolzens mit der Bajonettmutter

Fügen durch Schrauben

5/6

Schraube	Gründe	
	dafür	dagegen
Stiftschraube		Schaftlänge, Verbindung wird selten gelöst, hoher Montageaufwand
Einziehschraube	geringe Einbaulänge, geringer Montageaufwand	

Gewählt: **Einziehschraube**

b) Arbeitsschritte
1 Durchgangsbohrungen in den Deckel bohren
2. Kernlochbohrungen in das Gehäuse bohren
3. Gewinde in die Kernlochbohrungen schneiden
4. Deckel und Gehäuse zusammensetzen
5. Deckel und Gehäuse verschrauben

5/7 Vorschlag:
Die Schraube so fest anziehen, dass die durch das Anziehen erzeugte Vorspannkraft und die durch den Druck hervorgerufene Betriebskraft den Schraubenwerkstoff nicht über die Streckgrenze hinaus belasten.
Begründung:
Die Belastung einer Schraube ergibt sich aus der Vorspannkraft und der Betriebskraft. Bei der Addition der beiden Kräfte darf die Streckgrenze nicht überschritten werden, da sonst eine bleibende Verformung auftritt. Würde, wie im 1. Vorschlag, bis zur Streckgrenze vorgespannt, käme es beim Auftreten der Betriebskraft zur Überschreitung der Streckgrenze. Beim vorsichtigen Anziehen der Schraube würde beim Auftreten der Betriebskraft die Klemmkraft so stark verringert, dass die Verbindung undicht würde.

5/8 a) Setzen = plastische Verformung in einer Schraubenverbindung

b) – Vermeidung großer Oberflächenrauhigkeit in den Trennfugen und im Gewinde
- Reduzieren der Auswahl der verspannten Trennfugen (z. B. weiche Unterlegscheibe und Zwischenlagen vermeiden)
- Wahl einer hohen Vorspannkraft (hochfeste Schraube)
- Sicheres Anziehen der Verbindung mit Hilfe eines Drehmomentenschlüs~ sels
- Wahl einer Dehnschraube bzw. einer langen Schraube, die Setzerscheinungen durch ihr großes elastisches Verhalten ausgleichen kann

5/9 a)

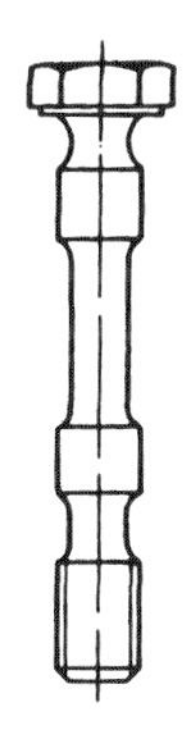

Besondere Merkmale:
- Schraubenwerkstoff mit hoher Streckgrenze (große elastische Dehnung)
- Dünner, langer Schaft (elastische Längenänderung außerhalb des Gewindebereiches)
- Große Übergangsradien an Querschnittsänderungen (Verminderung der Dauerbruchgefahr)
- Besondere Gestaltung zur Vermeidung von Torsionsspannungen beim Anziehen

b) Aufgrund der Festigkeitsklasse 10.9 besitzt die Dehnschraube eine hohe Streckgrenze und damit die Möglichkeit der großen elastischen Dehnung. Plastische Verformungen können somit ausgeglichen werden.

5/10 Ermittlung des Vorspannungsverhältnisses y:

	①	②
Belastung	schwellend $y_1 = 4$	gering schwellend $y_1 = 3$
Anzahl der Trennfugen	fünf $y_2 = 4$	fünf $y_2 = 4$
Oberflächenbeschaffenheit	geschlichtet $y_3 = 3$	geschruppt $y_3 = 5$
Schraubenlänge	$l > 5 \cdot d$ $y_4 = 1{,}5$	$l < 5 \cdot d$ $y_4 = 5$
Mittelwert „y" (Vorspannungsverhältnis)	$y = \underline{\underline{4{,}25}}$	$y = \underline{\underline{3{,}1}}$

5/11 a) Betriebskraft:

$$F_{Bges} = p \cdot A = p \cdot \frac{d_m^2 \cdot \pi}{4};$$

$$F_{Bges} = 240 \frac{N}{cm^2} \cdot \frac{(33{,}4\ cm)^2 \cdot \pi}{4};$$

$F_{Bges} = 2{,}1 \cdot 10^5\ N$ Betriebskraft pro Schraube: $F_B = 10\,500\ N$

Mindestvorspannkraft:

$F_v = Y \cdot F_B$

$$y = \frac{y_1 + y_2 + y_3 + y_4}{4}$$

$$y = \frac{4 + 1{,}5 + 3 + 1{,}5}{4} \qquad y = 2{,}5$$

$F_v = 2{,}5 \cdot 10\,500\ N$

$F_v = \underline{\underline{26\,250\ N}}$

b) Anzugsmoment:

$$M_a = \frac{F_v \cdot P}{2\pi \cdot \eta}; \qquad M_a = \frac{26\,250\ N \cdot 1{,}75\ mm}{2\pi \cdot 0{,}16}; \qquad M_a = \underline{\underline{45{,}69\ Nm}}$$

5/12 a) Vorspannkraft:

$$F_{Bges} = p \cdot A = p \cdot \frac{d^2 \cdot \pi}{4};$$

$$F_{Bges} = \frac{500\ N \cdot (8\ cm)^2 \cdot \pi}{4}; \qquad \Big|\ p = 50\ bar = 500 \frac{N}{cm^2}$$

$F_{Bges} = \underline{\underline{25\,132{,}7\ N}}$

Betriebskraft pro Schraube:
$F_B = 6\,283{,}2\ N$

$F_v = Y \cdot F_B$

$$y = \frac{y_1 + y_2 + y_3 + y_4}{4}$$

$F_v = 3{,}125 \cdot 6\,283{,}2\ N$

$$y = \frac{3 + 1{,}5 + 3 + 5}{4}$$

$F_v = \underline{\underline{19\,635\ N}}$

$y = \underline{\underline{3{,}125}}$

b) Anzugsmoment:

$$M_a = \frac{F_v \cdot P}{2\pi \cdot \eta}; \qquad M_a = \frac{19\,635\ N \cdot 1{,}5\ mm}{2\pi \cdot 0{,}14};$$

p = 1,5 mm für M 10 (Tabellenwert)

$M_a = 33\,482{,}2\ Nm$

$M_a = \underline{\underline{33{,}5\ Nm}}$

5/13 Die Vorspannkraft resultiert aus der elastischen Verlängerung der Schraube. Die elastische Verlängerung ist dem Drehwinkel proportional, nicht dem Anzugsdrehmoment.
Ein gleiches Anzugsdrehmoment führt demnach bei verschiedenen Reibungsverhältnissen zu unterschiedlichen Vorspannkräften.

5/14 a) Es könnte Flüssigkeit zwischen Pumpendeckel und der Zahnradstirnseite von dem Druck- in den Saugraum gelangen.

b)

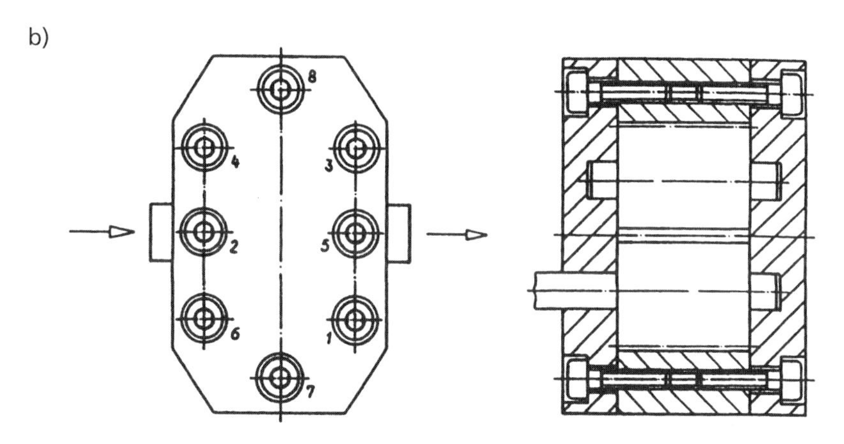

c) 1. Alle Schrauben so weit einschrauben, dass eine volle Flächenauflage erreicht ist.
2. Schrauben in mehreren Durchgängen auf das vorgeschriebene Drehmoment anziehen.

5/15 Gründe, die zur Undichtigkeit führen können:
- Anziehfolge der Schrauben war falsch
- ungleichmäßiges Anziehen der Schrauben
- Anzugsmoment war nicht ausreichend
- falsches Dichtungsmittel verwendet
- Dichtungsmittel falsch eingelegt

Fügen durch An- und Einpressen

5/16 Spannkraft:

$$F_v = \frac{M_d}{i \cdot d \cdot \mu}$$

$$M_d = F \cdot D/2$$

$$M_d = 12\,000\ \text{N} \cdot 0{,}25\ \text{m}$$

$$M_d = \underline{\underline{3\,000\ \text{Nm}}}$$

$$F_v = \frac{3\,000\ \text{Nm}}{4 \cdot 0{,}08\ \text{m} \cdot 0{,}2}$$

$$F_v = \underline{\underline{46\,875\ \text{N}}}$$

5/17 Gewichtskraft:

$$F_G = \frac{M_d}{l}$$

$$F_G = \frac{29{,}26\ \text{Nm}}{0{,}3\ \text{m}}$$

$$F_G = \underline{87{,}53\ \text{N}}$$

$$F_v = \frac{M_d}{i \cdot d \cdot \mu} \cdot \frac{l_N}{l_v}$$

$$M_d = \frac{F_v \cdot d \cdot \mu \cdot l_v \cdot i}{l_N}$$

$$M_d = \frac{1\,000\ \text{N} \cdot 0{,}05\ \text{m} \cdot 0{,}13 \cdot 0{,}09 \cdot 2}{0{,}04}$$

$$M_d = \underline{29{,}26\ \text{Nm}}$$

Masse:

$$m = \frac{F_G}{g}; \qquad m = \frac{87{,}53\ \text{N}}{9{,}81\ \text{m/s}^2}; \qquad m = \underline{\underline{8{,}9\ \text{kg}}}$$

5/18 Spannkraft:

$$F_v = \frac{M_d \cdot (\sin \alpha/2 + \mu \cdot \cos \alpha/2)}{\mu \cdot d_m/2}$$

$\alpha = 5°43'30'' \approx 6°$

$$F_v = \frac{475\ \text{Nm}\ (\sin 3° + 0{,}15 \cdot \cos 3°)}{0{,}15 \cdot 0{,}024\ \text{m}}$$

$$F_v = \underline{\underline{26\,373\ \text{N}}}$$

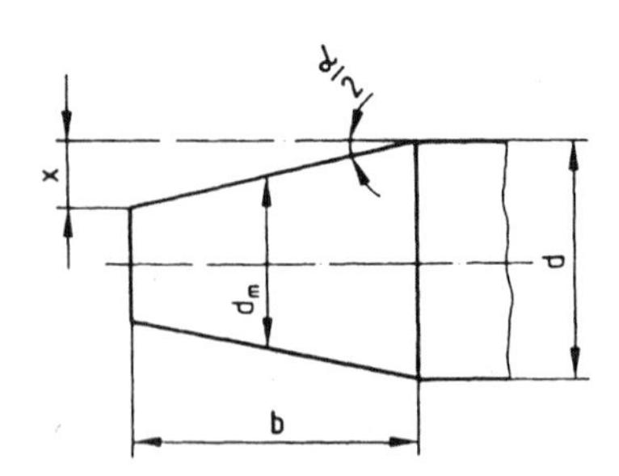

$\mu = 0{,}15$ (Tabellenwert)

Berechnung von d_m:

$$\tan \alpha/2 = \frac{x}{b}$$

$x = b \cdot \tan \alpha/2$

$x = 40\ \text{mm} \cdot \tan 3°$

$x = 2\ \text{mm}$

$d_m = \underline{\underline{48\ \text{mm}}}$

5/19 Welle:

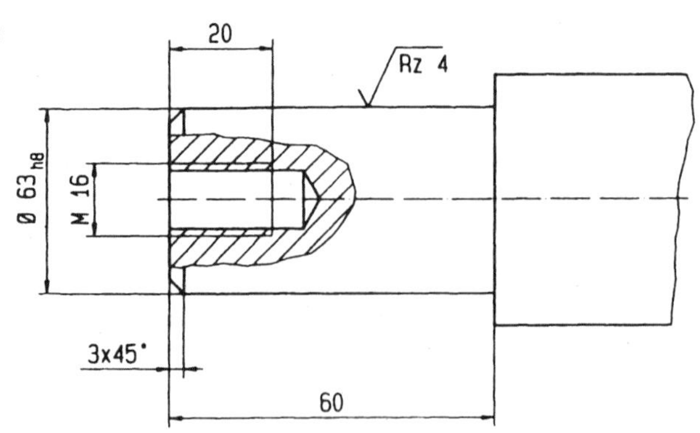

Nabe:

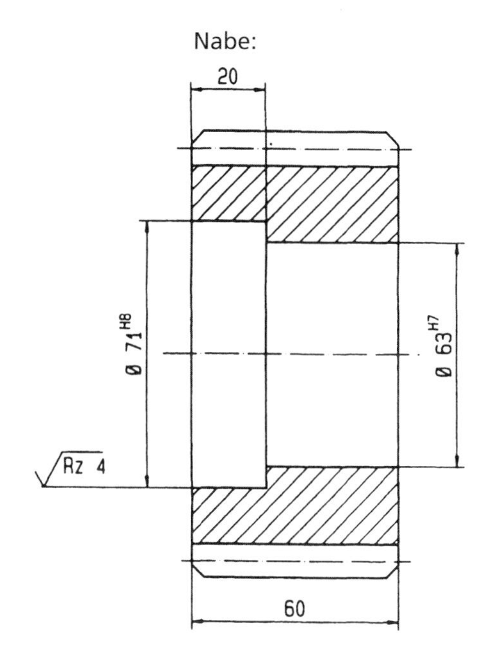

Druckflansch:

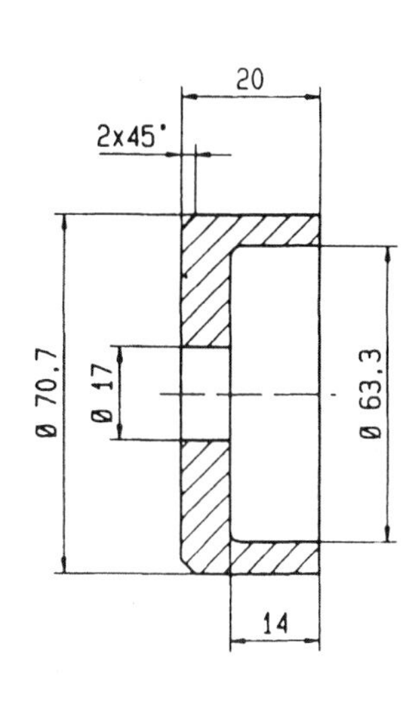

5/20 a) – Wellenende mit einer Fase versehen (5°, ≈ 3 mm lang)
– Passflächen säubern und einfetten

b) – Hebel und Welle genau ausrichten
– Presskraft zentrisch aufbringen
– Einpressgeschwindigkeit von 2 mm pro Sekunde nicht überschreiten

5/21 Aus dem Maßunterschied zwischen der größtmöglichen Welle und der kleinstmöglichen Bohrung wird das größtmögliche Übermaß ermittelt. Dazu wird das notwendige Fügungsspiel addiert.

$P_Ü = (45{,}059 - 45{,}000)$ mm; $P_Ü = 0{,}059$ mm

$\Delta l = (0{,}059 + 0{,}015)$ mm; $\Delta l = 0{,}074$ mm

$\Delta l = \frac{\Delta l}{\alpha \cdot d_0}$; $\Delta T = \frac{0{,}074 \text{ mm}}{0{,}000\,012 \text{ 1/K} \cdot 45 \text{ mm}}$; $\mathbf{\Delta T = 137\ K}$

Zur Montage erwärmt man entweder das Zahnrad oder man kühlt die Welle ab.

Erwärmungstemperatur des Zahnrades: 137 K + 20°C = **157°C**

Abkühlungstemperatur der Welle: 20°C – 137 K = **–117°C**

5/22 Radkörper: d_1 = 60,000 mm

Bohrung des Reifens: d_0 = 60,000 mm – 0,020 mm

d_0 = 59,980 mm

Nachweis des Mindestspiels beim Fügen (Reifen wird erwärmt)

$\Delta_d = d_0 \cdot \alpha \cdot \Delta_T$; Δ_d = 59,98 mm · 12 · 10^{-6} 1/K · 90 K

Δ_d = 0,065 mm

Durchmesser des Reifens beim Fügen

$d = d_0 + \Delta_d$; d = 59,98 mm + 0,065 mm

d = 60,045 mm

Spiel beim Fügen

$P_S = d - d_1$; P_S = 60,045 mm – 60,00 mm

P_S = 0,045 mm > 0,015 mm

5/23 a) Rillenkugellager DIN 625 - 6211
Kurzzeichen 6211
6 Breitenreihe, 2 Durchmesserreihe, 11 Bohrungskennzahl
Tabellenwerte: B = 21 mm, D = 100 mm, d = 55 mm

b) Zylinderrollenlager DIN 5412 - 207
Kurzzeichen 207
2 Breitenreihe, 0 Durchmesserreihe, 7 Bohrungskennzahl
Tabellenwerte: B = 17 mm, D = 72 mm, d = 35 mm

c) Schrägkugellager DIN 628 - 3212
Kurzzeichen 3212 (Reihe 32 sind zweireihige Schrägkugellager)
3 Breitenreihe, 2 Durchmesserreihe, 12 Bohrungskennzahl
Tabellenwerte: B = 36,5 mm, D = 110 mm, d = 60 mm

5/24 a) 1 : Zylinderrollenlager DIN 5412 - NU 204 E
2 : Zweireihiges Schrägkugellager DIN 628 - 3204 B
3 und 4 : Rillenkugellager DIN 625 - 16013
5 : Rillenkugellager DIN 625 - 6306
6 : Zylinderrollenlager DIN 5412 - NU 304 E

b) Festlager: 2, 3, 5 Loslager: 1, 4, 6

5/25 a) A: Schläge unmittelbar gegen das Lager
B: Einbaukräfte über den Außenring aufgebracht
C: Verkantungen beim Einbau der beiden Lagerringe

b) A: Werkstoffteilchen brechen aus, Käfig wird beschädigt, Lagerringe bekommen Risse
B: Laufbahnen der Wälzlager werden beschädigt
C: Beschädigung der Ringe bzw. der Rollen

5/26 A: Schlagkappe oder Rohrstücke benutzen; Werkzeug gegen den Innenring ansetzen und mit ringsherum geführten Schlägen das Lager auftreiben.
B: Schlagkappe gegen den Innenring ansetzen.
C: Den freien Ring montieren; Laufbahn und Rollen leicht einölen bzw. einfetten und mit dem freien Ring zusammenbauen; Welle oder Gehäuse leicht drehen; eine Führungshülse kann das Verkanten zwischen Innen- und Außenring verhindern.

5/27 a) Bei höherer Erwärmung besteht die Gefahr, dass sich das Gefüge der Lagerteile verändert und die Härte abnimmt. Darüber hinaus ist zu erwarten, dass die Maßgenauigkeit beeinflusst wird.

b)

	Vorteile	Nachteile
Anwärmplatte	– Anwärmplatte steht meist zur Verfügung	– Lager muss mehrmals gewendet werden – keine gleichmäßige Erwärmung des Lagers
Ölbad	– gleichmäßige Erwärmung des Lagers – Ölbad steht meist zur Verfügung	– Lager mit Fettfüllung dürfen nicht im Ölbad erwärmt werden – Gefahr der Verunreinigung durch unsauberes Öl
Erwärmung (induktiv)	– schnelles und sauberes Erwärmen auf Montagetemperatur – gleichmäßige Erwärmung des Lagers	– Anwärmgerät muss vorhanden sein bzw. angeschafft werden

5/28 Arbeitsgänge für den Einbau von Kegelrollenlager:
c) Nabenkörper reinigen.
g) Sitzstellen leicht einölen und die beiden Außenringe einpressen.
a) Innenring gut einfetten und in die Nabe einsetzen.
h) Schutzkappe und Zwischenring auf den Achsschenkel schieben.
d) Nabe auf den Achsschenkel schieben.
f) Innenring des äußeren Lagers gut fetten und auf den Achsschenkel schieben.
b) Stoßscheibe aufsetzen.
i) Kronenmutter aufschrauben und bei gleichzeitigem Drehen der Radnabe anziehen.
j) Axialluft mit Messvorrichtung prüfen
e) Deckel aufsetzen.

5/29 Vor Lagereinbau wird das Radialspiel stets zwischen Außenring und entlasteter Rolle gemessen. Da das Lager auf der Werkbank steht, ist die obere Rolle die entlastete Rolle. Während des Aufpressens ist die unterste Rolle die entlastete Rolle.

Fügen durch Schweißen

5/30

	Montageaufwand	Materialaufwand	Spannungen	Festigkeit
Schweißen	relativ hoch, da ausgerichtet, geheftet und fertig geschweißt werden muss	gering, da keine zusätzlichen Bauteile notwendig	Gefahr von Verzug durch Wärmeeinwirkung	hohe Steifigkeit und Belastbarkeit
Schrauben	gering, da kein Ausrichten erforderlich	höher, da Schrauben benötigt werden, ggf. Scheiben und Federringe	auf die Fügestelle begrenzt	hohe Belastbarkeit

5/31 a) Längenänderung:

$\Delta_L = L_0 \cdot \alpha \cdot \Delta T$

$\Delta_L = 500 \text{ mm} \cdot 12 \cdot 10^{-6} \text{ 1/K} \cdot 600 \text{ K}$

$\Delta_L = 3{,}6 \text{ mm}$

b) Spannungen:

$$\sigma = E \cdot \varepsilon = E \cdot \frac{\Delta L}{L_0}$$

$$\sigma = 210\,000 \cdot \frac{N}{mm^2} \cdot \frac{3{,}6 \text{ mm}}{500 \text{ mm}}$$

$$\underline{\underline{\sigma = 1\,512 \frac{N}{mm^2}}}$$

5/32 a) Maßnahme gegen Verzug

- bei einseitigen Kehlnähten: Winkelvorgabe
- bei mehrlagigen Kehlnähten: Lagen wechselseitig schweißen

b)

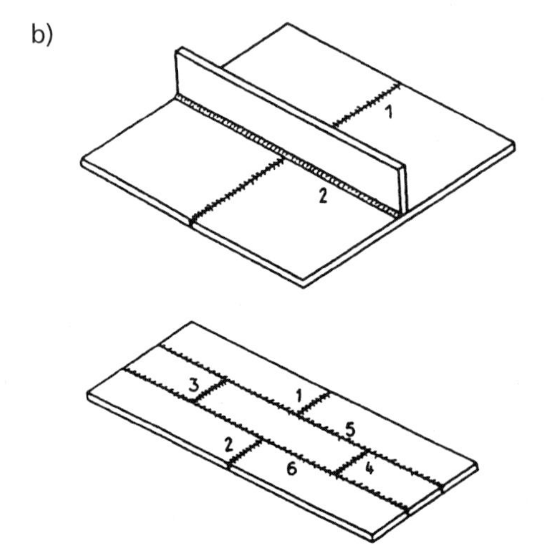

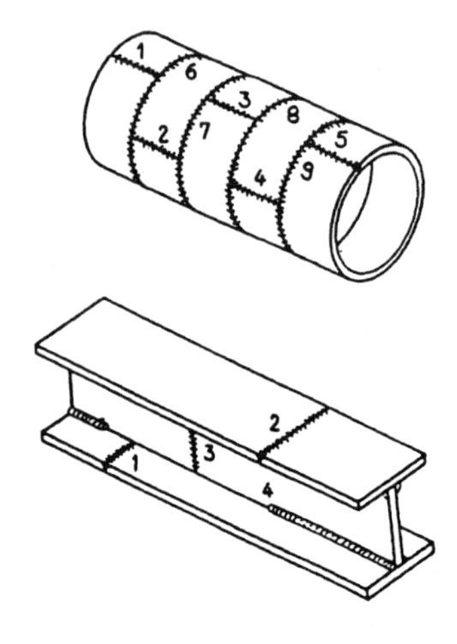

Prüfen im Montageprozess

5/33

Art der Prüfung			
statisch	dynamisch	überwachend	sicherheitstechnisch
– Prüfen der Ebenheit einer Führungsfläche – Prüfen des Wellendurchmessers mit einem elektronischen Messschieber	– Prüfen der Drehzahl eines Pkw-Motors vor der Endmontage	– Prüfen auf Vorhandensein und Lage einer Schraube, bevor ein Handhabungsautomat sie für die Montage greift	– Prüfen der NOT-AUS-Einrichtung bei einem Industrieroboter

5/34

Lfd. Nr.	Montageprüfung	Genauigkeit in µm	Prüfmittel
1	Koaxialität Konzentrizität	62	Vorrichtung und Messuhr
2	Rechtwinkligkeit	78	optische Messmethode
3	Rechtwinkligkeit	46	Vorrichtung und Messuhr
4	Rundlauf	78	Vorrichtung und Messuhr

5/35 a) – Fläche A und Fläche D:
Prüfen der Rechtwinkligkeit mit einer Rahmenrichtwaage.
– Fläche B und Fläche C:
Prüfen der Parallelität mit einer Vorrichtung und Messuhr.

b) – Fläche A und Fläche D:
Sauberkeit des Messgerätes und der Prüfflächen kontrollieren; Auflegen der Rahmenrichtwaage auf die zu prüfenden Flächen (die Blase soll symmetrisch zu den beiden Nullstrichen auf der Waage stehen); die Prüfung erfolgt stets auf Umschlag, d. h. die Rahmenrichtwaage wird um 180° je Prüffläche gedreht. (Der Skalenteilungswert bei Rahmenrichtwaagen liegt zwischen 0,02 mm/m und 1,5 mm/m).
– Fläche B und Fläche C:
Sauberkeit des Messgerätes, der Vorrichtung und der Prüfflächen kontrollieren;
Vorrichtung für die Parallelverschiebung der Messuhr an der Fläche C anbringen;
Einstellen eines Nullpunktes;
Parallelverschiebung der Messuhr und Ablesen der Abweichung.

5/36 Statische Prüfungen:

- Prüfen der Ebenheit der Aufspannfläche
- Prüfen des Planlaufes der Anlagefläche der Spindelnase

Dynamische Prüfungen:

- Prüfen der Funktion der Hydraulik
- Probelauf mit stufenlos auf- und abwärts stellbaren Ritzelspindeldrehzahlen und anschließendem Dauerlauf von 10 min bei bestimmter Drehzahl
- Prüfen des Geräuschpegels, der 85 dB in einem bestimmten Frequenzbereich nicht überschreiten darf

5/37

- Ebenheit des Aufspanntisches prüfen
- Rechtwinkligkeit des Aufspanntisches zur Säule prüfen
- Rundlauf der Bohrspindel prüfen
- Rechtwinkligkeit von Bohrspindel und Aufspanntisch prüfen

5/38 Überwachungs- und Prüfaufgaben

- Fahrerloses Transportsystem:
  - Kontrolle, ob das fahrerlose Transportsystem in dem festgelegten Bereich der Montagestation stehen bleibt
  - Kontrolle, ob Pkw-Motor vorhanden ist
- Palette:
  - Kontrolle, ob Stirndeckel vorhanden sind
- Roboter:
  - Überwachung der Entnahme der Stirndeckel von der Palette (Greifvorgang)
  - Überwachung der Positionierung des Stirndeckeis am Motorblock vor dem Fügen (Handhabungsvorgang)
  - Prüfen, ob Stirndeckel nach dem Fügevorgang in der vorgegebenen Position auf den Zentrierbuchsen des Motors sitzt
- Schrauber:
  - Prüfen, ob Schrauben im Magazin und im Schrauber sind
  - Prüfen des Anzugsdrehmomentes der Schrauben

5/39

- Fahrerloses Transportsystem: Induktive, Funk- oder Infrarot-Datenübertragung zum Leitrechnersystem
- Palette: Induktiver Näherungsschalter zur Kontrolle auf Vorhandensein der Stirndeckel
- Roboter:
  - Optischer Sensor (Videokamera) zur Überprüfung des Greif- und Montagevorganges, da sowohl der Platz des Motorblocks als auch die Lage der Stirndeckel nicht fest definiert sind.
  - Taktiler Sensor zur Überwachung des Greifvorganges
- Schrauber:
  - Prüfen auf Vorhandensein der Schrauben mittels Näherungsschalter
  - Drehmoment-/Drehwinkelsensor:
    Die Drehmomentmessung erfolgt in DMS-Technik, die Winkelmessung mittels optischem System.

5/40 Die richtige Lage eines Werkstückes wird mithilfe eines Sensorsystems, z. B. eines induktiven Sensors, über die jeweilige Breite der Werkstückfüße erfasst. Die Signale werden verstärkt, und ein elektronischer Schwellwertschalter erzeugt binäre Ausgangssignale. In einem Soll-Istwertvergleich werden die Signale ausgewertet. Bei falscher Lage eines Werkstückes wird ein Signal an den Pneumatik-Zylinder gegeben, der dieses Teil vom Band entfernt.

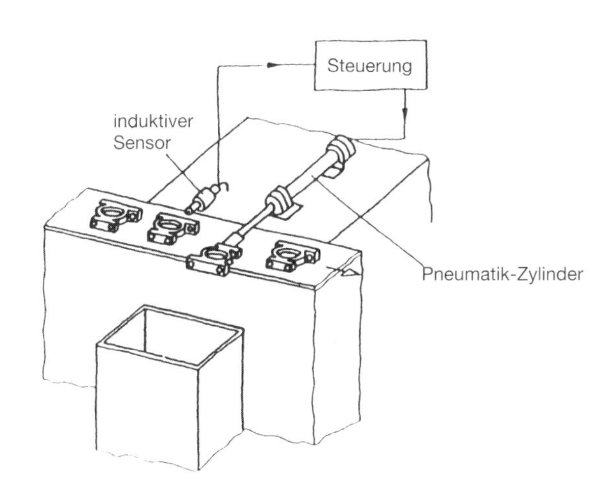

Handhaben im Montageprozess

5/41
- Schmiederohlinge werden aus einem Bunker in verschiedene Kästen geschüttet.
  Handhabungsfunktion: Abteilen
- Eine bestimmte Anzahl von Schmiederohlingen wird nach Lage geordnet in Paletten gegeben.
  Handhabungsfunktion: Ordnen
- Schmiederohlinge, die in Paletten an bestimmten Stellen gespeichert sind, werden einem Fertigungssystem zugeführt.
  Handhabungsfunktion: Weitergeben

5/42 a) Versuchsergebnisse (als Beispiel)

Versuch	Muttern		Schrauben	
1	32	68	10	90
2	37	63	7	93
3	31	69	5	95
Mittelwerte	≈ 33	≈ 67	≈ 7	≈ 93

b) In erster Linie wird die Lage nach dem Schütten durch die Lage des Schwerpunktes bestimmt. Schrauben und Muttern fallen überwiegend so, dass der Schwerpunkt möglichst tief liegt.
Das Ordnungsverhalten der Muttern wird weiterhin durch das Verhältnis von Schlüsselweite bzw. Eckenmaß zur Mutternhöhe bestimmt.
Das Ordnungsverhalten der Schrauben wird zudem durch das Verhältnis von Schlüsselweite zur Schraubenlänge bestimmt.

5/43 a)

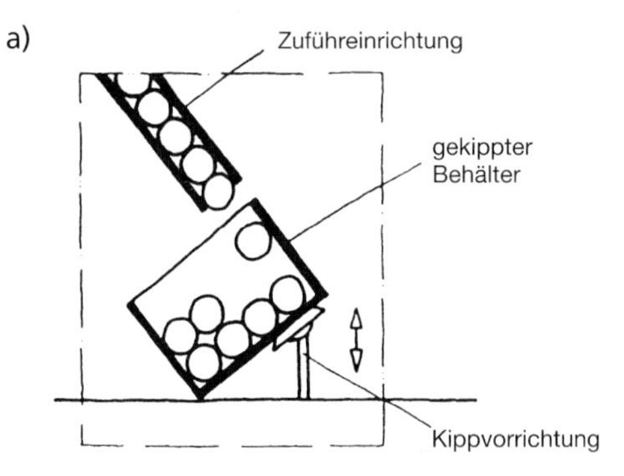

Die Kippvorrichtung ist erforderlich, damit die Kugeln nicht „auf Lücke" fallen.

b) Zuteilen

5/44 – Schrauben im Magazin einer Schraubvorrichtung:
Geordnetes Speichern, da für die Zuführung der Schrauben Orientierung und Position festgelegt sein müssen.
– Kugeln im Bunker einer Montagevorrichtung für Kugellager:
Ungeordnetes Speichern, da Orientierung bei Kugeln immer gleich ist und die Position im Bunker beliebig sein kann.
– Feilen in einer Werkzeugschublade:
Teilgeordnetes Speichern, da zur schnellen Einsatzbereitschaft und Unfallvermeidung die Feilen in der Werkzeugschublade parallel zueinander und griffbereit liegen sollten.
– Zu bohrende Bolzen im Griffkasten an einer manuell zu bedienenden Bohrmaschine:
Ungeordnetes Speichern, da die Bolzen manuell entnommen werden (besser: Teilgeordnetes Speichern, um eine schnellere Handhabung zu gewährleisten).
– Lagerung gebogener Pkw-Frontscheiben:
Geordnetes Speichern, da die Frontscheiben gebogen sind und aus Glas bestehen.

5/45 Prüfaufgaben:
- Prüfen, ob Zahnräder und Wellen vorhanden sind.
- Prüfen, ob Zahnräder und Wellen die richtige Lage für den Greifvorgang aufweisen.
- Prüfen, ob der Roboter vor dem Fügevorgang die Zahnräder und Wellen in die richtigen Positionen gebracht hat.
- Prüfen, ob der Fügevorgang abgeschlossen ist.

Messaufgaben:
- Messen der Bauteile, ob die vorgeschriebenen Toleranzen eingehalten wurden.

5/46

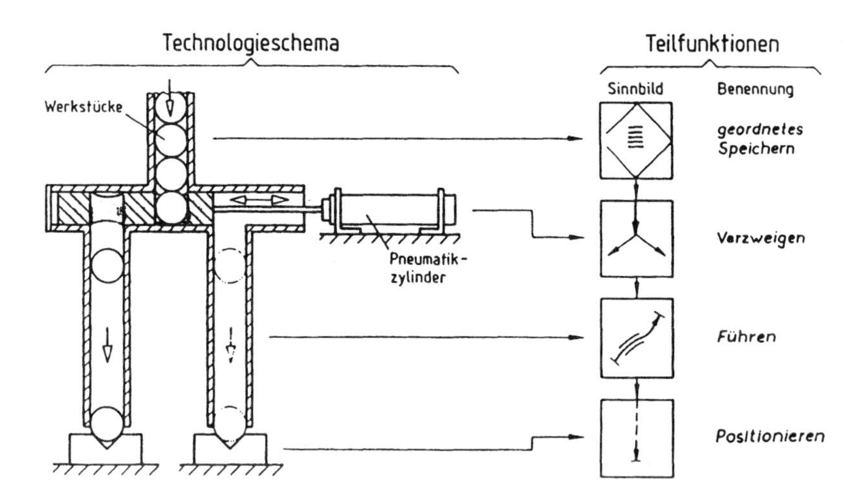

5/47 Greifer für einen Roboter für das Einlegen geschnittener Blechplatten in ein Stanzwerkzeug.

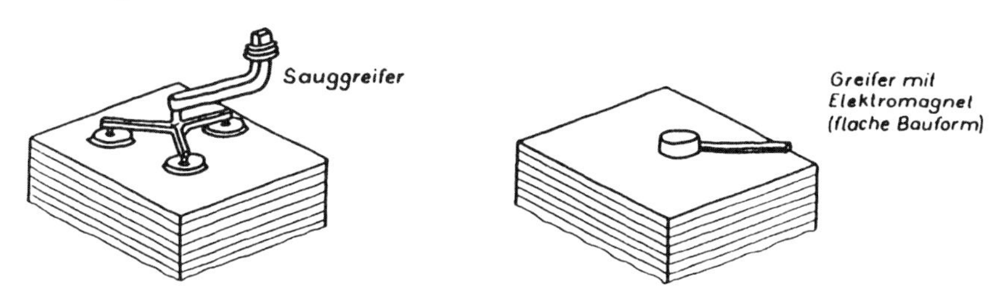

Sondertätigkeiten im Montageprozess

5/48 a) Nacharbeit: Ausgleich von Abweichungen, die durch vermeidbare Fehler auftreten.

Justieren: Ausgleich von Abweichungen, die aufgrund nicht ausreichend genauer Fertigung der zu fügenden Bauteile erforderlich werden.

b) Justieren durch Fügen mit Ausgleichsbauteilen:
- Ausrichten eines Motors durch Unterlegen von Platten
- Einstellen des Flankenspiels von Kegelradgetrieben durch Passscheiben

Justieren durch Umformen:
- Richten einer Welle
- Richten eines geschweißten Rahmens

Justieren durch Einstellen:
- Einstellung der Lagerluft eines Pendelrollenlagers mit kegeliger Bohrung durch Anziehen der Wellenmutter
- Ausrichten einer Anreißplatte durch Höhenverstellung der einzelnen Tischbeine mithilfe von Einstellschrauben

Justieren durch Einformen:
- Vergießen einer Fundamentschraube
- Einbetonieren von Mauerankern der Zarge einer Stahltür

Justieren durch Trennen:
- Abstandsringe bei der Montage einer Wellenlagerung mit Wälzlagern auf Maß schleifen
- Nacharbeiten der Stelleiste einer Schwalbenschwanzführung durch Feilen

Justieren durch Nachbehandeln:
- Entmagnetisieren eines Werkstückes
- Spannungsarmglühen eines geschweißten Bauteils

5/49 a) Das nachzuarbeitende Ausgleichsbauteil (Distanzbuchse) ist ein innenliegendes Teil. Um die Distanzbuchse nacharbeiten zu können, müssen beide Zahnräder demontiert werden.

b)

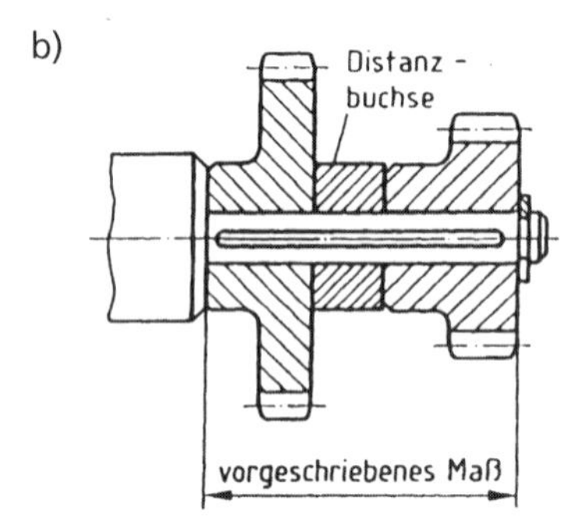

5/50 Durch Verkleinerung der zu bearbeitenden Flächen der Distanzleiste und des Schiebers (siehe Darstellung)

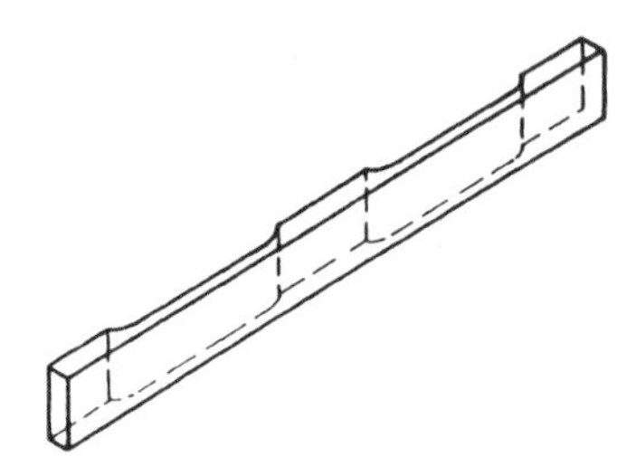

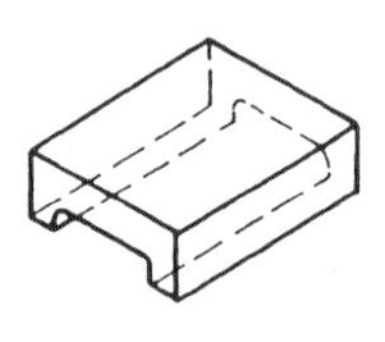

5/51

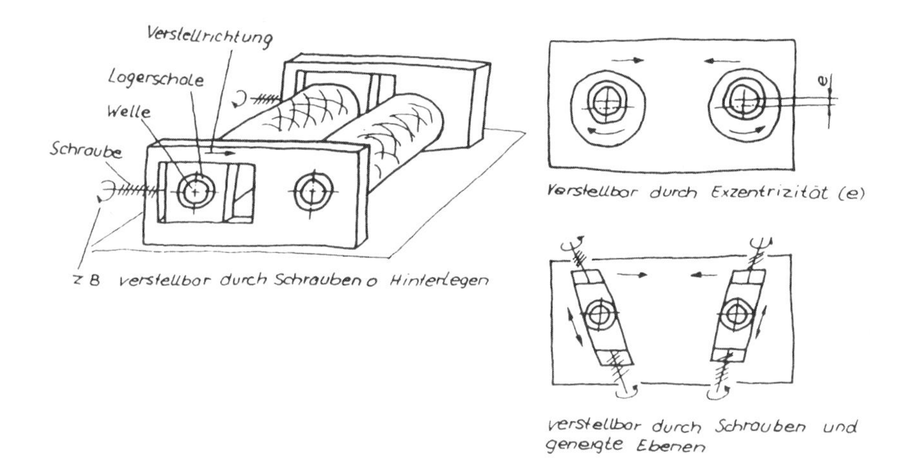

5/52 Von folgenden Größen hängt die Unwucht ab:

a) m = Masse der Unwucht, v = Bahngeschwindigkeit der Unwucht, r = radialer Abstand der Unwucht von der Drehachse

b) Am stärksten beeinflusst die Bahngeschwindigkeit die Unwucht (Begründung: v^2)

c) Konstruktionsbedingte Ursachen: ungleichmäßige Masseverteilung aufgrund der Form
Fertigungsbedingte Ursachen: schlechter Rundlauf, unsachgerechte Montage
Werkstoffbedingte Ursachen: Materialfehler wie Schlackeneinschlüsse und Lunker

5/53 a) – Entfernen von Werkstoff auf der Unwuchtseite, z. B. durch Bohren oder Fräsen
– Aufbringen von Ausgleichsmassen auf der Gegenseite der Unwucht, z. B. durch Klammern oder Schweißen

b)

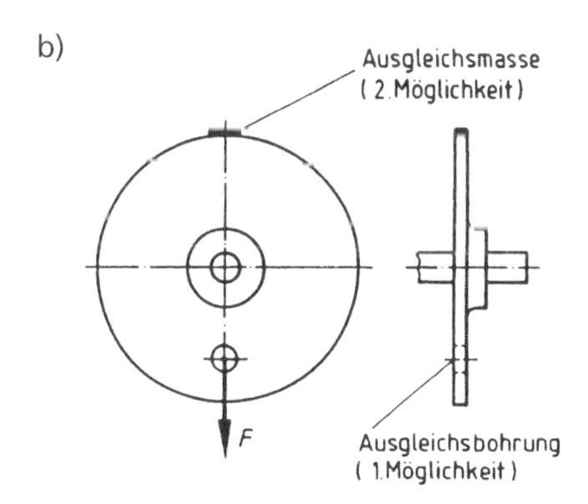

5/54 a) b) und c)

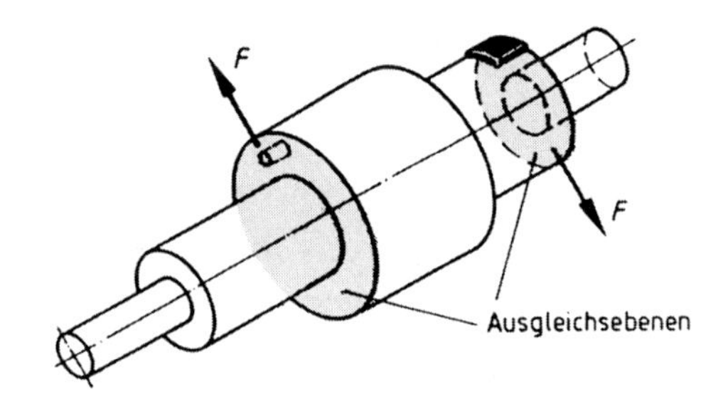

Gestaltung von Montageplätzen und Montagestationen

5/55 a) Montage:
Der Arbeiter greift mit der linken Hand das Kopfteil und mit der rechten Hand das Mittelteil. Beide Teile werden nach dem Durchstecken des Kabels gefügt. Der Arbeiter greift nun mit der rechten Hand die Fassung und verschraubt sie mit dem Kopfteil.

b) Montageplatz:

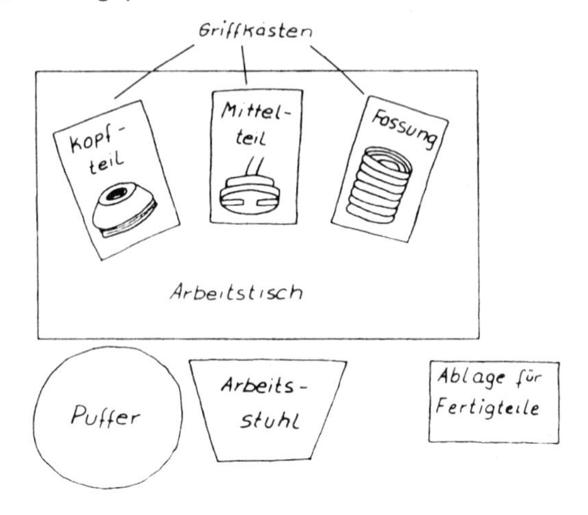

c) Die Griffkästen für die Fassungen und die Kopfteile müssten vertauscht werden. Der Puffer käme rechts neben den Arbeitsstuhl.

5/56 Verkettete Montageplätze:

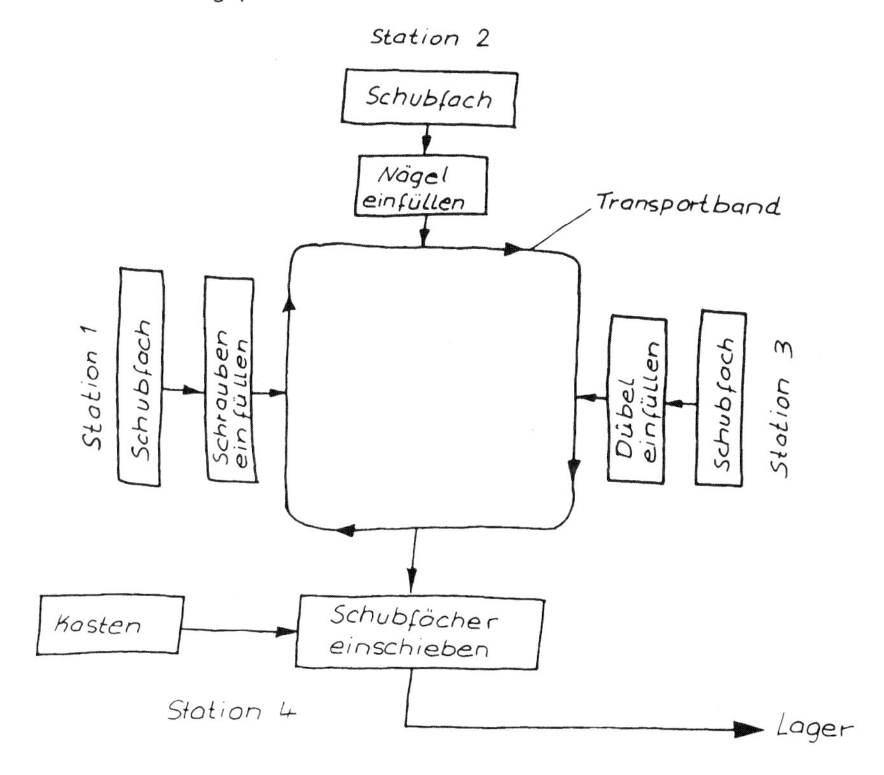

5/57 Gesichtspunkte der Umgestaltung:
1: Psychologischer Gesichtspunkt
2: Sicherheitstechnischer Gesichtspunkt
3: Organisatorischer Gesichtspunkt
4: Ergonomischer Gesichtspunkt

5/58 a) Arbeitshöhe: H = 81 cm

b) Beleuchtungsstärke: 1 000 – 1 500 Lux

c) Gehörschutz

5/59 a) Berufsgenossenschaftliche Vorschriften sind im Wesentlichen spezielle Unfallverhütungsvorschriften, während staatliche Vorschriften allgemeiner und umfassender sind.

b) – Arbeitsstätte mit Betriebshygiene
– Maschinen, Geräte, Anlagen
– Gefahrstoffe
– Arbeitszeitregelung
– Schutz bestimmter Personengruppen
– Arbeitsschutzorganisation im Betrieb

c)

Arbeitsstätte mit Betriebshygiene	Arbeitsstättenverordnung
Maschinen, Geräte, Anlagen	Gerätesicherheitsgesetz, Dampfkesselverordnung
Gefahrstoffe	Acetylenverordnung, Chemikaliengesetz
Arbeitszeitregelung	Arbeitszeitverordnung, Gewerbeverordnung
Schutz bestimmter Personengruppen	Mutterschutzgesetz
Arbeitsschutzorganisation im Betrieb	Arbeitssicherheitsgesetz, Störfallverordnung

5/60 Beleuchtung: künstlich 300 – 500 Lux
Raumtemperatur: 19 °C
Relative Luftfeuchtigkeit: 50 % (max. 70 %)
Lärm: Gehörschutz ist zur Verfügung zu stellen

5/61 a) Sicherheitsbeauftragter oder Betriebsrat

b) Berufsgenossenschaft

6 Fertigungssysteme

Einteilung von Fertigungssystemen

6/1 a) Unter der Flexibilität eines Fertigungssystems wird die Möglichkeit verstanden, unterschiedlichste Werkstücke ohne Systemumstellung zu fertigen.
Die Produktivität eines Fertigungssystems wird beschrieben durch die Stückzahl, die in einer bestimmten Zeit gefertigt wird.

b) Ein Bearbeitungszentrum besitzt eine hohe Flexibilität und eine geringe Produktivität. Im Vergleich hierzu ist die Produktivität eines flexiblen Fertigungssystems höher und die Flexibilität geringer.

6/2

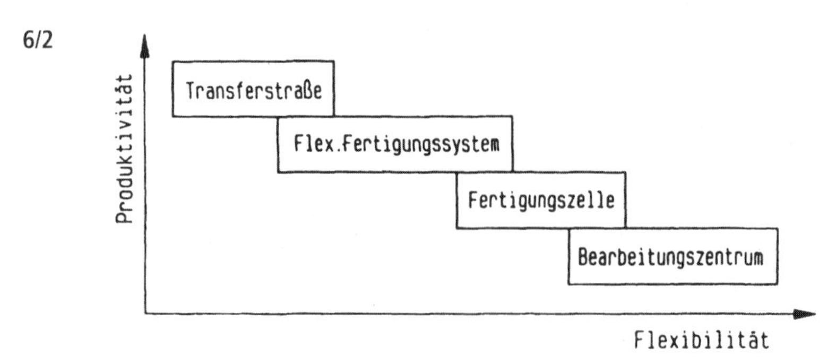

6/3 Gewähltes Fertigungssystem: Flexible Fertigungszelle

Begründung: Die Fertigung von 80 gleichen Werkstücken kann in einer flexiblen Fertigungszelle automatisch, ohne Bedienpersonal zum Ein- und Ausspannen erfolgen.

6/4 a) Gewählt: Flexible Fertigungszelle

Begründung: Wegen der mittleren Stückzahl und der großen Teilevielfalt ist ein System mittlerer Produktivität und großer Flexibilität wirtschaftlich.

b) Flexibles Fertigungssystem:

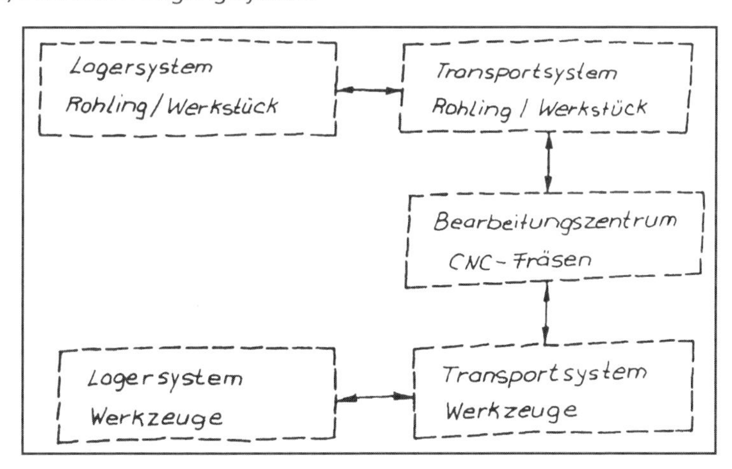

Fertigungsablauf:

Aus dem Lagersystem wird der benötigte Werkstückrohling mithilfe des Transportsystems zum Bearbeitungszentrum befördert und dort gespannt. Gleichzeitig wird das zur Bearbeitung notwendige Werkzeug über das Werkzeugtransportsystem zur Maschine transportiert, falls das benötigte Werkzeug im Werkzeugspeicher der Maschine nicht vorhanden ist. Sind Werkzeug und Werkstück im Bearbeitungszentrum gespannt bzw. positioniert, wird das NC-Programm zur Fertigung des Werkstücks gestartet und abgearbeitet. Das fertige Werkstück wird anschließend vom Transportsystem zum Lagersystem transportiert und eingelagert.

6/5 Die Voraussetzungen für den Einsatz eines Bearbeitungszentrums in einer flexiblen Fertigungszelle sind:
- Verkettungsfähigkeit und
- Informationsaustausch mit übergeordnetem Rechner möglich (ONC-Betrieb).

6/6 a) Die vier Forderungen sind:
1. zunehmende Typenvielfalt,
2. höhere Produktkomplexität,
3. geringe Lieferzeiten und
4. sinkende Produktlebenszeiten.

b) s. 6/1 a)

6/7 a) Auswahl: Flexibles Fertigungssystem

Begründung: In einem flexiblen Fertigungssystem, in dem unterschiedliche Bearbeitungszentren, Montage- und Prüfstationen über Transport- und Informationssysteme verkettet sind, ist es möglich, Einzelteile aus unterschiedlichen Teilefamilien in mittlerer Stückzahl wirtschaftlich zu fertigen und Baugruppen zu montieren.
Das System bietet zudem die Möglichkeit, auf Kundenwünsche im Rahmen bestimmter Teilefamilien flexibel zu reagieren.

b) Flexibles Fertigungssystem:

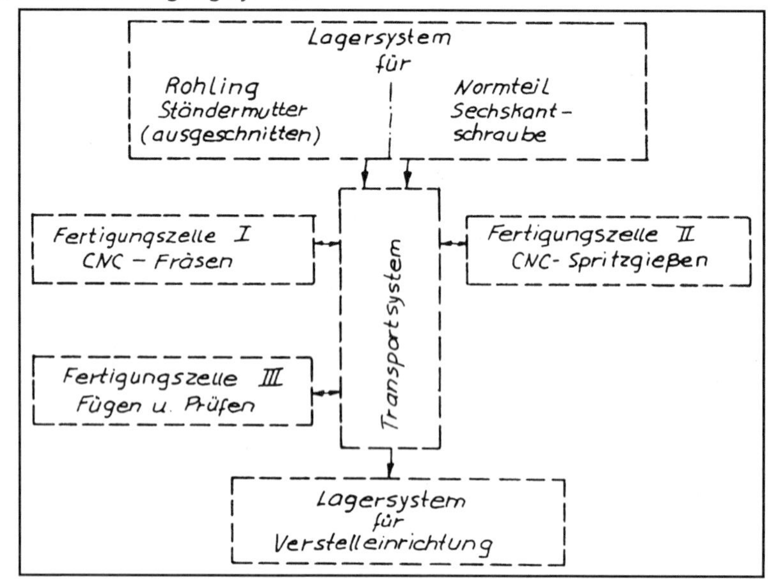

Fertigung:

- Vorbereitende Maßnahmen
  1. Ausschneiden der Rohlinge für die Ständermutter auf einer Pressmaschine
  2. Rohlinge für die Ständermutter und Sechskantschrauben geordnet im Lagersystem bereitstellen
  3. Granulat für den Spritzgießvorgang im Einfülltrichter bereitstellen
  4. Steuerprogramm für alle Systeme schreiben und abrufbereit speichern
- Fertigungslauf
  - 4.1 a) Rohling Ständermutterauslagern und zur Fertigungszelle 1 transportieren, positionieren, spannen und anschließend bearbeiten
  - 4.1 b) Sechskantschraube auslagern und zur Fertigungszelle II transportieren, positionieren, spannen und umspritzen
  - 4.2 Umspritzte Verstellschraube und mit Gewindebohrung versehene Ständermutter zur Fertigungszelle III transportieren, fügen und prüfen
  - 4.3 Verstelleinrichtung zum Lagersystem transportieren und einlagern

Automatische Überprüfung der Einschraubtiefe, z. B.:

– mechanisch – elektrisch – opto-elektronisch

Lehre
Mutter
Laserstrahl
Fotozelle

z. B. mit geradiniger Verschiebung zwischen Mutter und Lehre

z. B. mit schrittweise geradliniger Verschiebung zwischen Messgerät (induktiver oder kapazitiver Taster) und Mutter

z. B. mit gebündeltem Laserstrahl und Fotozelle, Bewegung: schrittweise geradlinig oder geradlinige Verschiebung

6/8
- Transferstraße besitzt hohe Produktivität
- Reihenfolge der Bearbeitung ist vorgegeben
- Möglichkeiten zur Umrüstung auf andere Werkstücke nicht erforderlich (Großserienfertigung)

6/9

Fertigungsaufgabe	Fertigungssystem	Begründung
45 Einzelteile für den Prototyp einer Sondermaschine	Bearbeitungszentrum	große Anzahl unterschiedl. Werkstücke
50 verschiedene Werkstücke für 30 herzustellende Textilverarbeitungsmaschinen	flexibles Fertigungssystem	50 verschied. Werkstücke mittl. Stückzahl
3 verschiedene Pkw-Pleuelstangen in großer Stückzahl	Transferstraße	wenig verschied. Werkstücke große Stückzahl
20 unterschiedliche Motorenteile für eine Pkw-Großserie	flexibles Fertigungssystem	20 verschied. Werkstücke
Schweißen 5 verschiedener Bodengruppen für Pkw	Transferstraße	5 unterschiedl. Werkstücke große Stückzahl

Flexible Fertigungssysteme

6/10 a) Mögliche Teilsysteme sind:
- Fertigungszellen,
- Werkzeugtransport und Werkzeughandhabungssysteme,
- Werkstücktransport- und Werkstückhandhabungssysteme,
- Systemsteuerungen,
- Mess- und Überwachungssysteme.

b) Sie müssen über ein gemeinsames Steuerungs- und Transportsystem miteinander verknüpft sein.

6/11 Maßnahmen sind:
- Auftragsdefinition,
- NC-Programmerstellung,
- Aktivierung der Teilsysteme.

6/12

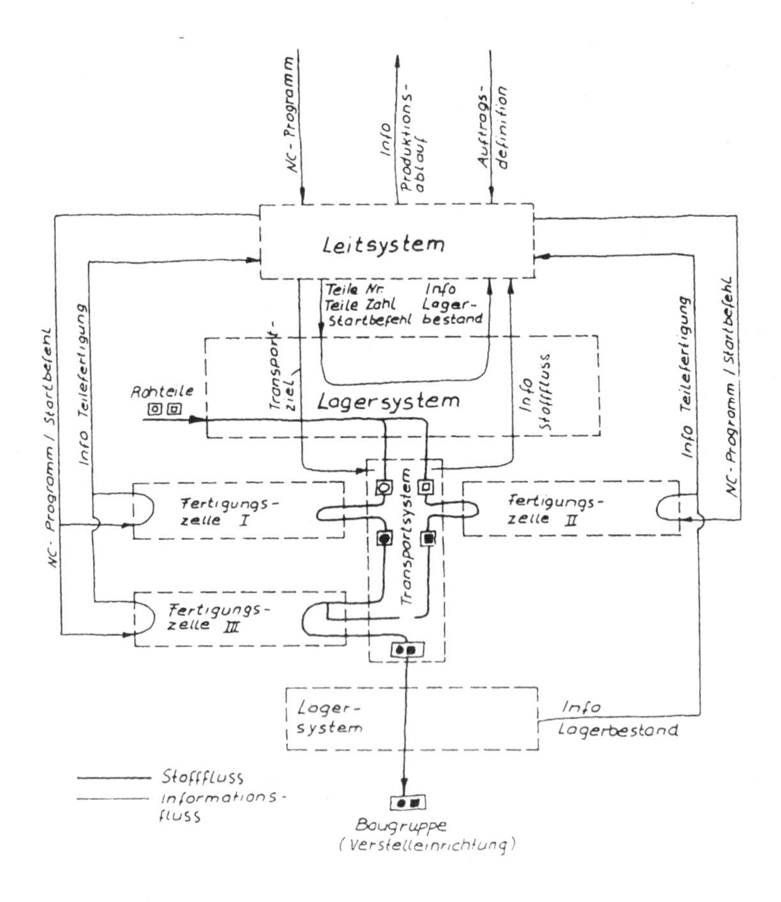

6/13 – Fertigungsprogamme
– Steuerungsprogramme
– Start- und Stopp-Informationen

6/14 a) Er kann z.B. mithilfe einer SPS gesteuert werden.

b) **Informationsfluss:**

1. Station signalisiert der Transportsystemsteuerung (SPS), die Palette mit der Sechskantschraube anzuhalten.
2. Jede Palettencodierung wird gelesen und die gewünschte Palette angehalten.
3. Palettenkennummer wird an Hauptcontroller übermittelt.
4. Die benötigten Fertigungsdaten werden an den Stationscontroller übertragen.
5. Die Robotersteuerung bekommt das Signal, die Sechskantschraube in der Spannvorrichtung der Spritzgießmaschine einzulegen.
6. Nach dem Einlegen gibt die Robotersteuerung das Signal, die Spannvorrichtung zu schließen.
7. Nachdem dem Hauptcontroller signalisiert wurde, dass der Roboter den Bearbeitungsraum verlassen hat und der Bearbeitungsraum geschlossen worden ist, erfolgt vom Hauptcontroller der Befehl: Starte Produktion.

6/15 Wird eine Welle aus einem Behälter herausgenommen und anschließend in der Spannvorrichtung einer Drehmaschine positioniert, so handelt es sich dabei um eine Handhabung.

6/16 Kettenmagazin
- Werkzeug wird mit der Kette zunächst positioniert
- Schwenkgreifer übergibt Werkzeug vom Magazin zur Spindel

Kassettenmagazin
- Zubringegreifer wird in vorgesehene Position gebracht
- Zubringegreifer entnimmt Werkzeug aus Magazin
- Zubringegreifer bringt das Werkzeug in die Position für den Schwenkgreifer
- Schwenkgreifer übergibt Werkzeug vom Magazin zur Spindel

6/17 Vorbereitet, z. B. durch:
- Positionieren und Spannen auf einer Palette

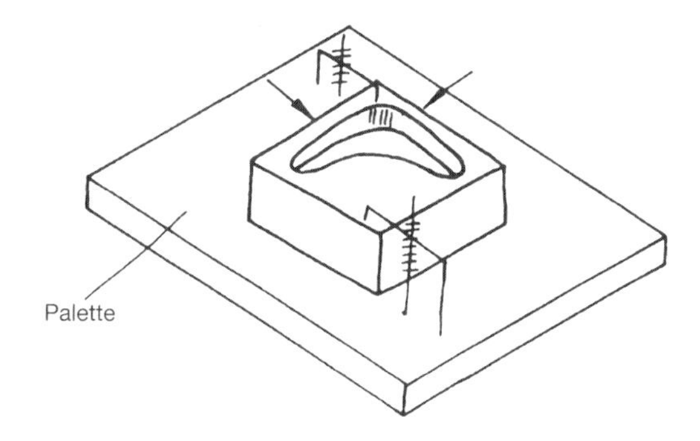

- geordnetes Speichern in einem Magazin

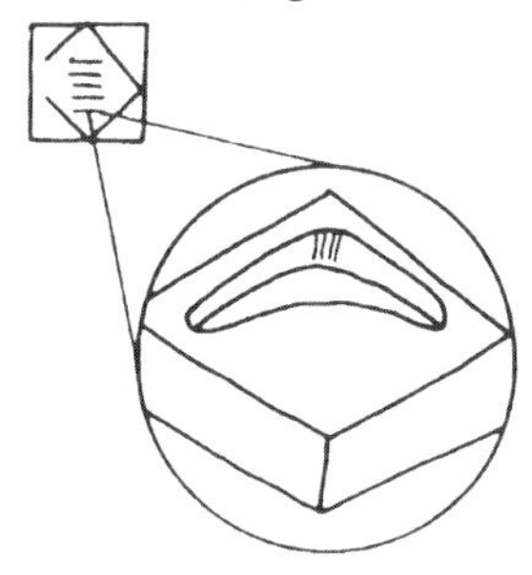

6/18 Greifer absenken
Werkstück fassen
Greifer heben
Handhabungsgerät schwenken
Greifer positionieren (x-Achse)
Greifer absenken
Greifer lösen
Greifer heben
Handhabungsgerät zurückschwenken
x-Achse in Ausgangsstellung
...

6/19 Für die Einlegearbeit eignet sich ein fest programmiertes Handhabungsgerät.

6/20 In flexiblen Fertigungszellen setzt man schienengebundene Transportfahrzeuge ein.

6/21 a)

Teilbereiche der Prozessüberwachung	Aufgaben
Werkstücküberwachung	1. Werkstückerkennung 2. Lagebestimmung 3. Bearbeitungsvorgänge überprüfen 4. Qualitätsprüfung
Werkzeugüberwachung	1. Erkennen von Werkzeugverschleiß 2. Feststellen unerwarteter Werkzeugbrüche
Fehlerdiagnose	Störungen im Prozessablauf festhalten

b) Ziele:
- Qualitätssicherung
- störungsarmer Fertigungsablauf

Industrieroboter

6/22 a) Antriebe, Sensoren, Messsysteme

b) Greifersysteme
Greifer werden entsprechend der Handhabungsaufgabe ausgewählt.

6/23
- Mithilfe der Hauptachsen können alle Positionen im Raum angefahren werden.
- Mithilfe der Handachsen können z.B. Werkstücke positioniert und orientiert werden.

6/24 a) Portalroboter, Gelenkroboter

b) Einsatzgebiet:

Portalroboter:
- Be- und Entladen von Paletten
- Beschickung von Maschinen mit Werkstücken

Gelenkroboter:
- Beschickung von Maschinen mit Werkstücken in der flexiblen Fertigung (Fertigungsaufgaben, z.B. Schweißen)

6/25 a) Portal- und Gelenkroboter

b)

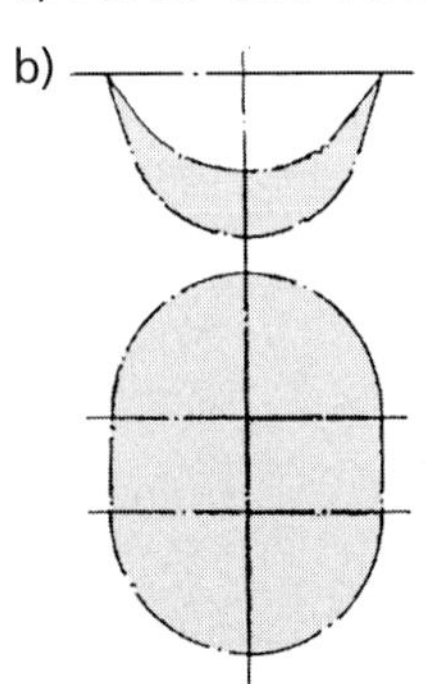

6/26 a) Schwenkarmroboter

b) Montageaufgaben

c) 2 rotatorische Achsen
1 translatorische Achse

6/27

Greiferart	Einsatzbeispiele	
	Beispiel 1	Beispiel 2
Zangengreifer	Welle Außengreifer	Rohr Innengreifer
Magnetgreifer	Abdrücker Magnet Blechronde	Magnet Kunststoff-platte Büroklammern (ungeordnet)
Sauggreifer	Sauggummi Weihnachtsbaumkugel	Saug-gummi Plexiglasplatte ®

6/28 Benutzt man einen Phantomroboter, so kann der eigentliche Roboter in der Produktion verbleiben. Vorteilhaft ist beim Phantomroboter außerdem, dass er sich leichter führen lässt, und deswegen die Bewegungen „flüssiger" programmiert werden können.

6/29 Mittels des Joysticks können mehrere Achsen gleichzeitig programmiert werden, dadurch lassen sich fließende Übergänge programmieren.

6/30 Ein Hindernis überwindet man am günstigsten, wenn man einen Stützpunkt vor und den anderen hinter das Hindernis legt. Das Überschleifen der Stützpunkte ist bei einer solchen Anordnung ohne Gefährdung des Systems möglich.

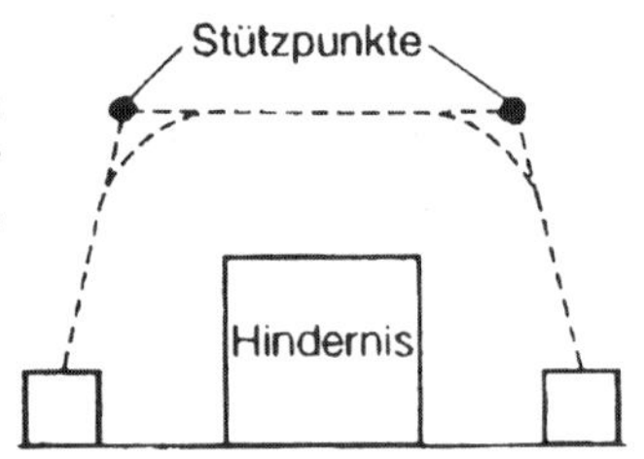

6/31 a) **Lageskizze mit Verfahrwegen und Positionsnummern:**

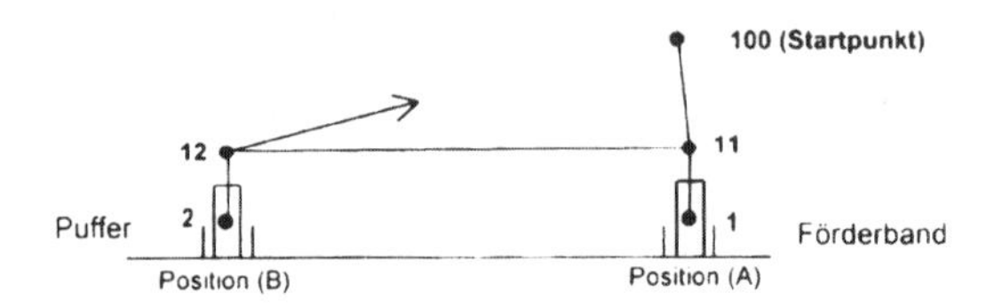

Programmablaufplan:

Start
Gehe zu Pos. 11
Öffne Greifer
Gehe zu Pos. 1
Schließe Greifer
Gehe zu Pos. 11
Gehe zu Pos. 12
Gehe zu Pos. 2
Öffne Greifer
Gehe zu Pos. 12
Gehe zu Pos. 100
Ende

Programm:

PROGRAMM	
ZEILE	BEFEHL
1	SPEED 60
2	MOVED 11
3	SPEED 10
4	OPEN
5	MOVED 1
6	CLOSE
7	MOVED 11
8	SPEED 60
9	MOVED 12
10	SPEED 10
11	MOVED 2
12	OPEN
13	MOVED 12
14	SPEED 60
15	MOVED 100
	END

b) **Lageskizze mit Verfahrwegen und Positionsnummern:**

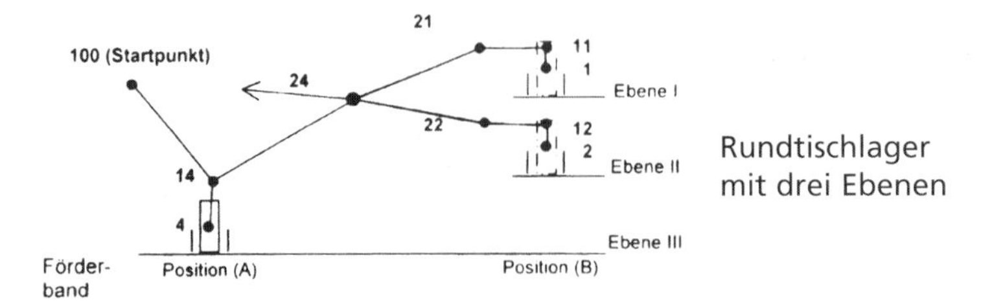

Programmablaufplan mit Unterprogrammen und logischen Verknüpfungen:

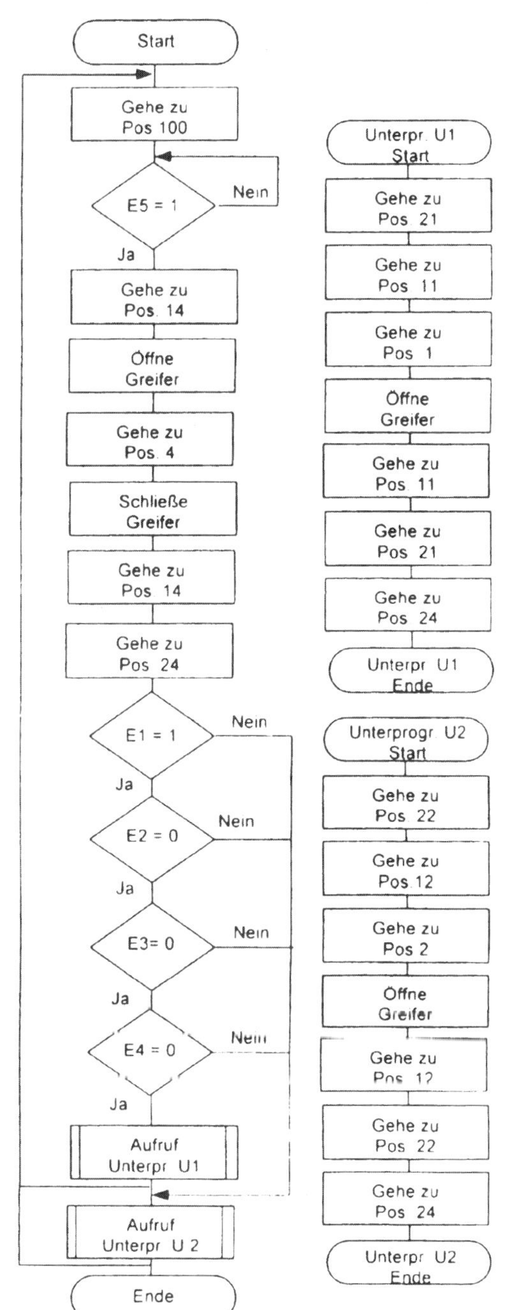

Programm:

Hauptprogramm	
Zeile	Befehl
1	LABEL 1
2	MOVED 100
3	WAIT IN [1] = 1
4	SPEED 60
5	MOVED 14
6	OPEN
7	SPEED 10
8	MOVED 4
9	CLOSE
10	MOVED 14
11	SPEED 60
12	MOVED 24
13	IF IN[1] = 1
14	ANDIF IN[2] = 0
15	ANDIF IN[3] = 0
16	ANDIF IN[4] = 0
17	GOSUB U1
18	GOTO 1
19	ELSE
20	GOSUB U2
21	ENDIF
22	OPEN
23	GOTO 1
	END

Unterpr U1	
Zeile	Befehl
1	MOVED 21
2	SPEED 10
3	MOVED 11
4	MOVED 1
5	OPEN
6	MOVED 11
7	MOVED 21
8	SPEED 60
9	MOVED 24
	END

Unterpr U2	
Zeile	Befehl
1	MOVED 22
2	SPEED 10
3	MOVED 12
4	MOVED 2
5	OPEN
6	MOVED 12
7	MOVED 22
8	SPEED 60
9	MOVED 24
	END

c) **Lageskizze mit Verfahrwegen und Positionsnummern:**

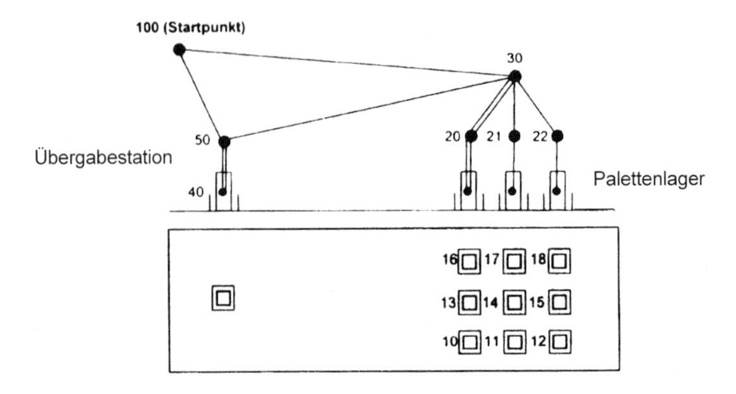

Programmablaufplan mit Unterprogrammen und logischen Verknüpfungen:

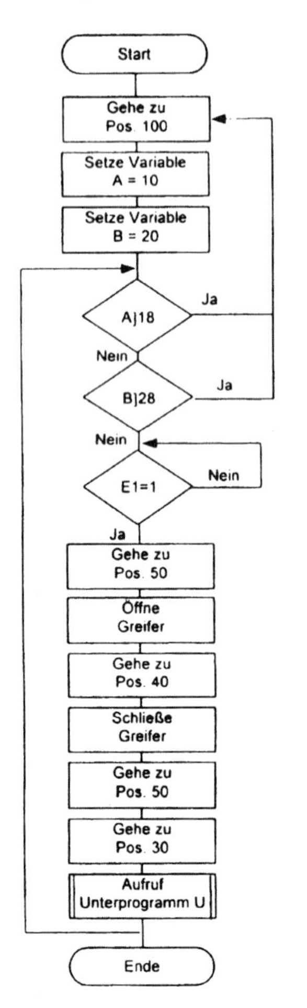

Programm:

Hauptprogramm	
Zeile	**Befehl**
1	LABEL 1
2	MOVED 100
3	SET A = 10
4	SET B = 20
5	LABEL 2
6	IF A ∞ 18
7	ENDIF B ∞ 28
8	GOTO 1
9	ELSE
10	IF IN(1) = 1
11	MOVED 50
12	OPEN
13	SPEED 10
14	MOVED 40
15	CLOSE
16	MOVED 50
17	SPEED 60
18	MOVED 30
19	GOSUB U
20	ELSE
21	GOTO 2
22	ENDIF
	END

Unterprogramm U	
Zeile	**Befehl**
1	MOVED B
2	SPEED 10
3	MOVED A
4	OPEN
5	MOVED B
6	SET A = A + 1
7	SET B = B +1
8	SPEED 80
	END

CIM-Konzept

6/32 a) **CIM** (**C**omputer **I**ntegrated **M**anufacturing) beschreibt den integrierten Rechnereinsatz in allen Betriebsbereichen, die mit der Produktion zusammenhängen.

CAD (**C**omputer **A**ided **D**esign) beschreibt den Rechnereinsatz in der Konstruktion.

CAM (**C**omputer **A**ided **M**anufacturing) beschreibt die Rechnerunterstützung bei der Fertigungssteuerung und Fertigungsüberwachung.

PPS (**P**roduction **P**lanning **S**ystem) beschreibt die Rechnerunterstützung bei der Planung, Steuerung und Überwachung von Produktionsabläufen.

b) Ziele:
- Steigerung der Produktivität bei ausreichender Flexibilität,
- Verbesserung der Qualität,
- Erhöhung der Kapazitätsauslastung.

c) Notwendige Mitarbeiterqualifikationen sind:
- Kooperations- und Kommunikationsfähigkeit,
- Verantwortungsbereitschaft,
- Denken in komplexen Systemen.

1 Instandhaltung (Wartung, Inspektion, Instandsetzung, Verbesserung)

1/1 a) Mit zunehmendem Verlust von Bremsflüssigkeit geht die Bremswirkung verloren. In Notsituationen kommt es zu Auffahrunfällen mit Sach- und Personenschäden.

b) Abgesehen vom Ölverlust verursacht das im Erdreich versickernde Öl beträchtliche Umweltschäden.

1/2 Warten: Die Kette eines Kettenantriebs einer Werkzeugmaschine schmieren
Inspektion: Den Luftdruck im Autoreifen kontrollieren
Instandsetzung: Austausch einer defekten Glühlampe einer Motorradbeleuchtungsanlage

1/3 Werterhaltung des Pkw, kaum unvorhergesehene Störungen, daher Kostenersparnis für die Behebung von Störungen und Fahrzeugausfällen

1/4 **Istzustand** ➧ **Warten** ➧ **Sollzustand**
stumpfer Bohrer ➧ *Bohrer schärfen* ➧ *scharfer Bohrer*

1/5 a) Crash- oder Störungs-Behebung
b) Durch vorbeugende Instandhaltung

1/6 Bei Flugzeugen kommt nur eine vorbeugende Instandhaltung in Betracht, Sicherheit und Zuverlässigkeit sind zwingend erforderlich. Jede unvorhergesehene Störung kann zum Verlust der Maschine und der Menschenleben führen.

2 Instandhaltungsmaßnahmen durch Wartung

2/1 **Reinigen:** Am Ende des Arbeitstages wird der Messschieber mit einem Tuch gereinigt.
Konservieren/Schmieren: Am Wochenende wird er leicht mit Öl oder Fett eingerieben.
Nachstellen: entfällt
Ergänzen: Die Feststellschraube oder Blattfeder der Schieberführung werden bei Verlust ergänzt.
Auswechseln: Die bei Ergänzen genannten Einzelteile werden bei Beschädigung ausgewechselt.

2/2 **Reinigen:** Wagenwäsche
Konservieren: Heißwachsbeschichtung in der Waschanlage
Schmieren: Türscharniere mit Fett schmieren
Nachstellen: Spur einstellen
Ergänzen: Motoröl nachfüllen
Auswechseln: abgefahrene Reifen erneuern

2/3 Individuelle Maschine des Ausbildungsbetriebs
a) und b) individuelle Beschreibung verschiedener Reinigungsarbeiten

2/4 Neben der konservierenden Wirkung beim Einsatz von Hilfsstoffen haben diese eine Schmierwirkung mit einer Verringerung der Reibung.

2/5 **a) Verbotszeichen:** Feuer, offenes Licht und Rauchen verboten
b) Rettungszeichen: Hinweis auf Vorhandenen Notkoffer
c) Gebotszeichen: Atemschutzmaske tragen
d) Hinweiszeichen: Feuermeldestelle
e) Gebotszeichen: Information lesen

2/6 a) Kühlwasser in einer MAG-Schweißanlage, Motoren- oder Getriebeöl in einem Ottomotor, Kühlschmiermittel in einem CNC-Bearbeitungszentrum

b)

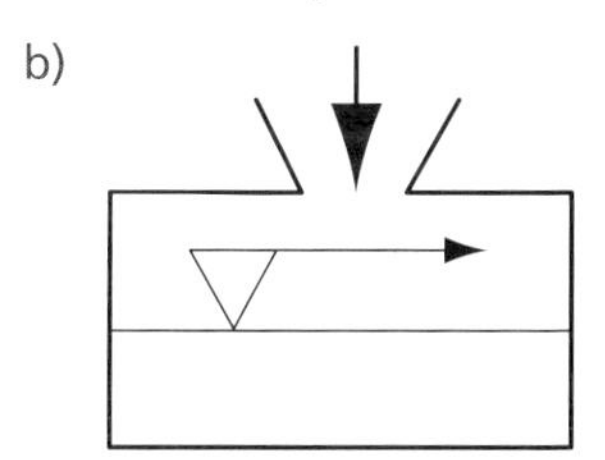

2/7 a) 1 = Fettschmierung mit Fettpresse; 2 = Schmierung mit Ölkanne oder Spraydose; 3 = automatische Zentralschmiereinrichtung für Öl

b) Automatische Zentralschmiereinrichtung, diese vereinfacht die Wartung merklich, da das tägliche Schmieren vieler Lagerstellen entfällt.

2/8 Ein in das Ölbad eintauchender Ölmessstab mit einer Minimum- und Maximummarkierung; ein am Gehäuse in der entsprechenden Höhe angebrachtes Schauglas, an dem der Flüssigkeitsstand abgelesen wird.

2/9 Lager A muss in Intervallen von 8 Betriebs-Std. mit Fettpresse und dem Fett auf Mineralölbasis nach DIN 51825, KP = hohe Druckbelastung, der konsistenzkennzahl 4 und dem Gebrauchstemperaturbereich E von – 20 °C bis + 80 °C geschmiert werden.

Im Getriebe V muss in Intervallen von 2 500 Betriebs-Std. das Öl gewechselt werden, Füllmenge 1,5 l, auf Mineralöl nach DIN 51517 für Umlaufschmierung und erhöhten Anforderungen (korrosions- und alterungsbeständig) und der Viskositätsklasse VG 100.

2/10 a) Man spart das meist tägliche Schmieren aller einzelnen Lagerstellen mit Öl oder Fettspritze.

b) Das Öl der Zentralschmiereinrichtung muss in großen Wartungsintervallen (mehrere Hundert Betriebsstunden) gewechselt werden.

2/11 a) – Richtige Auswahl des Schmierfettes (s. Herstellerangaben)
– Richtigen Zeitpunkt zur Fettung wählen
– Richtige Menge an Schmierfett zugeben

b) Der Gehäuseraum des Lagers wird nicht vollständig mit Schmierfett ausgefüllt, damit es aus dem anlaufenden Lager verdrängt werden kann (bei vibrationsbeanspruchten Lagern höchstens 60 % des Gehäuses füllen).

2/12 a)

Mineralöle	Synthetische Öle	Fette
Gewinnung aus Erdöl durch Destillation und Reinigung	Kohlen-Wasserstoff-Verbindungen oder Silizium-Verbindungen durch Synthese aufgebaut	Ausgangsstoffe: Mineralöl und Seife

b) Schmiermittel sollen:
– einen Schmierfilm zwischen sich bewegende Bauteile bringen, um die unmittelbare Berührung der Bauteile zu verhindern,
– die Reibung und damit den Verschleiß verringern,
– gegen Korrosion schützen,
– Bereiche gegen Staub und Feuchtigkeit abdichten.

2/13

	Mineralöl	Synthetisches Öl
a) Schmieröle:	CLP 36	HFC 46
b) Schmierfette:	K 2 K	K SI 3 R

2/14 a) z. B. NC-Fräsmaschine:
– Schmieren der Frässpindel
– Ölstand der Zentralschmierung prüfen
– Führungen reinigen und Schmierung prüfen
– Lager durch Schmiernippel ölen
– Ölwechsel: Frässpindelgetriebe, Hydraulikaggregat
– Kühlmittelbehälter entleeren, reinigen und neu füllen
– Kohleabnutzung von Vorschubmotoren prüfen
– Riemenspannung der Antriebsriemen prüfen
– Vorschubkorrektur anhand eines Testprogrammes prüfen
– Ventilatoren der Motoren auf einwandfreien Betrieb und Luftzirkulation prüfen
usw.

b) – Durchzuführende Wartungsarbeiten
– Wartungszeiträume
– zusätzliche Angaben zur Durchführung der Wartungsaufgaben

c) Nachschmierfrist – Rillenkugellager: $t_f = 600$ h
– Zylinderrollenlager: $t_f = 400$ h

2/15 a) Unter Zuverlässigkeit versteht man bei Maschinen, dass
- der erste Ausfall erst nach sehr langer Zeit erfolgt,
- während der gesamten Lebensdauer möglichst lange ausfallfreie Zeiten anfallen,
- die Gesamtlebensdauer hoch ist.

b)
- Feststellen des Schwingungsniveaus während des Betriebes einer Turbine
- Abnahmeprüfung einer Flächenschleifmaschine nach 10 000 Betriebsstunden
- Säubern eines Getriebes nach vorgegebener Betriebszeit und Wechsel des Getriebeöles

2/16 Das Lagerspiel des Pendelrollenlagers kann eingestellt werden. Auch bei späteren Wartungen kann das Lagerspiel erneut auf den geforderten Wert eingestellt werden.

2/17 Die Feststellung der Zahnriemendehnung und der Austausch des Zahnriemens gehört zu den Bereichen Inspektion und Instandsetzung.

3 Systembeurteilung durch Inspektion

3/1 Die Farbmarkierung erlaubt eine sorglose und sichere Ausführung der Wartung. Durch gelegentliches Augenmerk auf die Markierung vermeidet man Schäden an der Windschutzscheibe durch ein verpasstes Auswechseln, andererseits nutzt man die Wischerblätter bis zur Verschleißgrenze.

3/2 a) Der CO-Anteil im Leerlauf ist mit 0,09 [%vol] i.O.; bei der Prüfung waren Öltemperatur und Drehzahl innerhalb der vorgegebenen Grenzwerte.
Auch bei erhöhtem Leerlauf war der CO-Anteil mit 0,27 [%vol] i.O.; das zuvor Gesagte gilt auch für diese Prüfung.

b) Soll-Istwert-Vergleich

c) Inspektion

d) Im Betriebszustand

3/3 a) **Objektive Inspektion:**
- Messen der Profiltiefe am Autoreifen mit einem Tiefenmesser,
- Lagerspiel eines Wälzlagers mit einer Fühlerlehre messen

Subjektive Inspektion:
- Prüfen des Reifendruckes eines Autoreifens nur durch Ansehen oder
- Anstoßen mit dem Fuß,
- Prüfen der Geradheit einer Rundstange nur durch Ansehen mit einem zugekniffenen Auge

b) Zur Instandsetzung

3/4 a) Vorteil: Die Inspektion ist zuverlässig, objektiv und exakt dokumentierbar.
Nachteil: Subjektive Inspektion ist weniger zuverlässig.

b) Eine kontinuierliche Inspektion mit Kontrolleinrichtung ermöglicht ein Nachstellen oder Auswechseln von Teilen zu einem Zeitpunkt, der die Produktionsstörungen verhindert.

4 Instandsetzen

4/1 Individuelle Beschreibung der Vorgehensweise einer Reparaturausführung

4/2 a) Bei einer zustandsbedingen Wartung der Bremsbeläge eines Personenwagens erfolgt der Austausch dann, wenn der Verschleiß dies erforderlich macht.
b) Beschränkt man die Kontrolle auf die Jahresinspektion, können in der Zwischenzeit die Bremsbeläge vollständig abgenutzt sein und die Bremsscheiben beschädigt haben.

4/3 a) Zustandsbedingte Instandsetzung ist wirtschaftlich, weil Verschleißteile erst ausgewechselt werden, wenn sie vollständig abgenutzt sind. Sie ist sicher, weil dadurch Anlagenstörungen vermieden werden.
b) Die Anlage muss mit einer kontinuierlich arbeitenden Kontrolleinrichtung ausgestattet sein.

5 Wartungsanleitungen

5/1 Alle technischen Systeme wie Maschinen und Anlagen erfordern gewisse Inspektionen und Wartungsmaßnahmen, welche der Hersteller am besten beurteilen kann und sie deshalb festlegt. Durch die Beachtung und Ausführung werden Störungen vermieden. Bei Missachtung der Schmier- und Wartungsvorschriften wird der Hersteller zu Recht von seinen Garantieverpflichtungen entbunden.

5/2 a) Wartungsplan – aufsteigend nach Wartungsintervallen

Nach 8 Betriebs-Std.:
(Lfd.-Nr. 2) Schmiernippel am Schlosskasten mit Fettspritze schmieren
(Lfd.-Nr. 10) Rücklaufsiebe der Kühlschmiermitteleinrichtung reinigen

Nach 40 Betriebs-Std.:
(Lfd.-Nr. 8) Reitstockpinole reinigen und mit Gleitbahnöl schmieren
(Lfd.-Nr. 7) Maschinenbett-Führungsbahnen reinigen und mit Gleitbahnöl schmieren

Nach 80 Betriebs-Std.:
(Lfd.-Nr. 3) Abstreifer am Bettschlitten reinigen und bei Bedarf auswechseln
(Lfd.-Nr. 4) Getriebeölfüllmenge am Schauglas des Spindelstockgetriebes prüfen

Nach 500 Betriebs-Std.:
(Lfd.-Nr. 9) Kühlschmiermittelbehälter reinigen, Kühlschmierstoffreste filtern und auffüllen
(Lfd.-Nr. 6) Stellleisten an Längs- und Quersupport auf Spiel prüfen und bei Bedarf einstellen

Nach 2000 Betriebs-Std.:
(Lfd.-Nr. 1) Keilriemenspannung des Antriebsmotors prüfen und bei Bedarf nachspannen
(Lfd.-Nr. 5) Arbeitsspindellagerung auf Spiel prüfen und bei Bedarf nachstellen

b)

Lfd. Nummer (Lt. Zeichnung)	Art und Ort der Wartungsmaßnahme	Intervall in Betriebs-Std.
3	Abstreifer am Bettschlitten reinigen und bei Bedarf auswechseln	80
9	Kühlschmiermittelbehälter reinigen, Kühlschmierstoffreste filtern und auffüllen	500
1	Keilriemenspannung des Antriebsmotors prüfen und bei Bedarf nachspannen	2000
2	Schmiernippel am Schlosskasten mit Fettspritze schmieren	8
8	Reitstockpinole reinigen und mit Gleitbahnöl schmieren	40
6	Stellleisten an Längs- und Quersupport auf Spiel prüfen und bei Bedarf einstellen	500
5	Arbeitsspindellagerung auf Spiel prüfen und bei Bedarf nachstellen	2000
7	Maschinenbett-Führungsbahnen reinigen und mit Gleitbahnöl schmieren	40
10	Rücklaufsiebe der Kühlschmiermittel-einrichtung reinigen	8
4	Getriebeölfüllmenge am Schauglas des Spindelstockgetriebes prüfen	80

6 Maschinenschaden

Verschleiß

6/1 Die Pleuelstange nimmt mit dem Pleuelauge den Kolbenbolzen auf und mit dem Pleuelfuß umschließt sie die Kurbelwelle. Die weitere Lösung bezieht sich auf das Pleuellager der Kurbelwelle.

Grundkörper
- Form: Zapfen der Kurbelwelle
- Werkstoff: Vergütungsstahl oder Kugelgraphitguss
- Oberflächen beschaffenheit: geschliffen (R_Z = 2,5 µm)

Zwischenstoff: Motoren-Schmieröl z. B. SAE 10W-40
Aufbringung durch Spritzöl

Gegenkörper
- Form: geteilte Lagerschalen im Verbund mit beschichteter Lager-metallbuchse
- Werkstoff: Lagerschale aus Vergütungsstahl Lagerbuchse aus Blei-bronze mit Beschichtung aus z. B. PTFE (Teflon)

– Oberflächen-
beschaffenheit: aufgedampft

Belastung: wechselnde Belastung durch mittlere Kräfte

Art der Bewegung: Gleiten

Temperatur: Geschlossener Raum mit Sprühöl und Abriebanteilen

6/2 Fall 1: Adhäsiver Verschleiß
Fall 2: Abrasiver Verschleiß
Fall 3: Verschleiß durch Oberflächenzerrüttung
Fall 4: Abrasiver Verschleiß

6/3 Beim Schleifen fallen Späne des bearbeiteten Werkstoffes und sehr harter Abrieb des Schleifmittels an. Durch Abblasen mit Druckluft können diese Teilchen zwischen Gleitflächen von Führungen, in Lager und Getriebe gepresst werden. Dort verursachen sie abrasiven Verschleiß.

6/4 Der Schreibkopf wird ruckartig weiterbewegt. Die dazu notwendigen Kräfte dürfen nur sehr gering sein. Darum wurde eine Werkstoffpaarung gewählt, bei der ein niedriger Reibungskoeffizient vorliegt. Da ein Schmiermittel wegen der Gefahr der Papierverschmutzung unangebracht ist, wurde PTFE auf Stahl gewählt.

6/5 a) $n = \frac{v}{d_1 \cdot \pi}$; $n = \frac{2\ \text{m}}{\text{min} \cdot 0{,}1\ \text{m} \cdot \pi}$; $n = \underline{6{,}4\ 1/\text{min}}$

Gleitgeschw. $v_{G1} = d_2 \cdot \pi \cdot n$;
$v_{G1} = 0{,}04\ \text{m} \cdot \pi \cdot 6{,}4\ 1/\text{min}$
$v_{G1} = \underline{\underline{0{,}8\ \text{m/min}}}$

b) Wegen der geringen Gleitgeschwindigkeit können nur Festschmierstoffe verwendet werden. Für die Gießerei sind Graphit oder Molybdänsulfid zu empfehlen.

6/6 Durch das Kaltumformen, z. B. das Glattwalzen, tritt bereits eine Verfestigung und damit Versprödung der Randschicht ein, wie sie beim Dauergebrauch eines Wälzlagers erst nach längerer Betriebszeit zu erwarten ist. Darum wirkt Glattwalzen in diesem Falle verschleißfördernd.

6/7 Die Meinung ist falsch. Der Verschleiß eines Werkstoffes ist nicht nur von seiner Härte, sondern wesentlich auch vom Anstrahlwinkel abhängig. Wie das Diagramm zeigt, können auch Gummi und Polyurethan Werte wie Hartmetall erreichen.

6/8 a) Bei flachem Anstrahlwinkel verschleißt C 60 weniger stark als der S 235. Bei etwa 50° Anstrahlwinkel verschleißen beide Stähle etwa gleich stark. Anstrahlwinkel über 50° bewirken beim gehärteten C 60 höheren Verschleiß als beim S 235.

b) Flach angestrahlter Gummi verschleißt stärker als S 235. Oberhalb von ca. 25° Anstrahlwinkel verschleißt Gummi weniger.

6/9 Kavitation wird durch Dampfblasenbildung bei Unterdruck infolge hoher Strömungsgeschwindigkeit verursacht. Da hier die Strömungsgeschwindigkeit kaum zu beeinflussen ist, kann durch Einsatz einer erst bei höherer Temperatur siedenden Hydraulikflüssigkeit die Kavitationsgefahr verringert werden.

Maschinenbruch

6/10 Der Gewaltbruch an einem zähen Werkstoff wie z. B. S 235, zeigt ein faseriges Bruchgefüge und stark verformte Bruchkanten.

6/11 Durch eine Bohrung am Rissende wird die Kerbwirkung verringert. Der Riss kann so unter Umständen gestoppt werden.

6/12 a) Es hat eine schwellende Beanspruchung stattgefunden. Auf der Seite der Zahlen war die Zugseite.

b) Der Restbruch ist sehr klein. Daraus kann man schließen dass die Beanspruchung im Verhältnis zur Festigkeit nur gering war.

c) Die Anrisse begannen an den Kerben, welche durch das Einschlagen der Zahlen erzeugt wurden.

6/13 a) Durch die Nut für den Sprengring wird die Welle besonders stark eingekerbt. Diese Stelle kann sehr leicht Ausgangspunkt für einen Dauerbruch sein. Weiterhin stellen die scharfkantigen Übergänge an den Absätzen der Welle eine Gefährdung dar.

b)

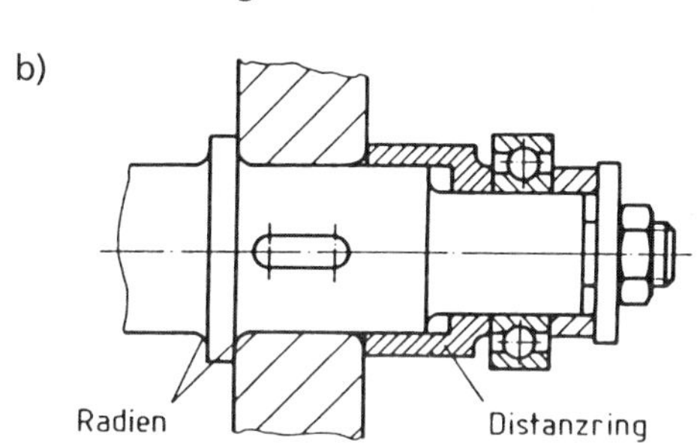

Grundlagen der CNC-Technik

1 CNC-Werkzeugmaschinen

1/1 a) Programme werden über Datenträger in den Speicher einer CNC-Steuerung eingegeben. Programme bestehen aus Befehlen für Werkzeugeinsätze, Schaltvorgänge und Verfahrbewegungen von Werkzeug bzw. Werkstück. Von der Steuerung werden Befehle an Antriebsmotoren bzw. Stellmotoren gegeben. Die ausgeführten Schaltvorgänge und die Istwerte der Verfahrbewegungen werden mit den Sollwerten des Programms verglichen und gegebenenfalls korrigiert.

b) An der CNC-Werkzeugmaschine müssen für die Vorschubbewegungen in radialer und in axialer Richtung jeweils Stellmotoren und Messsysteme vorhanden sein. Bei der Fertigung von Drehteilen, bei denen die Werkstückform nicht zylindrisch ist, z. B. Kegel, Fasen und Radien, müssen gleichzeitig Bewegungen in abgestimmter Weise in beiden Achsrichtungen ausgeführt werden.

1/2

Schaltinformationen	Weginformationen
– Drehbewegung ein	– Werkzeug im Eilgang in Startposition fahren
– Rechtslauf der Arbeitsspindel	– Stirnfläche plandrehen
– Kühlmittel ein	– ein Gewinde in mehreren Schnitten drehen
– Umdrehungsfrequenz einstellen	– Übergangsradius drehen
– Vorschub einstellen	– einen Zapfen drehen
– ein Werkzeug zum Einsatz bringen	– Längsdrehen
– Maschinenhalt	– kegelförmigen Zapfen drehen

1/3 a) 1 Bearbeitung
2 Istwert
3 Soll-Istwert-Vergleich
4 Sollwert
5 Stellbefehl geben
6 Verstellung

b)

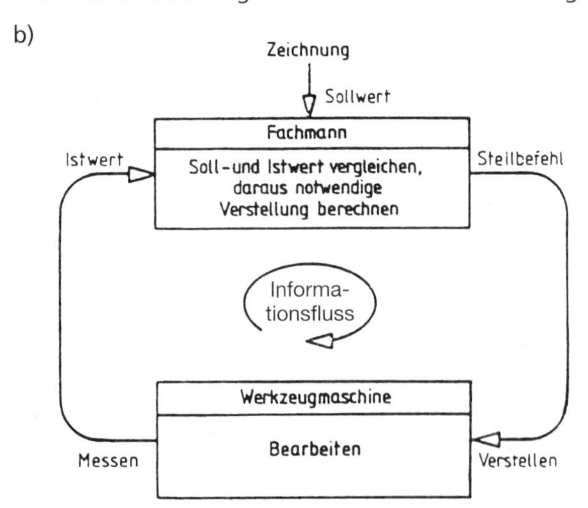

c) Bei einem Regelkreis wird fortlaufend ein Soll-Istwert-Vergleich der zu regelnden Größe durchgeführt. Die Stellbefehle für die weitere Bearbeitung erfolgen aufgrund der Soll-Istwert-Vergleiche. Die Bearbeitung ist abgeschlossen, wenn der Sollwert mit dem Istwert übereinstimmt.

1/4 Zum direkten inkrementalen Messen verwendet man Glaslineale mit gitterartiger Strichteilung, die Impulsmaßstäbe genannt werden.

Zum direkten absoluten Messen verwendet man Lineale mit eingeätztem Code. Der Code enthält den genauen Standort der Werkzeugaufnahme bzw. Werkstückaufnahme. Sie werden Code-Lineale genannt.

1/5 a) Der Facharbeiter wendet beim Einstellen der Maße auf dem Parallelreißer die inkrementale Messmethode an. Inkrementale Messverfahren erfassen den Messwert in Schritten von einem frei wählbaren Nullpunkt.

b) Beim absoluten Messverfahren stellt er den Parallelreißer beim Anreißen der ersten Bohrung auf Null und verändert diese Nullstellung während des Anreißens nicht mehr. Danach verschiebt er die Reißnadel um 100 mm nach oben und reißt die zweite Bohrung an. Für die dritte Bohrung verschiebt er die Reißnadel so weit nach oben, bis auf dem Parallelreißer 200 mm angezeigt wird.

c) Beim inkrementalen Messverfahren würde ein Fehler am Anfang dazu führen, dass alle nachfolgenden Messwerte ebenfalls falsch werden.
Beim absoluten Messverfahren würde nur ein falscher Wert verwendet, alle nachfolgenden Werte würden sich wieder auf den Nullpunkt beziehen.

1/6

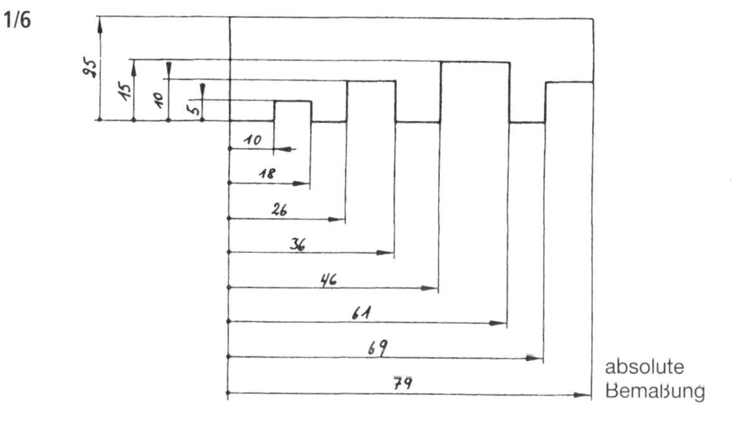

absolute Bemaßung

1/7

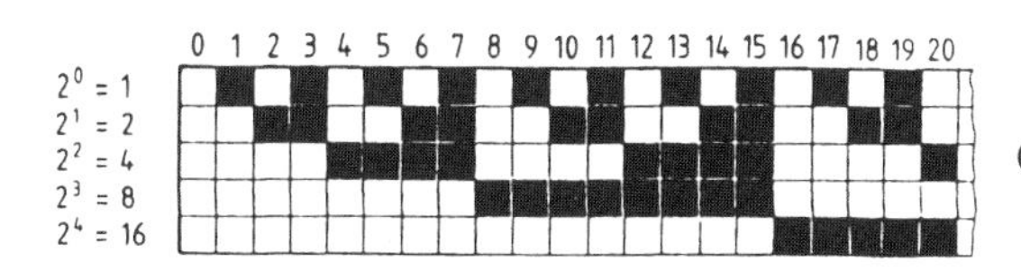

Code-Lineal

1/8 a) A: Streckensteuerung
B: Punktsteuerung
C: Bahnsteuerung

b) Bei der **Punktsteuerung** wird im Eilgang ein Zielpunkt angefahren. Die Bearbeitung erfolgt so, dass nur in einer Richtung eine Vorschubbewegung ausgeführt wird. Anschließend erfolgt im Eilgang die nächste Ansteuerung eines weiteren Zielpunktes.

c) Bei der **Streckensteuerung** erfolgt die Bearbeitung so, dass der Vorschub immer nur in einer achsparallelen Richtung ausgeführt wird.

d) Bei der **Bahnsteuerung** erfolgt die Bearbeitung so, dass Vorschubbewegungen gleichzeitig in unterschiedlichen Geschwindigkeiten in mehreren Achsrichtungen ausgeführt werden können.

1/9 Punktsteuerung:

- Bohren von Lochmuster
- Senken von Bohrungen
- Gewindeschneiden
- Punktschweißen

Streckensteuerung:

- Drehen zylindrischer Werkstücke
- Fräsen und Erodieren von rechteckigen Durchbrüchen
- Fräsen von achsparallelen Nuten

Bahnsteuerung:

- Drehen von Werkstücken mit Radien bzw. mit kegeligen Formteilen
- Fräsen von schräg zu einer Achse verlaufenden Nuten
- Fräsen von Schnecken und Gravuren
- Drahterodieren von Schnittwerkzeugen mit Radien, Kurven und Schrägen

2 Grundlagen zur manuellen Programmierung

2/1 Arbeitsplan

Nr.	Arbeitsfolge	Messzeug/Werkzeug
1	Rohmaß prüfen	Messschieber, Stahlmaß
2	Rohteil einspannen	Dreibackenfutter
3	1. Stirnfläche planen	T 0101
4	Rohteil umspannen	–
5	2. Stirnfläche planen	T 0101
6	Schruppen der Kontur	T 0101
7	Schlichten der Kontur	T 0202
8	Freistich drehen	T 0202
9	Einstechen der Nuten	T 0404
10	Gewinde schneiden	T 0505
11	Drehteil ausspannen	–
12	Fertigmaße überprüfen	Messschieber Gewindelehrring Radienschablone

2/2 a)

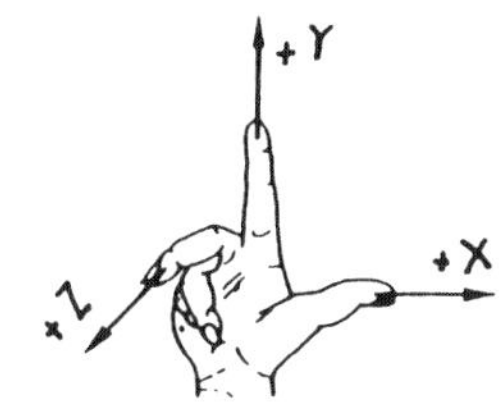

Daumen: X -Achse
Zeigefinger: Y -Achse
Mittelfinger: Z -Achse

b)

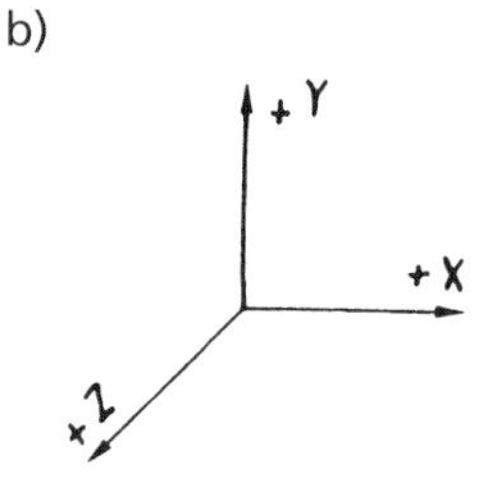

2/3 a)

A

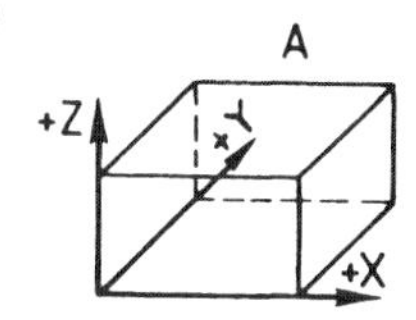

B

+Y
+Z
+X

C

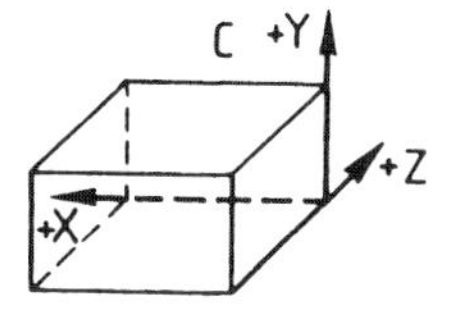

b) Die Z-Richtung liegt immer parallel zur Arbeitsspindel.

c) Die positive Richtung der 2. Achse ist so festgelegt, dass bei einem Verfahren des Werkzeugs in diese Richtung die Entfernung von der Werkstückspannvorrichtung größer wird.

2/4

A

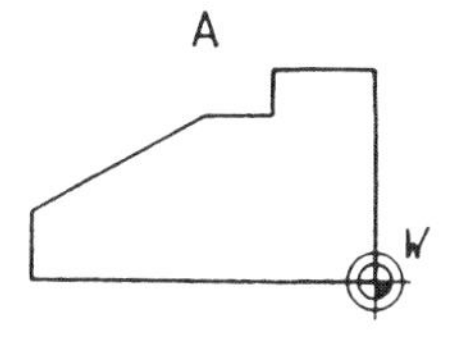

B

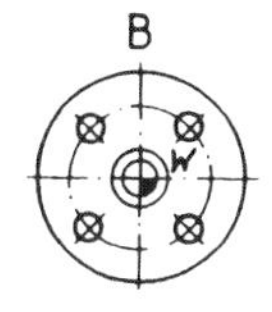

C

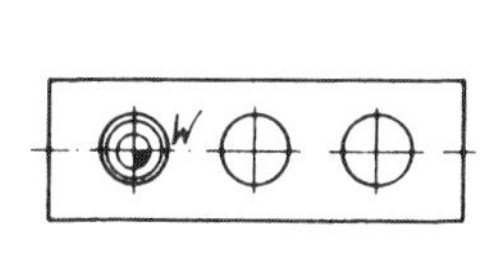

A: Bei flachen unsymmetrischen Werkstücken legt man den Werkstücknullpunkt an die Ecke, an der sich zwei möglichst lange Begrenzungskanten schneiden.

B: Bei Drehteilen legt man den Werkstücknullpunkt auf die Symmetrieachse (Drehachse).

C: Bei einem flachen symmetrischen Teil legt man den Werkstücknullpunkt auf die Symmetrielinie (Mittellinie) und evtl. in den Mittelpunkt einer Bohrung oder auf eine Außenkante.

2/5

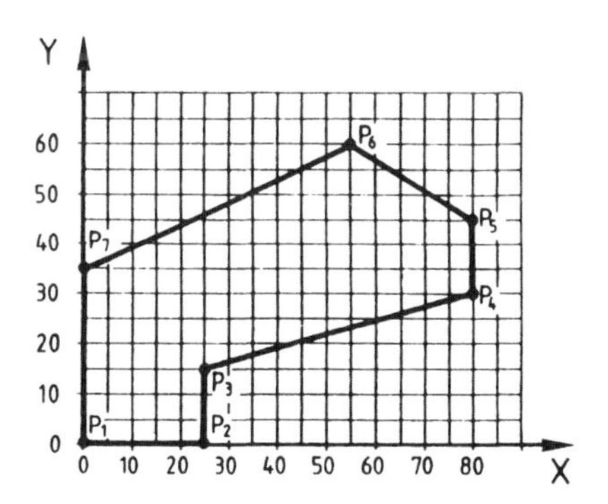

	G 90	
	X	Y
P_1	X 0	Y 0
→ P_2	X 25	Y 0
→ P_3	X 25	Y 15
→ P_4	X 80	Y 30
→ P_5	X 80	Y 45
→ P_6	X 55	Y 60
→ P_7	X 0	Y 35

2/6

	G 90	
	X	Y
→ P_1	X 150	Y 0
→ P_2	X 500	Y 0
→ P_3	X 700	Y 150
→ P_4	X 700	Y 250
→ P_5	X 400	Y 250
→ P_6	X 400	Y 350
→ P_7	X 650	Y 500
→ P_8	X 300	Y 550
→ P_9	X 0	Y 300
→ P_{10}	X 150	Y 0

2/7 a)

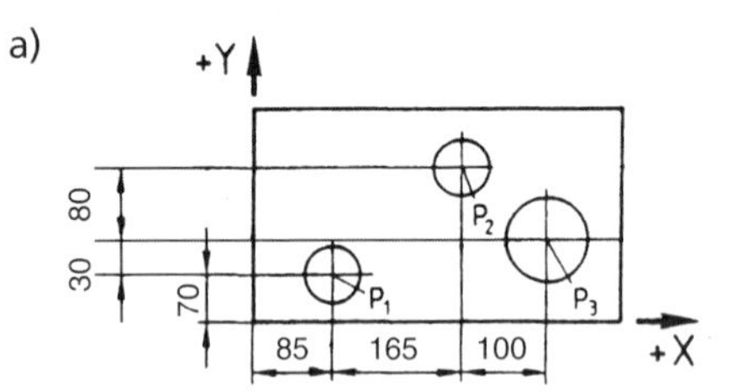

b) Die Inkrementalbemaßung wird mit dem Befehlswort G 91 programmiert.

2/8 a) und b)

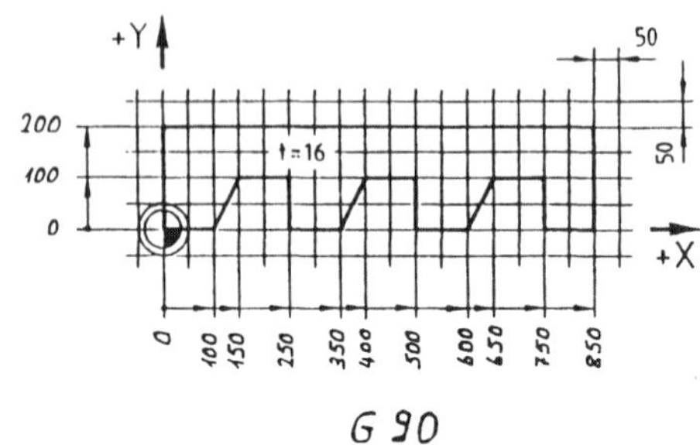

a) und c)

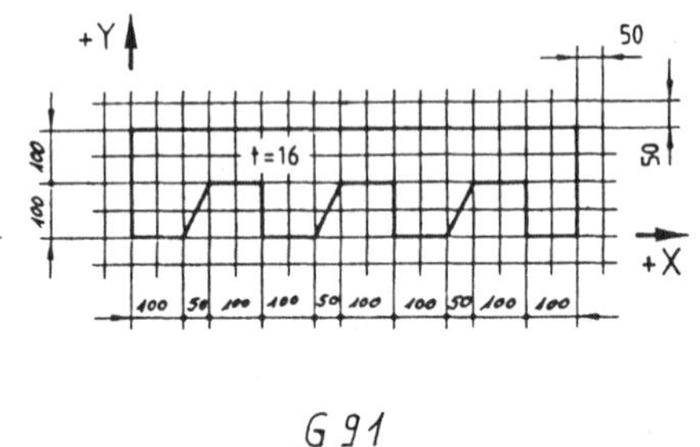

2/9 Der Programmierer stellt sich bei der Programmerstellung vor, er säße auf dem Werkzeug und führe damit innerhalb des Koordinatensystems an der Kontur des Werkstückes entlang.

2/10 a)

	G 90		
	G	X	Y
→ P_0	G 00	X 0	Y 0
→ P_1	G 01	X 200	Y 0
→ P_2		X 200	Y 150
→ P_3		X 500	Y 150
→ P_4		X 740	Y 310
→ P_5		X 740	Y 500
→ P_6		X 250	Y 500
→ P_7		X 0	Y 260
→ P_8		X 0	Y 0

b)

	G 91		
	G	X	Y
→ P_0		*Ausgangspunkt*	
→ P_1	G 01	X 200	Y 0
→ P_2		*X 0*	*Y 150*
→ P_3		*X 300*	*Y 0*
→ P_4		*X 240*	*Y 160*
→ P_5		*X 0*	*Y 190*
→ P_6		*X -490*	*Y 0*
→ P_7		*X -250*	*Y -240*
→ P_0		*X 0*	*Y -260*

2/11

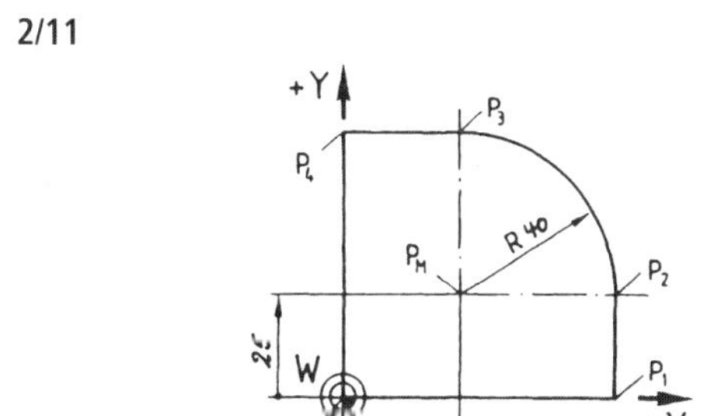

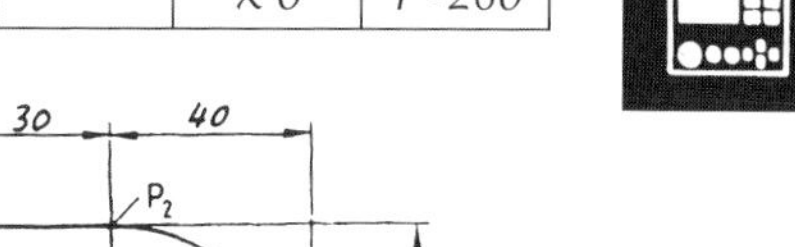

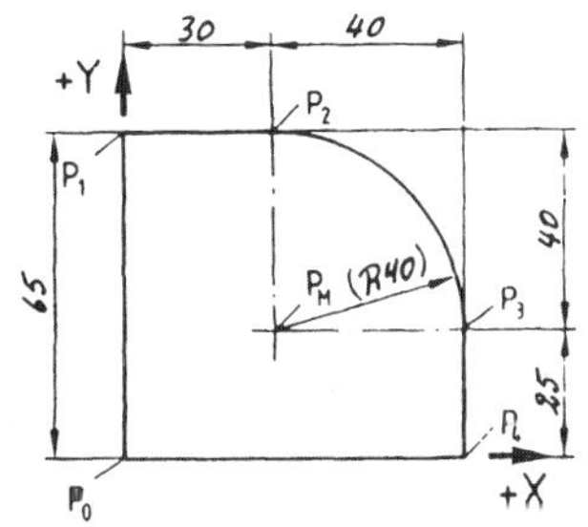

	G	X	Y	I	J
P_0	G 90	*X 0*	*Y 0*		
→ P_1	G 01	*X 70*	*Y 0*		
→ P_2	*G 01*	*X 70*	*Y 25*		
→ P_3	*G 03*	*X 30*	*Y 65*	*I 30*	*J 25*
→ P_4	*G 01*	*X 0*	*Y 65*		

	G	X	Y	I	J
P_0	G 91	*Ausgangspunkt*			
→ P_1	G 01	*X 0*	*Y 65*		
→ P_2	*G 01*	*X 30*	*Y 0*		
→ P_3	*G 02*	*X 40*	*Y -40*	*I 0*	*J -40*
→ P_4	*G 01*	*X 0*	*Y -25*		

2/12 a) G02: Verfahren des Werkzeugs von einem Anfangspunkt zum Endpunkt eines Kreisbogens *(im Uhrzeigersinn/~~im Gegenuhrzeigersinn~~)* mit *(~~größtmöglicher~~/programmierter)* Vorschubgeschwindigkeit, das Werkzeug ist dabei *(im Eingriff/~~nicht im Eingriff~~)*.

b) G03: Verfahren des Werkzeugs von einem Anfangspunkt zum Endpunkt eines Kreisbogens im Gegenuhrzeigersinn mit programmierter Vorschubgeschwindigkeit, das Werkzeug ist dabei im Eingriff.

2/13 Auf der X-Achse wird der Abstand des Mittelpunktes mit <u>I</u> angegeben.
Auf der X-Achse wird der Abstand des Mittelpunktes mit <u>J</u> angegeben.
Auf der X-Achse wird der Abstand des Mittelpunktes mit <u>K</u> angegeben.

2/14

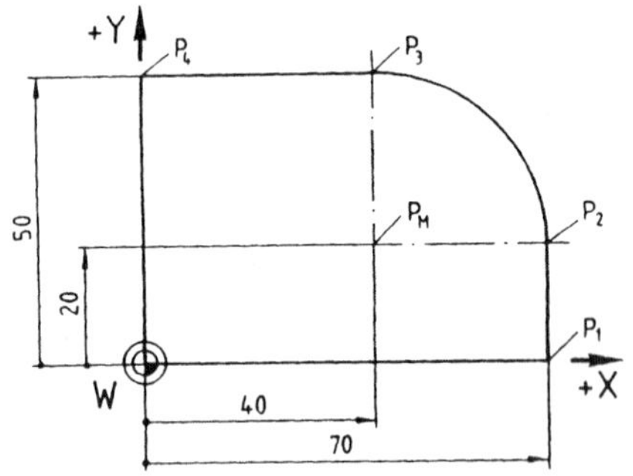

	G	X	Y	I	J
→ P_1	G 90	X 70	Y 0	-	-
→ P_2	G 01	*X 70*	*Y 20*	-	-
→ P_3	*G 03*	*X 40*	*Y 50*	*I - 30*	*J 0*
→ P_4	*G 01*	*X 0*	*Y 50*	-	-

2/15

Längs-Runddrehen:	Durchmesser 120 mm	G <u>95</u>	F <u>0.4</u>
	Spindeldrehzahl n = 1000 1/min	G <u>97</u>	5 <u>1000</u>
	Vorschub *f* = 0,4 mm		
Drehen einer Wendelnut:	Durchmesser 116 mm	G <u>95</u>	F <u>10</u>
	Spindeldrehzahl *n* = 100 1/min	G <u>97</u>	S <u>1000</u>
	Steigung 10 mm → *f* = <u>10 mm</u>		
Werkzeugaufruf:	Bohrer mit 18 mm Durchmesser hat die Werkzeugnummer 06 T 06		

2/16

Befehl	Funktion
M06	Werkzeugwechsel
M04	Spindel EIN, Linkslauf
M08	Kühlmittel EIN
M03	*Spindel EIN, Rechtslauf*
M00	*programmierter Halt*
M30	*Programmende mit Rücksprung auf Satz 1*

2/17 Adressbuchstabenreihenfolge:
N, G, X, Y, Z, I, J, K, F, S, T, M

2/18

N	G	X	Y	I	J	F	T	M
%								
N 10	*G 90, G 54*							
N 20	*G 94*					*F 280*		
N 30	*G 100*	*X 340*	*Y 4*					
N 40	*G 01*		*Y–100*					
N 50		*X 600*	*Y–250*					
N 60		*X 1040*						
N 70		*X 1130*	*Y–150*					
N 80		*X 1450*						
N 90			*Y–500*					
N 100	*G 02*	*X 1150*	*Y–800*	*I–300*	*J 0*			
N 110	*G 01*	*X 960*						
N 120			*Y–670*					
N 130		*X 500*	*Y–600*					
N 140			*Y–500*					
N 150	*G 03*	*X 340*	*Y–350*	*I–160*	*J 0*			
N 160	*G 01*	*X–3*						
N 170	*G 00*	*X–50*	*Y 50*					
N 180		*X 300*	*Y 200*					
N 190								*M 30*

3 Programmieren zur Fertigung von Drehteilen

Programmieren der Weginformationen beim Drehen

3/1 a) Die Z-Achse verläuft immer parallel zur Spindelachse.

b) Die X-Achse verläuft rechtwinklig zur Z-Achse auf das Drehwerkzeug zu. Ein größerer X-Wert bedeutet, dass der erzeugte Werkstückdurchmesser größer wird.

c)

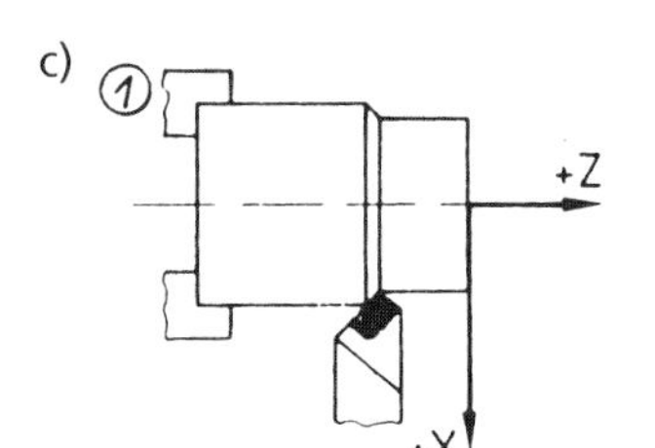

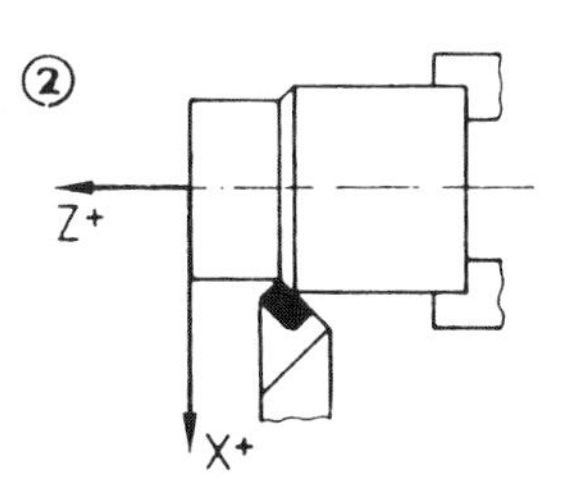

3/2 a) Maschinennullpunkt

b) Der Maschinennullpunkt liegt bei CNC-Drehmaschinen auf der Arbeitsspindelachse im Schnittpunkt mit der Anschlagfläche des Werkstückträgers.

c) Referenzpunkt

Der Referenzpunkt wird vom Werkzeugmaschinenhersteller im Arbeitsbereich einer inkremental messenden Werkzeugmaschine festgelegt. Der Referenzpunkt wird angefahren, um das Messsystem auf dieser Marke in allen Koordinaten auf Null zu setzen. Intern wird der Abstand zum Maschinennullpunkt verrechnet. Dieser Punkt ist notwendig, weil der Maschinennullpunkt nicht angefahren werden kann.

3/3

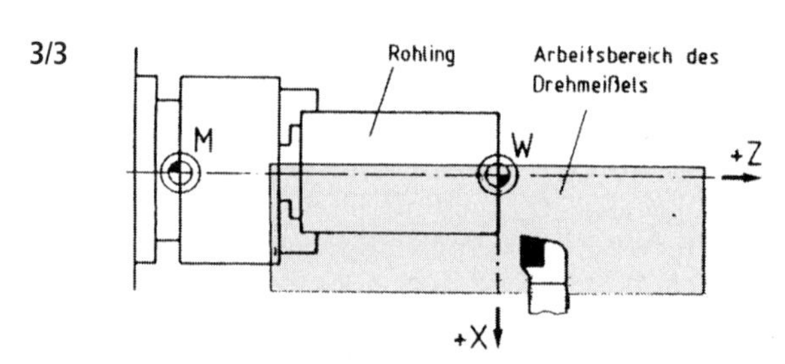

3/4 a)

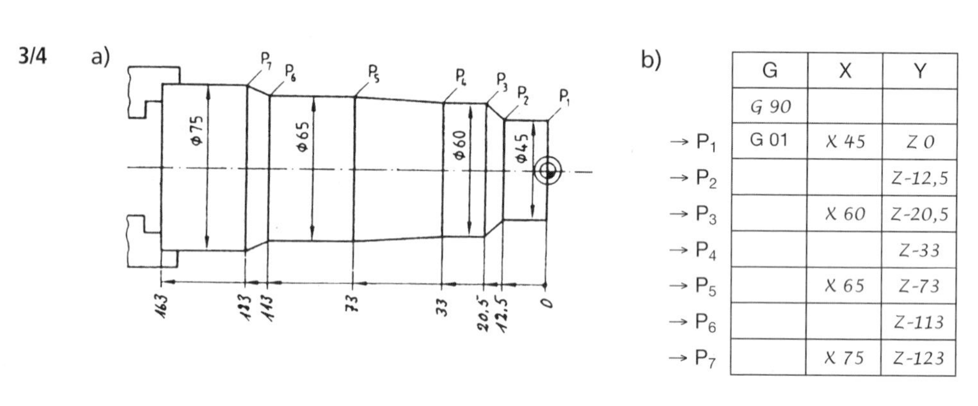

b)

	G	X	Y
	G 90		
→ P_1	G 01	X 45	Z 0
→ P_2			Z-12,5
→ P_3		X 60	Z-20,5
→ P_4			Z-33
→ P_5		X 65	Z-73
→ P_6			Z-113
→ P_7		X 75	Z-123

3/5 a)

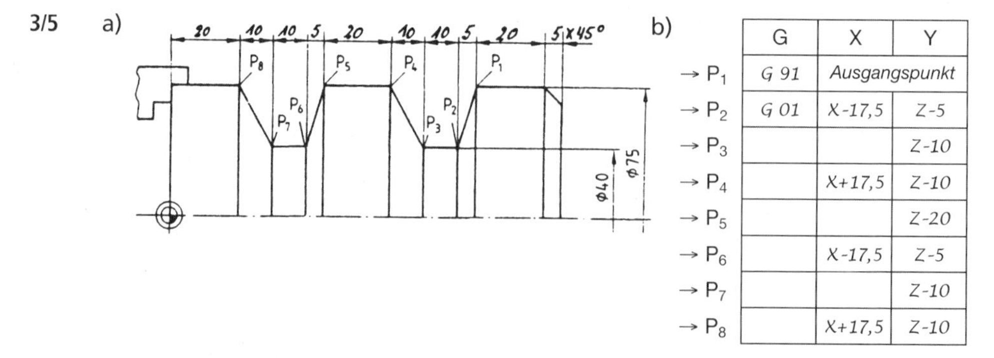

b)

	G	X	Y
→ P_1	G 91	Ausgangspunkt	
→ P_2	G 01	X-17,5	Z-5
→ P_3			Z-10
→ P_4		X+17,5	Z-10
→ P_5			Z-20
→ P_6		X-17,5	Z-5
→ P_7			Z-10
→ P_8		X+17,5	Z-10

3/6 a) Die Kreisbewegung des Drehmeißels muss mit GO3 programmiert werden.

b) Zur Festlegung des Richtungssinns von kreisförmigen Bewegungen muss der Betrachter immer aus der positiven Seite der Y-Achse in die negative Richtung auf die X-Z-Ebene blicken. Aus dieser Sicht sieht er diese Bewegung des Drehmeißels im Gegenuhrzeigersinn, also muss er mit GO3 programmieren. Sieht er eine Kreisbewegung im Uhrzeigersinn, so muss er GO2 schreiben.

3/7 a) Der Drehmeißel befindet sich vor der Drehmitte.

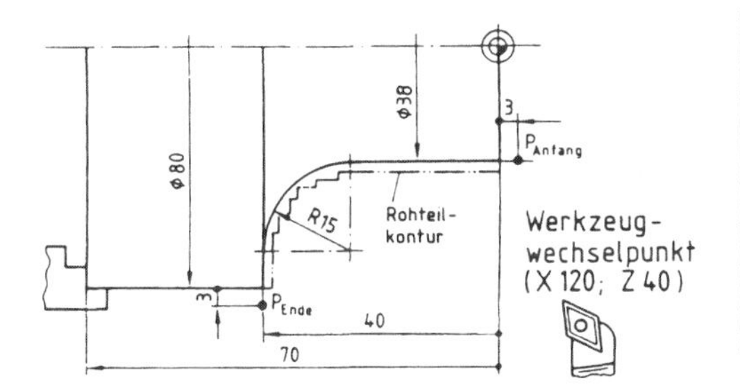

N	G	X	Z	I	K
%					
N 10	G90,G54				
N 20	G 00	X 38	Z 3		
N 30	G 01		Z-25		
N 40	G 02	X 68	Z-40	I 15	K 0
N 50	G 01	X 86			
N 60	G 00	X 120	Z 40		

b) Der Drehmeißel befindet sich hinter der Drehmitte.

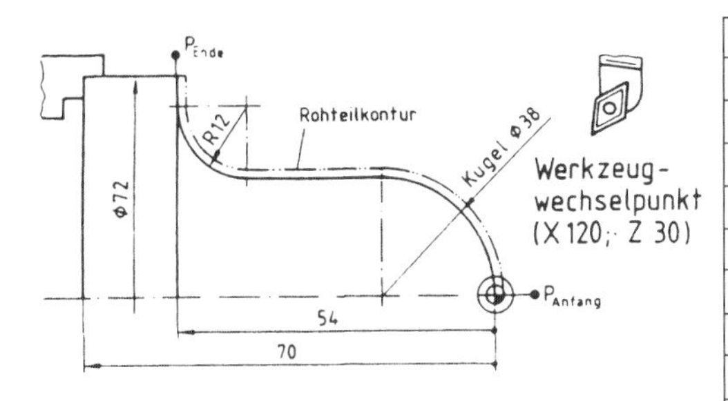

N	G	X	Z	I	K
%					
N 10	G90,G54				
N 20	G 00	X 0	Z 3		
N 30	G 01		Z 0		
N 40	G 03	X 38	Z-19	I 0	K-19
N 50	G 01		Z-42		
N 60	G 02	X 62	Z-54	I 12	K 0
N 70	G 01	X 78			
N 80	G 00	X 120	Z 30		

3/8 ①

N	G	X	Z	R
%				
N 10	G90,G54			
N 20	G 00	X 0	Z 2	
N 30	G 01		Z 0	
N 40		X 36		
N 50	G 03	X 60	Z-12	R 12
N 60	G 01		Z-70	
N 70		X 82		

②

N	G	X	Z	R
%				
N 10	G90,G54	Ausgangspunkt		
N 20	G 01		Z-20	
N 30	G 02		Z-30	R 30
N 40	G 01		Z-20	
N 50		X 12		

Programmieren von Werkzeugdaten

3/9 a) Der Werkzeugeinstellpunkt liegt auf der Mittellinie des Schaftes und im Schnittpunkt mit der Anschlagfläche des Werkzeughalters mit der Vorderkante der Arbeitsspindel.

b) Das Werkzeug wird mit dem Adressbuchstaben **T** für das englische Wort „tool" aufgerufen.

c) Der Werkzeugwechsel wird mit der Zusatzfunktion M6 programmiert.

d) Das Maß 120 mm gibt die Querablage Q der Werkzeugschneide vom Werkzeugeinstellpunkt an. Das Maß wird in X-Richtung gemessen.
Das Maß 86 mm gibt die Länge L der Werkzeugschneide vom Werkzeugeinstellpunkt an. Das Maß wird in Z-Richtung gemessen.

3/10 a) Die Umdrehungsfrequenz wird in 1/min angegeben.
Programmierung: S mit dem Zahlenwert der Umdrehungsfrequenz

b) Die Schnittgeschwindigkeit wird in $^{1}/min$ angegeben.

3/11 a)

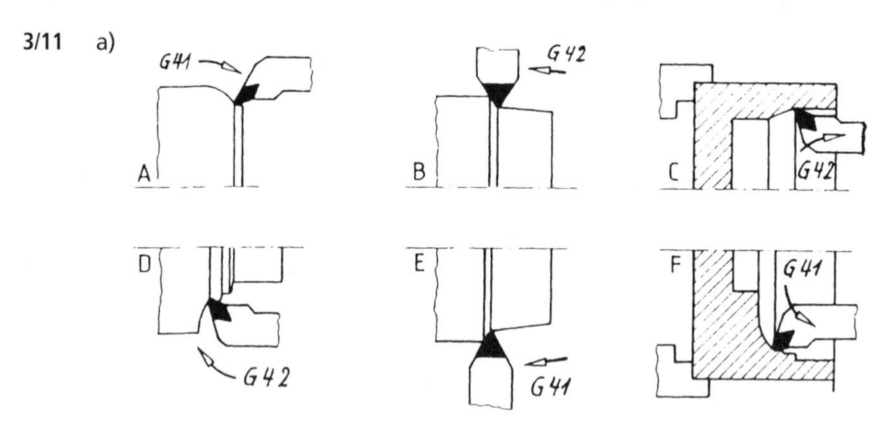

b) Mit der Wegbedingung G40 wird die Schneidenradiuskompensation aufgehoben.

Drehzyklen

3/12

N......	G0	X170	Z1		
N......	G81	G42	D5	H3	AK1
N......	G1	X112	Z-150		
N......	G2	X152	Z-170	I20	K0
N......	G1	X171			
N......	G80	G40			

N......	G0	X85	Z1		
N......	G81	G42	D5	H3	AK1
N......	G1	X54	Z-43		
N......	G1	X85	Z-57		
N......	G80	G40			

3/13 NC-Programm für Drehteil
Beschreibung der Außenkontur nach dem Hauptprogramm.
Arbeiten mit der Programmabschnittswiederholung G23.

N10	G90	G96	S120		
N20	G0	X200	Z250		
N30	T04	M6			
N40	T0.4	M4	M8		
N50	G0	X0	Z4		
N60	G1	Z0			
N70	G81	D3	H3		
N80	G23	N110	N200		
N90	G80				
N100	G0	X200	Z250	M9	M30
Beschreibung der Fertigkontur					
N110	G1	X150	Z0	G42	
N120		X162	Z-6		
N130			Z-70		
N140		X170			
N150			Z-140		
N160		X190	Z-170		
N170			Z-223		
N180	G2	X220	Z-238	I0	J15
N190	G1	X225			
N200	G40				

Nach Aufruf des Zyklus kann auch die Beschreibung der Außenkontur erfolgen.

4 Programmieren zur Fertigung von Frästeilen

Programmieren von Weginformationen beim Fräsen

4/1

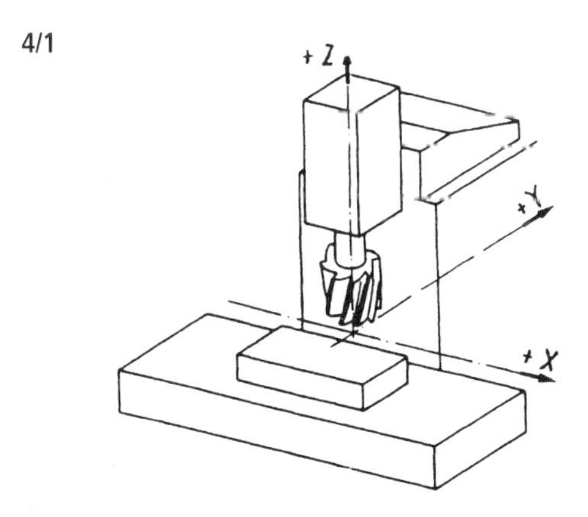

Senkrechtfräsen

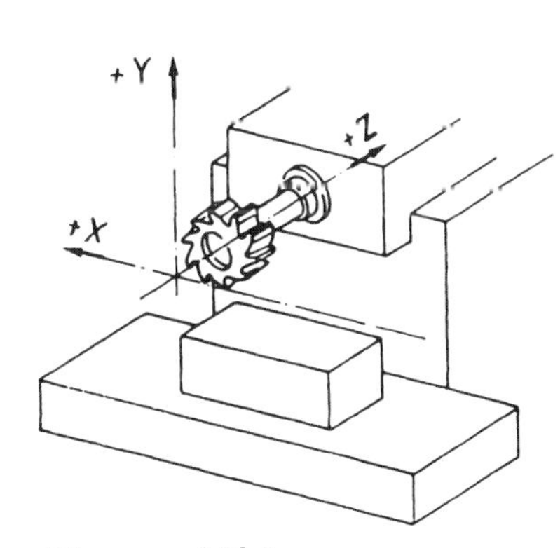

Waagerechtfräsen

4/2 a) Bei einer 21/2-D-Bahnsteuerung sind drei Achsen steuerbar, gleichzeitig können jedoch stets nur zwei Achsen gesteuert werden.
Bei einer 3-D-Bahnsteuerung können alle drei Achsen gleichzeitig gesteuert werden.

b) Fräsen einer Nut, die auf einer Kreisbahn liegt und ansteigt, Fräsen einer Halbkugel, Fräsen einer Schnecke.

4/3

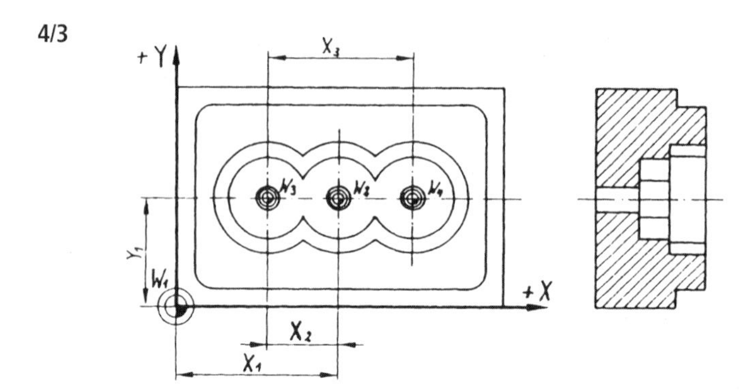

4/4 a) N.. G59 XA45 YA40

b) Bei der Bearbeitung dieses Werkstückes sind zwei völlig gleiche Bearbeitungsfolgen an unterschiedlichen Stellen auszuführen. Mit einer entsprechenden Nullpunktverschiebung können die gleichen Programmsätze aufgerufen werden.

4/5

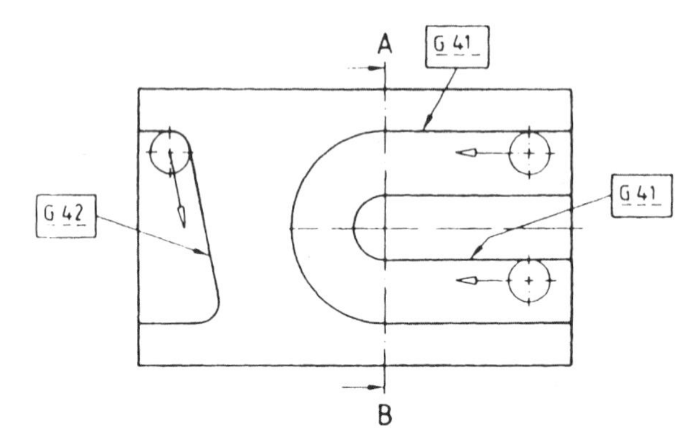

4/6 „Bei einer Bahnsteuerung muss die Werkzeugbahn so korrigiert werden, dass der *(Radius/~~Durchmesser~~)* des Fräsers berücksichtigt wird.
Mit dem Befehl G41 wird die Fräserbahn so programmiert, dass sich der Fräser in Vorschubrichtung *(links/~~rechts~~)* von der Kontur bewegt. Soll der Fräser rechts von der Kontur arbeiten, dann muss die Wegbedingung *(~~G40~~/~~G41~~/G42)* lauten.
Mit dem Befehl *(G40/~~G45~~)* wird die Werkzeugkorrektur aufgehoben."

Fräszyklen und Unterprogramme

4/7	N...	G72	LP140	BP82	ZA-21	D5	V3		
4/8	N...	G73	ZI20	R30	D3	V2	RZ10	AK1	AL1
		F25	S1000						

4/9 Werkstück A

N...	G77	ANO	AI45	R70	O8

Werkstück B

N...	G77	AN30	AI120	R90	O3

4/10 a) Ein Zyklus ist ein Programmsatz, der für häufig sich wiederholende Bearbeitungsabläufe fest in der Steuerung enthalten ist. Er wird mit einem G-Wort aufgerufen und durch Eingabe der konkreten Werte der Parameter programmiert.

b)
- Fräsen von Taschen
- Heranfahren des Fräsers an die Kontur
- Langlochfräsen
- Zapfenfräsen

4/11 a) Planung der Arbeitsfolge:
1. Fräsen der Tasche I mit dem Werkzeug ∅ 18 mm
2. Fräsen der Tasche II nach Spiegelung der Grundkontur um die Y-Achse
3. Fräsen der Taschen III und IV nach Spiegelung der Taschen I und II um die X-Achse

b) NC-Programm Formhälfte einer Spritzgussform

Unterprogramm L20

N 1	G54	X70	Y65	Z1
N 2	G0	X18	Y18	
N 3	G1			Z-2,5
N 4		X41		
N 5		X18	Y41	
N 6			Y18	
N 7	G1			Z-5
N 8		X41		
N 9		X18	Y41	
N10			Y18	
N11				Z1
N12	M17			

Hauptprogramm (Ausschnitt)

N...	G22	L20H1
N...	G66	Y
N...	G22	L20H1
N...	G66	XY
N...	G22	L20H1
N...	G66	X
N...	G22	L20H1

4/12 a) Das Grundelement der Kontur wiederholt sich nach jeweils 72°.

b)

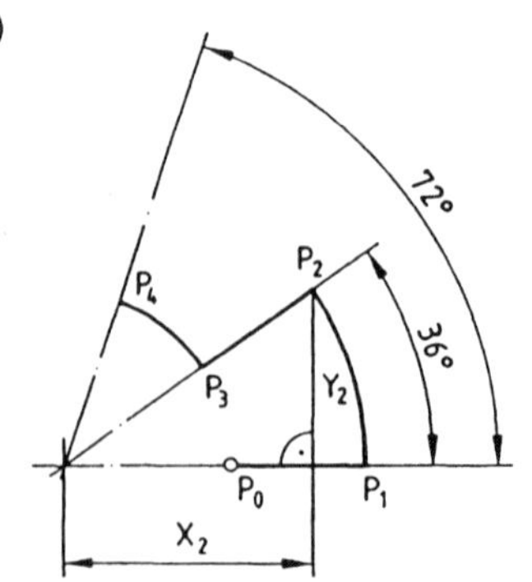

Erster Zielpunkt P2 auf dem Kreis mit Radius R28 und im Winkel von 36°:

X_2 = 28 mm · cos 36°
X_2 = 22,652 mm

Y_2 = 28 mm · sin 36°
Y_2 = 16,458 mm

Zweiter Zielpunkt P_3 auf dem Kreis mit Radius R15 und im Winkel von 36°:

X_3 = 15 mm · cos 36°
X_3 = 12,135 mm

Y_3 = 15 mm · sin 36°
Y_3 = 8,817 mm

Dritter Zielpunkt P_4 auf dem Kreis mit Radius R15 und im Winkel von 72°:

X_4 = 15 mm · cos 72°
X_4 = 4,635 mm

Y_4 = 15 mm · sin 72°
Y_4 = 14,266 mm

c)

NC-Unterprogramm L 1101				Durchbruch	
N1	G90				
N2	G0	X15	Y0		
N3	G1	X28			
N4	G3	X22.625	Y16.458	I - 28	J0
N5	G1	X12.135	Y8.817		
N6	G3	X4.635	Y14.266	I - 12.135	J - 8.817
N7		M17			

4/13 a) Verschlüsselung der Parameter:

R1=0	R2=4	R3=4.653	R4=8.817
R5=12.135	R6=14.266	R7=15	R8=16.458
R9=22.652	R10=28	R11=72	

b)

NC-Unterprogramm L 1201				Durchbruch (in Parameterschreibweise)
N1	G90			
N2	G0	X=R7	Y=R1	
N3	G1	X=R10		
N4	G3	X=R9	Y=R8	I - =R10 J=R1
N5	G1	X=R5	Y=R4	
N6	G3	X=R3	Y=R6	I - =R5 J - =R4
N7		M 17		

Danach sinngemäß weiter programmieren.

Programmieren von Schaltinformationen

4/14 Vorschub in mm/Umdrehung: G 95 F 0.15

Spindeldrehzahl: G 97 S 238

Drehrichtung der Spindel: M03

Kühlmitteleinsatz: M08

Werkzeug: T 02

4/15 a) Schneidwerkstoff: M10; Schnittgeschwindigkeit v_c = 130 m/min

b) $n = \frac{v_c}{d \cdot \pi}$

$n = \frac{130 \text{ m}}{0{,}24 \text{ m} \cdot \pi \cdot \text{min}}$

$n = 172 \frac{1}{\text{min}}$

$f = f_z \cdot z$

$f = 0{,}3 \text{ mm} \cdot 14$

$f = \underline{\underline{4{,}2 \text{ mm}}}$

c)

N	G	X	Y	Z	I	J	K	F	S	T	M
N...	G95 G97	X...	Y...	Z...				F4.2	S172	T02	M 03

4/16 Das Werkzeug T01 bewegt sich mit der Vorschubgeschwindigkeit von 280 mm/min. Die Frässpindel dreht sich mit 660 Umdrehungen je Minute gegen den Uhrzeigersinn.

4/17

N	G	X	Y	Z	I	J	K	F	S	T	M
%											
N 10	G90									T01	M 03
N 20	G95, G96							F0.6	S14		M 08
N 30	G00	X 65	Y65	Z3							
N 40	G01			Z–8							
N 50		X160									
N 60			Y35								
N 70				Z3							
N 80	G95, G96							F0.24	S18		
N 90	G42, G00	X140	Y45								
N 100	G01			Z–8							
N 110		X65	Y45								
N 120	G02	X65	Y85		I0	J20					
N 130	G01	X160									
N 140	G02	X180	Y65		I0	J–20					
N 150	G01		Y35								
N 160	G02	X140	Y35		I–20	J0					
N 170	G03	X130	Y45		I–10	J0					
N 180	G01	X65	Y45								
N 190	G40			Z3							
N 200	G40										M09
N 210	G00	X250	Y200	Z100	(Werkzeugwechselpunkt)						
N 220											M30

4/18 Die Werkzeuge können unsortiert in den Speicher gegeben werden, Verwechslungen sind ausgeschlossen.
Ferner sind alle Werkzeugdaten im Speicherbaustein der Werkzeuge enthalten.

4/19 a) – c)

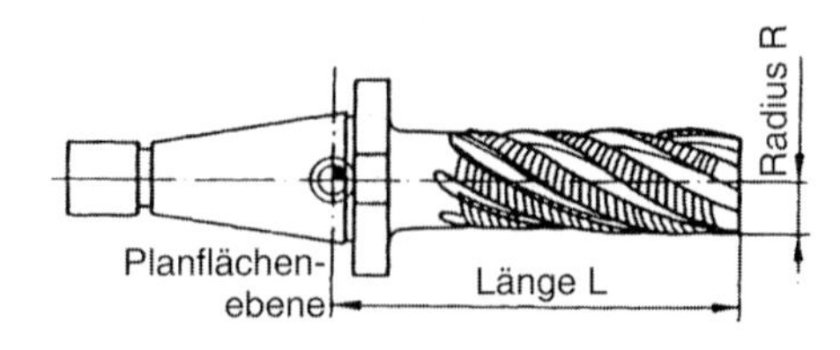

5 Grafische Konturerstellung (GKE)

5/1

→ ◣ ↓ ↘ → ↘ ↑ → ↘ ◣ ↓ ∟ → ◣

↘ ◣ ← ↓ ◣ ← ↓

5/2

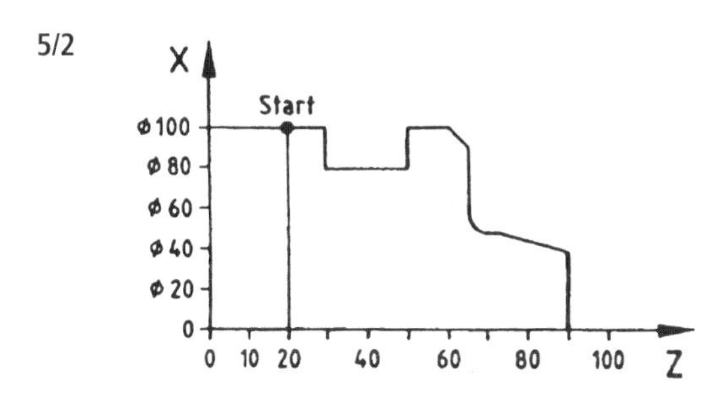

5/3 a)

Nr.	Symbol (Piktogramm)	Koordinaten des Elementendpunktes		Koordinaten des Durchmessers für Radiusmittelpunkt		Winkel zur Z-Achse	Zusatz-angaben
		Startpunkt SDX = 70	SZ = 20				
1	→		Z = 32				
2	↘	DX = –	Z = –	DX = 46	Z = 32		R = 12
3	↗	DX = –	Z = –	DX = –	Z = –		R = 30
4	↘	DX = 26	Z = 106			A = 5	
5	◣	DX = 16	Z = 111				
6	↓	DX = 0,5					

b) – Ausgehend von den **Rohteilmaßen** wird die Schnittauftellung ermittelt.
- Ausgehend vom **Werkstoff des Werkstücks** erfolgt die Werkzeugauswahl, die Festlegung der Schnittdaten und der Kühlschmiermitteleinsatz.
- Aus der **Lage des Werkstücknullpunktes** ermittelt die Steuerung die Verfahrwege bezogen auf den Maschinennullpunkt.
- Aufgrund der verlangten **Oberflächengüte** werden die Bearbeitungszugabe und die Schnittdaten für die Schlichtbearbeitung festgelegt.

5/4
- Automatische Auswahl von Werkzeugen und Technologiedaten;
- automatische Schnittaufteilung und Bearbeitungsreihenfolge;
- automatische Programmerstellung ohne Kenntnis der genormten und steuerungsabhängigen Befehle.

6 Werkstückspannsysteme

6/1 a)

Baugruppe	Positionsnummer
– Grund- bzw. Trageelemente	6
– Stützelemente	2;4
– Positionieremente	3;5
– Spannelemente	1;7;8

b)

Baugruppe	Benennung
– Grund- bzw Trageelemente	Aufspannplatte, Aufspannwinkel, Aufspannwürfel,
– Stützelemente	Auflageleiste, Prisma, gestuftes Auflagestück,
– Positionierelemente	Anschlagelement, Höhenrichtschraubstock, Zentrierbolzen, Zentrierhülse,
– Spannelemente	mechanische Spanneinheit, hydraulische Spanneinheit

6/2 a) Weg einer Palette innerhalb einer flexiblen Fertigung.

1. Zuführung der Paletten zur Aufspannstation
2. Aufspannen eines Werkstücks mit einem Spannsystem auf einer Palette
3. Transport der Palette zur ersten Bearbeitungsstation
4. Wechsel der Palette vom Transportmittel in die Bearbeitungsstation mit nachfolgender Bearbeitung
5. Wechsel der Palette von der Bearbeitungsstation auf ein Transportmittel
6. Bei Bearbeitung an mehreren Bearbeitungsstationen in unveränderter Aufspannung werden die Punkte 3. bis 5. entsprechend oft wiederholt
7. Transport der Palette zur Abspannstation
8. Abspannen des bearbeiteten Werkstücks

b) Vorteile sind:

- Zeitersparnis durch einmaliges Spannen für die Bearbeitung auf mehreren Bearbeitungsstationen,
- Erhöhung der Maschinennutzungszeit durch Verlegen des Aufspannvorganges,
- Erhöhung der Form- und Lagegenauigkeit auf unterschiedlichen Bearbeitungsstationen in einer Aufspannung.

6/3 Eignung der Rasterspannsysteme für den Einsatz in der flexiblen Fertigung:

- **Variabler Aufbau**
  Rasterbohrungen der Tragelemente, vielfältige Trag-, Stütz- und Spannelemente, die durch Zwischenelemente veränderlich sind, ermöglichen eine Vielzahl von unterschiedlichen Aufspannungen.

- **Planbarkeit, Positioniergenauigkeit und Wiederholbarkeit der Aufspannung**
  Die Maße der Bauteile sind in Katalogen erfasst und werden bei der Zusammenstellung berücksichtigt. Hohe Lage-, Form- und Maßgenauigkeit der Rasterbohrungen und aller Bauteile garantieren ein lagegenaues Spannen. Aufgrund dieser Voraussetzungen ist eine gleich bleibende Positioniergenauigkeit – auch bei späterem Nachbau der Spannvorrichtung – gewährleistet.
- **Automatisierbarkeit der Aufspannung**
  Hydraulische bzw. pneumatische Spannelemente sind eine Voraussetzung für eine programmgesteuerte Werkstückspannung.

6/4 Koordinaten des Werkstücknullpunktes bezogen auf den Grundplatten-Nullpunkt:

$X = -(L_0/2 + L_1)$; $X = -(125\text{ mm}/2 + 30\text{ mm})$

$X = \underline{\underline{-92{,}500\text{ mm}}}$

$Y = H_0 + H_1 + H_2$; $Y = 30\text{ mm} + 100\text{ mm} + 15\text{ mm}$

$Y = \underline{\underline{145{,}000\text{ mm}}}$

$Z = -L_2 + L_3 + 50\text{ mm}$; $Z = -10\text{ mm} + 10\text{ mm} + 50\text{ mm}$

$Z = \underline{\underline{50{,}000\text{ mm}}}$

6/5 a) Spannkraft:

$F = p \cdot A$

$F = 2\,000\text{ N/cm}^2 \cdot (4\text{ cm})^2 \cdot \pi/4$

$F = \underline{\underline{25\,133\text{ N}}}$

b) Hubvolumen:

$V = A \cdot h$

$V = (4\text{ cm})^2 \cdot \pi/4 \cdot 6\text{ cm}$

$V = \underline{\underline{75{,}40\text{ cm}^3}}$

c) Spannzeit:

$t = V/Q$

$$t = \frac{75{,}40\text{ cm}^3 \cdot 0{,}25 \cdot 60\text{ s}}{1\,500\text{ cm}^3}$$

$t = \underline{\underline{0{,}75\text{ s}}}$

d) Vorzüge hydraulischer Spannsysteme:
- Erzeugung großer Spannkräfte
- kurze Betätigungszeiten
- Möglichkeit des programmgesteuerten Spannens und Lösens

7 Steuerung einer NC-Maschine über das Bedienfeld

7/1 Der Bediener der CNC-Maschine bringt seine technologische Erfahrung direkt in das Programm ein. Er ist flexibel und kann leichter das Programm optimieren.

7/2 a) Handeingabe
- Satzweises Einlesen ohne Maschinenfunktion

b)
- Daten im Speicher verändern
- Korrektur der Werkzeuglänge

8 Planung, Programmierung, Programmerprobung und Programmspeicherung

8/1 1. **Auftragsanalyse**
- Auswahl des Halbzeugs (Form und Abmessungen) für das Rohteil
- Festlegung der erforderlichen Fertigungsverfahren

2. **Arbeitsplanung**
- Planen der Bearbeitungsfolge
- Werkzeug- und Spannmittelauswahl
- Festlegung der Schnittdaten

3. **Programmerstellung**
- Eingabe der Werkstückgeometrie
- Einsatz von Zyklen und Unterprogrammen

4. **Programmkontrolle**
- Programmtest auf dem Bildschirm

5. **Programmerprobung und Optimierung**
- Anfertigung eines Probestückes
- Programmverbesserung nach der Probefertigung

6. **Dokumentation und Speicherung**
- Ausdrucken des Programms
- Sicherung von NC-Programmen auf CD oder USB-Stick

8/2 Vorsichtsmaßnahmen bei der Probefertigung:
- Probelauf der Bearbeitung ohne Werkstück – „Luftschnitte" – im Einzelsatz
- Probefertigung mit verminderten Vorschub („Prozentschalter" auf z.B. 30 %) im Einzelsatz
- Probefertigung mit programmierten Vorschub im Einzelsatz
- Probefertigung mit Ersatzwerkstoffen, z.B. aufgeschäumte Kunststoffrohteile, bei komplizierten Werkstückformen

8/3 Durch Sensoren gemessene Größen:

a)
- elastische Verformungen am Werkzeug oder innerhalb der Werkzeugmaschine
- Schnittkraft
- Temperatur an der Schneide oder innerhalb des Arbeitsraumes

b)
1. Ein optischer Sensor erfasst, dass das Werkzeug nicht mehr vollständig vorhanden ist.
2. Diese Information wird an die Auswerteelektronik geleitet, hier wird sie als Störung erkannt.
3. Der Befehl „Stopp" wird über das Interface an die Antriebssyteme weitergeleitet. Diese werden durch einen Schnellstopp abgeschaltet.

Steuerungs- und Regelungstechnik

1 Grundlagen für pneumatische und hydraulische Steuerungen

1/1

Energieträger	Technologie	Beispiel zur Anwendung
Druckluft	*Pneumatik*	*Verpackungsmaschine*
Drucköl	*Hydraulik*	Bagger
elektr. Strom	Elektrik	*Licht*
feste Körper	*Mechanik*	*Zahnräder*

Physikalische Grundlagen

1/2

gegebener Druck	in andere Einheiten umgerechneter Druck					
	Pa	bar	hPa	daN/cm²	N/mm²	mbar
$4 \cdot 10^6$ N/m²	*$4 \cdot 10^6$*	*40*	*$4 \cdot 10^4$*	*40*	*4*	*$4 \cdot 10^4$*
710 mbar	*$7{,}1 \cdot 10^4$*	*0,71*	*710*	*0,71*	*$7{,}1 \cdot 10^{-2}$*	–
25 bar	*$2{,}5 \cdot 10^6$*	–	*$2{,}5 \cdot 10^4$*	*25*	*2,5*	*$2{,}5 \cdot 10^4$*
120 N/mm²	*$1{,}2 \cdot 10^8$*	*$1{,}2 \cdot 10^3$*	*$1{,}2 \cdot 10^6$*	*$1{,}2 \cdot 10^3$*	–	*$1{,}2 \cdot 10^6$*

1/3 $p = \frac{F \cdot 4}{d^2 \cdot \pi}$; $p = \frac{5 \cdot 10^3\ \text{N} \cdot 4}{(0{,}03\ \text{m})^2 \cdot \pi}$; $p = \underline{\underline{7{,}07 \cdot 10^6\ \text{Pa}}}$

Der Druck beträgt $7{,}07 \cdot 10^6$ Pa = $\underline{\underline{70{,}7\ \text{bar}}}$

1/4 1 010 hPa = $\underline{\underline{1{,}01 \cdot 10^5\ \text{Pa}}}$ = 1,010 bar = $\underline{\underline{1\,010\ \text{mbar}}}$

1/5

Luftdruck bar	Absoluter Druck bar	Überdruck bar
1,05	*5,35*	4,3
1,0	180	*179*
0,98	1,73	0,75

1/6 Der Unterschied zwischen absolutem Druck und Überdruck beträgt etwa 1 bar. Bei 200 bar macht dieser Unterschied nur 0,5 % aus und ist somit unerheblich für die Überwindung auftretender Kräfte, da Hydraulikanlagen mit genügend Reserven ausgelegt sein müssen.

1/7 $F = p \cdot A$; $F = 22 \cdot 10^5\ \frac{\text{N}}{\text{m}^2} \cdot 490 \cdot 10^{-6}\ \text{m}^2$; $F = \underline{\underline{1\,078\ \text{N}}}$

1/8 $F = p \cdot \frac{d^2 \cdot \pi}{4}$; $F = 7 \cdot 10^5 \frac{N}{m^2} \cdot \frac{(0{,}06\ m)^2 \cdot \pi}{4}$; $F = \underline{\underline{1\,980\ N}}$

Der gewählte Zylinder von 6 cm Durchmesser reicht wegen der noch zu berücksichtigenden Reibungskraft nicht aus.
Denn $F_W = 1\,980\ N \cdot 0{,}75$ ist mit 1 485 N kleiner als die gewünschte Spannkraft von 1 500 N.

1/9 Die Kolbenstange fährt aus, weil die Kraft auf der Kolbenflächenseite wegen der größeren Druckfläche größer ist als die Kraft auf der Kolbenstangenseite.

1/10 a) $F = p \cdot \frac{d^2 \cdot \pi}{4} \cdot 0{,}8$; $F = 6 \cdot 10^5 \frac{N}{m^2} \cdot \frac{(0{,}05\ m)^2 \cdot \pi}{4} \cdot 0{,}8$ $F = \underline{\underline{942\ N}}$

b) Bei einem Druck von 8 bar beträgt die Kraft an der Kolbenstange 1 257 N.

1/11

	Effektive Kolbenkraft in N	Druckkraft in N	Kolben-durchmesser in mm	Kolbenfläche in mm^2	Betriebsdruck in bar
a)	**3 200**	*4 571*	*85,3*	*5 714*	8
b)	*196*	280	*24,3*	*464*	6
c)	1 800	*2 570*	63	*3 117*	*8,25*
d)	*560*	800	*50*	1 960	*4,07*
e)	*1 750*	2 500	80	*5 026*	*4,97*

1/12 a) Mindestdruck

$p_e = \frac{F_W \cdot 4}{0{,}7 \cdot d_1^2 \cdot \pi}$; $p_e = \frac{1\,080\ N \cdot 4}{0{,}7 \cdot (5\ cm)^2 \cdot \pi}$; $p_e = 78{,}5 \frac{N}{cm^2}$; $p_e = \underline{\underline{7{,}85\ bar}}$

1/13 a) $p_e = \frac{F_{vor} \cdot 4}{0{,}8 \cdot d_1^2 \cdot \pi}$; $p_e = \frac{4\,550\ N \cdot 4}{0{,}8 \cdot (10\ cm)^2 \cdot \pi}$; $p_e = 72{,}4 \frac{N}{cm^2}$

Mindestbetriebsdruck für Vorhub $p_e = \underline{\underline{7{,}24\ bar}}$

b) $d_2 = \sqrt{d_1^2 - \frac{F_{rück} \cdot 4}{0{,}8 \cdot p_e \cdot \pi}}$;

$d_2 = \sqrt{(10\ cm)^2 - \frac{4 \cdot 4\,260\ N}{0{,}8 \cdot 72{,}4\ N/cm^2 \cdot \pi}}$;

$d_2 = \underline{\underline{2{,}52\ cm}}$

Gewählter Kolbenstangendurchmesser 25 mm

Grafische Symbole und Schaltpläne in der Fluidtechnik

1/14 a) b) c)

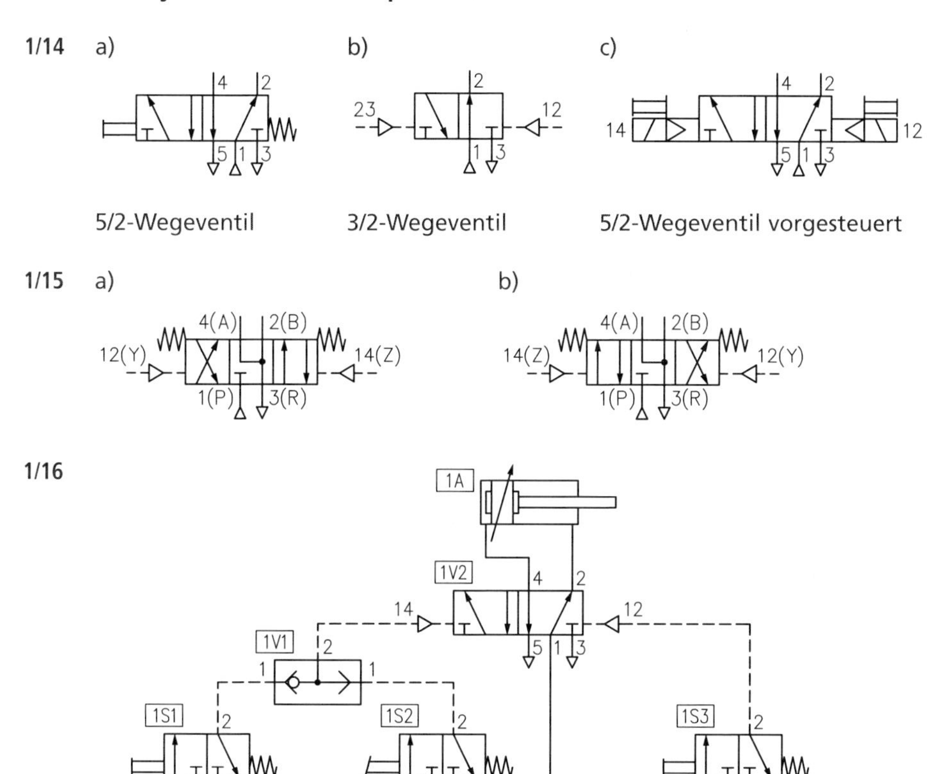

5/2-Wegeventil 3/2-Wegeventil 5/2-Wegeventil vorgesteuert

1/15 a) b)

1/16

1/17 a) Pneumatisches oder hydraulisches Ventil mit zwei Schaltstellungen

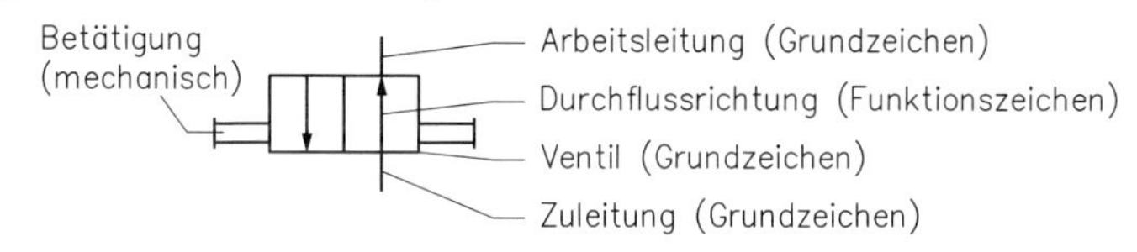

b) Hydraulische Pumpe, verstellbar

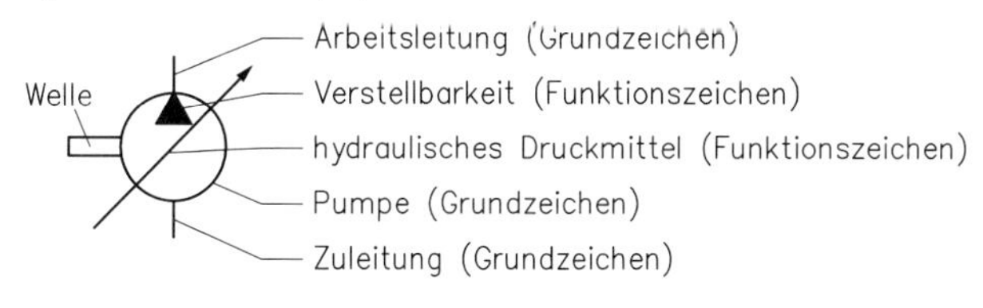

1/18 Das Funktionszeichen für pneumatische Anlagen ist ein Dreieck ohne Einfärbung; das Funktionszeichen für hydraulische Anlagen ist dagegen ein auf der ganzen Fläche geschwärztes Dreieck. Außerdem gibt es für Druckluftanlagen und für Hydraulikanlagen jeweils typische Bauteile und somit nur in den jeweiligen Plänen vorkommende Symbole.

1/19 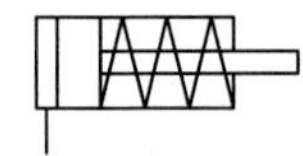 Das Symbol gibt keine Auskunft über die Bauart und die Größe des Zylinders

1/20 a) 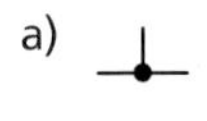 b)  e)

c) d)

1/21 Hydraulikschaltplan
a) Hydraulikpumpe, d) Behälter mit Rohr

Pneumatikschaltplan
b) Luftbehälter, c) Schalldämpfer, e) Druckbegrenzungsventil,
f) Druckluftbeaufschlagtes Ventil

1/22 a) 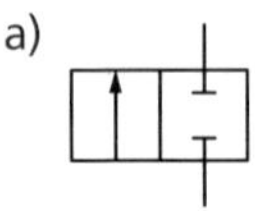 b) 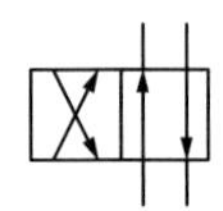 c) 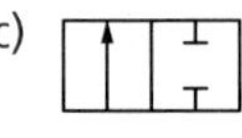 d) 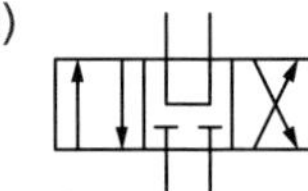

1/23 a) Ein 3/2-Wegeventil: Ausgangsstellung b, federbetätigt
– alle Anschlüsse verbunden.
Schaltstellung a, handtasterbetätigt
– alle Anschlüsse gesperrt.

b) Ein 2/2-Wegeventil: Ausgangsstellung a, mechanisch betätigt
– beide Anschlüsse gesperrt.
Schaltstellung b, mechanisch betätigt
– Durchgang in beiden Richtungen.

c) Ein 4/3-Wegeventil: Ausgangsstellung c, federbetätigt
– Durchgang von 1 nach 2 und von 4 nach 3.
Schaltstellung a, pneumatisch betätigt
– Durchgang von 1 nach 4 und von 2 nach 3.
Schaltstellung b, pneumatisch betätigt
– Durchgang von 4 nach 2, Anschlüsse 1 und 3 gesperrt.

d) Ein 4/3-Wegeventil: Ausgangsstellung c, federbetätigt
– Verbindung zwischen den Leitungen A und B bzw. P und T.
Schaltstellung a, magnetisch betätigt
– Durchgang von P nach A und von B nach T.
Schaltstellung b, magnetisch betätigt
– Durchgang von P nach B und von A nach T.

1/24

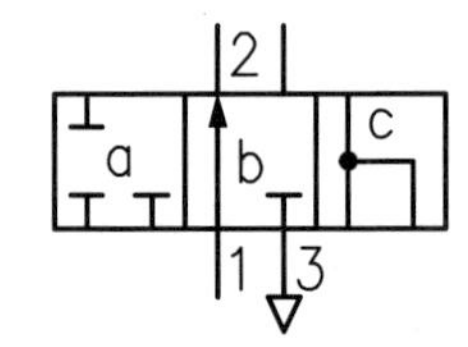

1/25 Der Zylinder kann das Ventil betätigen durch:

Rolle | Leer-Rücklaufrolle | Stößel

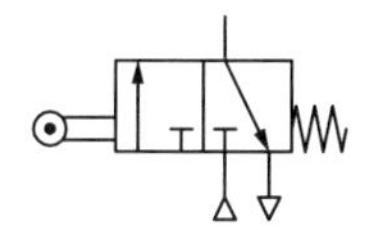
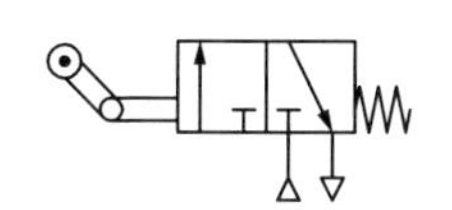
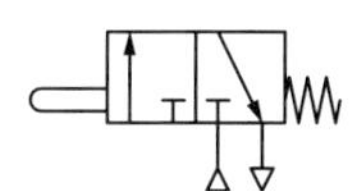

1/26 a) b)

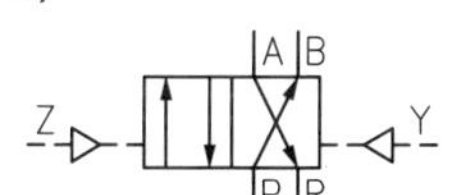

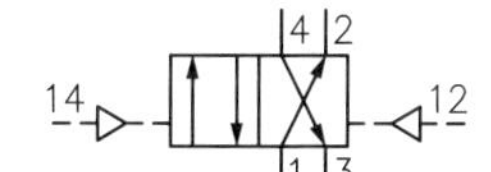

oder entsprechendes 5/2-Wegeventil

1/27 Für die Ersatzbeschaffung muss man neben der Bezeichnung 4/3-Wegeventil auch noch folgende Angaben wissen:
- Betätigungsarten,
- Schaltwege in der Ruhestellung,
- Schaltwege in der Arbeitsstellung,
- Nennweite.

1/28 Die Leitung 14 muss mit Druck beaufschlagt werden.

2 Pneumatik

Einheiten zur Bereitstellung der Druckluft

2/1 $p_{abs} = p_e + p_{amb}$; $p_{abs} = 1{,}78 \text{ bar} + 1{,}015 \text{ bar}$; $p_{abs} = \underline{\underline{2{,}795 \text{ bar}}}$

2/2 a) $p_2 = \dfrac{V_1 \cdot p_1}{V_2}$; $p_2 = \dfrac{2{,}4 \text{ m}^3 \cdot 1 \text{ bar}}{0{,}4 \text{ m}^3}$; $p_2 = \underline{\underline{6 \text{ bar}}}$

b) Anzeige am Druckmessgerät: $p_e = \underline{\underline{5 \text{ bar}}}$

2/3 $V_{Kessel} = \dfrac{d^2 \cdot \pi}{4} \cdot l$ $V_{Kessel} = \dfrac{(0{,}8 \text{ m})^2 \cdot \pi}{4} \cdot 2 \text{ m}$ $V_{Kessel} = \underline{\underline{1{,}005 \text{ m}^3}}$

$V_2 = \dfrac{V_{Kessel}\,(p_e + p_{amb})}{p_{amb}}$; $V_2 = \dfrac{1{,}005 \text{ m}^3\,(8{,}4 \text{ bar} + 1 \text{ bar})}{1 \text{ bar}}$; $V_2 = \underline{\underline{9{,}44 \text{ m}^3}}$

$V_{Verlust} = V_2 - V_{Kessel}$ Aus dem Speicher sind $\underline{\underline{8{,}44 \text{ m}^3}}$ Luft entwichen.

2/4 Der Kompressor der Firma B ist etwas leistungsfähiger, da das Produkt aus Liefermenge und Betriebsdruck günstiger als bei dem Kompressor der Firma A ist.

2/5 Einlassventil, Auslassventil, Kolben, Pleuel

2/6

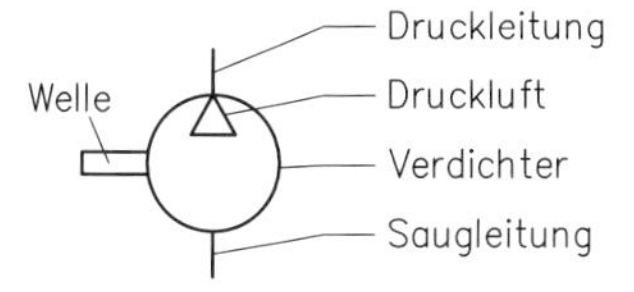

2/7 Hubkolbenverdichter: Einlassventil, Kolben, Verdrängungsprinzip
Lamellenverdichter: Rotor, Schieber, Zelle, Verdrängungsprinzip
Axialverdichter: Schaufel, Turbinenrad, Strömungsprinzip

2/8 Vor Gewittern hat die Luft meist eine hohe Temperatur und eine hohe Luftfeuchtigkeit. An kalten Stellen, z. B. an Kellerwänden, kühlt sich diese feuchte Luft ab und scheidet dabei überschüssiges Wasser aus, denn kühle Luft kann nicht so viel Feuchtigkeit lösen wie warme Luft.

2/9 Kalte Luft kann *(~~mehr~~/weniger/~~gleichviel~~)* Feuchtigkeit aufnehmen *(als/~~wie~~)* warme Luft.
Warme Luft unter hohem Druck kann *(~~mehr~~/~~weniger~~/gleich viel)* Feuchtigkeit aufnehmen *(~~als~~/wie)* warme Luft unter niedrigem Druck.
Kalte Luft unter hohem Druck kann *(~~mehr~~/weniger/~~gleich viel~~)* Feuchtigkeit aufnehmen *(als/~~wie~~)* warme Luft unter niedrigem Druck.

2/10 Vom Kompressor angesaugte Luft hat je Volumeneinheit eine bestimmte Wassermenge in Form von Wasserdampf in sich. Diese Luft wird im Kompressor auf einen Bruchteil ihres Volumens zusammengepresst. Da die Wasseraufnahme der Luft nicht vom Luftdruck abhängt, erreicht die Luft beim Komprimieren ihre Sättigungsmenge, Wasser scheidet als Kondensat aus.

2/11 Aufgaben des Speichers im Druckluftnetz:
- Ausgleich von Druckschwankungen in der Anlage, Bereitstellung von Druckluft bei plötzlichem, größerem Verbrauch,
- Ausscheiden von anfallendem Kondensat.

2/12 Im Kühler wird die Druckluft abgekühlt, dabei fällt Kondensat an. Nach dem Kühler erwärmt sich die Druckluft wieder, da aber wärmere Luft mehr Wasserdampf lösen kann, ist die Gefahr, dass in der Druckluftanlage Kondensat anfällt, geringer geworden.

2/13 Im Fall a) ist der Anschluss für den Verbraucher richtig, weil hier kein Kondensat aus der Hauptleitung in die Leitung zum Verbraucher fließen kann, was im Fall b) gegeben wäre.

2/14 Leckverluste kann man mithilfe von Druckanzeigegeräten feststellen, wenn alle Verbraucher abgesperrt sind; Lecksuche nach Geräuschen.

2/15 Staubteilchen, Wasser

2/16 Der Filter muss ausgetauscht werden können.

2/17 a) b)

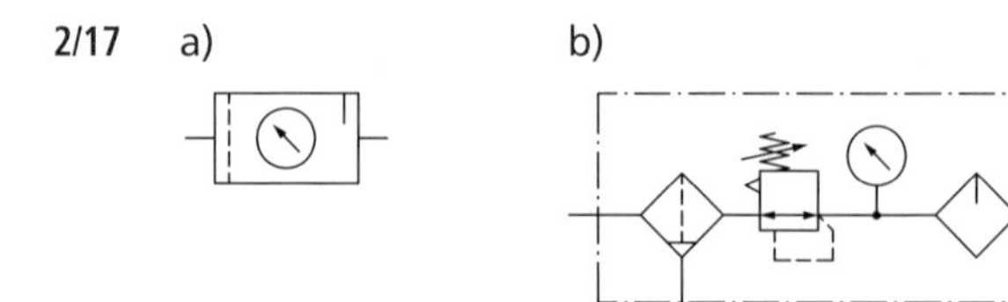

2/18 Das Symbol steht für einen Öler. Öl muss der Druckluft zugeführt werden, damit die bewegten Bauteile der Ventile bzw. der Arbeitselemente geschmiert werden. Die Anreicherung der Druckluft mit Öl soll jedoch möglichst nicht mehr erfolgen (Umweltproblematik). Neuere Bauteile an Pneumatikanlagen werden daher so konstruiert, dass die Luft nicht mehr geölt werden muss.

Arbeitseinheiten in der Pneumatik

2/19 Pneumatische Arbeitselemente wandeln pneumatische Energie in mechanische Energie um:
- Zylinder für geradlinige Bewegungen,
- Drehantriebe für Schwenkbewegungen,
- Motoren für Drehbewegungen.

2/20

	Einfach wirkender Zylinder	Doppelt wirkender Zylinder
a) Aufbau	ein Druckluftanschluss, meist mit Rückholfeder	zwei Druckluftanschlüsse
b) Wirkungsweise	Kraftübertragung nur beim Ausfahren, Rückholfeder stellt Kolben selbsttätig zurück	Kraftübertragung in beide Richtungen, Bewegungen können in beide Richtungen gesteuert werden
c) Anwendung	für begrenzte Hublängen	für große Baulängen

2/21 Die mechanische Dämpfung durch Gummipuffer ist einfach und dadurch preiswert, nachteilig sind der zusätzliche Verschleiß und die fehlende Einstellbarkeit der Dämpfung.

2/22 a) Der Zylinder hat eine hinten schwenkbare Flanschbefestigung.

b) Die Zylinder können sowohl in der Höhe als auch in der Winkellage verstellt werden.

c) Die Winkellage des Zylinders wird mithilfe der angebrachten Justiereinrichtung (Schraube an langer Lasche) so eingestellt, dass beim Ausfahren der Kolbenstange das Zylinderrohr keine größeren seitlichen Bewegungen ausführt.

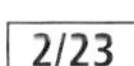

a) $p_e = \dfrac{F_{vor} \cdot 4}{0{,}8 \cdot d_1^2 \cdot \pi}$; $\quad p_e = \dfrac{4\,550\ \text{N} \cdot 4}{0{,}8 \cdot (10\ \text{cm})^2 \cdot \pi}$; $\quad p_e = \underline{\underline{7{,}24\ \text{bar}}}$

Mindestbetriebsdruck für Vorhub $p_e = \underline{\underline{7{,}24\ \text{bar}}}$

b) $d_2 = \sqrt{d_1^2 - \dfrac{F_{rück} \cdot 4}{0{,}8 \cdot p_e \cdot \pi}}$;

$d_2 = \sqrt{(10\ \text{cm})^2 - \dfrac{4 \cdot 4\,260\ \text{N}}{0{,}8 \cdot 72{,}4\ \text{N/cm}^2 \cdot \pi}}$;

$d_2 = \underline{\underline{2{,}52\ \text{cm}}}$

Gewählter Kolbenstangendurchmesser 25 mm
(siehe Datenblatt für Zylinder)

2/24 Die Feder bringt den Kolben wieder in Ausgangsstellung, sobald die Kolbenflächenseite entlüftet wird. Die Bohrung auf der Kolbenstangenseite dient zur Entlüftung (beim Arbeitshub) und Belüftung (beim Rückhub).

2/25 Schmutzteilchen wirken sich besonders negativ an den Abdichtungen für die Kolbenstange sowie an den Dichtungen zwischen Kolben und Zylinder aus.

2/26

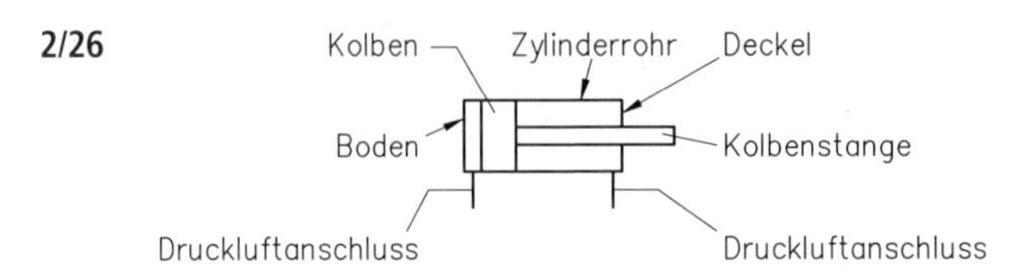

2/27 Das Gewinde dient zum Anschluss von mechanischen Bauteilen. Die Schlüsselflächen sind notwendig, damit man beim Aufschrauben ein Gegendrehmoment aufbringen kann.

2/28 Beim Membranzylinder hat die Membrane selbst federnde Eigenschaften, eine besondere Rückstellfeder ist nicht notwendig.

2/29 a) Doppelt wirkender Zylinder, bzw. Drehzylinder

b) Pneumatikmotor

c) Membranzylinder

d) Einfach wirkender Zylinder

Einheiten zum Steuern der Druckluft

2/30 Über den falsch angeschlossenen Anschluss 2 strömt Druckluft sowohl ins Freie über 3 als auch in das Netz über 1.

2/31 In Längsschieberventilen gleichen sich die Druckkräfte so aus, dass nur Reibungskräfte überwunden werden müssen. Bei Sitzventilen wirken auf den Sitz von beiden Seiten unterschiedliche Kräfte, deren Differenz von der öffnenden Druckkraft zusätzlich zur Reibung überwunden werden muss.

2/32 Bei impulsgesteuerten Längsschieberventilen ist die Ausgangsstellung nicht vorhersagbar.

2/33 a) Bruch der Rückstellfeder im Vorsteuerventil: Die Membrane bleibt auch im unbetätigten Zustand druckbeaufschlagt, dadurch bleibt der Steuerkolben stets betätigt und die Arbeitsleitung ist stets mit der Druckleitung verbunden. Das Ventil schaltet nicht.

b) Bruch der Rückstellfeder im Hauptventil: Die Arbeitsleitung A ist stets druckbeaufschlagt. Das Ventil schaltet nicht und lässt Druckluft auf die Abluftseite.

2/34 Anordnung der Sätze in folgender Reihenfolge:

- Wird die Betätigungsrolle entlastet, so erfolgt die Rückstellung des Ventils.
- Im Vorsteuerventil schließt die Rückstellfeder die Verbindung zwischen dem Druckanschluss und dem Druckraum mit der Membrane.
- Der Druckraum mit der Membrane im Vorsteuerventil wird entlüftet.
- Die zusammengedrückte Feder im Hauptventil kann nun den Steuerkolben nach oben umschalten.
- Der umgeschaltete Steuerkolben verschließt im Hauptventil den Weg vom Druckanschluss zur Arbeitsleitung.
- Die aus der Arbeitsleitung zurückströmende Luft entweicht über die Bohrung im Steuerkolben nach außen.

2/35 Bei unbetätigten Ventilen ist durch die Rückstellfeder stets eine definierte Ausgangsstellung vorhanden.

2/36 $V_0 = q_v \cdot t$; $V_0 = 1\,400\,\frac{l}{min} \cdot 1\,min$; $V_0 = 1\,400\,dm^3$

a) $V_{-10} = \frac{p_0 \cdot V_0 \cdot T}{T_0 \cdot p}$; $V_{-10} = \frac{1{,}013\,bar \cdot 1\,400\,dm^3 \cdot 263\,K}{273\,K \cdot 1\,bar}$; $V_{-10} = 1\,366\,dm^3$

$q_{v-10} = 1\,366\,\frac{dm^3}{min}$; $q_{v-10} = 22{,}8\,\frac{dm^3}{s}$

b) $q_{v20} = 25{,}4\,\frac{dm^3}{s}$; c) $q_{v60} = 28{,}8\,\frac{dm^3}{s}$;

2/37 Vergleichsquerschnitt

$A = \frac{d^2 \cdot \pi}{4}$; $A = \frac{(8\,mm)^2 \cdot \pi}{4}$; $A = 50{,}26\,mm^2$

Durchmesser

$d_x = \sqrt{D^2 - \frac{4\,A}{\pi}}$; $d_x = \sqrt{(10\,mm)^2 - \frac{4 \cdot 50{,}26\,mm^2}{\pi}}$; $d_x = \underline{\underline{6\,mm}}$

2/38 Pneumatischer Schaltplan

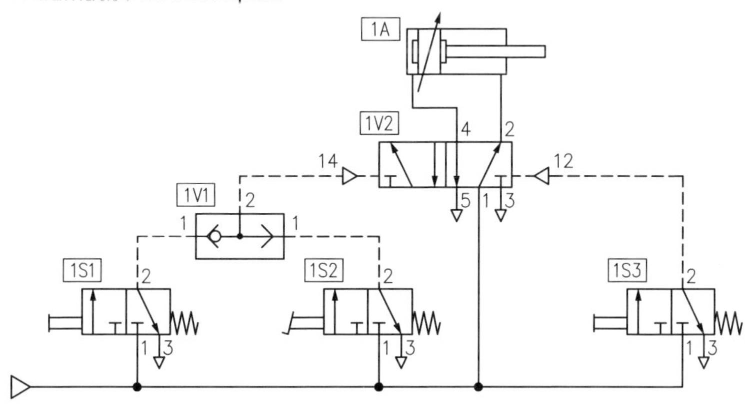

2/39 a) Betätigt man nur das untere Ventil, so wird der Zylinder über das Rückschlagventil mit Druckluft versorgt. Der Zylinder fährt aus. Ist das untere Ventil auf Abluft geschaltet, verhindert das Rückschlagventil eine Entlüftung des Zylinders. Der Rückhub ist nur möglich, wenn das obere Ventil betätigt wird und das untere in Ausgangsstellung steht.

b) Vertauscht man die Anschlüsse am Rückschlagventil, wird der Zylinder erst druckbeaufschlagt, wenn beide Ventile gleichzeitig betätigt werden (UND-Schaltung). Ist das untere Ventil nicht betätigt, so fährt der Zylinder sofort wieder ein.

c)

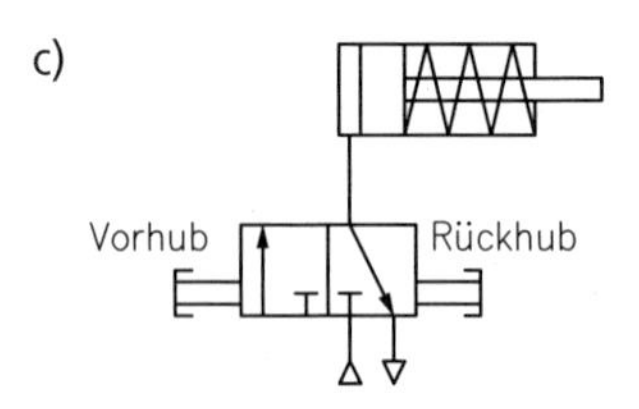

2/40 a) Schaltplanausschnitt

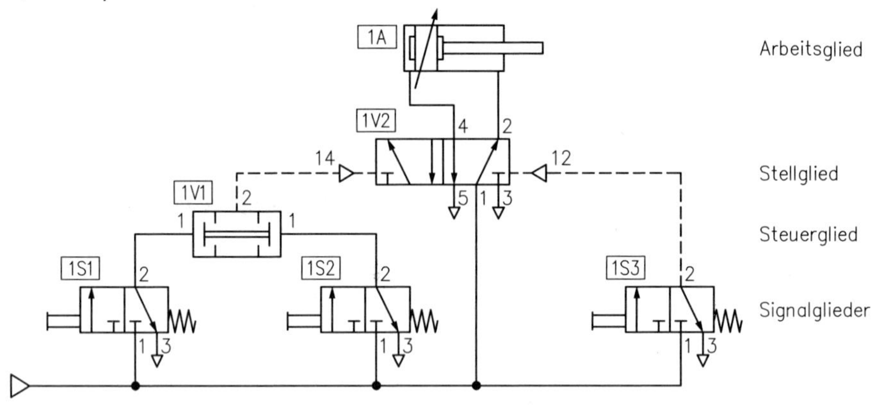

b) Schaltplanausschnitt ohne Zweidruckventil

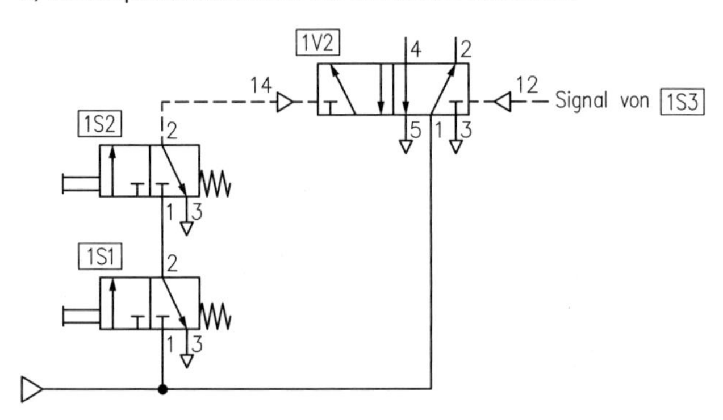

2/41 Mit dem Drosselventil wird die Kolbengeschwindigkeit sowohl im Vorlauf als auch im Rücklauf beeinflusst. Nur eine Richtung ist nicht regelbar.

2/42 Drosselrückschlagventile baut man auf der Abluftseite ein, weil dadurch der Zylinderkolben zwischen zwei Luftpolster gespannt ist und so eine gleichmäßigere Bewegung erzielt wird.

2/43 a) Über die Drossel wird die Zeit reguliert, in der sich im Speicher der Druck aufbaut, mit dem das Ventil geschaltet wird.

b) Über das Rückschlagventil erfolgt mithilfe der Feder die Rückstellung des Schaltventils. Die Luft aus dem Speicher kann schnell entweichen.

2/44 Schaltplanauszug

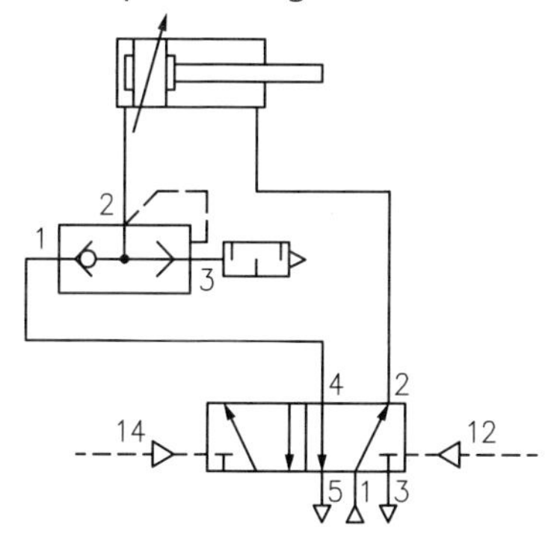

2/45 Druckbegrenzungsventile schützen die Pneumatikanlage vor Überdruck.

2/46 Ein Druckregelventil kann aus folgenden Gründen funktionsuntüchtig sein: Feder gebrochen, Membrane undicht oder unelastisch, Ventilsitz undicht, falscher Einbau bezüglich der Durchflussrichtung.

2/47

1. Druckluftquelle – Versorgung der Anlage mit Druckluft
2. Druckbegrenzungsventil – Absicherung der Anlage vor Überdruck
3. Luftbehälter – Ausgleich von Druckschwankungen und Bereitstellung von Druckluft
4. Lufttrockner – Luftfeuchtigkeit in der Druckluft senken
5. Filter mit Wasserabscheider – Reinigung der Druckluft und Sammeln des Kondensates
6. 3/2-Wegeventil – Druckversorgung für die Anlage
7. Aufbereitungseinheit vor einer Einzelanlage – nochmalige Aufbereitung der Druckluft und Regulierung des Druckes für den Anlagenteil
8. 3/2-Wegeventil – Signalglied – handbetätigt
9. 5/2-Wegeventil – Stellglied mit Speicherverhalten/druckluftbetätigt
10. Drosselrückschlagventil – Regulierung der Geschwindigkeit von Arbeitsgliedern
11. Doppelt wirkender Zylinder mit einstellbarer Dämpfung – Umsetzung von pneumatischer Energie in mechanische Energie (Längsbewegung)

2/48 Individuelle Lösungen

Pneumatische Steuerungen

2/49

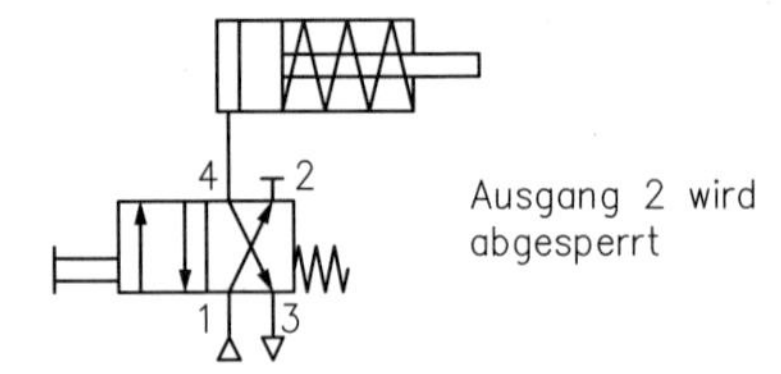

2/50 a) Die Kolbenstange lässt sich in der Ausgangsstellung durch äußere Kräfte bewegen, weil beide Seiten des Zylinders mit der Atmosphäre verbunden sind.

b) Bei Betätigung fährt die Kolbenstange aus, weil die Druckkraft auf der Kolbenflächenseite größer ist als die Druckkraft auf der Kolbenstangenseite.

2/51

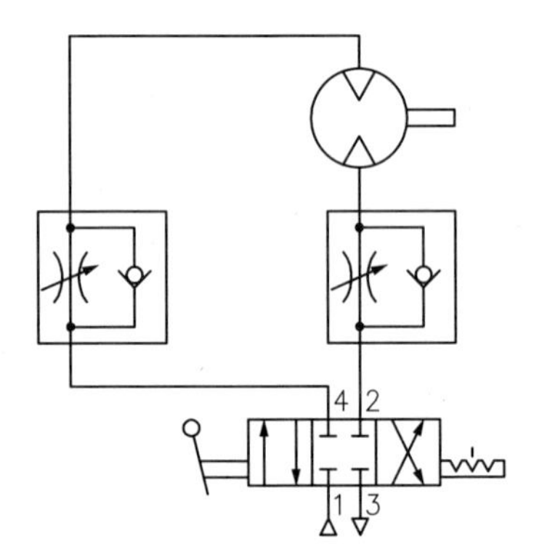

2/52 Würde man die Drossel vor dem Stellglied einbauen, so würde die Druckluft sowohl für den Vorlauf als auch für den Rücklauf gedrosselt, wobei jedoch nur für einen Fall eine eindeutige Geschwindigkeitseinstellung möglich wäre.

2/53

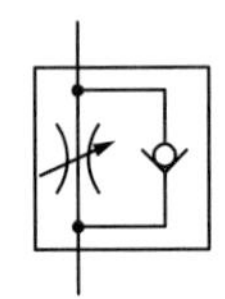

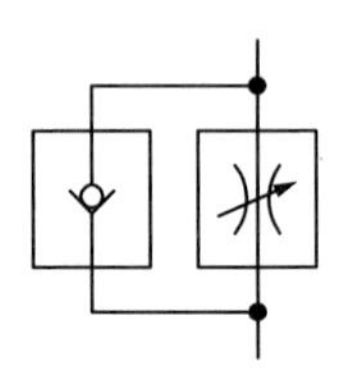

Drosselrückschlagventil Rückschlagventil und Drossel

2/54

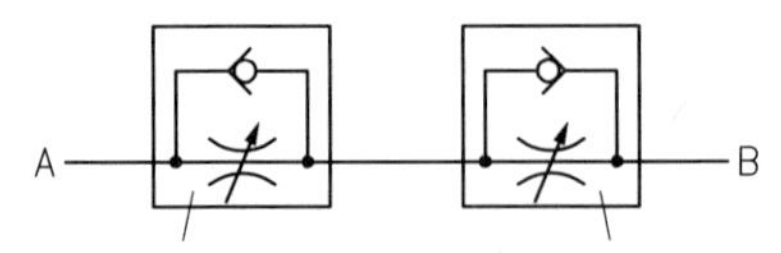

Drosselung für Luftstrom B nach A Drosselung für Luftstrom A nach B

2/55

2/56 Signalfolgen lassen sich in der Pneumatik durch wegabhängige Steuerungen verwirklichen.

2/57 In pneumatischen Schaltplänen wird die Lage von wegabhängig betätigten Ventilen jeweils durch einen Markierungsstrich beim zugehörigen Antriebsglied gekennzeichnet.

2/58

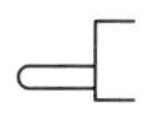

Stößel

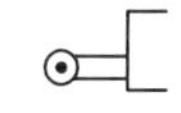

Rolle

Rolle, die nur in einer Richtung schaltet

2/59

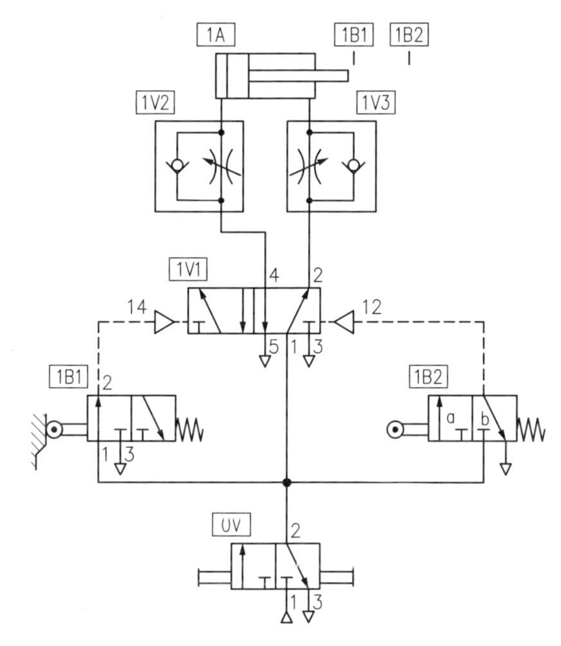

2/60

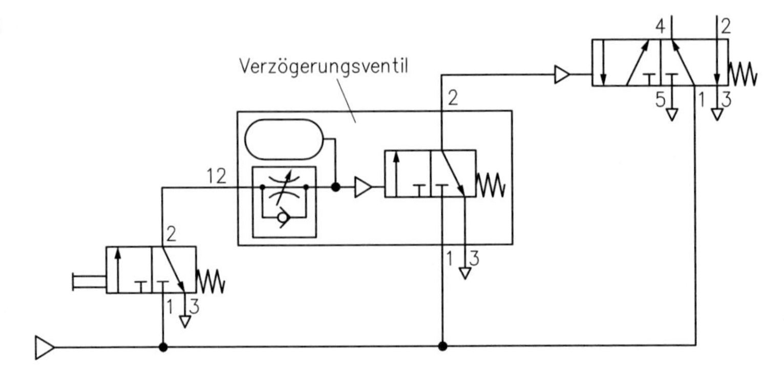

2/61 a) Technologieschema für Prägevorrichtung

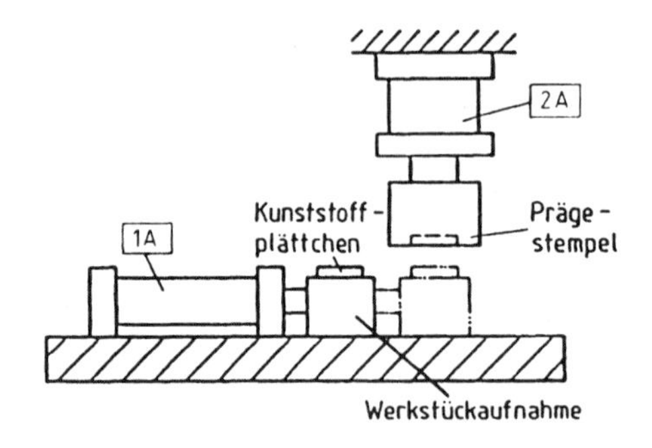

b) Beim Start müssen beide Zylinder eingefahren sein.

c) Ablauf

1. Das Werkstück wird von Hand in die Werkstückaufnahme eingelegt.
2. Zylinder 1A fährt aus und schiebt die Werkstückaufnahme unter den Prägestempel.
3. Zylinder 2A mit dem Prägestempel prägt das Werkstück.
4. Zylinder 2A fährt den Prägestempel in seine Ausgangslage zurück.
5. Zylinder 1A zieht die Werkstückaufnahme in ihre Ausgangsstellung zurück.

2/62 a) Vor dem Start des Ablängvorganges sind Zylinder 1A und Zylinder 2A eingefahren.
Der Ablängvorgang vollzieht sich in folgenden Teilschritten:
- Die Kunststoffstange wird an den Taster zum Start des Spannvorganges geschoben.
- Spannzylinder 1A spannt die Kunststoffstange.
- Zylinder 2A fährt aus und trennt mit einem Messer die Kunststoffstange.
- Zylinder 2A fährt ein und gibt Signal an Zylinder 1A.
- Zylinder 1A wird entspannt.
- Die Reibrolle schiebt die Kunststoffstange nach.

b)

Bauelement		Zustand		Schritt					
Pos.	Benennung	Aufgabe	Lage	1	2	3	4	5	6
1A	Zylinder	Spannen	ausgefahren	Starttaster					
			eingefahren						
2A	Zylinder	Ablängen	ausgefahren						
			eingefahren						

2/63 a) Technologieschema für Ring-Bohrvorrichtung

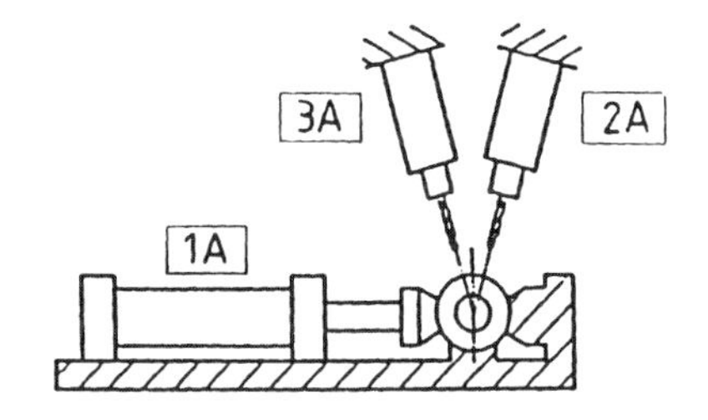

b) Aufgabenstellung und Bewegungsablauf

- In die Spannvorrichtung werden die Ringe von Hand eingelegt.
- Durch den Pneumatikzylinder 1A wird das Werkstück gespannt.
- Da die Bohrungen in einer Ebene liegen, müssen sie nacheinander gebohrt werden.
- Zunächst wird die rechte Bohrung mithilfe des Vorschubzylinders 2A gefertigt. Nachdem Zylinder 2A eingefahren ist, wird die linke Bohrung mithilfe des Vorschubzylinders 3A ausgeführt.
- Der Vorschubzylinder 3A fährt in Ausgangsstellung zurück.
- Nun entspannt der Pneumatikzylinder 1A das Werkstück und fährt in seine Ausgangslage.
- Das Werkstück wird von Hand entnommen.

c) Startverriegelung

Beim Start müssen alle drei Pneumatikzylinder eingefahren sein. Der Spannzylinder darf auch in einer Notsituation das Werkstück nicht lösen. Vor Ablauf des gesamten Vorganges darf kein neuer Start möglich sein.

Aus Sicherheitsgründen darf die Anlage nur gestartet werden, wenn zwei Handtaster gleichzeitig betätigt werden.

2/64 Zustands-Schritt-Diagramm für Biegevorrichtung

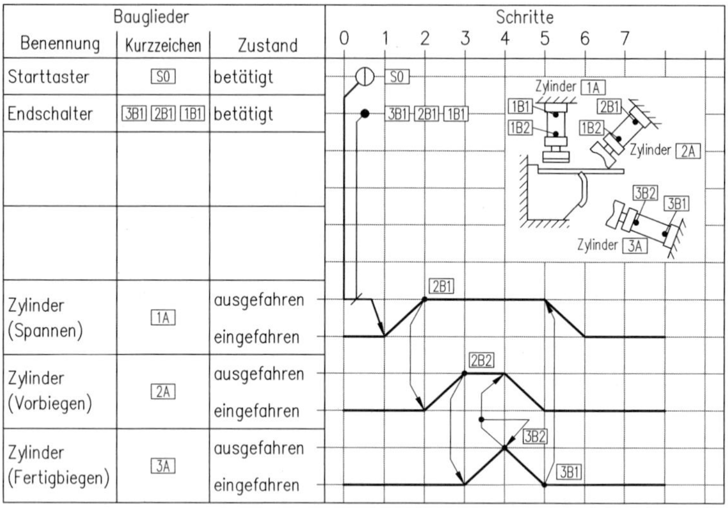

Bauglieder			Schritte
Benennung	Kurzzeichen	Zustand	0 1 2 3 4 5 6 7
Starttaster	S0	betätigt	
Endschalter	3B1 2B1 1B1	betätigt	
Zylinder (Spannen)	1A	ausgefahren eingefahren	
Zylinder (Vorbiegen)	2A	ausgefahren eingefahren	
Zylinder (Fertigbiegen)	3A	ausgefahren eingefahren	

2/65 a) Startbedingungen

Der Start erfolgt nur, wenn beide Handtaster 1S4 und 1S5 betätigt werden und die Zylinder in ihrer Ausgangsstellung stehen. 1A muss eingefahren sein, damit 1B1 betätigt ist; 2A muss ausgefahren sein, damit 2B2 betätigt ist.

b) Schrittfolge der Steuerung

1. Schritt: Durch das Startsignal bedingt, wird Ventil 1V auf Stellung „geöffnet" geschaltet. Der Zylinder 1A fährt aus und der Zylinder 2A fährt ein. Beim Ausfahren betätigt 1A den Sensor 1B3.
2. Schritt: Endschalter 1B2 gibt Signal an Zylinder 2A weiter, sodass dieser Zylinder wieder ausfährt.
3. Schritt: Zylinder 2A ist ausgefahren und betätigt in seiner Endlage Endschalter 2B2.
4. Schritt: Das zeitverzögerte Signal von Sensor 1B3 schaltet Ventil 1V auf Stellung „geschlossen" und der Zylinder 1A fährt ein.
5. Schritt: Der eingefahrene Zylinder 1A betätigt in seiner Endlage Endschalter 1B1.

c) Die Wirkung der Endschalter 1B3 und 1B2

Der Sensor 1B3 wird kurzzeitig beim Ausfahren des Zylinders 1A betätigt und löst dadurch ein Zeitsignal aus, das den Zylinder 1A einfahren lässt. Das geschieht unabhängig von der Stellung des Zylinders 2A.

Mithilfe des Endschalters 1B2 wird die Endlage des Zylinders 1A abgefragt. Ist dieser Zylinder ausgefahren, so wird ein Signal gegeben, damit Zylinder 2A ausfährt.

2/66 a) Startbedingungen

Der Zylinder kann nur ausfahren, wenn Handtaster 1S3 und Endschalter 1B1 oder wenn Automatikschalter 1S4 und Endschalter 1B1 betätigt sind.

b) Schrittfolge der Steuerung

1. Schritt: Nach dem Startsignal fährt Zylinder 1A aus und betätigt in der Endlage den Endschalter 1B2.
2. Schritt: Endschalter 1B2 gibt zeitverzögert ein Signal weiter.
3. Schritt: Das zeitverzögerte Signal von 1B2 bewirkt, dass der Zylinder einfährt.
4. Schritt: Der eingefahrene Zylinder betätigt in seiner Endlage Endschalter 1B1.

c) Automatikbetrieb

Ist der Automatikschalter betätigt, so fährt der Zylinder dauernd hin und her, wobei das Einfahren jeweils zeitlich verzögert geschieht. Schaltet man den Automatikbetrieb aus, so durchfährt der Zylinder noch einen angefangenen Zyklus und bleibt dann in Ausgangsstellung stehen.

2/67 a)

b)

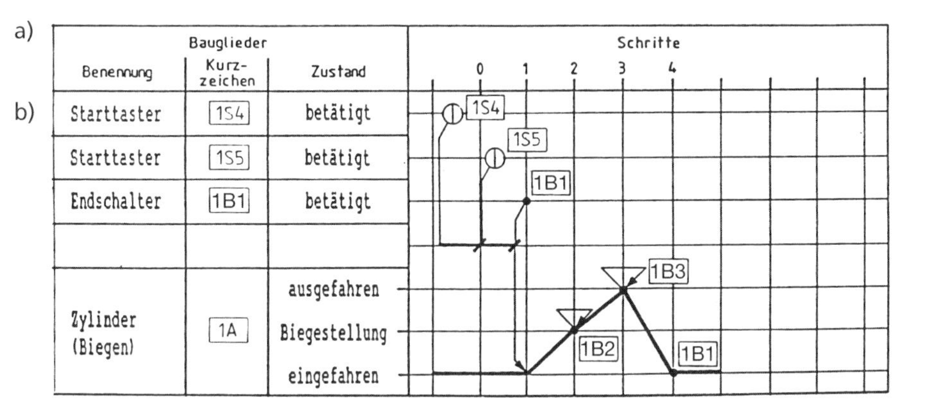

2/68 Technologieschema

Das Technologieschema verdeutlicht in einfacher Form die Lage der Bauteile zueinander.

Schaltplan

Im Schaltplan erkennt man die Funktion der Bauteile und ihre Verbindungen zueinander.

Weg-Zeit-Diagramm

Im Weg-Zeit-Diagramm erkennt man den zeitlichen Ablauf der Bewegung der Antriebsglieder. Sowohl Wege als auch Zeiten werden maßstäblich dargestellt.

Weg-Schritt-Diagramm

In einem Weg-Schritt-Diagramm wird dargestellt, welche Schaltschritte in der Steuerung für die Arbeitsglieder vorliegen. Hier zeichnet man die einzelnen Schritte unabhängig von ihrer Zeitdauer, auch die Wege müssen nicht maßstäblich dargestellt werden.

Zustands-Schritt-Diagramm

In dem Zustands-Schritt-Diagramm wird das Zusammenwirken von Antriebsgliedern und Schaltelementen erfasst. Beim Zylinder unterscheidet man die Zustände „eingefahren" und „ausgefahren". Für die Ventile kennzeichnet man die Schaltstellungen. Durch Signallinien verdeutlicht man den zeitlichen und logischen Ablauf der Steuerung.

Funktionsdiagramm

Funktionsdiagramm ist ein Sammelbegriff für Diagramme in der Steuerungstechnik. Dazu gehören das Weg-Zeit-Diagramm, das Weg-Schritt-Diagramm und das Zustands-Schritt-Diagramm.

2/69 a) In einer Flaschenabfüllanlage durchlaufen die Flaschen vom Reinigen über Kontrolle, Abfüllung, Verschließen, Etikettieren und Verpacken verschiedene Stationen. Die Weiterleitung zur nächsten Station erfolgt jeweils nach Abschluss des vorherigen Schrittes. Dies ist über eine Ablaufsteuerung zu verwirklichen.

b) Ein Rolltor öffnet nur, wenn die Steuerung auf Automatik steht und ein bestimmtes Funksignal gegeben wird oder der Schlüsselschalter betätigt wird. Dies ist eine Verknüpfungssteuerung.

2/70 a) Funktionsdiagramm

Aufgabe, Benennung	Baulieder Kurzzeichen	Zustand (bei Start)	Schritte 0 1 2 3
Füllen	1S1	betätigt	1S1
Behälter	1S2	betätigt	1S2
Gewicht	1S3	nicht betätigt	1S3 1S3
Stellglied (5/2 Wegeventil)	1V	(Druck) a (Feder) b	
Schieber (DW-Zylinder)	1A	ausgefahren eingefahren	

b) Pneumatikschaltplan

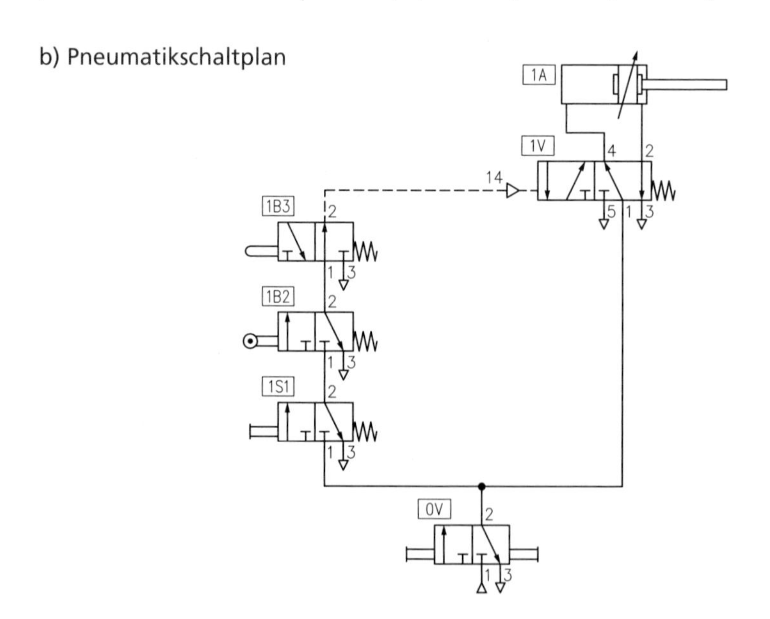

2/71 a)

Schritt	Beschreibung des Ablaufes
1	Zylinder 1A fährt aus, Einpressen der Buchse
2	Zylinder 1A fährt ein, Pressvorgang beendet

b) Funktionsdiagramm

Bauglieder			Schritte
Benennung	Kurzzeichen	Zustand	0 1 2 3
Handtaster	1S1 1S2	betätigt	1S1 1S2 / $\overline{1S1}$ $\overline{1S2}$
Fußtaster	1S3	betätigt	1S3 / $\overline{1S3}$
Schutzgittertaster	1B4	nicht betätigt	$\overline{1B4}$ / 1B4
Stellglied (5/2-Wegeventil	1V2	(Druck) a (Feder) b	
Arbeitsglied (Pressen DW-Zylinder)	1A	ausgefahren eingefahren	

c) Pneumatikschaltplan

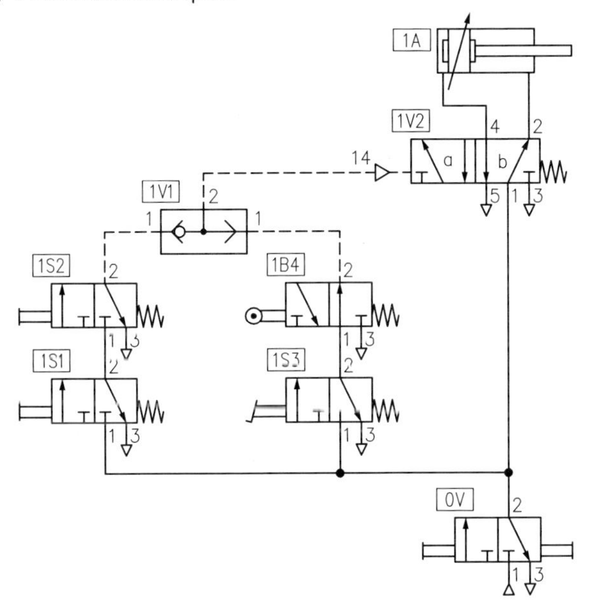

d) Startvorgang: (1S1 UND 1S2) ODER (1S3 UND NICHT 1B4)
Einfahrvorgang: (NICHT 1S1 ODER NICHT 1S2) UND (NICHT 1S3 ODER 1B4)

2/72 a)

Schritt	Beschreibung des Ablaufes
1	Zylinder 1A fährt aus, Werkstücktransport
2	Zylinder 2A fährt aus, Kleben und Pressen
3	Zylinder 2A bleibt eine einstellbare Zeit ausgefahren
4	Zylinder 2A fährt ein, Lösen der Presse
5	Zylinder 1A fährt ein, Werkstücktransport
6	Zylinder 3A fährt aus, Bohren
7	Zylinder 3A fährt ein, Bohrerrückstellung

b) Funktionsdiagramm

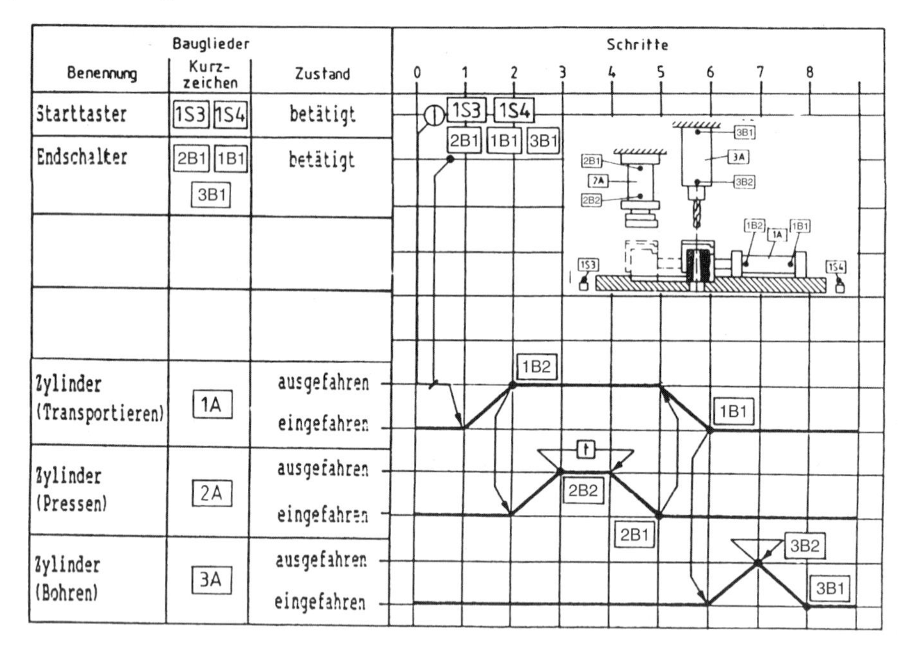

2/73 a) ---

b) --- c) ---

d) Die Ventile 1S4 und 1S5 sind Starttaster. Durch die UND-Verknüpfung der beiden Ventile ist der Bediener gezwungen, beim Start der Vorrichtung beide Hände zu benutzen.

e) --- f) ---

2/74 Während der Steuerung betätigt Zylinder 1A den Endschalter 1B2, dieser Schalter gibt an das Stellglied 2V ein Dauersignal.
Nachdem Zylinder 2A ausgefahren ist, wird Endschalter 1B2 betätigt. Das Signal von diesem Endschalter 2B2 kann das Stellglied 2V jedoch wegen des anstehenden Gegensignales nicht umschalten.

2/75 Bei den Zylindern bedeutet 0 eingefahren und 1 ausgefahren.
Bei den 3/2-Wegeventilen bedeutet b Ausgangsstellung des Ventiles im unbetätigten Zustand (Signal nicht vorhanden). Der Zustand a zeigt das Ventil im betätigten Zustand (Signal vorhanden).

2/76 ---

2/77 ---

2/78 Die Steuerung bleibt im dritten Schritt stehen, weil das Stellglied 2V sowohl über das defekte Signalglied 1B2 als auch über das Signalglied 2B2 druckbeaufschlagt wird. Wegen des Speicherverhaltens des Stellgliedes 2V behält dieses die Schaltstellung a bei.

2/79 Sofort nach dem Start wird das Signalglied 1B1 entlastet und steht in der Schaltstellung b. Ein erneuter Start ist nicht mehr möglich, weil der Starttaster 1S3 mit dem Endschalter 1B1 eine UND-Verknüpfung bildet. Erst am Ende des gesamten Ablaufes schaltet der Zylinder 1A in seiner Endlage das Signalglied 1B1 in Schaltstellung a (Durchgang).

2/80 a) ---

b) ---

2/81 a) Protokoll aus Labortätigkeit

b) Der Zylinder 1A fährt sofort ohne Startsignal aus, weil das Stellglied 1V linksseitig druckbeaufschlagt wird. Der Zylinder 2A fährt anschließend aus, weil der Endschalter 1B2 betätigt wird. Der vom Zylinder 2A betätigte Endschalter 2B2 hat keine Funktion mehr, weil das Umschaltventil 0V2 nicht umgeschaltet werden kann. Die Zylinder bleiben in der ausgefahrenen Stellung stehen.

2/82 Das Signalglied 1B1 verhindert durch die UND-Verknüpfung mit Starttaster 1S3, dass während des Ablaufes der Steuerung ein erneutes Startsignal wirksam werden kann.

3 Elektropneumatik

Bauteile in elektropneumatischen Anlagen

3/1 Lässt man Strom durch eine Spule fließen, so wird ein Anker in der Spule aufgrund der magnetischen Wirkung des Stromes bewegt. Diese Längsbewegung des Ankers nutzt man aus, um ein Pneumatikventil zu schalten.

3/2 Das Zeichen für den Elektromagneten ist in beiden Plänen gleich, das Zeichen für das Ventil selbst wird unterschiedlich dargestellt (im Pneumatikschaltplan hat das Zeichen für den Elektromagneten zusätzlich einen Diagonalstrich).

3/3

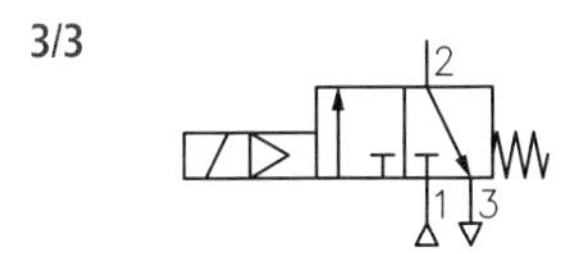

3/4 Magnetventile sollen zur Umsteuerung eine möglichst geringe elektrische Leistungsaufnahme haben, daher benutzt man das Vorsteuerprinzip.

3/5 Die Handhilfsbetätigung dient zur Funktionskontrolle des Ventiles und zum Einrichten der Anlage.

3/6 a) In EP-Wandlern, z. B. Magnetventilen, werden elektrische Signale in pneumatische Signale umgewandelt.

b) In PE-Wandlern, z. B. Druckschaltern, werden pneumatische Signale in elektrische Signale umgewandelt.

3/7 Mithilfe eines RC-Gliedes sollen gefährliche Induktionsspannungen beim Abschalten der Magnetspulen an einem Magnetventil verhindert werden. Die Schutzbeschaltung erfolgt dadurch, dass der Entladestrom über einen Kondensator geführt wird. Der Widerstand zwischen Kondensator und Spule verhindert, dass sich die Kondensatorladung beim erneuten Einschalten voll über die Kontakte entlädt.

3/8 a) IP 20 – das elektrische Betriebsmittel ist gegen das Eindringen von festen Körpern größer 12 mm geschützt, gegen das Eindringen von Wasser besteht kein Schutz.

b) IP 22 – das elektrische Betriebsmittel ist gegen das Eindringen von festen Körpern größer 12 mm und gegen das Eindringen von Tropfwasser schräg unter 15° von oben geschützt.

c) IP 54 – das elektrische Betriebsmittel ist gegen Staubablagerungen und Spritzwasser von allen Seiten geschützt.

3/9 Individuelle Lösungen

3/10 Die Schutzkleinspannung von 24 V in der Elektropneumatik ermöglicht es dem Industriemechaniker, auch am elektrischen Teil der Anlage Eingriffe vorzunehmen.

3/11 Bei kapazitiven Näherungsschaltern können auch nichtmetallische Körper den Schaltkontakt auslösen.

3/12 Bei fotoelektronischen Grenztastern sind keine mechanischen Berührungen zwischen den Bauteilen notwendig und keine mechanischen Kräfte zum Schalten erforderlich. Durch diese Grenztaster lassen sich breite Schaltschranken aufbauen.

3/13 Schütz und Relais unterscheiden sich im Aufbau vor allem dadurch, dass das Schütz robuster und größer ausgeführt ist, da es eine wesentlich höhere Schaltleistung als das Relais haben kann. In der zeichnerischen Darstellung unterscheidet man Schütz und Relais nicht.

3/14 a) + c)

A1 11 21 31

A2 12 22 32

b) + c)

A1 11 23

A2 12 24

Elektropneumatische Steuerungen

3/15 a) Der Signalfluss im Stromlaufplan ist von + nach – vereinbart und somit von oben nach unten zu lesen.

b) Der Energiefluss im Pneumatikplan ist von unten nach oben festgelegt.

3/16 Stromlaufplan mit Schaltgliedertabelle

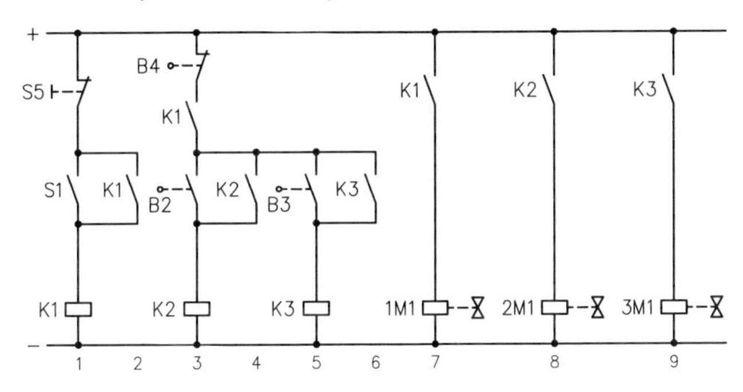

S	Ö
2	
3	
7	

S	Ö
4	
8	

S	Ö
6	
9	

3/17 a)

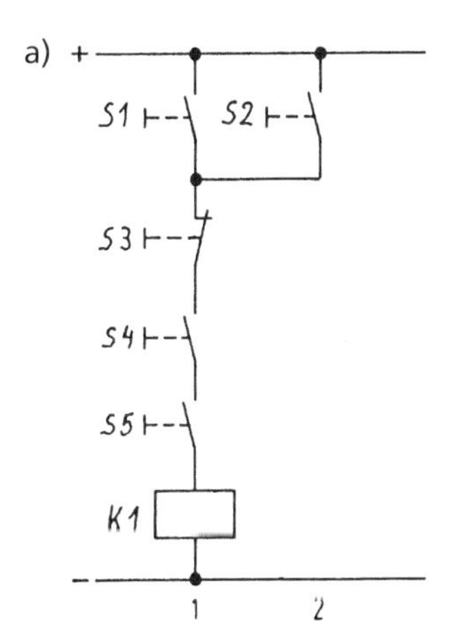

Zuordnung
E 1 ≙ S1
E 2 ≙ S2
E 3 ≙ S3
E 4 ≙ S4
E 5 ≙ S5
A ≙ K1

b) —

3/18 a) Ein 5/2-Wegeventil muss man auf beiden Seiten elektropneumatisch ansteuern, um ein Speicherverhalten zu bekommen. Die eingebauten Permanentmagnete halten die Schaltstellung aufrecht, bis ein Gegensignal erfolgt.

b) Der Mindestbetriebsdruck ist erforderlich, da sonst die Magnethaltekraft des Permanentmagneten und die Reibungskraft in dem Ventil nicht überwunden werden können.

3/19 a)

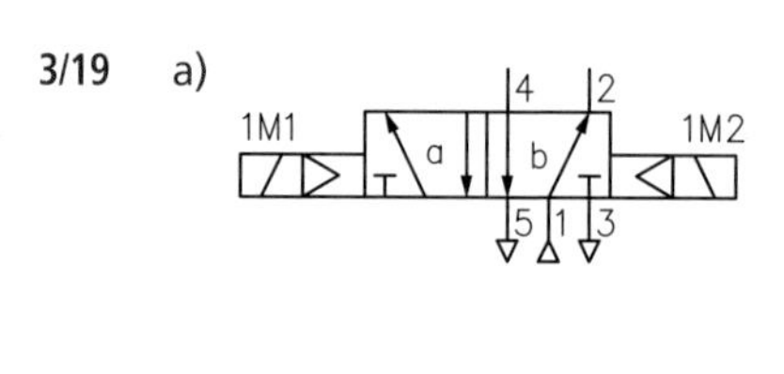

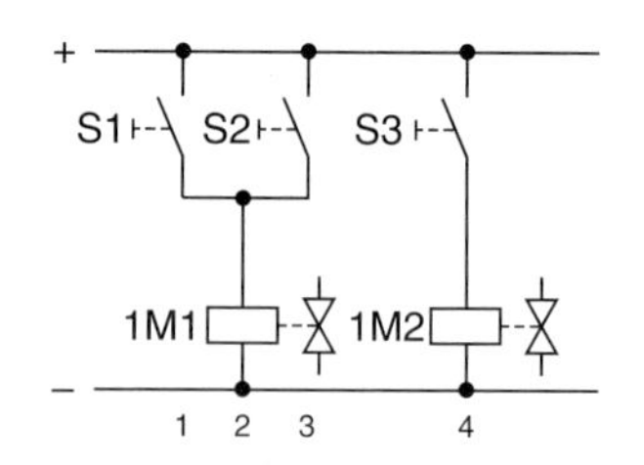

b) _ _ _

3/20 a)

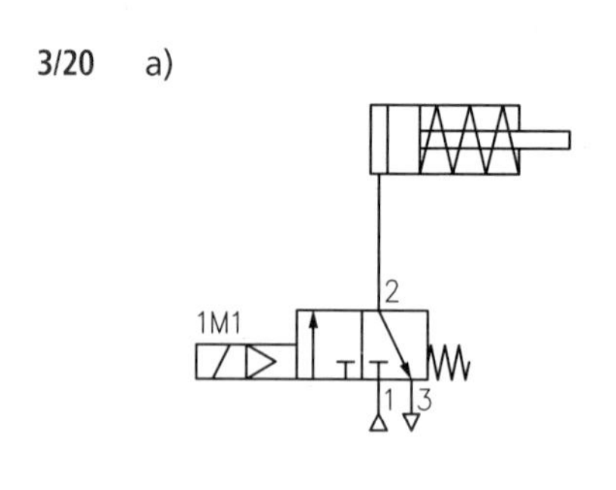

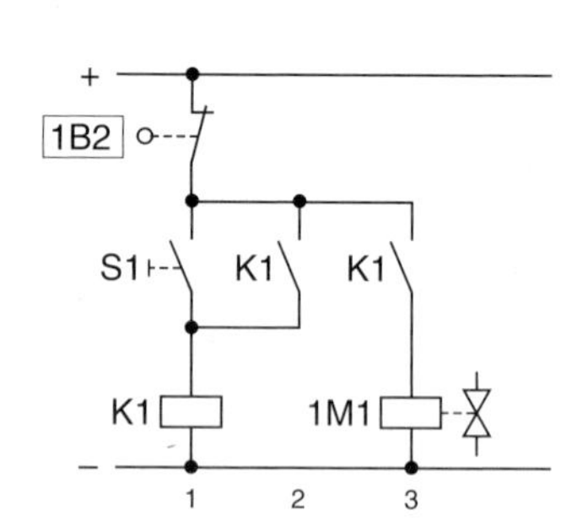

b) _ _ _

3/21 a) Zustands-Schritt-Diagramm

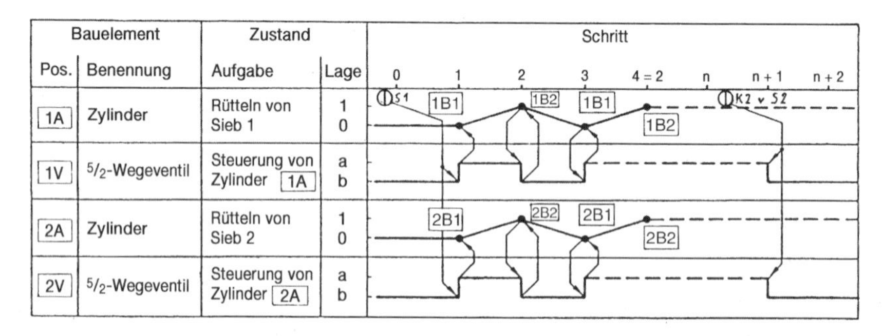

Bauelement		Zustand		Schritt
Pos.	Benennung	Aufgabe	Lage	0 1 2 3 4 = 2 n n + 1 n + 2
1A	Zylinder	Rütteln von Sieb 1	1 0	S1 1B1 1B2 1B1 1B2 K2 v S2
1V	$^5/_2$-Wegeventil	Steuerung von Zylinder 1A	a b	
2A	Zylinder	Rütteln von Sieb 2	1 0	2B1 2B2 2B1 2B2
2V	$^5/_2$-Wegeventil	Steuerung von Zylinder 2A	a b	

b) Elektropneumatischer Schaltplan

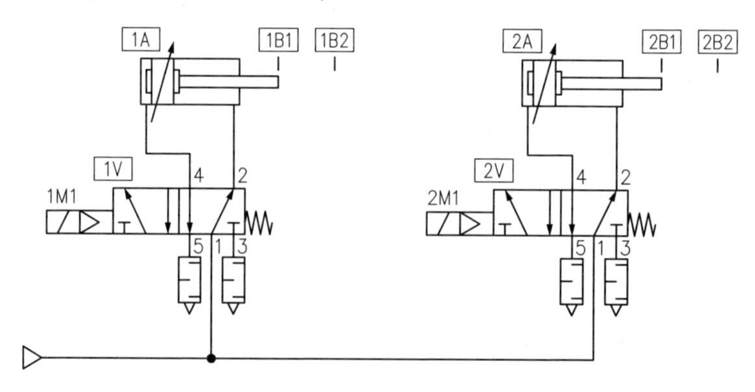

c) Stromlaufplan

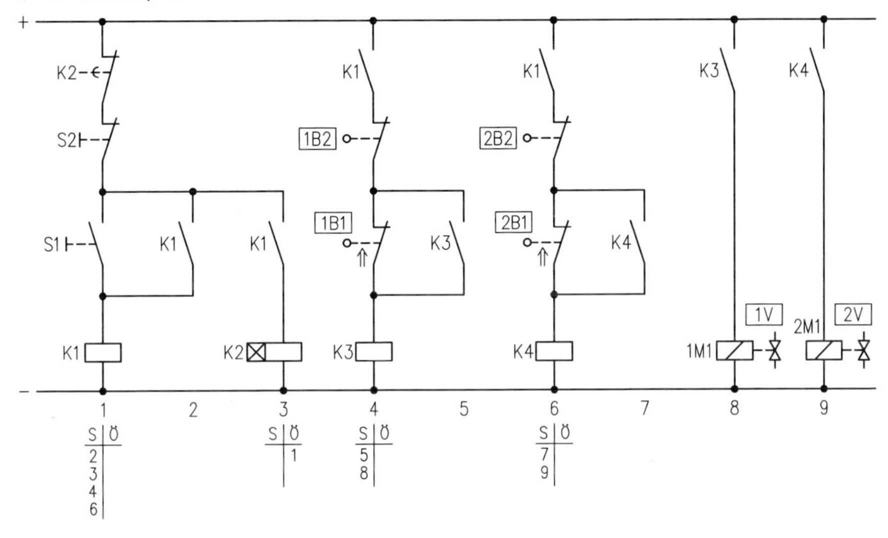

d) – Starten der Anlage mit Schließer S1;
- Schütz K1 zieht Kontakte in den Strompfaden 2, 3, 4 und 6;
- Zylinder 1A fährt aus, da das Ventil 1V über Schütz K3 in den Strompfaden 5 und 8 anzieht;
- Zylinder 2A fährt aus, da das Ventil 2V über Schütz K4 in den Strompfaden 7 und 9 anzieht;
- Zylinder 1A betätigt in Endlage Öffner 1B2, dadurch fällt Schütz K3 ab, Strompfad 8 ist stromlos, 1M1 fällt ab und Ventil 1V geht in Ausgangsstellung; Zylinder 1A fährt ein;
- Zylinder 2A betätigt in Endlage Öffner 2B2, dadurch fällt Schütz K4 ab, Strompfad 9 ist stromlos, 2M1 fällt ab und Ventil 2V geht in Ausgangsstellung; Zylinder 2A fährt ein;
- die Zylinder 1A und 2A betätigen in den jeweiligen Endlagen wieder die Schließer 1B1 bzw. 2B1, damit beginnt ein neuer Zyklus;
- sobald die eingestellte Zeit erreicht ist, fällt das Schütz K2 im Strompfad 3 ab und öffnet Strompfad 1; dadurch fallen alle Schütze ab und die Zylinder fahren ein;
- der Taster S2 ist als Sicherheitsausschalter gedacht, drückt man ihn, so wird die Anlage stromlos, die Zylinder fahren ein.

3/22 a) Beschreibung des Ablaufs der Steuerung

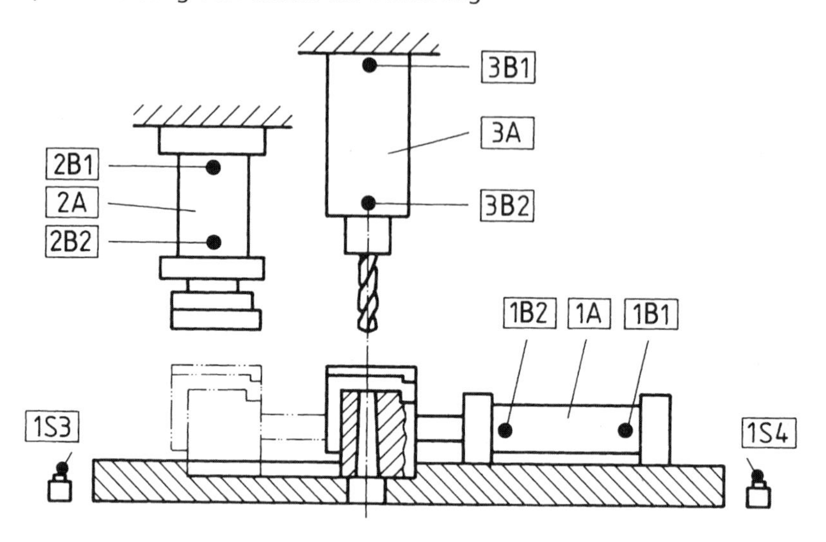

Schritt	Beschreibung des Ablaufes
1	Zylinder 1A fährt aus, Werkstücktransport
2	Zylinder 2A fährt aus, Kleben und Pressen
3	Zylinder 2A bleibt eine einstellbare Zeit ausgefahren
4	Zylinder 2A fährt ein, Lösen der Presse
5	Zylinder 1A fährt ein, Werkstücktransport
6	Zylinder 3A fährt aus, Bohren
7	Zylinder 3A fährt ein, Bohrerrückstellung

b) Elektropneumatischer Schaltplan

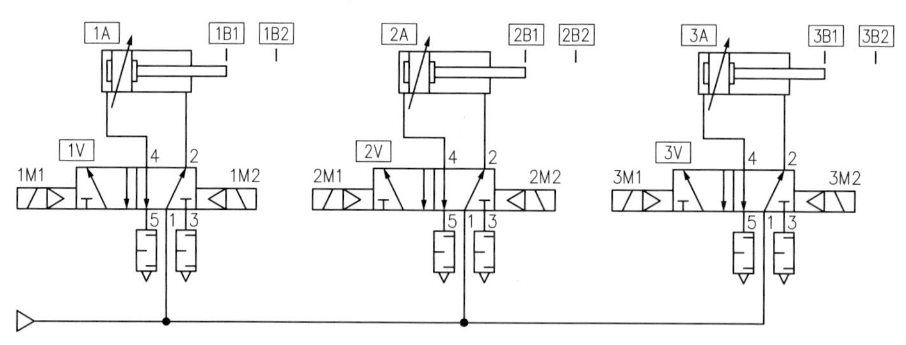

c) Stromlaufplan (ohne Verriegelung gegen Fehlbetätigung)

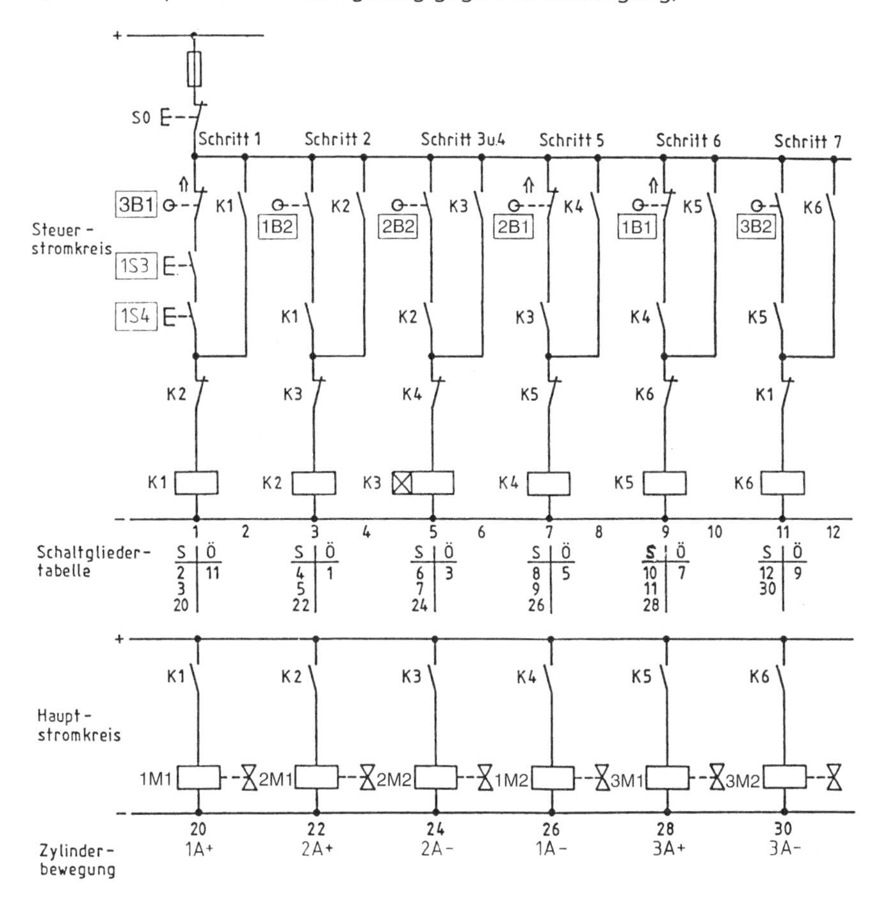

Projektaufgabe zum Installieren und Inbetriebnehmen einer Rüttelvorrichtung

3/23 Rüttelvorrichtung

1. Vorgaben analysieren

a) Zur Simulation der Steuerung kann das Programm „FluidSIM-P" benutzt werden.

Hinweise: – *Als „Marken" die Bezeichnungen der Bauteile übernehmen,*
– *das Zeitrelais auf etwa 15 Sekunden einstellen,*
– *die Drosseln auf Abluftdrosselung stellen und etwa zu 50 % schließen.*

b) Beschreibung des Steuerungsablaufs:

1. Zur Vorbereitung des Starts wird das Hauptventil 0V geöffnet (Stellung a); dadurch erhält der Zylinder auf der Kolbenflächenseite Druck.
2. Durch das Betätigen des Starttasters S0 erhält Schütz K1 im Strompfad 1 Spannung; dadurch werden alle Schließerkontakte des Schützes K1 betätigt. In den Strompfaden 2, 3, 4, 5 und 6 liegt somit Spannung an.
3. Die Selbsthaltung des Schützes K1 ist über den Strompfad 2 gegeben, sodass der Starttaster wieder gelöst werden kann.
4. Die Spule 1M1 bekommt über den Schließkontakt von Schütz K3 im Strompfad 8 Spannung. Das Ventil 1V1 wird durch diese Spule umgeschaltet (Stellung a), und die Kolbenstange fährt aus.
5. Durch das Ausfahren der Kolbenstange wird der Sensor 1B1 spannungsfrei, dadurch wird das Schütz K3 spannungsfrei. Der Kontakt K3 im Strompfad 8 öffnet sich und die Spule 1M1 ist spannungsfrei.
6. Die Kolbenstange fährt weiter aus, weil das Pneumatikventil 1V1 umgeschaltet bleibt. Am Ende des Hubs betätigt die Kolbenstange den Sensor 1B2, dadurch erhält Schütz K4 Spannung.
7. Die Spule 1M2 bekommt über den Schließkontakt von Schütz K4 im Strompfad 9 Spannung. Das Ventil 1V1 wird durch diese Spule umgeschaltet (Stellung b) und die Kolbenstange fährt ein.
8. Durch das Einfahren der Kolbenstange wird der Sensor 1B2 spannungsfrei, dadurch wird das Schütz K4 spannungsfrei. Der Kontakt K4 im Strompfad 9 öffnet sich und die Spule 1M2 ist spannungsfrei.
9. Die Kolbenstange fährt so lange hin und her, bis die eingestellte Zeit abgelaufen ist. Ist die eingestellte Zeit abgelaufen, so öffnet der Kontakt K2 den Strompfad 1, das Schütz K1 fällt ab und alle Strompfade, somit auch die Spulen, sind spannungsfrei. Die Kolbenstange führt jedoch die Bewegung zu Ende, da das Ventil 1V1 bei Spannungsabfall nicht umgeschaltet wird.

c) Betätigt man den Halttaster S1, so führt die Kolbenstange die momentane Bewegung noch aus. Nach einem Haltsignal kann die Kolbenstange also entweder eingefahren oder ausgefahren sein.

d) Zusammenfassende Darstellung des Steuerungsablaufs:

Schritt	Beschreibung des Ablaufes
1	Zylinder 1A fährt aus, rütteln nach rechts oder links[1)]
2	Zylinder 1A fährt ein, rütteln nach links oder rechts[1)]
3 … N	Zylinder fährt hin und her, bis Laufzeit beendet ist
N + 1	Arbeitsablauf ist beendet, neuer Start ist möglich

[1)] je nach Ausgangsstellung der Kolbenstange

a) Funktionsdiagramm mit Signalelementen

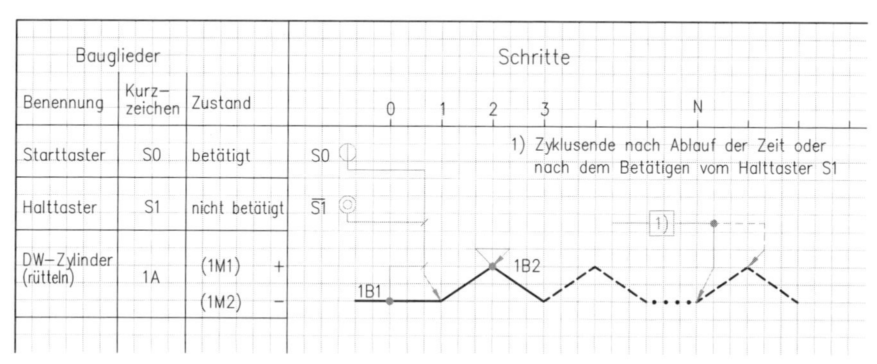

2. Installation der Steuerung planen

a) Pneumatikschaltplan mit Anschlussbezeichnungen

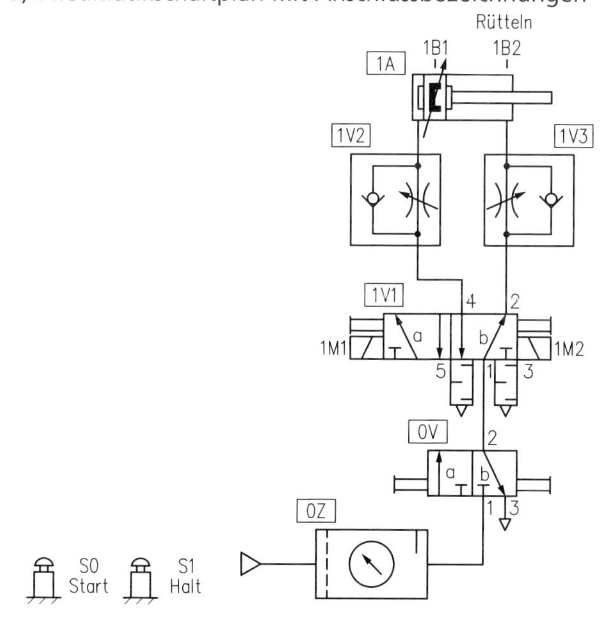

b) Stromlaufplan um die Anschlussbezeichnungen ergänzt

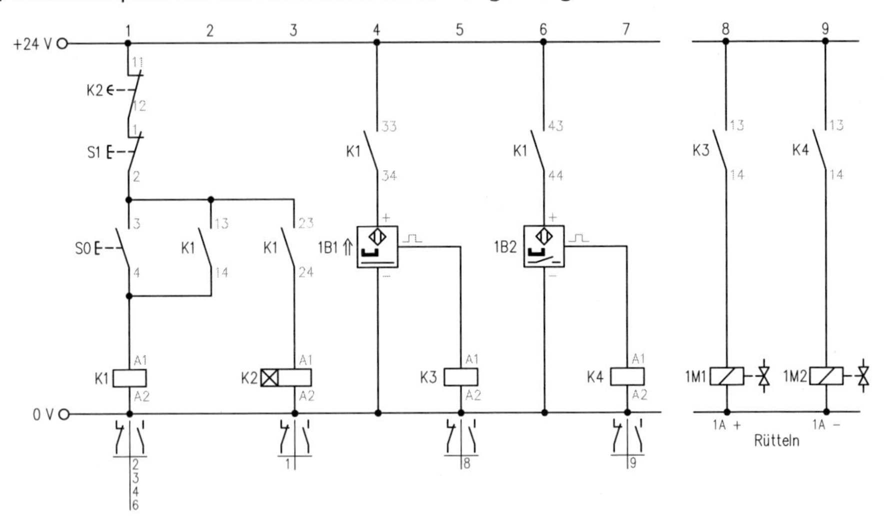

c) Stromlaufplan mit der Vergabe der Klemmennummern

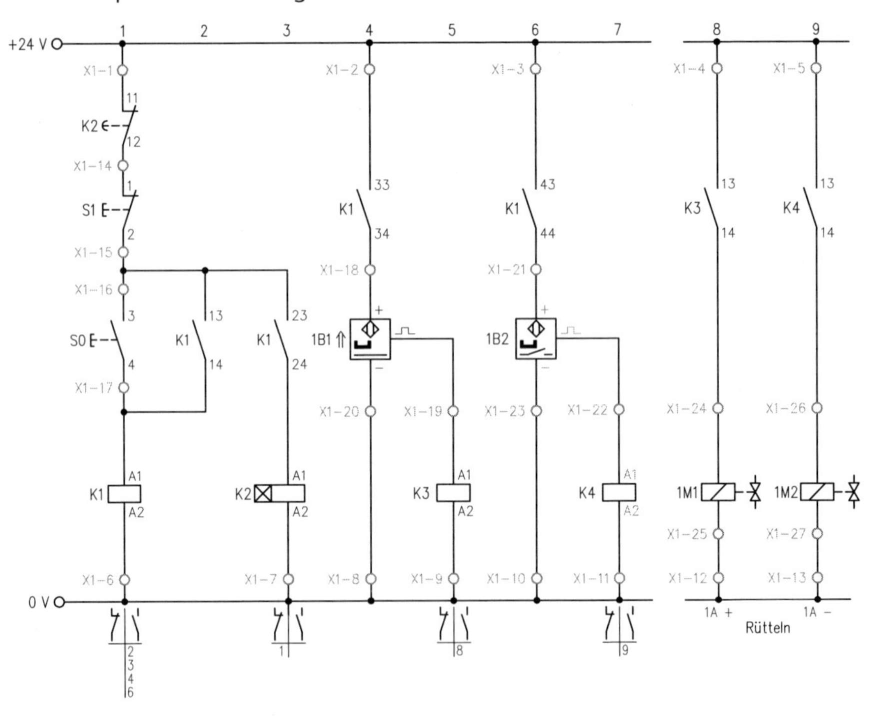

d) Klemmenbelegungsliste

Ziel		Verbindungsbrücke	Klemmen-Nr. X1–	Ziel	
Bauteil-Bezeichnung	Anschluss-Bezeichnung			Bauteil-Bezeichnung	Anschluss-Bezeichnung
	+24 V	○	1	K2	11
		○	2	K1	33
		○	3	K1	43
		○	4	K3	13
		○	5	K4	13
	0 V	○	6	K1	A2
		○	7	K2	A2
		○	8	X1	20
		○	9	K3	A2
		○	10	X1	23
		○	11	K4	A2
		○	12	X1	25
		○	13	X1	27
S1	1	○	14	K2	12
S1	2	○	15	K1	13
S0	3	○	16	K1	23
S0	4	○	17	K1	A1
1B1	+	○	18	K1	34
1B1	⎍	○	19	K3	A1
1B1	–	○	20	X1	8
1B2	+	○	21	K1	44
1B2	⎍	○	22	K4	A1
1B2	–	○	23	X1	10
1M1		○	24	K3	14
1M1		○	25	X1	12
1M2		○	26	K4	14
1M2		○	27	X1	13
		○	28		
		○	29		
		○	30		
		○	31		
		○	32		
		○	33		
		○	34		
		○	35		
		○	36		
		○	37		
		○	38		
		○	39		
		○	40		

3. Installation der Steuerung ausführen

a) Installation der Steuerung auf einer Labortafel

Hinweis: Zur Bearbeitung der obigen Aufgaben kann ein im Lehrmittelhandel angebotenes System eingesetzt werden.

b) Eine Simulation der Verdrahtungsmöglichkeit der Strompfade 1, 2 und 3 durch Linien zeigt, dass eine endgültige Verdrahtung der Anlage über Kabelkanäle sorgfältig vorgenommen werden muss, da sich einzelne Leitungen nicht mehr optisch verfolgen lassen.

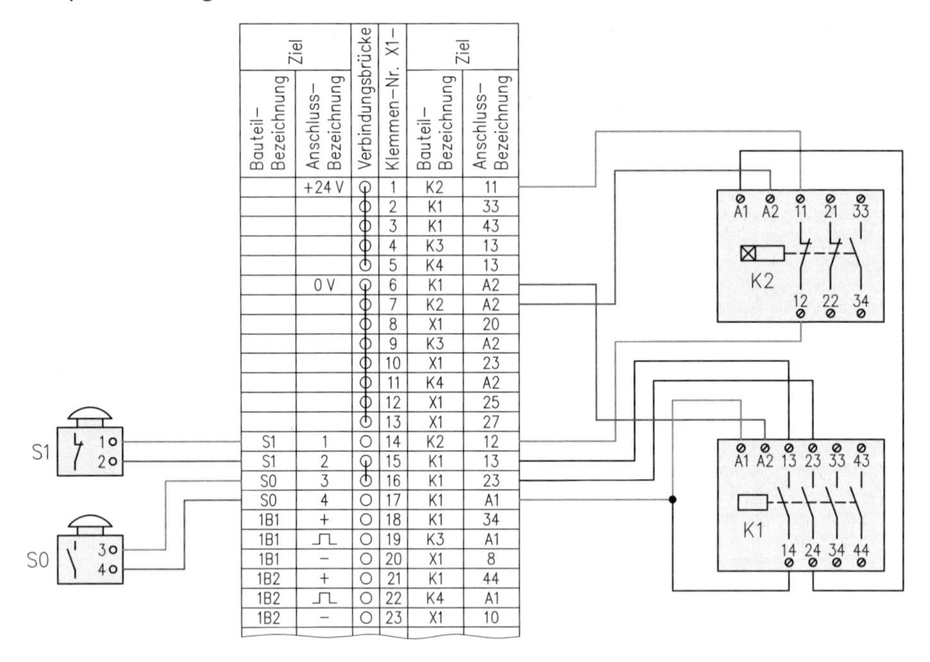

Ziel: Bauteil-Bezeichnung	Ziel: Anschluss-Bezeichnung	Verbindungsbrücke	Klemmen-Nr. X1-	Ziel: Bauteil-Bezeichnung	Ziel: Anschluss-Bezeichnung
	+24 V		1	K2	11
			2	K1	33
			3	K1	43
			4	K3	13
			5	K4	13
	0 V		6	K1	A2
			7	K2	A2
			8	X1	20
			9	K3	A2
			10	X1	23
			11	K4	A2
			12	X1	25
			13	X1	27
S1	1		14	K2	12
S1	2		15	K1	13
S0	3		16	K1	23
S0	4		17	K1	A1
1B1	+		18	K1	34
1B1	⎍		19	K3	A1
1B1	−		20	X1	8
1B2	+		21	K1	44
1B2	⎍		22	K4	A1
1B2	−		23	X1	10

c) Verdrahten der Anlage über eine Klemmenleiste

Beim Verdrahten systematisch vorgehen, jeden Strompfad einzeln abarbeiten und auf Durchgang prüfen.

4. Inbetriebnahme der Steuerung durchführen und dokumentieren

a) Die Inbetriebnahme der Steuerung nach folgendem Inbetriebnahmeprotokoll durchführen:

Inbetriebnahmeprotokoll: Hubvorrichtung Vorrichtung Nr. ...		**Datum:**
Nr.	**Inbetriebnahme-Schritt**	**erledigt**
	Vorbereitung der Energieversorgung	
1	Netzspannung kontrollieren	
2	Druckbereitstellung kontrollieren	
3	Ventil 0V und Taster SO in Ausgangsstellung setzen	
4	NOT-AUS-Schalter einrasten	
	Inbetriebnahme pneumatischer Steuerketten (ohne elektrische Versorgung)	
5	Zylinder in Ausgangsstellung bringen – Zylinder soll eingefahren sein	
6	Druckluft zuschalten und mit Druckregelventil den Betriebsdruck einstellen	
7	Hauptventil 0V auf Durchgangsstellung umschalten	
8	Anlage auf Leckagen prüfen und diese gegebenenfalls sofort beseitigen	
9	Zylinder jeweils über die Handhilfsbetätigung ausfahren lassen	
10	Vorschubgeschwindigkeiten der Zylinder über die Drosselventile einstellen	
11	Druckversorgung abschalten	
	Inbetriebnahme elektrischer Betriebsmittel (ohne Druckversorgung)	
12	NOT-AUS-Schalter entriegeln	
13	Spannungsversorgung zuschalten	
14	Funktion der Sensoren 1B1, 1S2 und 2S2 überprüfen (Zylinder von Hand verschieben), Funktion des Starttasters S0 und des Halttasters S1 überprüfen	
15	Funktion der Spulen 1M1 und 1M2 prüfen (Taster S0 drücken; Sensor 1S2 und 1B2 durch Zylinder betätigen – von Hand verschieben), Funktion des Zeitrelais K2 überprüfen	
16	Elektrische Versorgung abschalten	
	Inbetriebnahme der gesamten Steuerung	
17	Druckluftversorgung und Netzspannung einschalten	
18	Drosselventile 1V2 und 1V3 wieder fast schließen	
19	Hauptventil 0V auf Durchgangsstellung umschalten	
20	Starttaster S0 drücken, Funktion der Anlage bei gedrosselten Vorschubgeschwindigkeiten und ohne Werkstücke testen	
21	Geschwindigkeiten des Zylinders im Vor- und Rücklauf über die Drosseln erhöhen	
22	Werkstück auflegen; Steuerung unter Last laufen lassen und die Geschwindigkeit über die Drosseln optimieren	

b) Die Übergabe der Vorrichtung mit dem beiliegenden Übergabeprotokoll und den notwendigen Dokumenten und Informationen durchführen:

<table>
<tr><th colspan="2">Übergabeprotokoll</th></tr>
<tr><td colspan="2">Anlage:
Hubvorrichtung
Die Funktion der Anlage wurde am unter Teilnahme verantwortlicher Mitarbeiter des Auftraggebers nachgewiesen.</td></tr>
<tr><td colspan="2">Konstruktionsunterlagen:
Folgende Konstruktionsunterlagen wurden übergeben:
Pneumatikschaltplan,
Stromlaufplan,
Klemmenbelegungsliste.</td></tr>
<tr><td colspan="2">Wartungsanweisungen:
Zur Wartung der Anlage wird auch auf die Datenblätter der Bauteilhersteller verwiesen.
Zu achten ist insbesondere auf die regelmäßige Kontrolle der pneumatischen Wartungseinheit.</td></tr>
<tr><td colspan="2">Bauteilliste und Ersatzteilliste:
Informationen zu diesem Bereich siehe äAuswahl von Komponenten für elektropneumatische Steuerungen“ auf beiliegender DVD.</td></tr>
<tr><td>Beauftragter des Auftraggebers:
Datum:
Name:
Unterschrift:</td><td>Beauftragter des Auftragnehmers:
Datum:
Name:
Unterschrift:</td></tr>
</table>

3/24 Projektaufgabe zum Installieren und Inbetriebnehmen einer Klebepresse

1. Auftrag analysieren

a) Zur Simulation der Steuerung kann das Programm „FluidSIM-P“ benutzt werden.

Hinweise:
- *Als „Marken“ die Bezeichnungen der Bauteile übernehmen,*
- *das Zeitrelais für die Simulation auf etwa 20 Sekunden einstellen,*
- *die Drosseln 1V2 und 1V3 auf Abluftdrosselung stellen, etwa zu 50 % schließen,*
- *die Drosseln 2V2 auf Zuluftdrosselung stellen und etwa zu 50 % schließen.*

b) Wird das „Reset“-Signal gegeben, so nehmen alle Zylinder die Stellung „eingefahren“ ein.
Begründung:
1. Betätigt man S3, so wird über Strompfad 6 das Schütz K4 angezogen.
2. Weil die Öffner K4 in den Stromkreisen 1, 7, 10 die jeweiligen Stromkreise öffnen, sind die Spulen 1M1 und 2M1 spannungsfrei.

3. Der Schließer K4 im Strompfad 9 versorgt die Spule 1M2 mit Spannung und die Kolbenstange von 1A1 fährt ein.
4. Da die Spule 2M1 am Ventil 2V1 nicht mehr betätigt ist, wird das Ventil über die Feder in Stellung „b" geschaltet und die Zylinder 2A1 und 2A2 fahren ein.

c) Steuerungsablaufs- und Funktionsdiagramm mit Signalelementen:

Schritt	Beschreibung des Ablaufs
1	Der mittlere Zylinder 1A1 fährt aus und spannt die Platte in der Mitte.
2	Die Zylinder 2A1 und 2A2 fahren gleichzeitig aus und spannen den Randbereich.
3	Die Anlage bleibt unter Druck stehen, bis die eingestellte Zeit abgelaufen ist.
4	Alle Zylinder fahren zurück.
5	Alle Zylinder sind eingefahren, der Arbeitsablauf ist beendet.

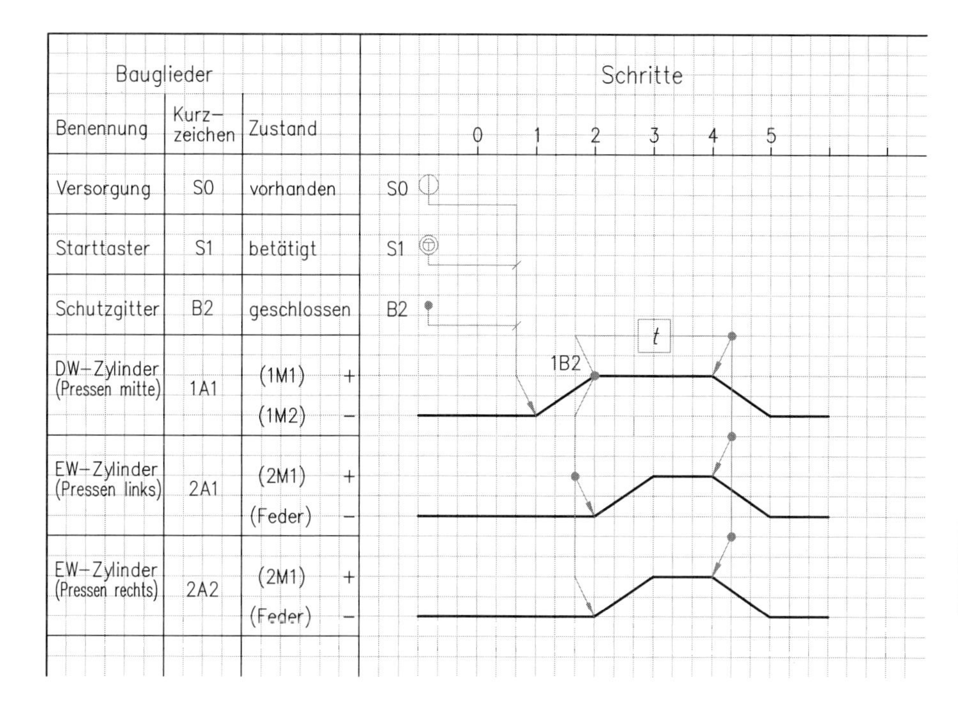

2. Installation der Steuerung planen

a) Pneumatikschaltplan mit Anschlussbezeichnungen

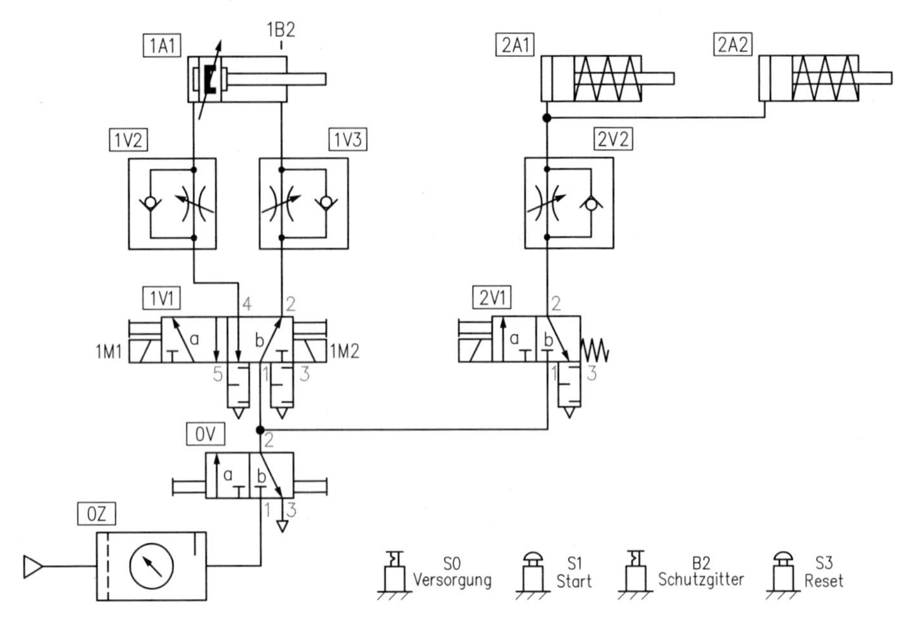

b) Stromlaufplan um die Anschlussbezeichnungen ergänzt

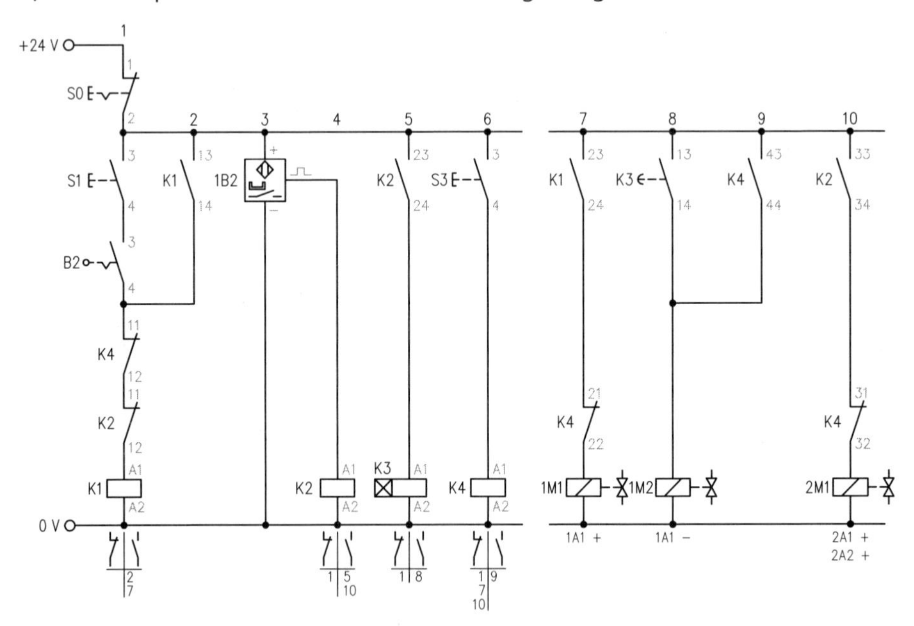

c) Stromlaufplan mit Vergabe der Klemmennummern

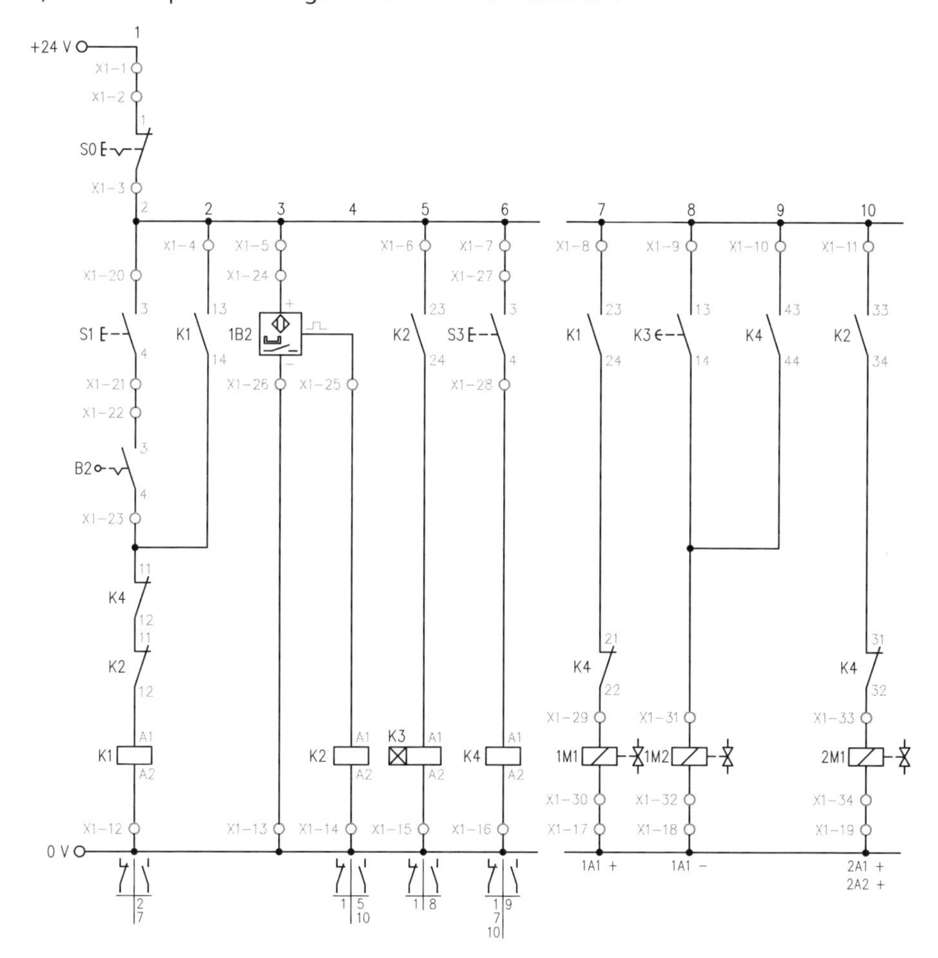

d) Klemmenbelegungsliste

Ziel		Verbindungsbrücke	Klemmen-Nr. X1–	Ziel	
Bauteil-Bezeichnung	Anschluss-Bezeichnung			Bauteil-Bezeichnung	Anschluss-Bezeichnung
	+24	○	1	X1	2
S0	1	○	2	X1	1
S0	2	○	3	X1	20
		○	4	K1	13
		○	5	X1	24
		○	6	K2	23
		○	7	X1	27
		○	8	K1	23
		○	9	K3	13
		○	10	K4	43
		○	11	K2	33
	0V	○	12	K1	A2
		○	13	X1	26
		○	14	K2	A2
		○	15	K3	A2
		○	16	K4	A2
		○	17	X1	30
		○	18	X1	32
		○	19	X1	34
S1	3	○	20	X1	3
S1	4	○	21	X1	22
B2	3	○	22	X1	21
B2	4	○	23	K4	11
1B2	+	○	24	X1	5
1B2	⎍	○	25	K2	A1
1B2	–	○	26	X1	13
S3	3	○	27	X1	7
S3	4	○	28	K4	A1
1M1		○	29	K4	22
1M1		○	30	X1	17
1M2		○	31	K3	14
1M2		○	32	X1	18
2M1		○	33	K4	32
2M1		○	34	X1	19
		○	35		
		○	36		

a) Installation der Steuerung auf einer Labortafel

Hinweis: Zur Bearbeitung der obigen Aufgaben kann ein im Lehrmittelhandel angebotenes System eingesetzt werden.

b) Eine Simulation der Verdrahtungsmöglichkeit der Strompfade 1 und 2 durch Linien zeigt, dass eine endgültige Verdrahtung der Anlage über Kabelkanäle sorgfältig vorgenommen werden muss, da sich einzelne Leitungen optisch nicht mehr verfolgen lassen.

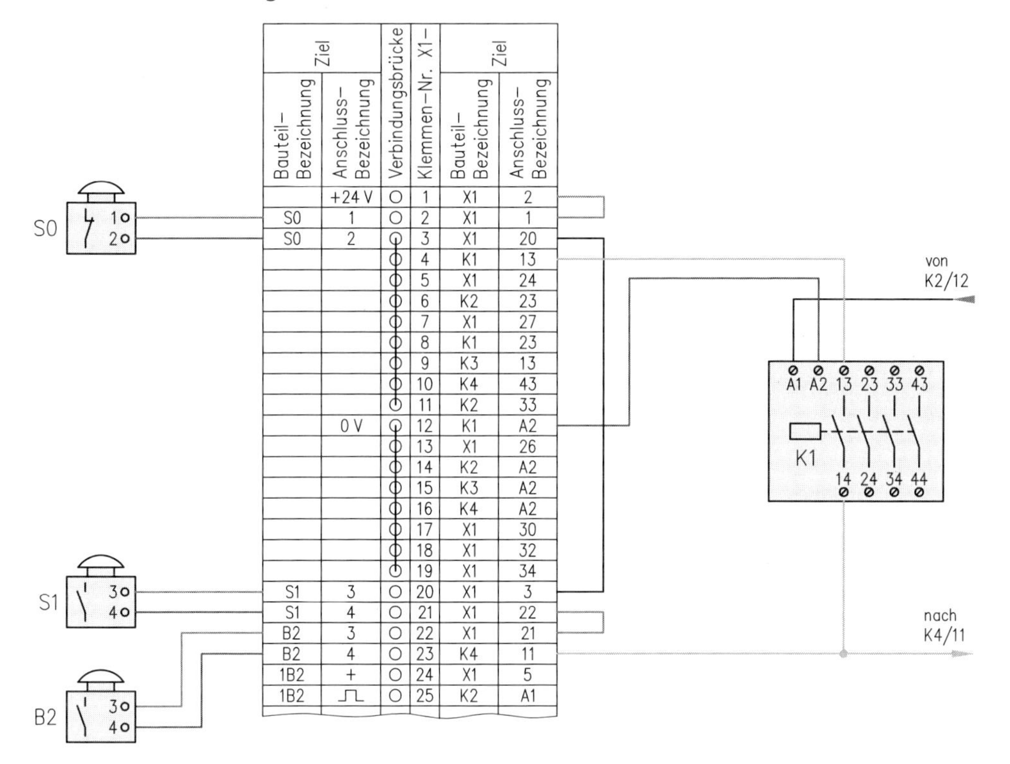

Ziel: Bauteil-Bezeichnung	Ziel: Anschluss-Bezeichnung	Verbindungsbrücke	Klemmen-Nr. X1-	Ziel: Bauteil-Bezeichnung	Ziel: Anschluss-Bezeichnung
	+24 V	O	1	X1	2
S0	1	O	2	X1	1
S0	2	O	3	X1	20
		O	4	K1	13
		O	5	X1	24
		O	6	K2	23
		O	7	X1	27
		O	8	K1	23
		O	9	K3	13
		O	10	K4	43
		O	11	K2	33
	0 V	O	12	K1	A2
		O	13	X1	26
		O	14	K2	A2
		O	15	K3	A2
		O	16	K4	A2
		O	17	X1	30
		O	18	X1	32
		O	19	X1	34
S1	3	O	20	X1	3
S1	4	O	21	X1	22
B2	3	O	22	X1	21
B2	4	O	23	K4	11
1B2	+	O	24	X1	5
1B2	⎍	O	25	K2	A1

c) Verdrahten der Anlage über eine Klemmenleiste

Beim Verdrahten systematisch vorgehen, jeden Strompfad einzeln abarbeiten und auf Durchgang prüfen.

4. Inbetriebnahme der Steuerung durchführen und dokumentieren

a) Die Inbetriebnahme der Steuerung nach folgendem Inbetriebnahmeprotokoll durchführen:

Inbetriebnahmeprotokoll: Klebepresse	**Vorrichtung Nr. ...**	**Datum:**
Nr.	**Inbetriebnahme-Schritt**	**erledigt**
	Vorbereitung der Energieversorgung	
1	Netzspannung kontrollieren	
2	Druckbereitstellung kontrollieren	
3	Ventil 0V und Taster S0 in Ausgangsstellung setzen	
4	NOT-AUS-Schalter einrasten	
	Inbetriebnahme pneumatischer Steuerketten (ohne elektrische Versorgung)	
5	Zylinder in Ausgangsstellung bringen – Zylinder sollen eingefahren sein	
6	Druckluft zuschalten und mit Druckregelventil den Betriebsdruck einstellen	
7	Hauptventil 0V auf Durchgangsstellung umschalten	
8	Anlage auf Leckagen prüfen und diese gegebenenfalls sofort beseitigen	
9	Zylinder jeweils über die Handhilfsbetätigung ausfahren lassen	
10	Vorschubgeschwindigkeiten der Zylinder über die Drosselventile einstellen	
11	Druckversorgung abschalten	
	Inbetriebnahme elektrischer Betriebsmittel (ohne Druckversorgung)	
12	NOT-AUS-Schalter entriegeln	
13	Spannungsversorgung zuschalten	
14	Funktion des Sensors 1B2 überprüfen (Zylinder von Hand verschieben); Funktion der Versorgung S0, des Starttasters S1, des Schutzgitters B2 und des Resettasters S3 überprüfen	
15	Funktion der Spule 1M1 überprüfen (Taster S1 und B2 drücken); Funktion der Spule 2M1 überprüfen (Zylinder 1A1 von Hand verschieben, dadurch Sensor 1B2 betätigen); Funktion der Spule 1M2 überprüfen (Zeitrelais K3 starten, nach Einstellzeit muss Spule 1M2 Spannung bekommen); Funktion des Reset S3 überprüfen (bei Reset haben die Spulen 1M1 und 2M1 keine Spannung, 1M2 hat Spannung)	
16	Elektrische Versorgung abschalten	
	Inbetriebnahme der gesamten Steuerung	
17	Druckluftversorgung und Netzspannung einschalten	
18	Drosselventile 1V2, 1V3 und 2V2 wieder fast schließen	
19	Hauptventil 0V auf Durchgangsstellung umschalten	
20	Starttaster S1 drücken und Schutzgitter schließen; Funktion der Anlage bei gedrosselten Vorschubgeschwindigkeiten und ohne Werkstücke testen	
21	Geschwindigkeiten der Zylinder optimieren	
22	Funktion des Schutzgitters testen	
23	Werkstück einlegen; Platten zusammenpressen lassen; Zeitrelais einstellen	
24	Reset überprüfen	

b) Die Übergabe der Vorrichtung mit dem beiliegenden Übergabeprotokoll und den notwendigen Dokumenten und Informationen durchführen:

<table>
<tr><th colspan="2">Übergabeprotokoll</th></tr>
<tr><td colspan="2">Anlage:
Klebepresse
Die Funktion der Anlage wurde am unter Teilnahme verantwortlicher Mitarbeiter des Auftraggebers nachgewiesen.</td></tr>
<tr><td colspan="2">Konstruktionsunterlagen:
Folgende Konstruktionsunterlagen wurden übergeben:
Pneumatikschaltplan,
Stromlaufplan,
Klemmenbelegungsliste.</td></tr>
<tr><td colspan="2">Wartungsanweisungen:
Zur Wartung der Anlage wird auch auf die Datenblätter der Bauteilhersteller verwiesen.
Zu achten ist insbesondere auf die regelmäßige Kontrolle der pneumatischen Wartungseinheit.</td></tr>
<tr><td colspan="2">Bauteilliste und Ersatzteilliste:
Informationen zu diesem Bereich siehe „Auswahl von Komponenten für elektropneumatische Steuerungen“ auf beiliegender DVD.</td></tr>
<tr><td>Beauftragter des Auftraggebers:
Datum:
Name:
Unterschrift:</td><td>Beauftragter des Auftragnehmers:
Datum:
Name:
Unterschrift:</td></tr>
</table>

4 Speicherprogrammierbare Steuerungen (SPS)

Steuerungstechnische Grundlagen

4/1 a) In verbindungsprogrammierbaren Steuerungen verwirklicht man die Steueranweisungen durch feste Verbindungen, z. B. über Schläuche oder Drähte.

b) Änderungen der Steueranweisungen erfolgen durch eine neue Verschlauchung oder neue Verdrahtung.

c) Änderungen der Steueranweisungen erfolgen in speicherprogrammierbaren Steuerungen durch Änderungen des Programms.

4/2

E1
E2
E3
&
A

E1	E2	E3	A
0	0	0	0
0	0	1	0
0	1	0	0
0	1	1	0
1	0	0	0
1	0	1	0
1	1	0	0
1	1	1	1

4/3 E1 Handtaster zum Füllen (S1)
E2 Kontrolltaster für die Behälter (B2)
E3 Taster zur Gewichtskontrolle (B3)

Logikplan

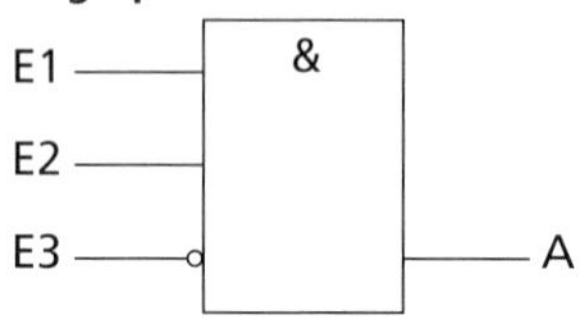

Funktionstabelle

E1	E2	E3	A
0	0	0	0
0	0	1	0
0	1	0	0
0	1	1	0
1	0	0	0
1	0	1	0
1	1	0	1
1	1	1	0

4/4 Zuordnungsliste

E1 Handtaster an der Maschine (S1)
E2 Handtaster an der Maschine (S2)
E3 Endschalter am Schutzgitter (B3)
E4 Taster am Steuerstand (S4)

Logikplan

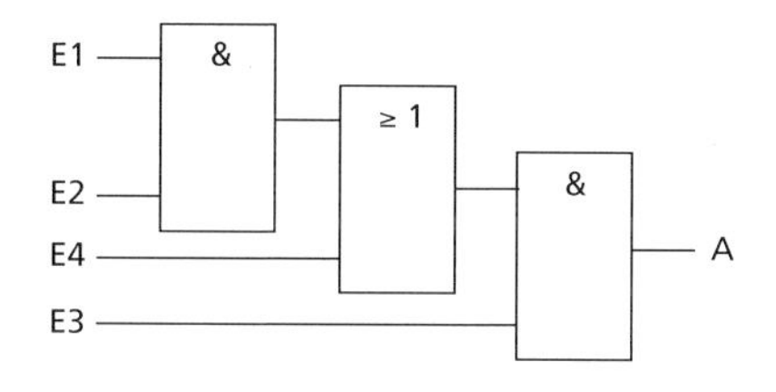

Funktionstabelle

E1	E2	E3	E4	A
0	0	0	0	0
0	0	0	1	0
0	0	1	0	0
0	0	1	1	1
0	1	0	0	0
0	1	0	1	0
0	1	1	0	0
0	1	1	1	1
1	0	0	0	0
1	0	0	1	0
1	0	1	0	0
1	0	1	1	1
1	1	0	0	0
1	1	0	1	0
1	1	1	0	1
1	1	1	1	1

4/5

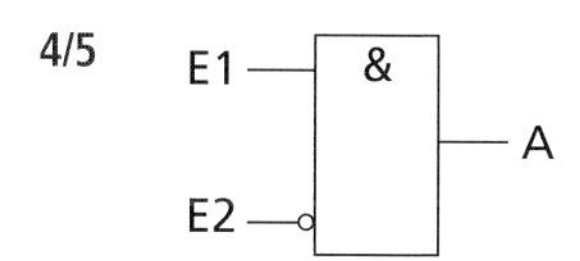

E1	E2	E3
0	0	0
0	1	0
1	0	1
1	1	0

4/6

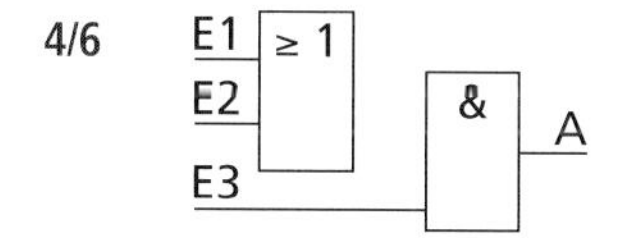

E1	E2	E3	A
0	0	0	0
0	0	1	0
0	1	0	0
0	1	1	1
1	0	0	0
1	0	1	1
1	1	0	0
1	1	1	1

4/7 Zuordnungsliste

E1 Handtaster zum Spannen (S1)
E2 Handtaster zum Spannen (S2)
E3 Taster zum Lösen (S3)

Logikplan

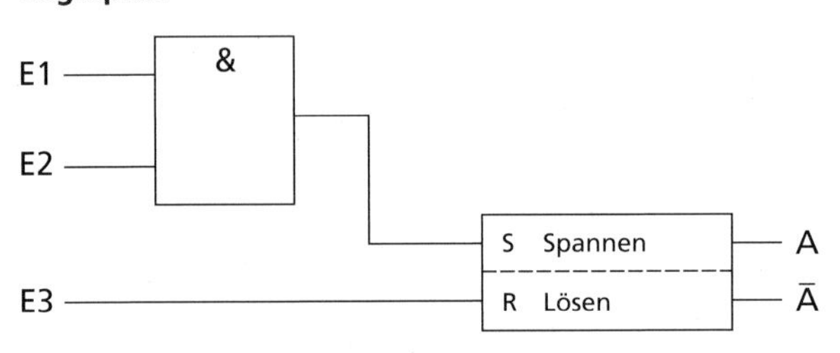

Funktionstabelle

E1	E2	E3	A	Ā
0	0	0	0	1
0	0	1	0	1
0	1	0	0	1
0	1	1	0	1
1	0	0	0	1
1	0	1	0	1
1	1	0	1	0
1	1	1	0	1

GRAFCET (Funktionsplan)

4/8

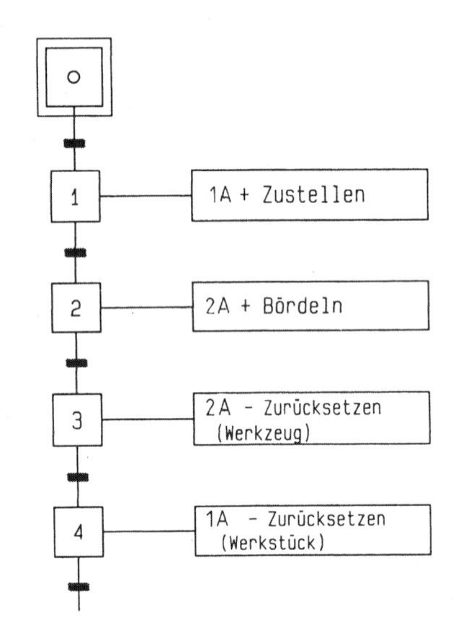

4/9 a)

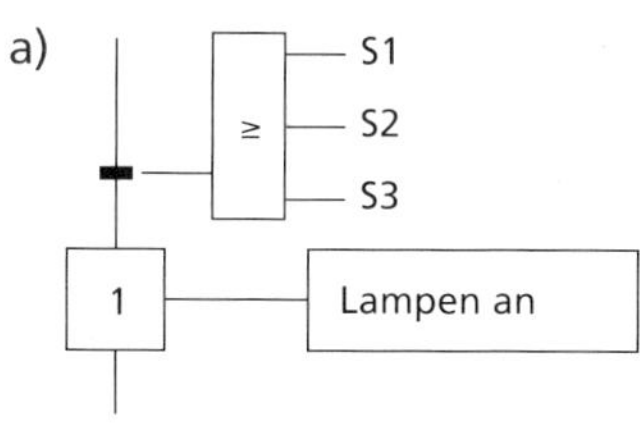

„S1 – Schalter von Etage 1"

„S2 – Schalter von Etage 2"

„S3 – Schalter von Etage 3"

„Treppenhaus beleuchten"

b)

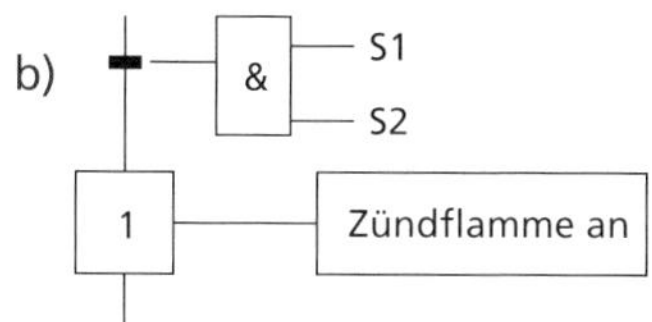

„S1 – Starten – Zündflamme"

„S2 – Ofentür geschlossen"

„Brenner im Härteofen zünden"

c)

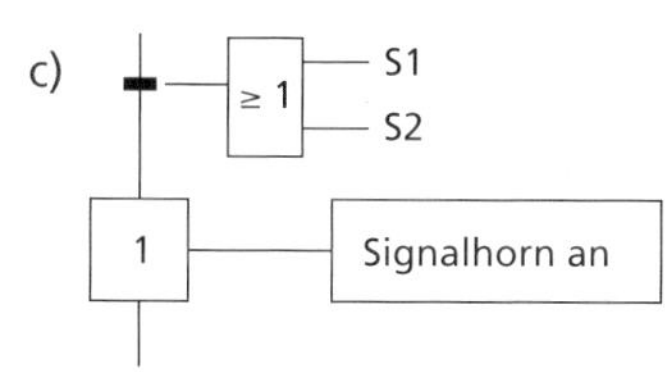

„S1 – Magazin – leer"

„S2 – Taktzeit – falsch"

„Signalhorn ertönt"

d)

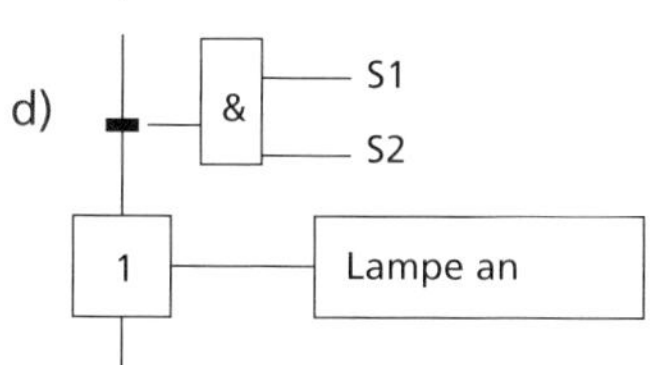

„S1 – Beleuchtung – Auto an"

„S2 – Nebelschlusslampe
Sensor eingeschaltet"

„Nebelschlusslampe leuchtet"

4/10

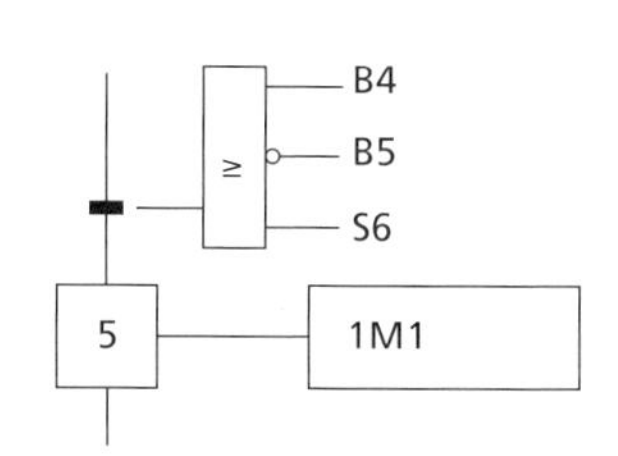

„B4 – Taktschalter"

„B5 – Magazin leer"

„S6 – Sicherheitsschalter"

Hinweis:

B5 nicht bedeutet, dass das Magazin nicht leer ist.

„Spannen"

4/11

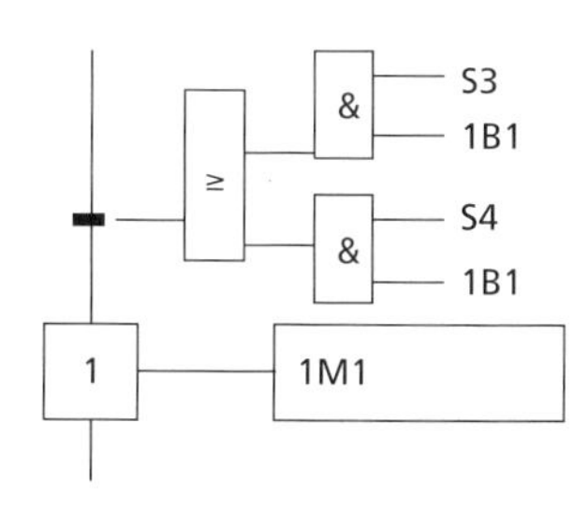

„S3 – Handtaster"

„S4 – Automatikschalter"

„1B1 – Sensor (Zylinder 1 ist eingefahren)"

„1A + Pressen"

4/12

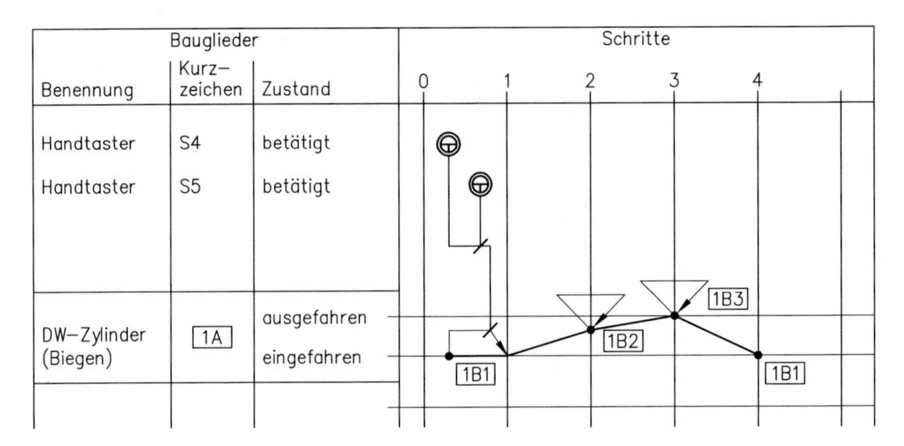

4/13

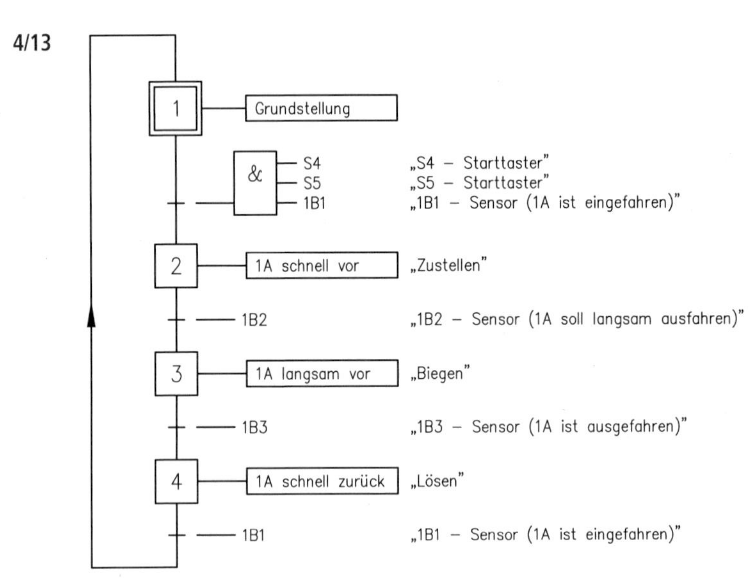

4/14 a) Betätigt man den Taster **S1**, wird Schritt 1 aktiviert. Das Tor wird so lange geöffnet, wie der Schritt 1 aktiv ist, da „M1 rechts" eine kontinuierliche Aktion darstellt. Mit der Aktivierung von Schritt 1 wird der Ventilator ausgeschaltet, da M2 auf Null gesetzt wird. Diese Aktion ist speichernd, somit bleibt der Ventilator aus, bis er wieder eingeschaltet wird; hier z. B. im Schritt 3.

b) Betätigt man den Taster **S2**, wird Schritt 3 aktiviert. Das Tor wird so lange geschlossen, wie der Taster betätigt wird, da „M1 links" eine kontinuierliche Aktion darstellt.
Mit der Aktivierung von Schritt 3 wird der Ventilator angeschaltet, da M2 auf Eins gesetzt wird. Diese Aktion ist speichernd, somit bleibt der Ventilator an, bis er wieder ausgestellt wird.
Mit der Aktivierung von Schritt 3 wird die Beleuchtung P1 für 30 Sekunden lang angeschaltet, da es sich um eine zeitbegrenzte kontinuierliche Aktion handelt.

4/15

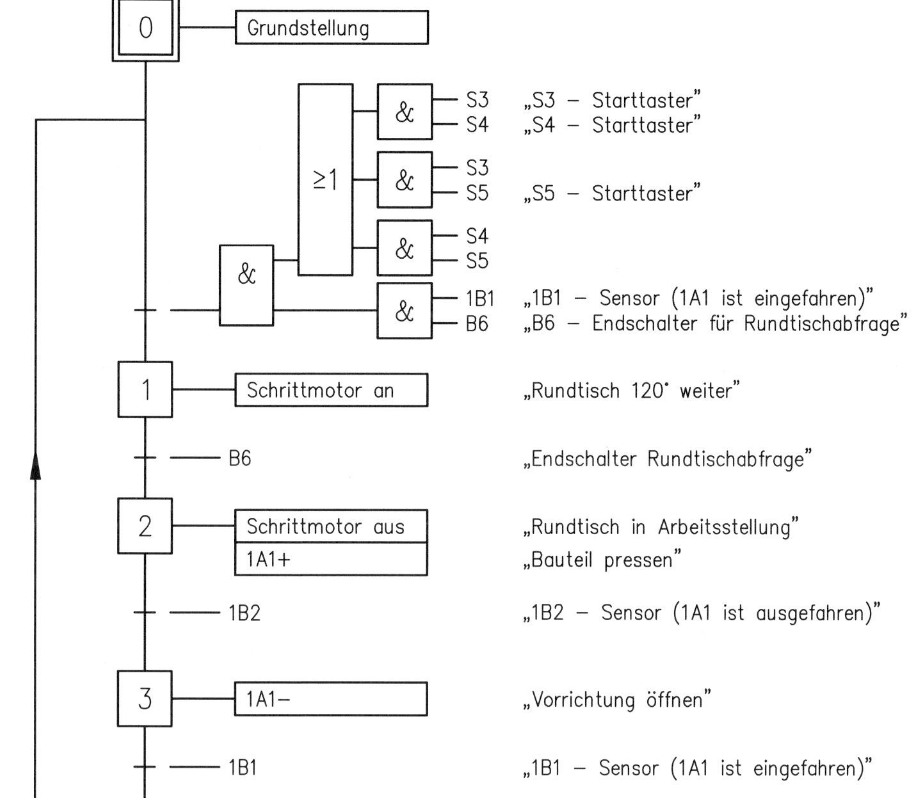
0
Grundstellung
&
≥1
&
S3
S4
„S3 – Starttaster"
„S4 – Starttaster"
&
S3
S5
„S5 – Starttaster"
&
S4
S5
&
1B1
B6
„1B1 – Sensor (1A1 ist eingefahren)"
„B6 – Endschalter für Rundtischabfrage"
1
Schrittmotor an
„Rundtisch 120° weiter"
B6
„Endschalter Rundtischabfrage"
2
Schrittmotor aus
1A1+
„Rundtisch in Arbeitsstellung"
„Bauteil pressen"
1B2
„1B2 – Sensor (1A1 ist ausgefahren)"
3
1A1–
„Vorrichtung öffnen"
1B1
„1B1 – Sensor (1A1 ist eingefahren)"

4/16

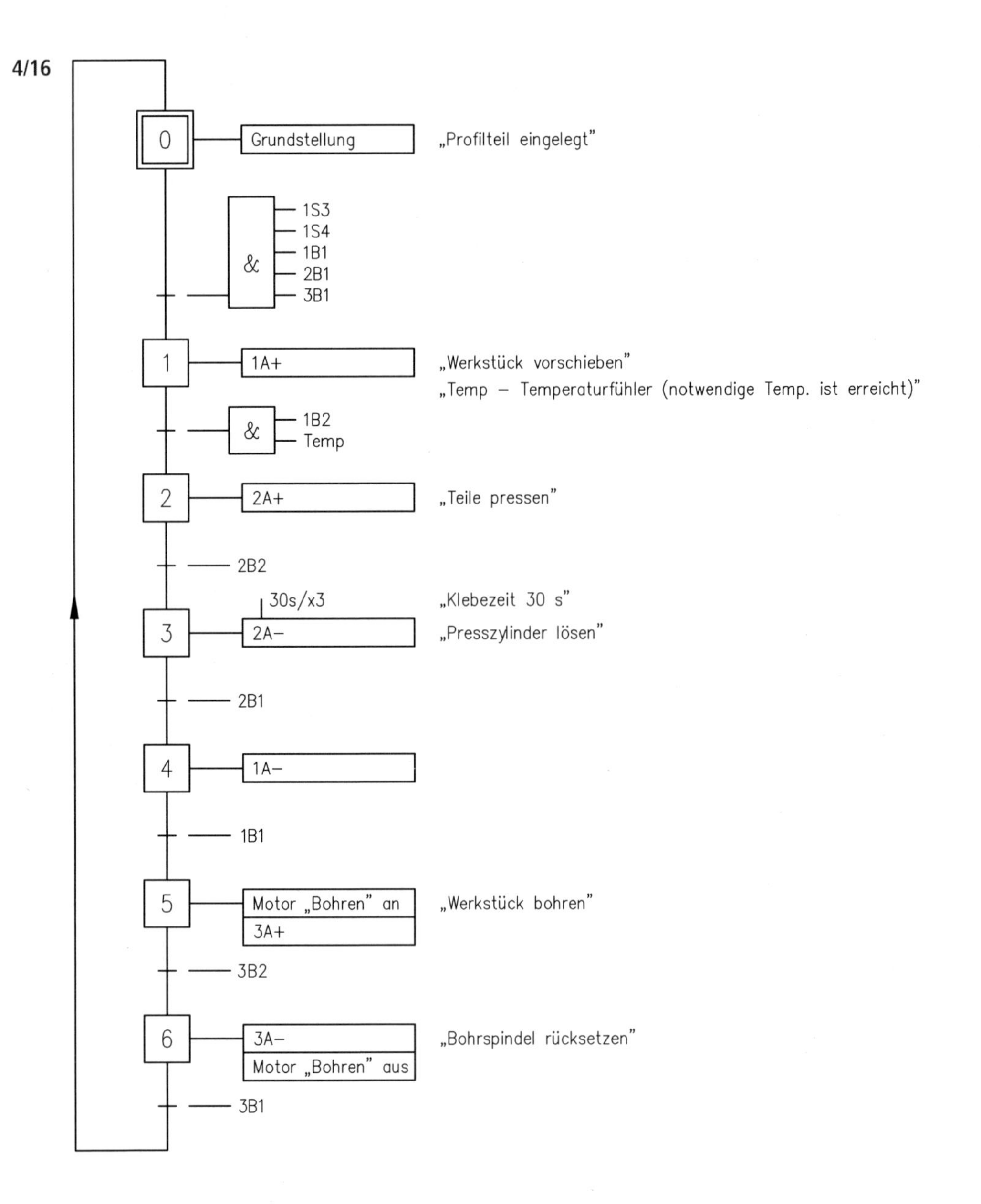

Zuordnung:	
1S3, 1S4	Starttaster
1B1	Sensor (1A ist eingefahren)
2B1	Sensor (2A ist eingefahren)
3B1	Sensor (3A ist eingefahren)
1B2	Sensor (1A ist ausgefahren)
2B2	Sensor (2A ist ausgefahren)
3B2	Sensor (3A ist ausgefahren)

Gerätetechnischer Aufbau der SPS (Hardware)

4/17 Ein Automatisierungsgerät in der SPS kann im Onlinebetrieb programmiert werden. Dabei ist das Programmiergerät über ein Kabel direkt mit dem Automatisierungsgerät verbunden. Eingegebene Befehle werden sofort in das angeschlossene Automatisierungsgerät geschrieben.
Im Offlinebetrieb ist das Programmiergerät nicht an das Automatisierungsgerät angeschlossen. Das Programm wird in einen Speicherbaustein im Programmiergerät selbst eingeschrieben. Die Übergabe des Programms erfolgt dadurch, dass der Speicherbaustein in das Automatisierungsgerät gesteckt wird.

4/18 RAM-Speicher sind frei programmierbar. Die Programme lassen sich leicht ändern und können damit optimal an den Steuerungsprozess angepasst werden. Bei Stromausfall würden die Programme gelöscht werden. Durch eine eingebaute Batterie bleibt jedoch auch beim Ausschalten oder bei Stromausfall das Programm erhalten.
EEPROM-Speicher können nur neu programmiert werden, wenn das vorhergehende Programm elektrisch gelöscht wurde. Der Vorteil dieser Speicher liegt darin, dass sie austauschbar sind. Im Ausbildungsbetrieb kann jeder Auszubildende an einem ihm zugeordneten Speicher zu unterschiedlichen Zeiten arbeiten.

4/19 Stromlaufplan und pneumatischer Schaltplan

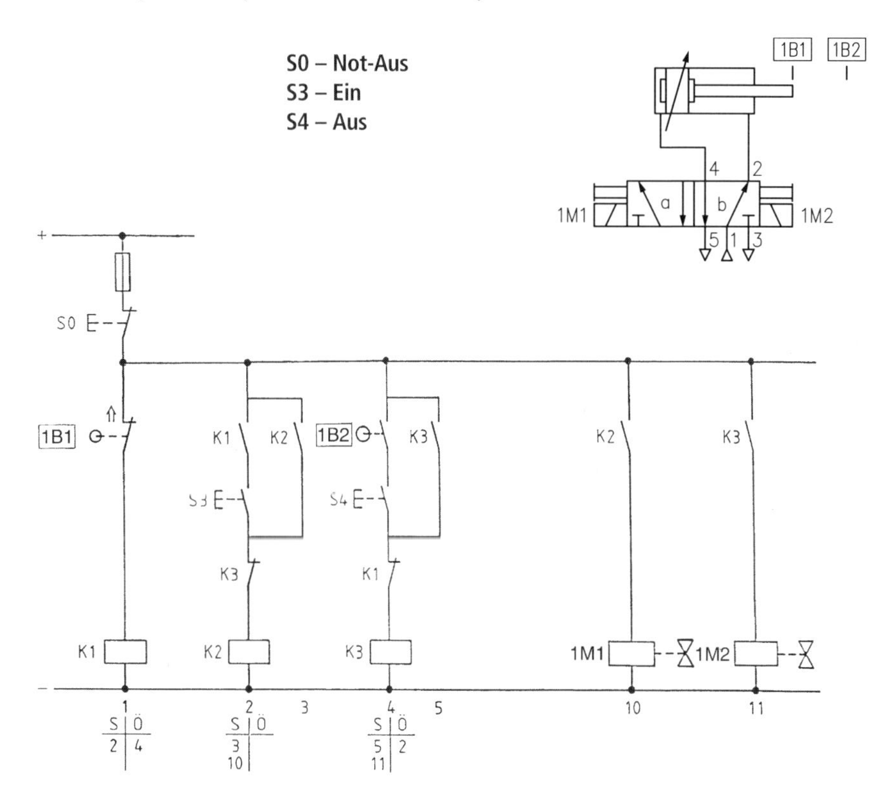

Arbeitsweise der SPS

4/20 Der Mikroprozessor in der SPS ist durch das Programm im Betriebssystem so gesteuert, dass er ständig eine Schleife von drei Schritten durchläuft. Die drei Schritte sind: Abfragen der Eingänge, Verarbeiten der Daten mithilfe des Steuerungsprogramms, Belegen der Ausgänge.
Die Zeit, die der Mikroprozessor benötigt, um diese Schleife einmal zu durchlaufen, bezeichnet man als Zykluszeit.

4/21 Die Eingangssignale an einem Automatisierungsgerät ändern sich durch die Betätigung der Sensoren in der Steuerung. Die Steuerung der Aktoren erfolgt durch die Ausgangssignale der SPS. In der SPS werden die Ausgangssignale erst gesetzt, wenn der Mikroprozessor alle Programmschritte ausgeführt hat und dabei alle Eingangssignale abgefragt wurden.

Programmieren von speicherprogrammierbaren Steuerungen

4/22 a)

Textbeschreibung	Anweisungsliste	
Und Eingang 3	U	E3
Und Eingang 4	U	E4
ergibt Ausgang 2	=	A2

b)

Textbeschreibung	Anweisungsliste	
Oder Eingang 5	O	ES
Oder Eingang 6	O	E6
ergibt Ausgang 3	=	A3

4/23 a) Schaltplan

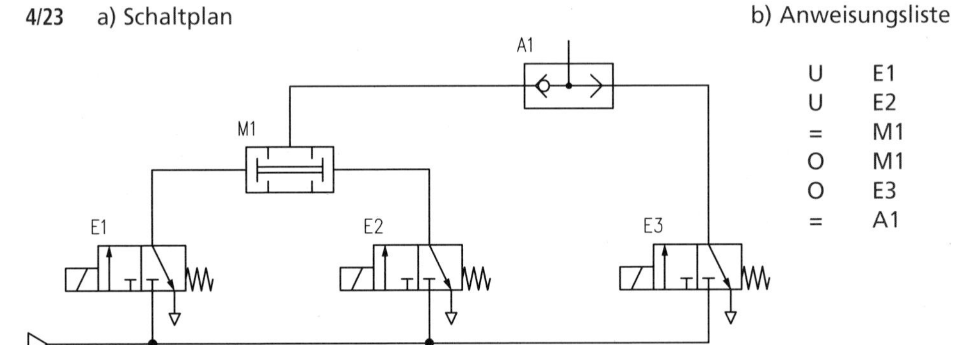

b) Anweisungsliste

U	E1
U	E2
=	M1
O	M1
O	E3
=	A1

4/24 Eine Steuerungsanweisung in AWL besteht aus dem Operationsteil, der angibt, was zu tun ist und dem Operandenteil, der angibt, womit etwas zu tun ist.

4/25

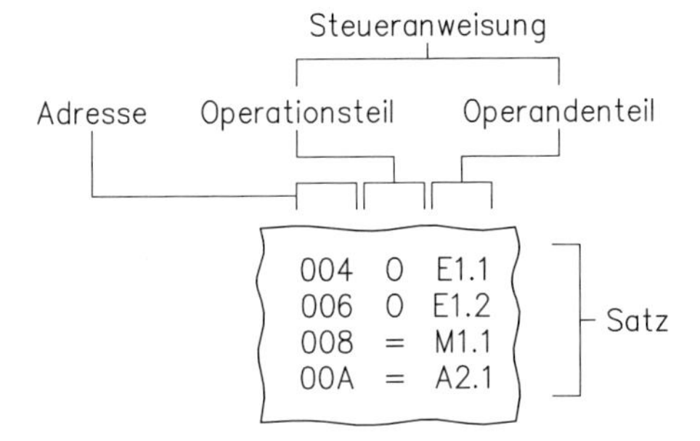

4/26 a) Die Kolbenstange des Zylinders fährt dann aus, wenn die Taster S1 und S2 gleichzeitig betätigt sind oder wenn der Taster S3 gedrückt ist.

b) Die Kolbenstange fährt wieder ein, wenn einer der betätigten Taster S1 oder S2 losgelassen wird. Falls der Arbeitshub durch die Betätigung von S3 erfolgte, fährt die Kolbenstange wieder ein, wenn S3 losgelassen wird.

4/27 a) Der Kontaktplan ist aus dem Stromlaufplan entwickelt worden. Dreht man den Stromlaufplan um 90° und spiegelt ihn, so erhält man den Kontaktplan in seinem Aufbau.

b) Kontaktplan

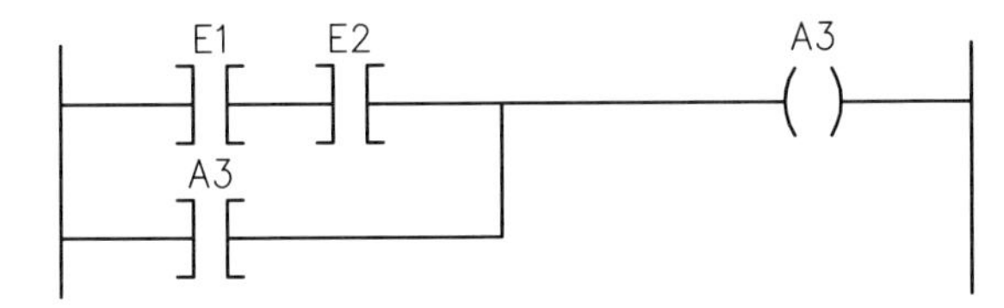

4/28 a) Der GRAFCET-Plan als Planungsunterlage dient als Kommunikationsmittel zwischen verschiedenen Technologien. In diesem Funktionsplan werden u. a. die Bedingungen für die Steuerschritte und die sich daraus ergebenden Steuerungsbefehle dargestellt.
In der Programmiersprache Funktionsplan (FUP) werden die Vorgaben aus der Planungsunterlage für eine SPS umgesetzt. Dabei werden die Bedingungen in der SPS den Eingängen und die Befehle über Logiksymbole den Ausgängen zu geordnet.

b) Programm in FUP

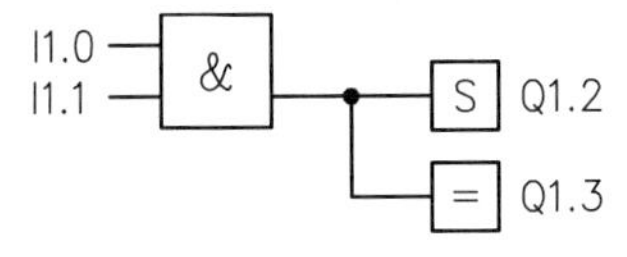

4/29 a) Kontaktplan aus Aufgabe **4/27** — Funktionsplan — Anweisungsliste

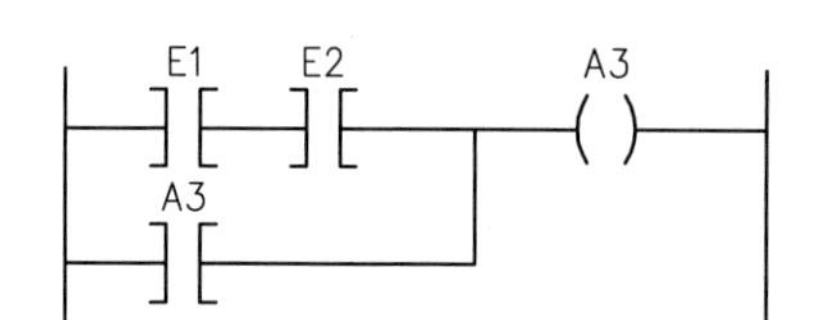

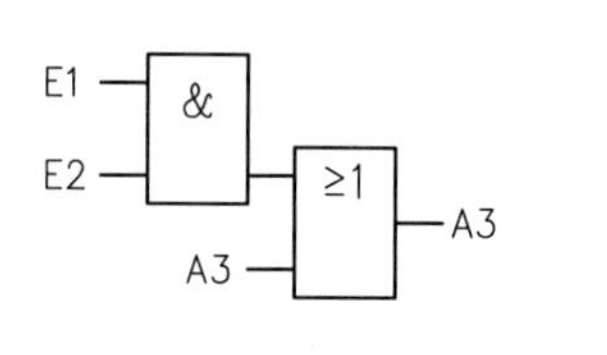

U E1
U E2
= M1
O M2
O A3
= A3

b) Funktionsplan aus Aufgabe **4/28** — Kontaktplan — Anweisungsliste

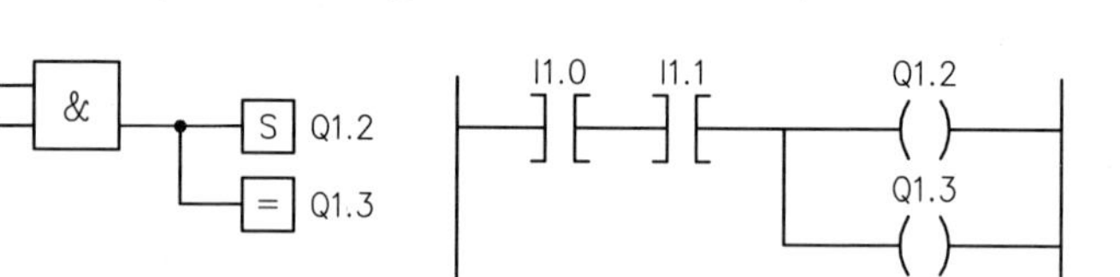

U I1.0
U I1.1
S Q1.2
= Q1.3

4/30 Anweisungsliste — Kontaktplan

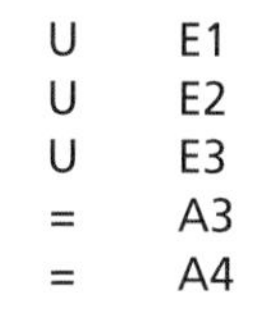
U E1
U E2
U E3
= A3
= A4

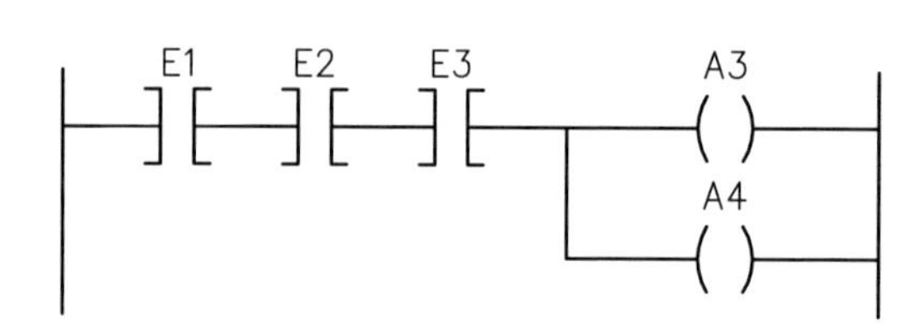

4/31 Anweisungsliste — Funktionsplan

O E1.1
O E1.2
O E1.3
= A2.4

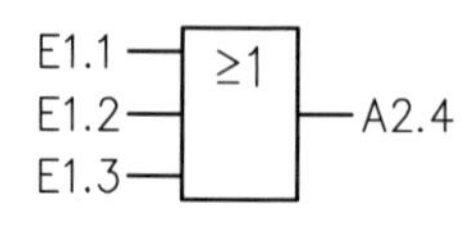

4/32 a)

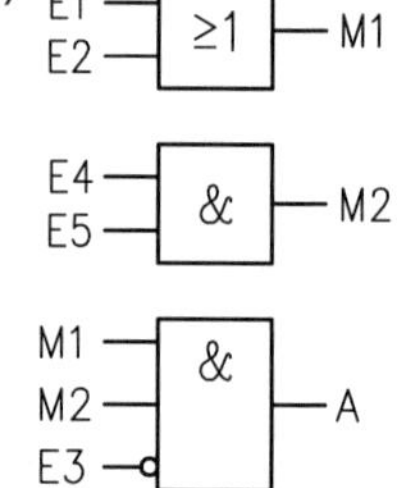

b)

E1.1, E1.2 — & — M1
M1, E2.0 — ≥1 — M2
M2, E3.0 — & — M3
M3, E4.0 — ≥1 — M4
M4, E1.1 — & — A1.0

4/33 a)

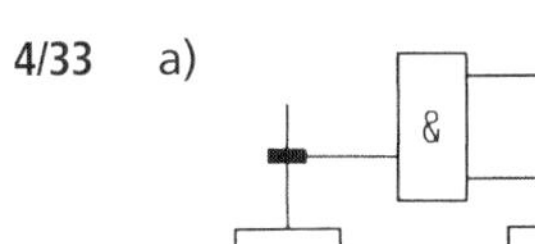

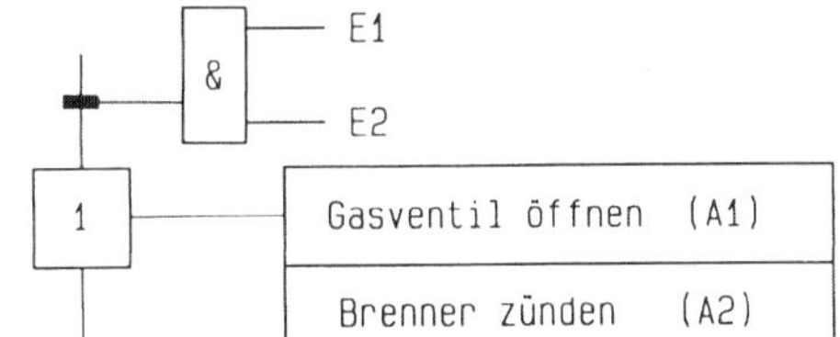

E1 – Ofentür zu
E2 – Abluft an

FUP

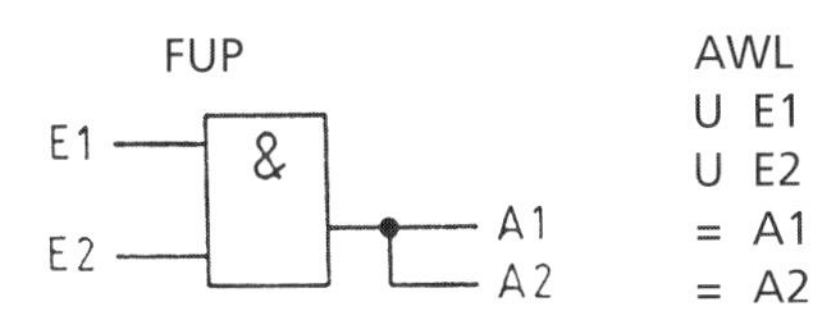

AWL
U E1
U E2
= A1
= A2

b)

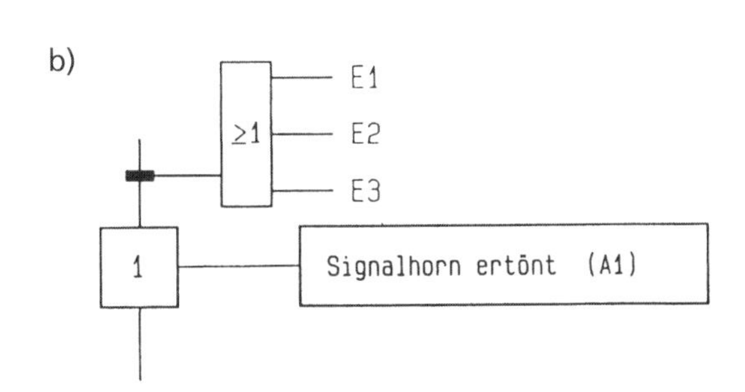

E1 – Magazin leer
E2 – Taktabweichung
E3 – Grenzmaßüberschreitung

FUP

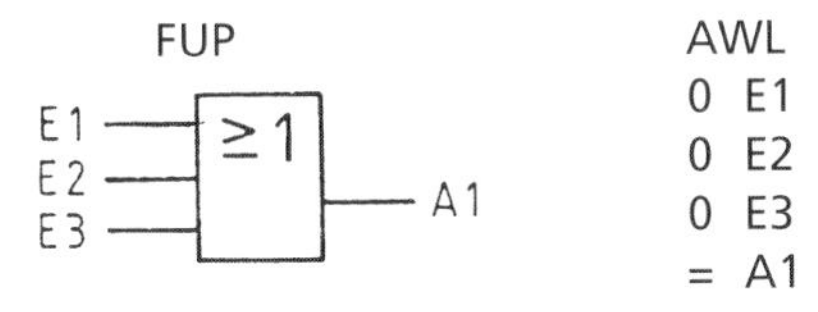

AWL
0 E1
0 E2
0 E3
= A1

4/34 a) Startbedingungen

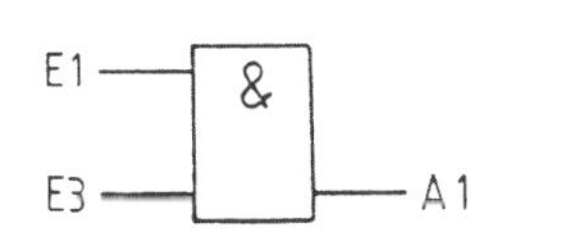

U E1
U E3
= A1

b) Rückhub

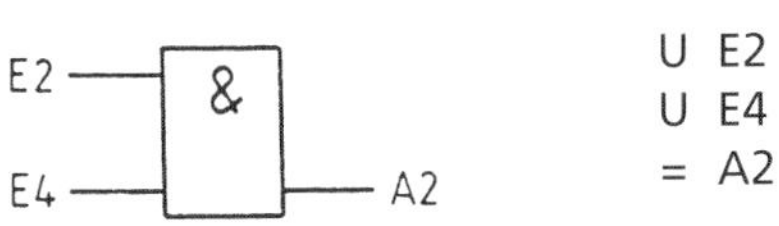

U E2
U E4
= A2

Betriebsmittel-kennzeichnung		Zuordnung in der SPS (Operand)
Eintaster	S3	E3
Austaster	S4	E4
Endschalter	1B1	E1
Endschalter	1B2	E2
Spule	1M1	A1
Spule	1M2	A2

4/35 GRAFCET-Plan

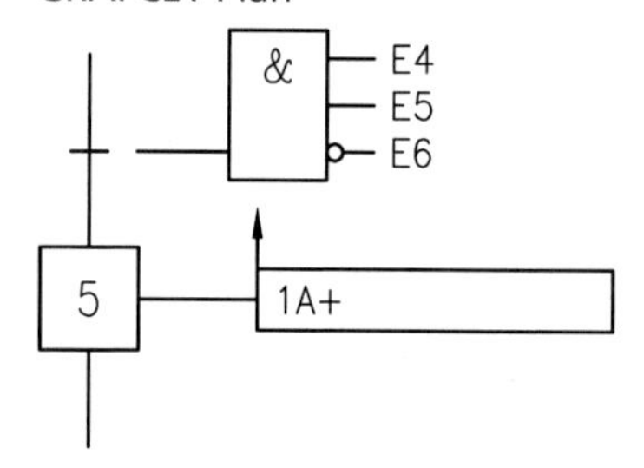

E4 Schritt 4 erfolgte (B4)
E5 Sicherheitsschalter (B5)
E6 Magazin leer (B6)

„Werkstück spannen (A1)"

FUP

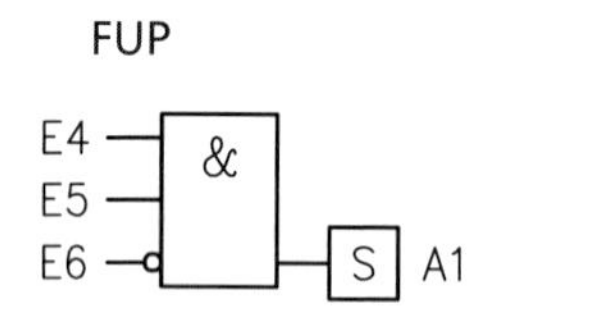

AWL

```
U   E4
U   E5
UN  E6
S   A1
```

4/36 GRAFCET-Plan

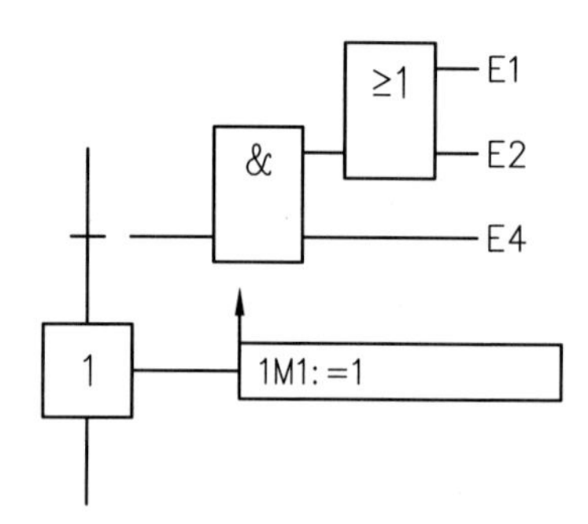

E1 Handtaster (S3)

E2 Automatikschalter (S4)

E4 Sensor 1B1 (1A ist eingefahren)

„Pressen (A1)"

FUP

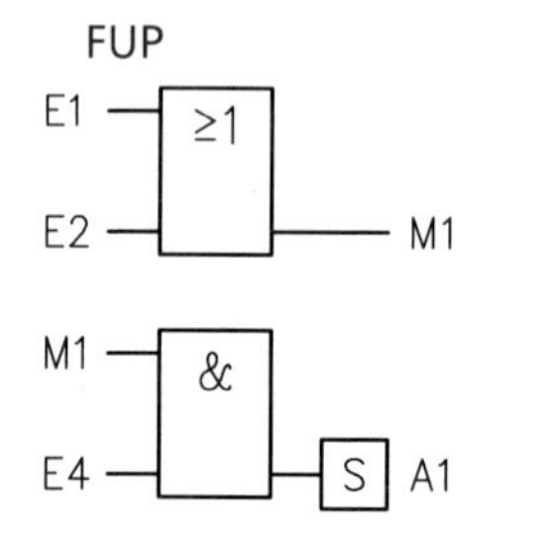

AWL

```
0   E1
0   E2
=   M1
U   M1
U   E4
S   A1
```

4/37 a) Zuordnungsliste

Betriebsmittelkennzeichnung		Operand mit Signalzuordnung und Funktion	
Handtaster	S1	E1 = 1	Taster ist gedrückt
Handtaster	S2	E2 = 1	Taster ist gedrückt
Fußtaster	S3	E3 = 1	Fußtaster ist gedrückt
Schutzgitter	B4	E4 = 1	Schutzgitter ist geschlossen
Lichtschranke	B5	E5 = 0	Lichtstrahl ist nicht unterbrochen
		E5 = 1	Lichtstrahl ist unterbrochen
Magnetspule	1M1	A1 = 1	Spule hat Spannung; 1A soll +

b) GRAFCET-Plan

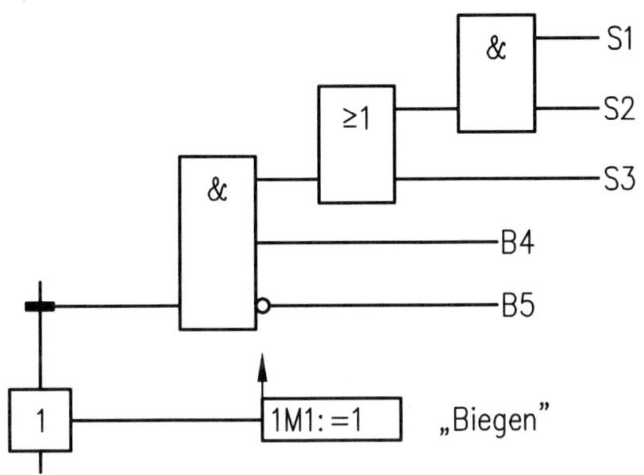

c) FUP ohne Merker

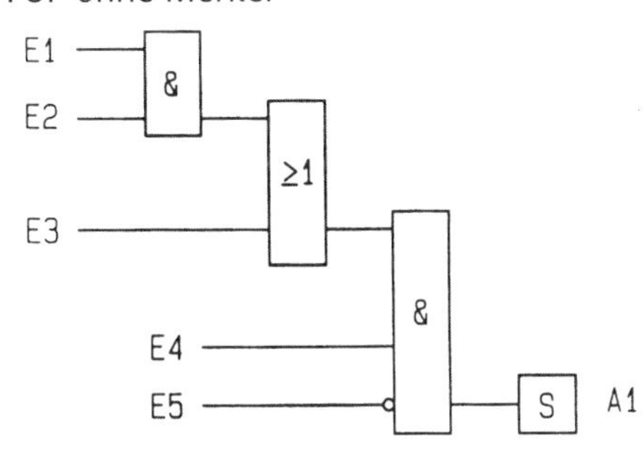

FUP mit Merkern

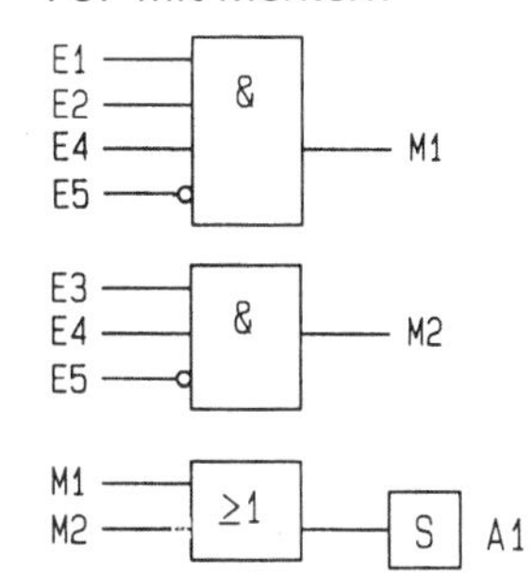

d) AWL mit Klammern

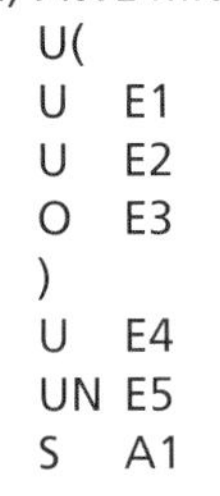

```
U(
U   E1
U   E2
O   E3
)
U   E4
UN  E5
S   A1
```

AWL mit Merkern

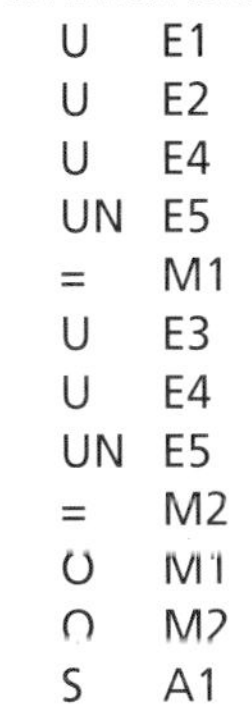

```
U   E1
U   E2
U   E4
UN  E5
=   M1
U   E3
U   E4
UN  E5
=   M2
O   M1
O   M2
S   A1
```

e) KOP für den Startvorgang

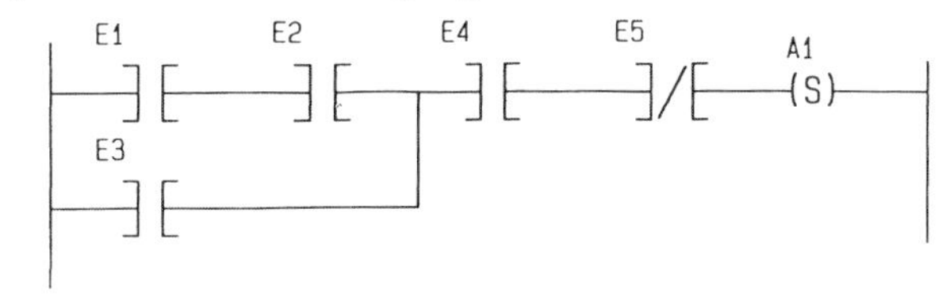

4/38 a) FUP

b) AWL

U E1
S M1
U E2
R M1
U M1
= A1

Betriebsmittel	Operand; Funktion
Handtaster S1;	E1 = 1; Zylinder soll +
Handtaster S2;	E2 = 2; Zylinder soll –
Magnetspule 1M1	A1 = 1; Spule Spannung, Zylinder +

c) Betätigt man die beiden Taster S1 und S2 gleichzeitig im eingefahrenen Zustand, so fährt der Zylinder nicht aus. Betätigt man die beiden Taster S1 und S2 gleichzeitig im ausgefahrenen Zustand, so fährt der Zylinder ein. Die zyklische Abarbeitung in der SPS bewirkt, dass das zuletzt gegebene Signal – hier E2 – dominierend wirkt. Die Spule erhält keine Spannung, weil jeweils das Signal A1 zurückgesetzt wird.

d) KOP

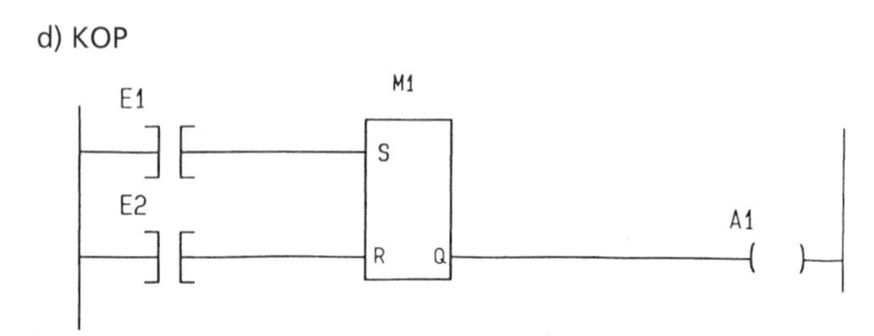

4/39 a) Pneumatischer Schaltplan

b) Zuordnungsliste

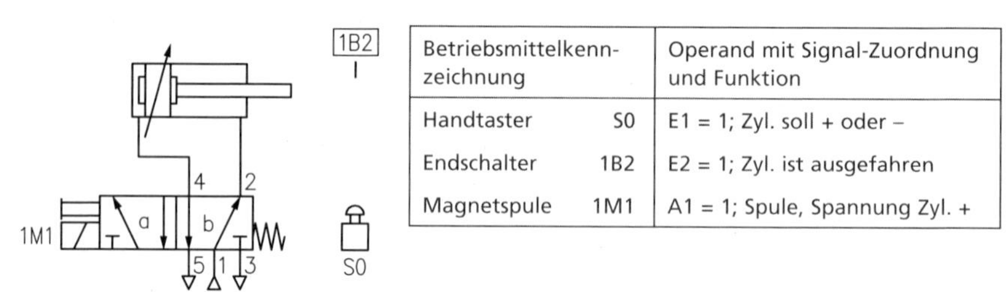

Betriebsmittelkennzeichnung		Operand mit Signal-Zuordnung und Funktion
Handtaster	S0	E1 = 1; Zyl. soll + oder –
Endschalter	1B2	E2 = 1; Zyl. ist ausgefahren
Magnetspule	1M1	A1 = 1; Spule, Spannung Zyl. +

c) FUP

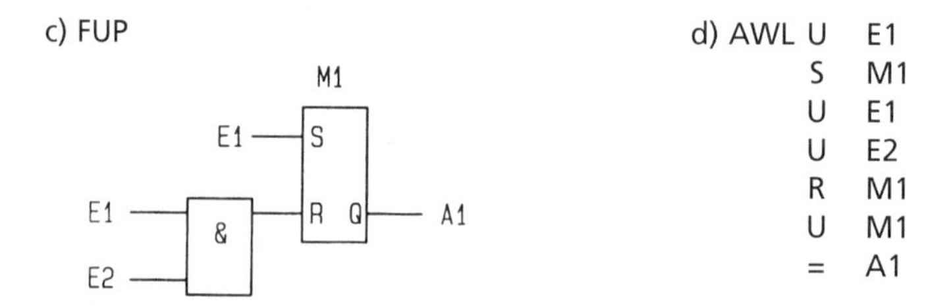

d) AWL

U E1
S M1
U E1
U E2
R M1
U M1
= A1

e) Wird der Handtaster S0 beim Startvorgang mehrfach gedrückt, so fährt die Kolbenstange trotzdem aus; erst wenn zusätzlich der Endschalter 1B2 betätigt worden ist, kann der Rückhub erfolgen.

4/40

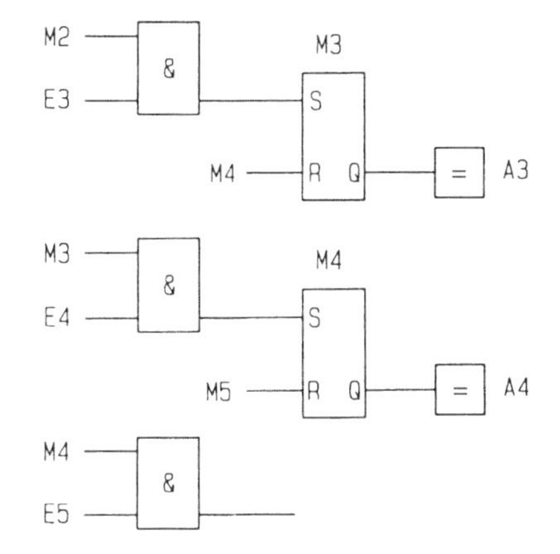

4/41 Im dritten Schaltschritt der Steuerung wird der Merker M3 durch die Anweisung in Zeile drei zurückgesetzt. Da der Merker M4 aus dem nachfolgenden Schaltschritt der Steuerung noch nicht vorhanden ist, kann die Setzbedingung für den Merker M3 in Zeile fünf nicht wirksam werden.
Weil M3 nicht vorhanden ist, kann auch A3 kein Signal bekommen. Der Zylinder fährt nicht aus. Die Steuerung bleibt stehen.

Beispiele für Steuerungen

4/42 a) E-Pneumatik-Plan für „Klebe- und Bohrvorrichtung"

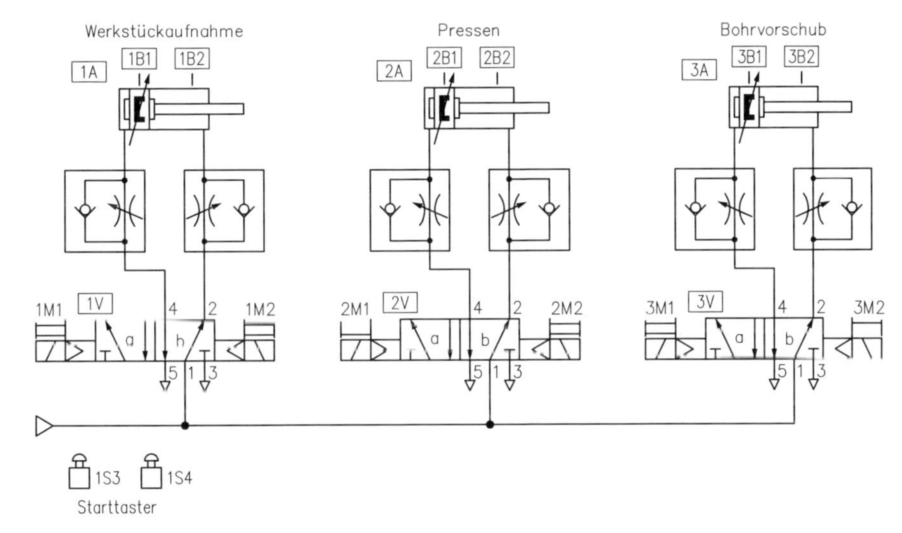

b) GRAFCET-Plan für „Klebe- und Bohrvorrichtung"

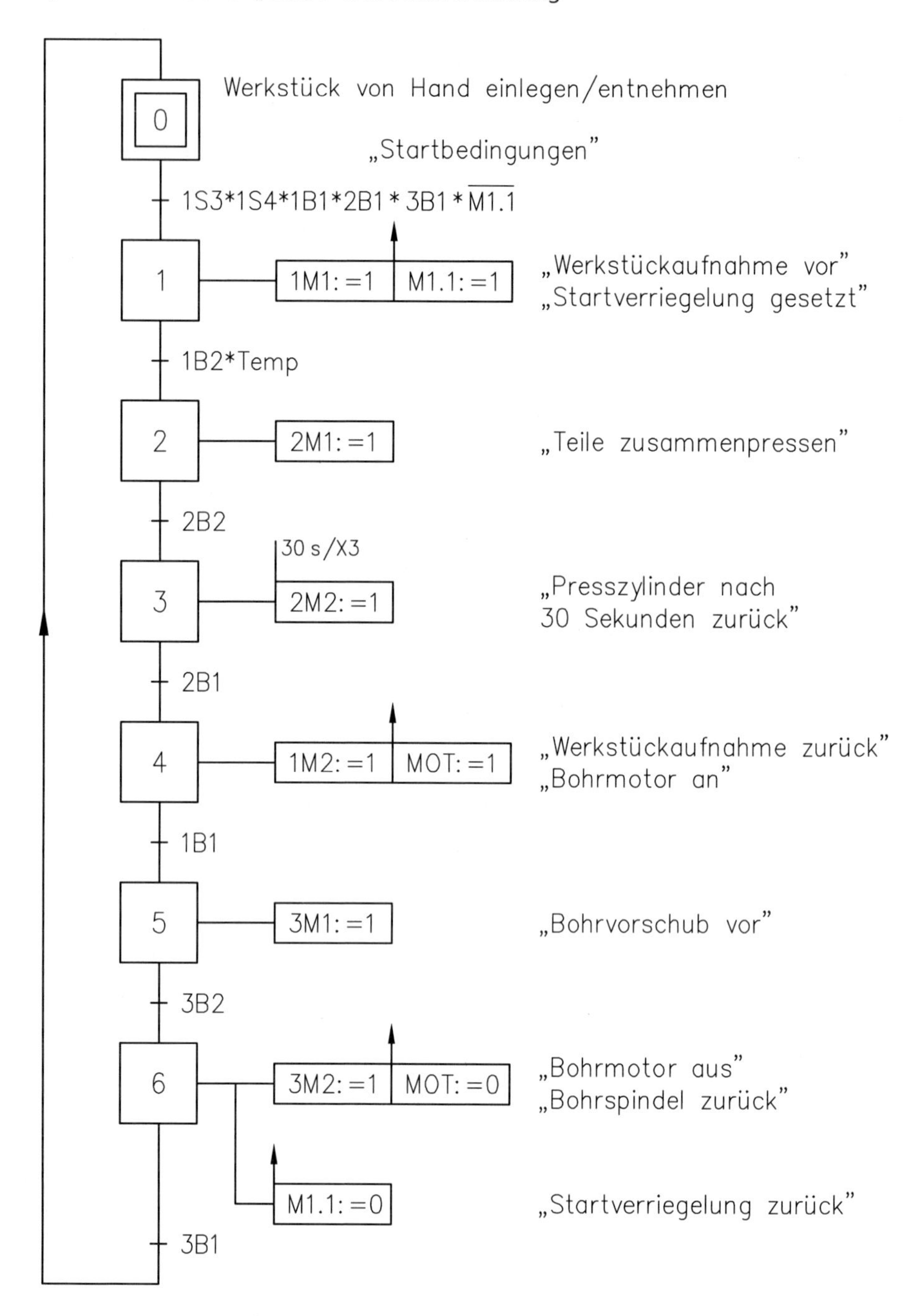

c) Programm in FUP und AWL für „Klebe- und Bohrvorrichtung"

Netzwerk 1 **Werkstückaufnahme vor**

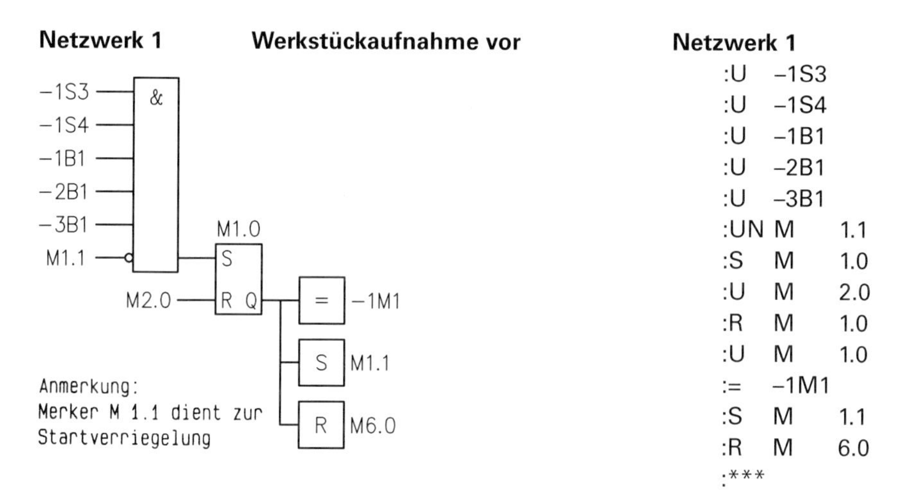

Netzwerk 1

```
:U  −1S3
:U  −1S4
:U  −1B1
:U  −2B1
:U  −3B1
:UN M   1.1
:S  M   1.0
:U  M   2.0
:R  M   1.0
:U  M   1.0
:=  −1M1
:S  M   1.1
:R  M   6.0
:***
```

Netzwerk 2 **Teile zusammenpressen**

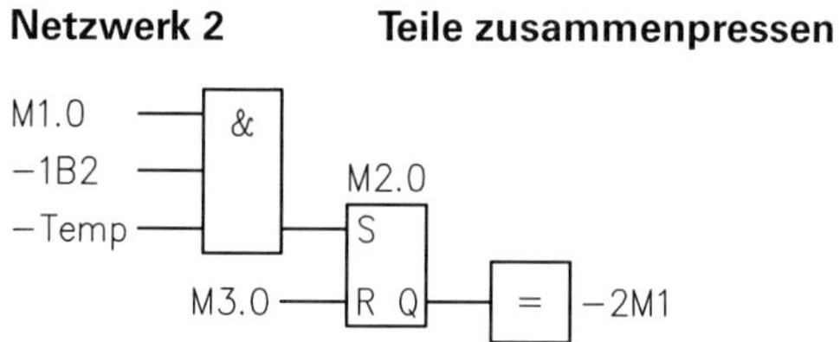
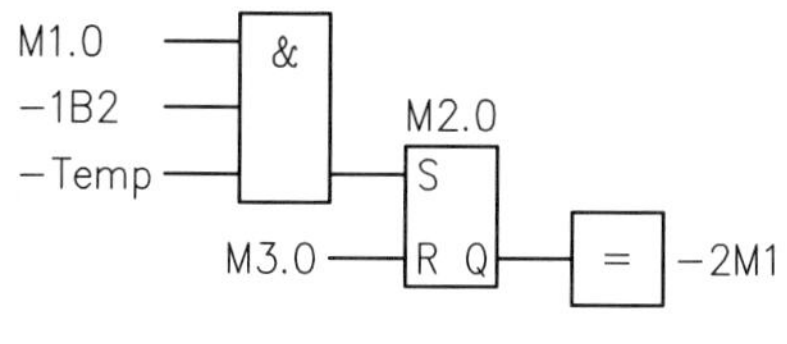

Netzwerk 2

```
:U  M   1.0
:U  −1B2
:U  −Temp
:S  M   2.0
:U  M   3.0
:R  M   2.0
:U  M   2.0
:=  −2M1
:***
```

Netzwerk 3 **Presszylinder zurück**

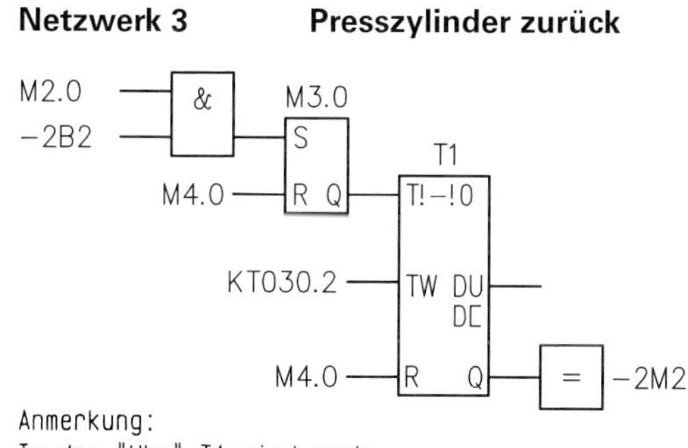

Netzwerk 3

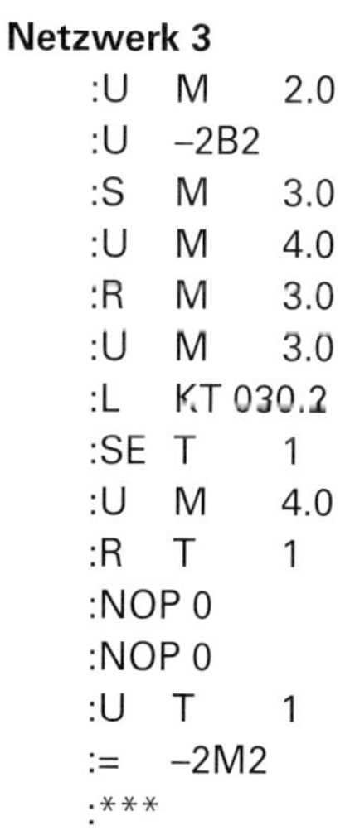

```
:U  M   2.0
:U  −2B2
:S  M   3.0
:U  M   4.0
:R  M   3.0
:U  M   3.0
:L  KT 030.2
:SE T   1
:U  M   4.0
:R  T   1
:NOP 0
:NOP 0
:U  T   1
:=  −2M2
:***
```

Netzwerk 4 **Werkstückaufnahme zurück**

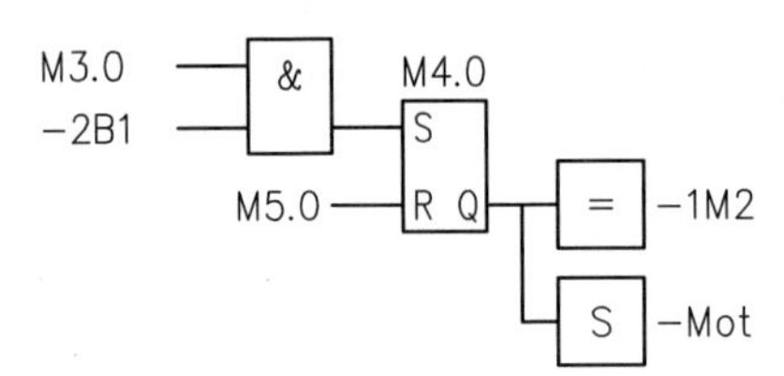

Netzwerk 4

```
:U  M    3.0
:U  –2B1
:S  M    4.0
:U  M    5.0
:R  M    4.0
:U  M    4.0
:=  –1M2
:S  –Mot
:***
```

Netzwerk 5 **Werkstück bohren**

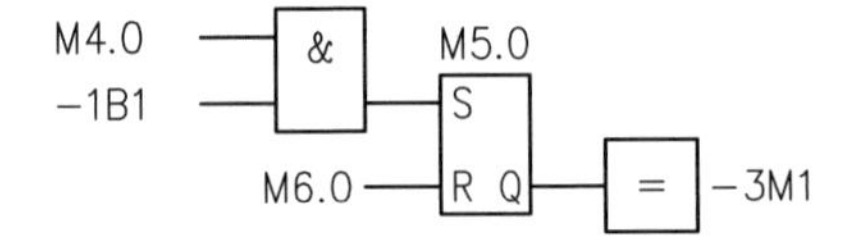

Netzwerk 5

```
:U  M    4.0
:U  –1B1
:S  M    5.0
:U  M    6.0
:R  M    5.0
:U  M    5.0
:=  –3M1
:***
```

Netzwerk 6 **Bohrspindel zurück**

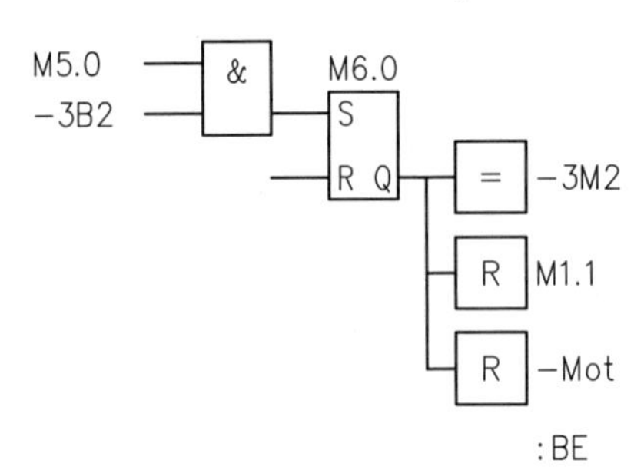

Netzwerk 6

```
:U  M    5.0
:U  –3B2
:S  M    6.0
:NOP 0
:U  M    6.0
:=  –3M2
:R  M    1.1
:R  –Mot
:***
```

4/43 individuelle Lösungen

4/44 Projekt „Bohrvorrichtung“ (mit drittem Zylinder)

a) Pneumatikschaltplan Bohrvorschub

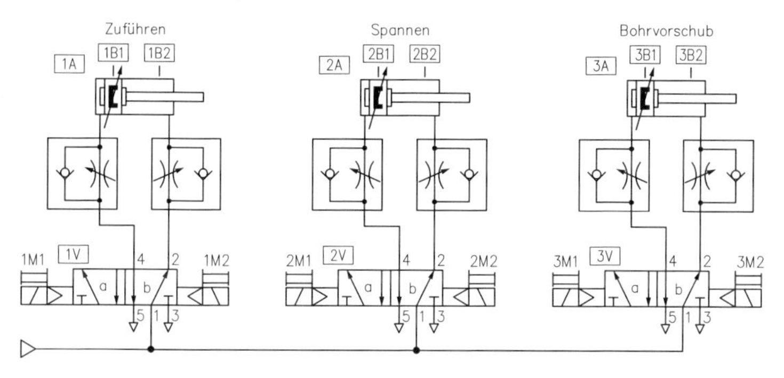

b) Zuordnungsliste

Betriebsmittel	*	Operand mit Signalzuordnung und Funktion	
Ein-Taster	SO	E0 = 1	Ein-Taster gedrückt
Lichtschranke	B1	E1 = 1 E1 = 0	Werkstück fehlt Werkstück ist vorhanden
Automatik Endschalter	S2 1B1	E2 = 1 E3 = 1	Automatikbetrieb an Zylinder 1A (Zuführen) ist eingefahren
Endschalter	1B2	E6 = 1	Zylinder 1A (Zuführen) ist ausgefahren
Endschalter	2B1	E4 = 1	Zylinder 2A (Spannen) ist eingefahren
Endschalter	2B2	E7 = 1	Zylinder 2A (Spannen) ist ausgefahren
Endschalter	3B1	E5 = 1	Zylinder 3A (Bohren) ist eingefahren
Endschalter	3B2	E8 = 1	Zylinder 3A (Bohren) ist ausgefahren
Halt-Taster	S11	E11 = 1	Anlage bleibt im nächsten Schritt stehen
Magnetspule	1M1	A1 = 1	Spannung auf Spule 1M1 Ventil 1V in Schaltstellung a, 1A +
Magnetspule	1M2	A2 = 1	Spannung auf Spule 1M2 Ventil 1V in Schaltstellung b, 1A –
Magnetspule	2M1	A3 = 1	Spannung auf Spule 2M1 Ventil 2V in Schaltstellung a, 2A +
Magnetspule	2M2	A4 = 1	Spannung auf Spule 2M2 Ventil 2V in Schaltstellung b, 2A –
Magnetspule	3M1	A5 = 1	Spannung auf Spule 3M1 Ventil 3V in Schaltstellung a, 3A +
Magnetspule	3M2	A6 = 1	Spannung auf Spule 3M2 Ventil 3V in Schaltstellung b, 3A –
Signalhorn	H1	A7 = 1	Signalhorn an

*alle Sensoren als Schließer

c) GRAFCET-Plan zum Projekt „Bohrvorrichtung" (mit drittem Zylinder)

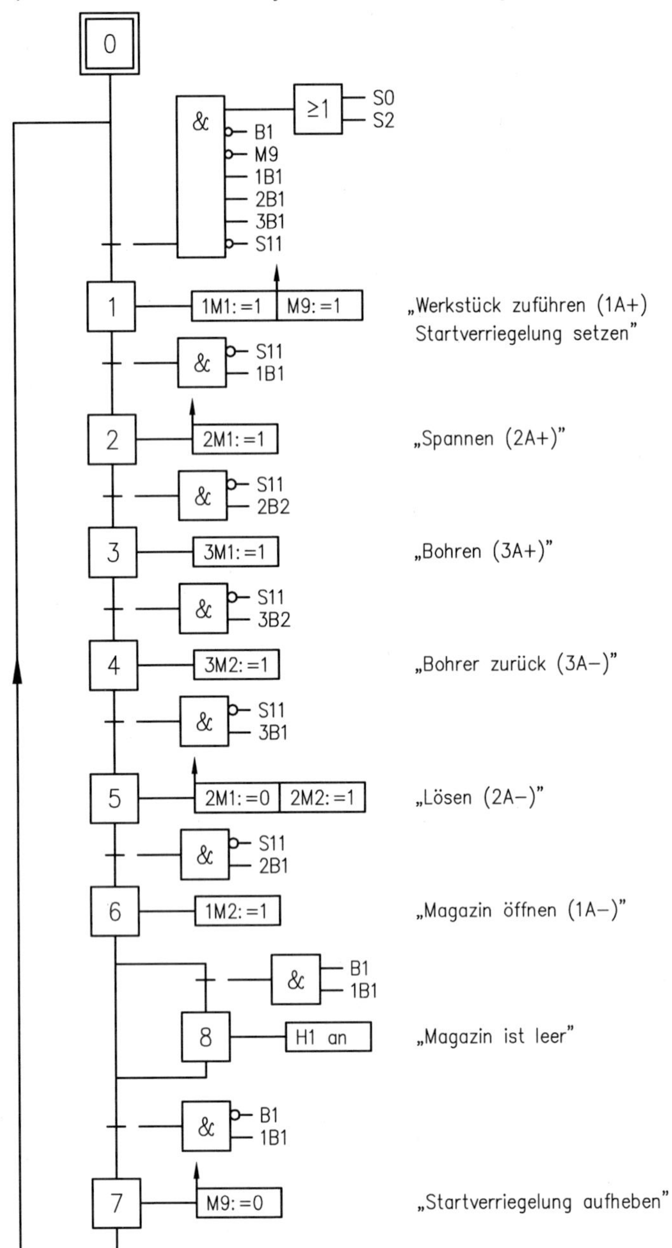

Anmerkung: Die „innere" Absicherung der Ablaufsteuerung über das Setzen und Rücksetzen von Merkern in entsprechenden Speicherbausteinen wird durch den „Übergang" vorausgesetzt und braucht im Funktionsplan nicht gesondert ausgewiesen zu werden.

d) Programm in AWL zum Projekt „Bohrvorrichtung" (mit drittem Zylinder)

Netzwerk „Zuführen"

```
0(
0   EO
0   E2
)
UN  E1   Einschaltbe-
UN  M9   dingungen
U   E3
U   E4
U   E5
UN  E11
S   M1
U   M2   Speicher
R   M1   rücksetzen
U   M1
=   A1   Spule 1M1 Spannung 1A +
S   M9   Startverriegelung
```

Netzwerk 2 „Spannen"

```
U   M1
UN  E11  Weiterschalt-
U   E6   bedingungen
S   M2
U   M3   Speicher
R   M2   rücksetzen
U   M2
S   A3   Spule 2M1 Spannung 2A +
```

Netzwerk 3 „Bohren"

```
U   M2
UN  E11  Weiterschalt-
U   E7   bedingungen
S   M3
U   M4   Speicher
R   M3   rücksetzen
U   M3
=   A5   Spule 3M1 Spannung 3A +
```

Netzwerk 4 „Bohrer zurück"

```
U   M3
UN  E11  Weiterschalt-
U   E8   bedingungen
S   M4
U   M5   Speicher
R   M4   rücksetzen
U   M4
=   A6   Spule 3M2 Spannung 3A –
```

Netzwerk 5 „Lösen"

```
U   M4
UN  E11  Weiterschalt-
U   E5   bedingungen
S   M5
U   M6   Speicher
R   M5   rücksetzen
U   M5
R   A3   Spule 2M1 ohne Spannung
=   A4   Spule 2M2 Spannung 2A –
```

Netzwerk 6 „Magazin öffnen"

```
U   M5
UN  E11  Weiterschalt-
U   E4   bedingungen
S   M6
U   M6
=   A2   Spule 1M2 Spannung 1A –
```

Netzwerk 7 „Neustart vorbereiten"

```
U   M6
UN  E1   Weiterschalt-
U   E3   bedingungen
R   M6
R   M9   Startverriegelung aufheben
```

Netzwerk 8 „Magazin ist leer"

```
U   M6   Signalhorn bleibt so lange
U   E1   an, wie diese Bedingungen
U   E3   erfüllt sind
=   A7
```

e) individuelle Lösungen

5 Hydraulik

Leistungswandlung und Leistungsübertragung in der Hydraulik

5/1 a) Während des Fräsvorganges gewährleisten hydraulische Vorschubeinheiten auch bei unterschiedlichen Belastungen einen gleichmäßigen Vorschub.

b) Die hydraulisch angetriebene Schaufel eines Baggers benötigt sehr große Leistungen.

c) u. e) Für das pneumatisch arbeitende Transportsystem zum Abfüllen von Zucker und für die Milchabfüllanlage sind keine sehr großen Kräfte notwendig. Darüber hinaus benutzt man in der Lebensmittelindustrie die Pneumatik aus hygienischen Gründen.

d) Bei der Schließeinheit einer Spritzgießmaschine sind sehr große Kräfte notwendig. Aus diesem Grunde wählt man die Hydraulik.

f) ...

5/2 Die Hydraulik wird vor allem dann eingesetzt, wenn große Kräfte wirken müssen. Die Pneumatik eignen sich vor allem dann, wenn schnelle Bewegungen zu verwirklichen sind.

5/3

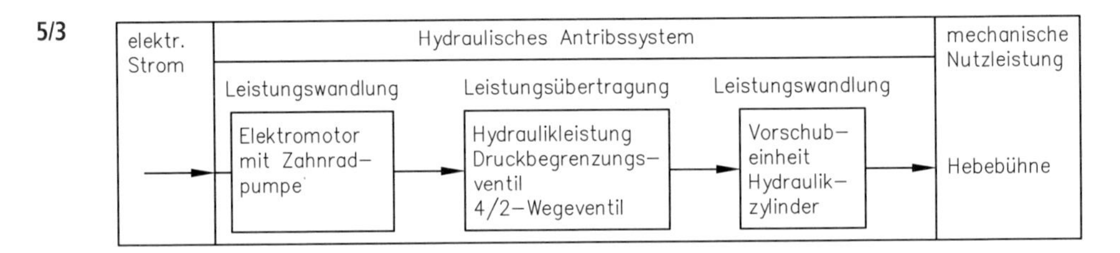

Physikalische Grundlagen

5/4

	Volumenstrom			Druck			Leistung
	in l/min	in cm^3/s	in m^3/s	in bar	in N/cm^2	in N/m^2	in kW
a)	120	2000	$2 \cdot 10^{-3}$	12	120	$12 \cdot 10^5$	2,4
b)	36	600	$0{,}6 \cdot 10^{-3}$	80	800	$80 \cdot 10^5$	4,8
c)	4	66,7	$0{,}07 \cdot 10^{-3}$	200	2000	$200 \cdot 10^5$	1,33
d)	60	1000	0,001	40	400	$40 \cdot 10^5$	4,0
e)	3,8	63,3	$0{,}06 \cdot 10^{-3}$	135	1350	$135 \cdot 10^5$	0,85
f)	7,2	120	$0{,}12 \cdot 10^{-3}$	117	1170	$117 \cdot 10^5$	1,4

5/5 a) Kolbenfläche: $A = \frac{d^2 \cdot \pi}{4}$; $A = \frac{(6{,}3\ \text{cm})^2 \cdot \pi}{4}$; $A = \underline{\underline{31{,}2\ \text{cm}^2}}$

b) Druck: $p = \frac{F}{A}$; $p = \frac{8\,500\ \text{N}}{31{,}2\ \text{cm}^2}$; $p = \underline{\underline{27{,}2\ \text{bar}}}$

c) Volumenstrom: $q_v = \frac{A \cdot s}{t}$; $q_v = \frac{31{,}2\ \text{cm}^2 \cdot 80\ \text{cm}}{3{,}5\ \text{s}}$; $q_v = \underline{\underline{42{,}8\ \frac{\text{l}}{\text{min}}}}$

d) Hydraulische Leistung: $P = p \cdot q_v$; $P = 272{,}4 \frac{\text{N}}{\text{cm}^2} \cdot 713{,}1 \frac{\text{cm}^3}{\text{s}}$

$P = 1\,942{,}5 \frac{\text{Nm}}{\text{s}}$; $P = \underline{\underline{1{,}9\ \text{kW}}}$

5/6 a) $P_e = \eta \cdot P_i$; $P_e = 0{,}55 \cdot 4\ \text{kW}$; $P_e = \underline{\underline{2{,}2\ \text{kW}}}$ $P_e = 2\,200 \frac{\text{Nm}}{\text{s}}$

b) $p = \frac{P}{q_v}$; $p = \frac{2\,200\ \text{N} \cdot 10^2\ \text{cm} \cdot 60\ \text{s}}{\text{s} \cdot 15 \cdot 10^3 \cdot \text{cm}^3}$; $p = 880 \frac{\text{N}}{\text{cm}^2}$

$p = \underline{\underline{88\ \text{bar}}}$; $p = \underline{\underline{88 \cdot 10^5\ \text{Pa}}}$

5/7 a) $F = p \cdot A$; $F = \frac{3\,500\ \text{N} \cdot 10^2\ \text{cm}^2 \cdot \pi}{\text{cm}^2 \quad 4}$; $F = \underline{\underline{274{,}9\ \text{kN}}}$

b) $P = F \cdot v$; $P = 274{,}9\ \text{kN} \cdot \frac{14\ \text{m}}{60\ \text{s}}$; $P = \underline{\underline{64{,}1\ \text{kW}}}$

$P_i = \frac{P_e}{\eta}$; $P_i = \frac{64{,}1\ \text{kW}}{0{,}6}$; $P_i = \underline{\underline{107\ \text{kW}}}$

5/8 a) $A_1 \cdot v_1 = A_2 \cdot v_2$; $v_2 = \frac{A_1 \cdot v_1}{A_2}$; $v_2 = \frac{20\ \text{cm}^2 \cdot 1{,}5\ \text{m}}{30\ \text{cm}^2 \cdot \text{s}}$;

$v_2 = \underline{\underline{1\ \frac{\text{m}}{\text{s}}}}$

b) $v_2 = \frac{A_1 \cdot V_1}{A_2}$; $v_2 = \frac{15^2\ \text{mm}^2 \cdot \pi \cdot 0{,}8\ \text{m}}{30\ \text{mm}^2 \cdot 4\ \text{s}}$; $v_2 - \underline{\underline{4{,}7\ \frac{\text{m}}{\text{s}}}}$

5/9 Große Radien bei Hydraulikleitungen gewährleisten einen ruhigen Strömungsverlauf, d. h. eine laminare Strömung. Bei laminarer Strömung sind die Reibungsverluste gering.

5/10 a) Plötzliche Querschnittsänderungen im Ventilbereich verursachen vor allem dann Kavitationsschäden, wenn die Anlage nicht sorgfältig entlüftet wurde.

b) Kavitationsschäden lassen sich durch größere Rohrquerschnitte bei den Zuleitungen zum Ventil und durch die Entlüftung der Gesamtanlage vermeiden.

5/11 Hydrauliköle mit niedriger Viskosität haben folgende Vorteile:
- sie können auch bei tiefen Temperaturen verwendet werden,
- sie weisen geringe Reibungsverluste auf;

nachteilig sind die höheren Leckölverluste.

5/12 Volumetrische Verluste können durch externe Leckölverluste, z. B. durch defekte Dichtungen oder interne Leckölverluste, z. B. durch zurückströmendes Öl von der Druckseite auf die Saugseite, auftreten. Hydraulisch-mechanische Verluste ergeben sich aus den Reibungsverlusten sich bewegender Maschinenteile, z. B. in der Zahnradpumpe oder aus dem Widerstand, der im strömenden Hydrauliköl entsteht.

5/13 Bei 100 bar:

$\eta_{vol} = 0{,}9;\ \eta_{hm} = 0{,}91$

$\eta_{ges} = \eta_{vol} \cdot \eta_{hm}$

$\eta_{ges} = 0{,}9 \cdot 0{,}91$

$\eta_{ges} = \underline{\underline{0{,}82}}$

Bei 200 bar:

$\eta_{vol} = 0{,}75;\ \eta_{hm} = 0{,}9$

$\eta_{ges} = 0{,}75 \cdot 0{,}9$

$\eta_{ges} = \underline{\underline{0{,}675}}$

Messtechnische Grundlagen

5/14 Da hydraulische Anlagen in sich geschlossene Systeme darstellen, die unter Druck stehen, können die Ursachen der Leistungsverluste an jedem einzelnen Bauteil durch die Messung des Druckes und des Volumenstromes ermittelt werden. Die entsprechenden Messstellen können gegebenenfalls den Schaltplänen entnommen werden.

5/15

Hydraulisches System	entspricht	elektrischer Stromkreis
Messen des Dru+ckes	"	Messen der elektrischen Spannung
Messen des Volumenstromes	"	Messen des elektrischen Stromes
Berechnen der hydraulischen Leistung	"	Berechnen der elektrischen Leistung

5/16

	Genauigkeits-klasse	Messbereich in bar	Gerätefehler in bar	Anzeigewert in bar	wirklicher Druck-bereich in bar
a)	2	0 bis 400	± 8 bar	350	342–358
b)				200	192–208
c)				100	92–108
d)	1,2	0 bis 400	± 4,8 bar	350	345,2–354,8
e)				200	195,1–204,8
f)				100	95,2–104,8

5/17 a) Gerätefehler $= \pm \dfrac{500 \text{ bar} \cdot 1{,}6\ \%}{100\ \%} = 8 \text{ bar}$

b) und c)

Anzeigewert in bar	tatsächlicher Druckbereich in bar	Abweichung des Messwertes zum Anzeigewert
80	72– 88	± 10 %
160	152–168	± 5 %
240	232–248	± 3,3 %
320	312–328	± 2,5 %
400	392–408	± 2 %

d)

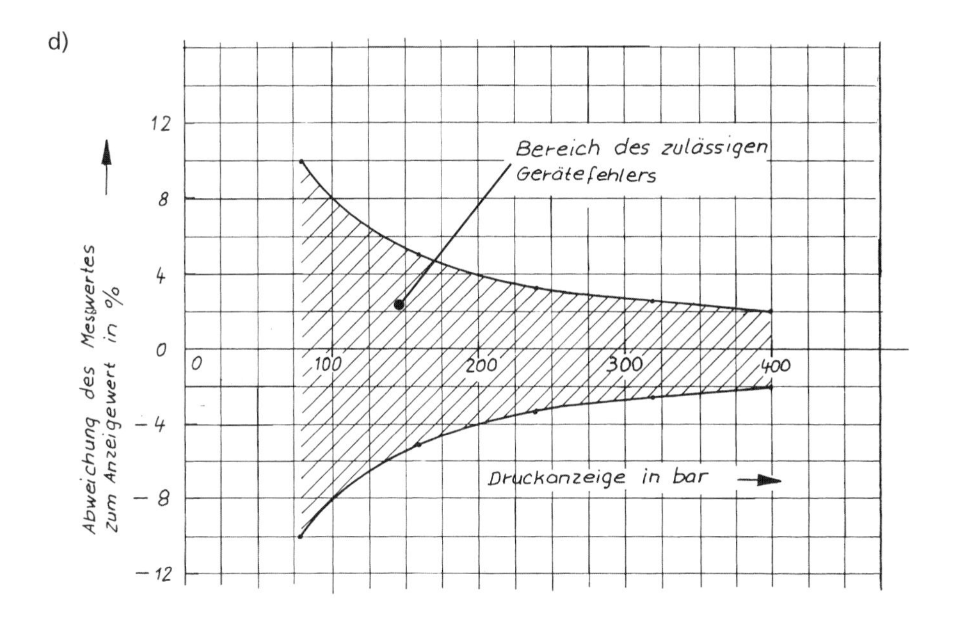

5/18 – – –

5/19 a) $q_v = V_z \cdot f$; $\qquad q_v = 1{,}2 \cdot 10^{-3}\ \text{L} \cdot 2800\ \dfrac{1}{\text{min}}$; $\qquad \underline{\underline{q_v = 3{,}36\ \dfrac{\text{L}}{\text{min}}}}$

b) $P_i = \dfrac{q_v \cdot p}{\eta}$; $\qquad P_i = \dfrac{3{,}36 \cdot 10^{-3}\ \text{m}^3 \cdot 300 \cdot 105\ \text{N}}{60\ \text{s} \cdot \text{m}^2 \cdot 0{,}75}$; $\qquad \underline{\underline{P_i = 2240\ \text{W}}}$

5/20 1. Der Volumenstrom an der zweiten Messstelle ändert sich je nach Ventilstellung wie folgt:

a) gleich bleibend (der gesamte Volumenstrom wird durch die zweite Messstelle gefördert),

b) kleiner (das verdrängte Volumen aus dem Kolbenstangenbereich ist kleiner als das geförderte Volumen),

c) größer (das verdrängte Volumen aus dem Kolbenflächenbereich ist größer als das geförderte Volumen).

2. In der Nähe des Druckmessgerätes wird ein Prüfmanometer an den Prüfanschluss angeschlossen. Durch diese vergleichende Messung wird das Druckbegrenzungsventil überprüft.

3. Für den sekundärseitigen Druck P6 gilt:

$p_6 = \frac{F}{A}$; $\quad p_6 = \frac{10 \cdot 10^3\ \text{N} \cdot 4}{(4\ \text{cm})^2 \cdot \pi}$; $\quad \underline{\underline{p_6 = 796\ \frac{\text{N}}{\text{cm}^2} \approx 80\ \text{bar}}}$

Hinweis: Die Teilaufgaben 2. und 3. sind eher nach der Behandlung der Druck- und Stromventile lösbar.

5/21 Theoretische Leistung $\quad P_{th} = q_y \cdot p$; $\quad P_{th} = 0{,}92\ \frac{1}{\text{min}} \cdot 300\ \text{bar}$

$P_{th} = 0{,}92\ \frac{10^{-3}\ \text{m}^3}{60\ \text{s}} \cdot 300 \cdot 10^5\ \frac{\text{N}}{\text{m}^2}$; $\quad \underline{\underline{P_{th} = 460\ \text{W}}}$

Nutzleistung $\quad P_{eff} = \frac{0{,}92\ \frac{1}{\text{min}} + 0{,}78\ \frac{1}{\text{min}}}{2} \cdot 300\ \text{bar}$; $\quad \underline{\underline{P_{eff} = 425\ \text{W}}}$

Verlustleistung $\quad P_{Verlust} = \frac{0{,}14\ \frac{1}{\text{min}}}{2} \cdot 300\ \text{bar}$; $\quad \underline{\underline{P_{Verlust} = 35\ \text{W}}}$

Wirkungsgrad $\quad \eta = \frac{P_{eff}}{P_{th}}$; $\quad \eta = \frac{425\ \text{W}}{460\ \text{W}}$; $\quad \underline{\underline{\eta = 0{,}92}}$

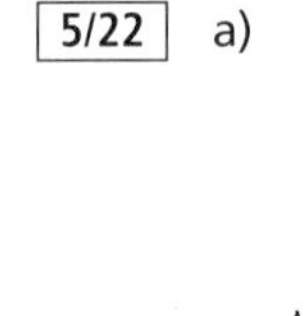

5/22 a)

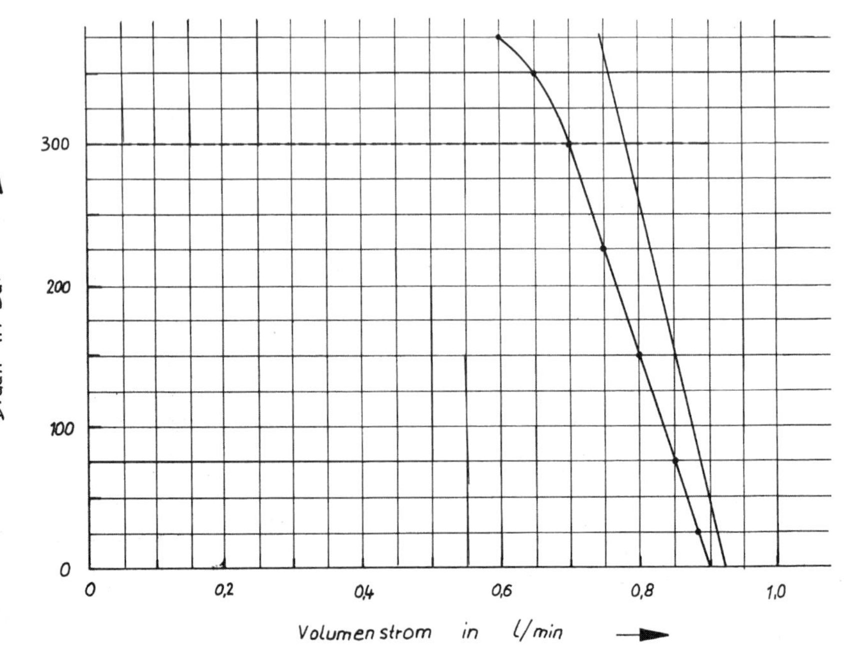

b) Theoretische Leistung (laut Hersteller)

$P_{th} = q_v \cdot p;\qquad P_{th} = 0{,}92\ \frac{1}{min} \cdot 300\ bar$

$P_{th} = 0{,}92\ \frac{10^{-3}\ m^3}{60\ s} \cdot 300 \cdot 10^5\ \frac{N}{m^2};\qquad \underline{\underline{P_{th} = 460\ W}}$

Nutzleistung (nach Messung)

$P_{eff} = \frac{0{,}90\ \frac{1}{min} + 0{,}7\ \frac{1}{min}}{2} \cdot 300\ bar;\qquad \underline{\underline{P_{eff} = 400\ W}}$

Wirkungsgrad

$\eta = \frac{P_{eff}}{P_{th}};\qquad \eta = \frac{400\ W}{460\ W};\qquad = \underline{\underline{0{,}87}}$

c) Die Kennlinie nach der Kontrollmessung zeigt höhere Verluste in der Pumpe als die Kennlinie vom Pumpenhersteller. Folgende Ursachen können vorliegen:
- die Pumpe ist verschlissen,
- die Viskosität des Öles bei der Kontrollmessung ist erheblich niedriger als bei der Messung durch den Pumpenhersteller,
- es liegen Messfehler bei der Kontrollmessung vor, z. B. durch falsch kalibrierte Messgeräte,
- die Kurve des Pumpenherstellers ist „geschönt".

Aufbau und Wirkungsweise einer Hydraulikanlage

5/23 Ein 4/3-Wegeventil als Stellglied in einer Hydraulikanlage ermöglicht in der Mittelstellung einen freien Umlauf des Volumenstromes. Der zugeführte Volumenstrom muss also nicht gegen den Maximaldruck über das Druckbegrenzungsventil in den Behälter zurückgefördert werden.

5/24 a) Beim Platzen des Schlauches in der Hydraulikanlage bricht der Druck sofort zusammen.

b) Unfälle entstehen durch herumspritzendes Öl, das sich eventuell entzünden kann. Außerdem kann man ausrutschen.

c) Beim Platzen eines Schlauches in einer Druckluftanlage können erheblich größere Gefahren auftreten, da sich die Energie in der Druckluft nur allmählich abbaut.

5/25 In der Hydraulik müssen folgende Leitungen verlegt werden:
– Arbeitsleitungen, – Steuerleitungen, – Rückleitungen, – Leckleitungen.

5/26 Eine Hydraulikanlage stellt ein geschlossenes System dar. Das Druckbegrenzungsventil ist als Sicherheitselement in der Hydraulikanlage unbedingt notwendig. Mithilfe von Filtern wird die Druckflüssigkeit gereinigt. Die Druckflüssigkeit muss in den Tank zurückgeleitet werden.

Eine Pneumatikanlage stellt ein offenes System dar. Mithilfe der Wartungseinheit wird die Luft aus dem Netz auf den gewünschten Druck verringert und aufbereitet (gefiltert, entwässert und eventuell mit Öl angereichert). Die Abluft wird ins Freie gelassen.

Teilsystem zur Leistungswandlung und Leistungsbereitstellung (Antriebsaggregat)

5/27 Konstantpumpen ohne Drehzahlregelung liefern stets einen maximalen Volumenstrom; ist jedoch ein geringerer Bedarf in der Anlage, so muss das überflüssige Volumen über das Druckbegrenzungsventil zurückgeführt werden.

Verstellpumpen können einen Volumenstrom liefern, der über eine Regelung dem Bedarf angepasst werden kann.

5/28 Bei Konstantpumpen verwendet man 4/3-Wegeventile mit freiem Umlauf in der Mittelstellung. In Arbeitspausen wird die Flüssigkeit fast drucklos in den Tank zurückgepumpt.

Bei Verstellpumpen kann der Volumenstrom in der Anlage über Regler dem Bedarf angepasst werden. In Arbeitspausen wird kein Fördervolumen geliefert.

5/29 Beim Ansaugen der Flüssigkeit nutzt man den atmosphärischen Druck aus. Er beträgt maximal 1 bar. Fördert die Pumpe schneller, als Flüssigkeit nachfließen kann, so werden die Zahnlücken nicht mehr vollständig mit Öl gefüllt. Es treten Kavitationsschäden auf. Um Kavitation zu vermeiden, verwendet man auf der Saugseite größere Rohrquerschnitte als auf der Druckseite.

5/30 Bei höherem Druck nimmt in einer Zahnradpumpe der Leckverlust zwischen den beweglichen Teilen zu, sodass die Förderleistung sinkt.

5/31 a)

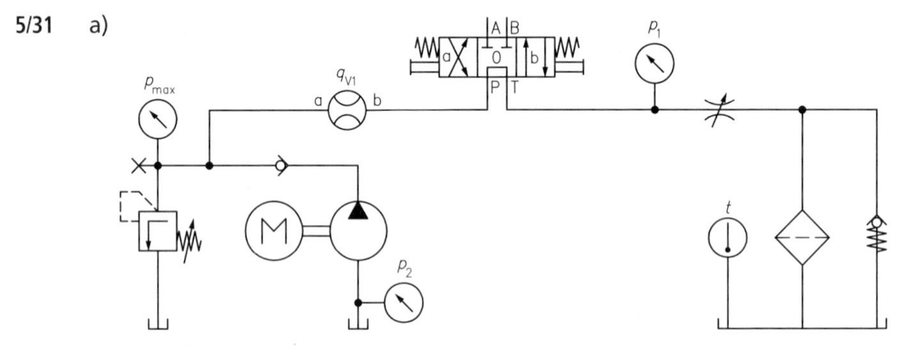

P_{max} – Druckmessgerät zur Einstellung des Maximaldruckes
P_1 – Druckmessung vor der Drossel
P_2 – Unterdruckmessung an der Saugleitung
q_{v1} – Volumenstrommessung

b) – – –

5/32 In einem exzentrisch gelagerten Rotor vergrößern sich auf der Saugseite sichelförmige, durch Schieber getrennte Kammern. Die Flüssigkeit wird auf die Druckseite transportiert, hier verkleinern sich die Kammern, die Flüssigkeit bleibt auf der Druckseite und wird in die Druckleitung gefördert.

5/33 Die Veränderung des Volumenstromes erreicht man, indem man den Rotor exzentrisch zum Außenring verstellt. Je größer die Exzentrizität des Rotors, desto größer ist der Volumenstrom.

5/34 a) Die Trommel dreht sich um die feststehende Schrägachse.

b) Die Trommel wird von den Kolben, die mit der Antriebswelle verbunden sind, mitgenommen und dadurch angetrieben.

5/35 a) Das Druckbegrenzungsventil hat die Aufgabe, den Maximaldruck in einer Anlage auf einen bestimmten Wert zu begrenzen, um Bauteile und Leitungen vor Überlastung und Beschädigung zu schützen. Deshalb muss das Druckbegrenzungsventil in der Nähe der Pumpe eingebaut werden.

b) Ist der Druck in der Anlage höher als die eingestellte Federkraft, öffnet sich das Ventil. Dieser Druck wird als Offenhaltedruck bezeichnet.

5/36 Stellt man das Druckbegrenzungsventil bei einem geringeren als dem maximalen Volumenstrom ein, so würde das Ventil nicht die gewünschte Aufgabe erfüllen. Sobald sich der Volumenstrom über den ursprünglich eingestellten Wert erhöht, entstehen in der Anlage unzulässig hohe Drücke.

5/37 a) Der Druckflüssigkeitsbehälter hat folgende Aufgaben:
- Bevorratung der Druckflüssigkeit,
- Aufnahme der aus der Anlage zurückgeführten Druckflüssigkeit,
- Abführen der Verlustwärme,
- Entfernen der Verunreinigungen und des Kondenswassers,
- Abscheiden der Luft,
- Druckausgleich.

b) Der Vorratsbehälter muss genügend groß sein, damit über die Seitenwände die Verlustwärme abgeführt werden kann. Ein schräger Boden ermöglicht das Ablassen der Verunreinigungen und des Kondenswassers an der tiefsten Stelle. Die Unterteilung des Behälters durch ein Beruhigungsblech in eine Ansaug- und eine Rücklaufkammer verhindert, dass mitgeführte Luft wieder angesaugt wird.

5/38 Man montiert die Hydraulikpumpen möglichst seitlich an den Behälter unterhalb des Flüssigkeitsspiegels, damit die Flüssigkeit nicht zusätzlich nach oben angesaugt werden muss und Kavitation auftritt.

5/39
- Sonneneinstrahlung zu bestimmten Zeiten,
- Unterbrechung der Raumklimatisierung durch Öffnen von Türen oder Fenstern,
- unregelmäßiger Filterwechsel im Hydraulikkreislauf.
- ...

5/40 Die meisten Hydraulikfilter haben eine einfache Druckmesseinrichtung, die auf den Verschmutzungsgrad aufmerksam macht.

5/41 Der Bypass stellt eine Umgehungsleitung um den Filter dar. Diese Leitung ist über ein federbelastetes Rückschlagventil im Normalfall geschlossen. Ist der Filter stark verschmutzt, so erhöht sich der Druck in der Rückleitung, es öffnet sich das Rückschlagventil im Bypass und ermöglicht den Rückfluss in den Tank.

5/42 In Pneumatikspeichern wird die Druckluft hineingepresst und verdichtet; im Druckmedium selbst ist die Energie gespeichert. In Hydraulikspeichern wird das Öl hineingepresst, dieses Öl drückt z. B. auf eine Blase, die mit einem Gas gefüllt ist. Das Gasvolumen wird komprimiert und dadurch wird die Energie im Gas gespeichert.

5/43 Hydraulikspeicher dienen vor allem zum Leckverlustausgleich, zur Stoßdämpfung und dazu, plötzlichen Bedarf an Drucköl abzudecken; sonst müssten die Anlagen mit wesentlich größeren Pumpen ausgerüstet sein. Pneumatikspeicher dienen vor allem zum Ausgleich von Druckschwankungen im Netz, zur Bereitstellung von Druckluft in der Nähe von großem und plötzlichem Luftverbrauch, zur Ausscheidung von anfallendem Kondensat.

5/44 Kleben

5/45 Auf die Arbeitsseite des Hubtischkolbens wird ein Speicher geschaltet, durch den Leckölverluste ausgeglichen werden können.

Teilsystem zur Leistungsübertragung

5/46
- Rohre in großen Radien biegen,
- Trennflächen der Rohre entgraten,
- System spannungsfrei zusammenbauen,
- Rohrleitungen nicht im Arbeitsbereich verlegen,
- Spülen der Anlage mit Überprüfen der Filter,
- Prüfen auf Dichtigkeit bei Arbeitsdruck,
- Prüfen auf Dichtigkeit bei erhöhtem Druck.

5/47

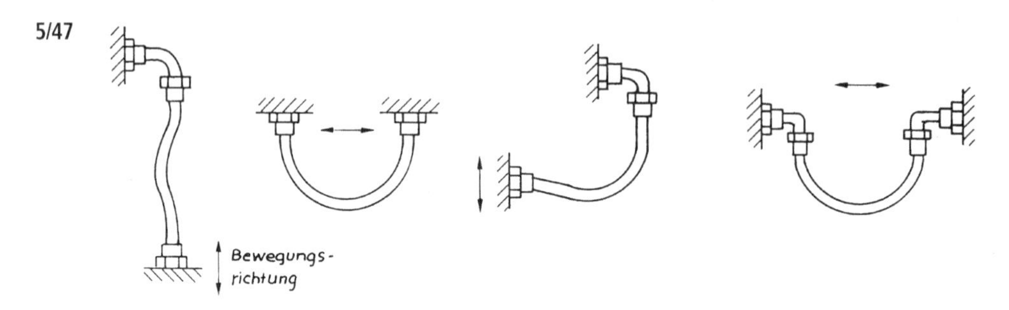

5/48 Durch Anschlussplatten lassen sich Montage- und Wartungsarbeiten verringern. Die Rohrleitungen werden an die Anschlussplatte fest montiert, die Ventile werden auf die Platten mit den genormten Lochbildern geschraubt. Wegen der Normung können Ventile von unterschiedlichen Herstellern verwendet werden.

Die Verwendung von Steuerblöcken verringert den Montageaufwand erheblich, weil in die Steuerblöcke Bohrungen für die gewünschten Funktionen des Hydrauliksystems eingearbeitet sind.

5/49 Hydraulikventile sind wesentlich kompakter konstruiert als Pneumatikventile, da sie erheblich größere Drücke aushalten müssen. Oft sind die Hydraulikventile vorgesteuert.

5/50 a) Soll die Arbeitsleitung B mit Drucköl versorgt werden, so muss zunächst der linke Elektromagnet im Vorsteuerventil anziehen. Ist er betätigt, verschiebt sich der Steuerkolben nach links und verbindet die linke Arbeitsleitung des Vorsteuerventils mit dem Druckanschluss. Somit wirkt auf die linke Seite des Hauptventils die Druckflüssigkeit. Der Hauptkolben wird nach rechts umgeschaltet und versorgt die Arbeitsleitung B mit Drucköl.

b) Wenn im Vorsteuerventil eine Feder gebrochen ist, kann der Steuerkolben in diesem Ventil verschoben sein und bei vorliegendem Druck in der Leitung P eine unkontrollierte Steuerung des Hauptventiles erfolgen.

5/51 Das Messergebnis entspricht der Funktionsweise des Ventiles, weil im Ventil Druckverluste auftreten.

5/52 Das Rückschlagventil zwischen Pumpe und Speicher verhindert den Rückfluss des gespeicherten Drucköles über die Pumpe, wenn diese abgestellt wird.

5/53 Die Durchflussrichtung ist mit einem Pfeil gekennzeichnet.

5/54 Ein entsperrbares Rückschlagventil lässt sich über eine hydraulische Ansteuerung eines zusätzlichen Kolbens gegen den Druck aus der Anlage öffnen. Bei Druckbeaufschlagung öffnet dieser Kolben den Ventilsitz entgegen der Schließkraft aus dem Anlagendruck.

Man verwendet entsperrbare Rückschlagventile, wenn schwere Lasten gegen unerwünschtes Absinken über eine längere Zeit sicher gehalten werden müssen.

5/55 Das Druckminderventil schließt sich bei Federbruch.

5/56 Das Drosselventil ist ein hydraulischer Widerstand, vor dem sich ein Druck aufbaut. Der Volumenstrom kann jedoch erst dann gedrosselt werden, wenn der Druck vor der Drossel so hoch ist, dass sich das parallel geschaltete Druckbegrenzungsventil öffnet. Erst durch diese Stromaufteilung tritt die Drosselwirkung ein.

5/57 Will man mit einem Drosselventil die Geschwindigkeit eines Hubzylinders beeinflussen, so muss die äußere Last so hoch sein, dass der dafür notwendige Druck das Druckbegrenzungsventil öffnet und eine Stromaufteilung wirksam werden kann.

5/58 Das Drosselventil in der Pneumatik wirkt dadurch, dass in der Engstelle die Luft komprimiert wird und durch den höheren Widerstand ein geringerer Volumenstrom erfolgt.

Das Drosselventil in der Hydraulik kann nur in Verbindung mit einem parallel geschalteten Druckbegrenzungsventil durch Stromaufteilung wirken.

5/59

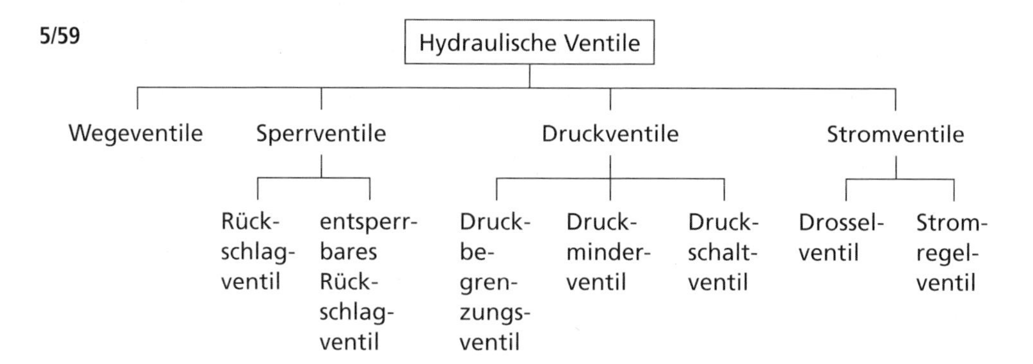

5/60 Das Stromregelventil führt dem Vorschubzylinder – unabhängig von Druckschwankungen, wie sie beim Fräsen durch unterschiedliche Spanungsbedingungen auftreten – einen gleichmäßigen Volumenstrom zu. Dadurch wird der Vorschub konstant gehalten.

5/61 Die Druckwaage wird wie folgt im Gleichgewicht gehalten: Auf der einen Seite wirkt die Federkraft und die Kraft aus dem Druck nach der Drossel (P3). Auf der anderen Seite wirkt die Kraft des Druckes, der vor der Drossel ansteht (P2).

Teilsystem zur Leistungswandlung (Motorgruppe)

5/62 Die Kolbenstange ist Führungselement und muss gegen hohen Druck abgedichtet werden. Durch Honen kann man im Vergleich zum Schleifen Oberflächen mit geringen Rauheitswerten verhältnismäßig preiswert erzielen. Außerdem wird durch das Rundschleifen eine Oberflächenstruktur erzeugt, bei der die Unebenheiten durchweg quer zur Bewegungsrichtung der Kolbenstange liegen. Dichtungselemente und Führungsteile würden dadurch stärker belastet.

5/63 a) $P_e = \frac{F \cdot h}{t}$; $P_e = \frac{30\,000\ \text{N} \cdot 1{,}5\ \text{m}}{20\ \text{s}}$; $P_e = \underline{\underline{2{,}25\ \text{kW}}}$

b) $q_v = \frac{d^2 \cdot \pi \cdot h}{4 \cdot t}$; $q_v = \frac{(10\ \text{cm})^2 \cdot \pi \cdot 150\ \text{cm}}{4 \cdot 20\ \text{s}}$; $q_v = \underline{\underline{589\ \frac{\text{cm}^3}{\text{s}}}}$

c) $\eta = \frac{P_e}{P_i}$ und $P_i = q_v \cdot p$

$p = \frac{P_e}{q_v \cdot \eta}$ $p = \frac{2{,}25 \cdot 10^5\ \frac{\text{Ncm}}{\text{s}}}{589\ \frac{\text{cm}^3}{\text{s}} \cdot 0{,}95}$; $\underline{\underline{p = 402\ \frac{\text{N}}{\text{cm}^2} = 40\ \text{bar}}}$

5/64 Die Vorschubeinheit besteht aus einem Zylinder mit vier Kammern. Wird die Kammer (1) mit Druckluft beaufschlagt, so wirkt die Druckkraft unmittelbar über den Kolben auf das Öl in der benachbarten Kammer (2). Das Öl wird über ein regelbares Drosselventil in die Kammer (3) gedrückt.
Der Rückhub erfolgt dadurch, dass man die Kammer (4) mit Druckluft beaufschlagt. Das Öl strömt jetzt von der Kammer (2). Dadurch ist auch der Rückhub in seiner Geschwindigkeit steuerbar.

5/65 Hydraulikzylinder müssen entlüftet werden, weil sonst in den Zylinderkammern Luftpolster verbleiben. Diese Luft wird von der Druckflüssigkeit mitgerissen und führt in der Anlage zu unkontrollierten Bewegungen und Kavitationsschäden.

5/66 Das Drucköl von der Pumpe fließt über die feststehende Steuerscheibe hinter die Axialkolben im Bereich der Druckzone. Die Axialkolben drücken auf die feststehende Schrägscheibe und erzeugen dort eine Kraft senkrecht zur Kolbenachse. Diese Kraft bewirkt ein Drehmoment auf das drehbare Zylindergehäuse. Das Zylindergehäuse dreht sich mit dem Kolben und der Antriebswelle. Die Kolben gelangen bei der weiteren Drehung auf der Schrägscheibe in die Rücklaufzone. Sie werden hochgedrückt, und das Rücköl fließt aus den Kammern hinter den Kolben über die Steuerscheibe ab.

5/67 Hydraulikmotoren (Rotationsmotoren) verwendet man zur Übertragung von großen Drehmomenten auch bei kleinen Drehfrequenzen.

Grundsteuerungen in der Hydraulik

5/68
- Pumpe mit Motor
- Rückschlagventil
- Druckbegrenzungsventil mit Druckmessgerät
- Filter mit Druckanzeige und Bypass
- Prüfanschlüsse für Druck- und Volumenstrommessungen
- (Temperiereinrichtung für die Hydraulikflüssigkeit in extremen Einsatzbedingungen oder bei Präzisionsanlagen)

5/69 4/2-Wegeventile dienen zur Richtungsänderung von Volumenströmen. Es lassen sich keine beliebigen Zwischenstellungen des Kolbens ansteuern.

5/70

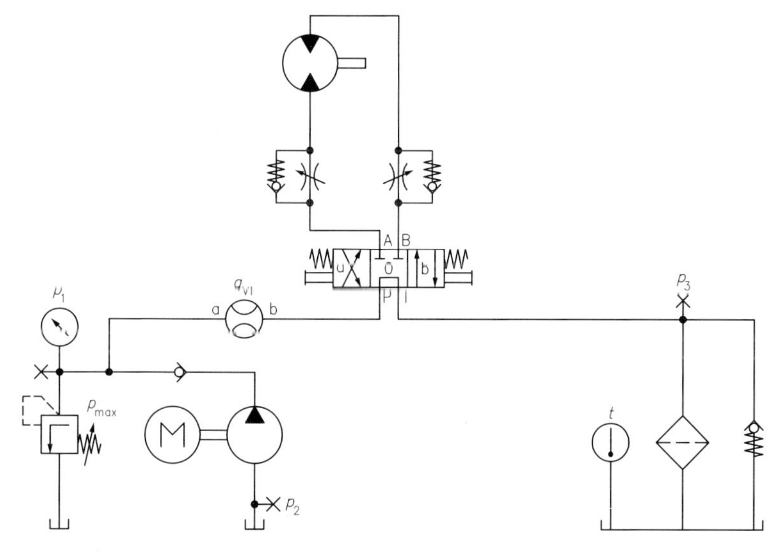

Anmerkung: Wirken an der Abtriebswelle beim Umschalten Schwungmassen, entstehen Druckspitzen. Durch Druckbegrenzungsventile – direkt am Motor – sichert man die Anlage ab. Ebenfalls notwendig sind Nachsaugleitungen.

5/71 Die Geschwindigkeitssteuerung im Zulauf ist nur dann möglich, wenn eine Stromaufteilung erfolgt. Erst wenn der Druck in der Anlage größer ist als der Öffnungsdruck im Druckbegrenzungsventil, tritt Stromaufteilung ein. In der Praxis bedeutet diese Geschwindigkeitssteuerung über Drosselventile eine Verminderung der Geschwindigkeit bei Lastzunahme und eine Erhöhung der Geschwindigkeit bei Lastabnahme.

5/72 a) Das Werkzeug wird mit einer Einbau-/Ausbauhilfe horizontal in der Schließeinheit positioniert und zentriert. Die Spritzgießmaschine wird geschlossen. Zum Aufspannen des Werkzeuges sind für die Schließseite und für die Düsenseite getrennte Hydraulikkreisläufe mit jeweils vier Keilspannelementen als doppelt wirkende Hydraulikzylinder vorgesehen. Sie werden mit Druck beaufschlagt und spannen das Werkzeug.

b) Das Stellglied ist ein 4/3-Wegeventil, dem ein Speicher nachgeschaltet ist, der in der Spannphase gefüllt wird. Dieser Speicher hält den notwendigen Spanndruck aufrecht.

c) Unter das Werkzeug wird im geschlossenen Zustand die Einbau-/Ausbauhilfe gefahren. Der Druck wird durch Umsteuern des Stellgliedes auf die Kolbenstangenseite gegeben. Die Keilspannelemente lösen sich, und der Speicher wird entleert.

5/73 Weg-Zeit-Diagramm für Vorschubschaltung

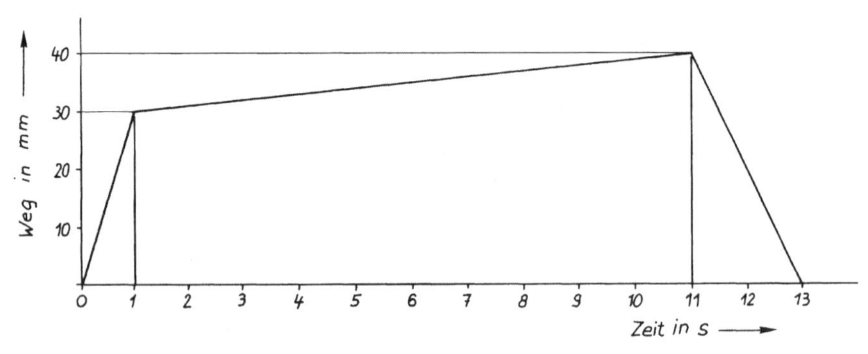

5/74

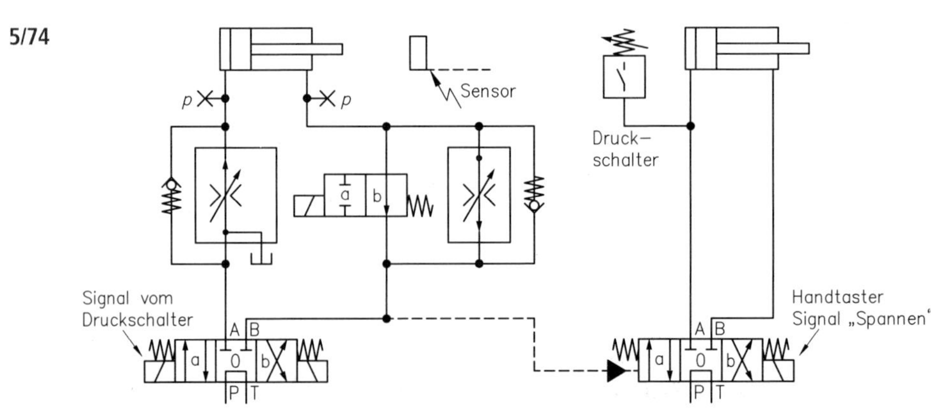

6 Inbetriebnahme, Wartung und Fehlersuche bei Steuerungen

Inbetriebnahme von Steuerungen

6/1 a) Demontiert man Druckluftschläuche, die unter Druck stehen, fliegen diese umher und stellen eine Verletzungsgefahr dar. Unter Druck stehende Zylinder können beim Lösen der Leitungen unkontrollierte Bewegungen ausführen. Auch hierbei können Verletzungen auftreten. Eine nicht stromlos geschaltete Anlage bedeutet ein hohes Sicherheitsrisiko.

b) Die Steuerungsanlage muss drucklos und stromlos geschaltet werden. Leitungsenden müssen beim Lösen festgehalten werden, da ein Restdruck vorhanden sein kann.
Im elektrischen Teil der Anlage dürfen Industriemechaniker nur Reparaturen in Anlagenteilen bis zu 24 Volt vornehmen. Reparaturen in Anlagenteilen mit höheren Spannungen dürfen nur von autorisiertem Fachpersonal vorgenommen werden.

c) Anlagen, die dieses Hinweisschild haben, müssen nach Reparaturen vom TÜV abgenommen werden, bevor man sie in Betrieb nimmt. Vom TÜV abgenommene Anlagen dürfen nicht verändert werden.

6/2 C; A; D; L; B; H; G; E; K; F; I.

6/3 Für den Austausch eines Ventils in einer Produktionsanlage mit einem Industrieroboter müssen vor allem umfangreiche Sicherheitsmaßnahmen ergriffen werden:
- für die Produktionsanlage den Automatikbetrieb unterbrechen,
- Roboter in manuelle Steuerung bzw. Einrichtbetrieb umschalten,
- Roboter in Wartungsposition fahren,
- elektrische Energieversorgung unterbrechen und Schalttafel gegen unbefugtes Einschalten absichern,
- Druckversorgung unterbrechen, eventuell vorhandene Speicher drucklos machen,
- Ventil ausbauen und ersetzen,
- Luftdruck anschalten und Anschlüsse prüfen,
- Ventilfunktion gegebenenfalls mit Handhilfsbetätigung testen,
- Energieversorgung wiederherstellen und Robotersteuerung im Einrichtbetrieb anfahren,
- nach erfolgreichem Probelauf Produktionsanlage wieder verriegeln und Automatikbetrieb anlaufen lassen.

6/4 a) Das Druckbegrenzungsventil hat die Aufgabe, den Maximaldruck in einer Anlage auf einen bestimmten Wert zu begrenzen, um Bauteile und Leitungen vor Überlastung und Beschädigung zu schützen. Deshalb muss das Druckbegrenzungsventil in der Nähe der Pumpe eingebaut werden.

b) Ist der Druck in der Anlage höher als die eingestellte Federkraft, öffnet sich das Ventil. Dieser Druck wird als Offenhaltedruck bezeichnet.

6/5 Stellt man das Druckbegrenzungsventil bei einem geringeren als dem maximalen Volumenstrom ein, so würde das Ventil nicht die gewünschte Aufgabe erfüllen. Sobald sich der Volumenstrom über den ursprünglich eingestellten Wert erhöht, entstehen in der Anlage unzulässig hohe Drücke.

Wartung von Steuerungen

6/6 a) Individuelle Lösung

b)

Filter mit Wasserabscheider	Reinigen der Druckluft von Staubteilchen und Abscheiden von Kondensat
Regler	Einstellen des Luftdruckes für die jeweilige Anlage
Öler	Anreichern der Druckluft mit Öl zur Schmierung der Bauteile in der Anlage

6/7 Zu hoher Kondensatanfall tritt auf, wenn
- der Trockner in der Anlage nicht arbeitet,
- der Wasserstand im Kondensatabscheider zu hoch ist,
- der automatische Kondensatablass defekt ist,
- die Anschlussleitungen falsch verlegt sind.

6/8 a)

	Vorteile	Nachteile
Leitungssystem Rohren	dauerhaft und weitgehend wartungsfrei, geeignet für hohe Drücke	Installationskosten hoch, Schwingungen können übertragen werden, Veränderungen können nur von Fachpersonal durchgeführt werden
Leitungssystem aus Kunststoffschläuchen	Installationskosten gering, Änderungen und Erweiterungen leicht durchführbar	temperaturempfindlich, anfällig bei aggressiver Umgebung

b) Eine Druckluftleitung als Ringleitung bietet die Gewähr, dass überall weitgehend gleiche Druckverhältnisse bestehen.

c) Ein unverhältnismäßig hoher Kondensatanfall kann sich ergeben:
- bei hoher Luftfeuchtigkeit,
- bei zu hoher Temperatur in der Luftaufbereitung,
- durch defekte Nachkühler in der Druckluftaufbereitungsanlage.

d) Leckverluste in der Anlage werden durch akustische Prüfungen, in schwierigen Fällen durch Druckdifferenzmessungen festgestellt.

6/9 Individuelle Lösung

6/10 a) 9 Druckfeder (kurz)
4 Druckfeder (lang)
2 Kugel
1 Kugelhalter
6 Nutring
10 O-Ring
5 Scheibe
7 Ventilgehäuse
3 Ventilrohr
8 Ventilteller
11 Verschluss

b) Zu dem Verschleißteilsatz gehören die Bauteile:
Nutring (6), Ventilteller (8), O-Ring (10).

c) Bei gebrochener Druckfeder (lang) kann die Arbeitsleitung nicht mehr entlüftet werden.

d) Das Ventil kann aus folgenden Gründen schwergängig sein:
- Schmutzteilchen sind im Ventil,
- Ventilrohr ist beschädigt,
- Ölrückstände sind im Ventil verharzt,
- Nutring ist beschädigt,
- Belüftungs- bzw. Entlüftungsanschlüsse sind verschmutzt.

e) Schmutzteilchen in der Druckluft führen besonders am Ventilteller zum Verschleiß.

6/11 Auf Kolbenstangen von Zylindern bildet sich Abrieb von Dichtungen. Dadurch erkennt man frühzeitig den Verschleiß an Dichtungen. An Ventilen lässt sich dieser Verschleiß nicht erkennen. Erst, wenn die Ventile unregelmäßig schalten bzw. nicht mehr schalten, kann man auf Verschleiß oder Fehler schließen.

6/12 a) Plötzliche Querschnittsänderungen im Ventilbereich verursachen vor allem dann Kavitationsschäden, wenn die Anlage nicht sorgfältig entlüftet wurde.

b) Kavitationsschäden lassen sich durch größere Rohrquerschnitte bei den Zuleitungen zum Ventil und durch die Entlüftung der Gesamtanlage vermeiden.

6/13 Während des Entleerungsvorganges über das Entlastungsventil (2) wird der Volumenstrom im Leitungssystem nur von der sich ausdehnenden Blase im Speicher aufrechterhalten. Das Prüfmanometer (3) zeigt einen gewissen Druck an, der von dem Widerstand seitens des Entlastungsventils herrührt. Ist der Druck im Speicher auf den Fülldruck abgesunken, so kann kein Volumenstrom mehr fließen, denn die Blase im Speicher schließt das Ventil im Speicher und kann sich nicht weiter ausdehnen. Wenn aber kein Volumenstrom mehr vorhanden ist, kann auch kein Druck mehr aufgebaut werden – die Druckanzeige am Prüfmanometer geht auf Null zurück.

Fehlersuche in Steuerungen

6/14 Eine Fehlersuche wird vereinfacht, wenn bereits in der Planung
- alle Planungsunterlagen nach einheitlichen Gesichtspunkten aufgebaut und die Geräte nach gleichen Gesichtspunkten bezeichnet sind,
- die Rohrleitungen und Anschlüsse in den Unterlagen und in der Anlage die gleichen Kennzeichnungen erhalten.

6/15 Durch die Handhilfsbetätigung kann die Funktionsfähigkeit jedes einzelnen Ventiles überprüft werden.

6/16 Die getrennte Versorgung der Arbeitskreise und der Steuerkreise mit Druck bietet den Vorteil, dass Druckschwankungen im Arbeitskreis den Steuerkreis nicht beeinflussen.

6/17 Man verlegt die Anschlussleitung als Ringleitung.

6/18 a) Eine gestörte Taktfolge der Zylinder kann auftreten, wenn nach der Reparatur:
- die Anschlussleitungen vertauscht worden sind,
- die Sensoren bzw. die Ventile mit Speicherverhalten nicht in Ausgangsstellung gebracht worden sind,
- die Druckluftversorgung noch nicht optimal eingestellt worden ist.

b) Eine gestörte Taktfolge der Zylinder kann auftreten, wenn während des Betriebes:
- ein Rückschlagventil undicht ist,
- die Ringdüse in einem Stromregelventil verschmutzt ist,
- ein Stellglied nicht umsteuert,
- sich die Befestigung von Sensoren gelöst hat.

6/19 Ein Hydraulikzylinder fährt nicht mit der geforderten Geschwindigkeit aus, wenn
- Leckstellen vorhanden sind,
- der Druck in der Anlage nicht hoch genug ist.

6/20 Ein zu hoher Leckölstrom kann durch Verschleiß oder Verschmutzung der Ventilsitze verursacht werden. Das Ventil muss ausgewechselt werden.

6/21 Auf die Arbeitsseite des Hubtischkolbens wird ein Speicher geschaltet, durch den Leckölverluste ausgeglichen werden können.

7 Regelungstechnik

Unterscheidung Steuern – Regeln

7/1 Durch Steuern lässt man einen Vorgang in bestimmter Weise ablaufen, der Vorgang selbst beeinflusst die Steuerung nicht.

Durch Regeln lässt man einen Vorgang in bestimmter Weise so ablaufen, dass der Vorgang sich selbst im gewünschten Sinne beeinflusst.

7/2 a) Folgende Regelgrößen werden jeweils beeinflusst:

- der Gasdruck in der autogenen Schweißanlage,
- die Druckluft in der Pneumatikanlage,
- der Volumenstrom in der Hydraulikanlage.

b) Folgende Störgrößen können jeweils auftreten:

- in der Schweißanlage u. a. Gasdruckschwankungen, unregelmäßige Brennerführung,
- in der Pneumatikanlage u. a. plötzliche hohe Druckluftentnahme, Schmutzteilchen im Druckmedium,
- in der Hydraulikanlage u. a. extreme Druckschwankungen, Verschmutzung bzw. Verharzung des Öles, Verschleiß der Ventilsitze.

Funktionseinheiten und Größen im Regelkreis

7/3 a) Systemdarstellung

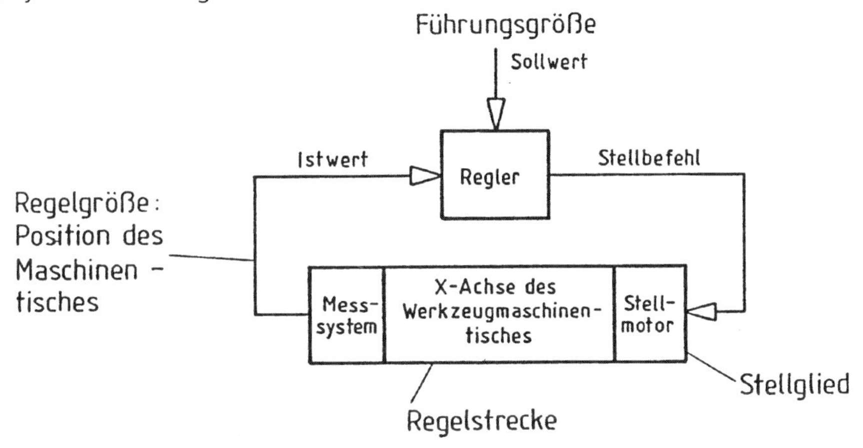

b) Bei der Regelung der Maschinentischposition muss der jeweils gemessene Wert, der Istwert, mit dem Sollwert verglichen werden. Die jeweilige Maschinentischposition kann nur durch dauerndes Messen festgestellt werden.

Arten von Reglern

7/4 Der Kühlschrank hat einen Zweipunktregler. Überschreitet die Temperatur im Kühlschrank den eingestellten Wert, so wird das Kühlsystem eingeschaltet und die Temperatur im Kühlschrank abgesenkt. Sobald im Kühlschrank eine bestimmte Temperatur unterschritten wird, schaltet sich das Kühlsystem ab.

7/5 a) Diagramme

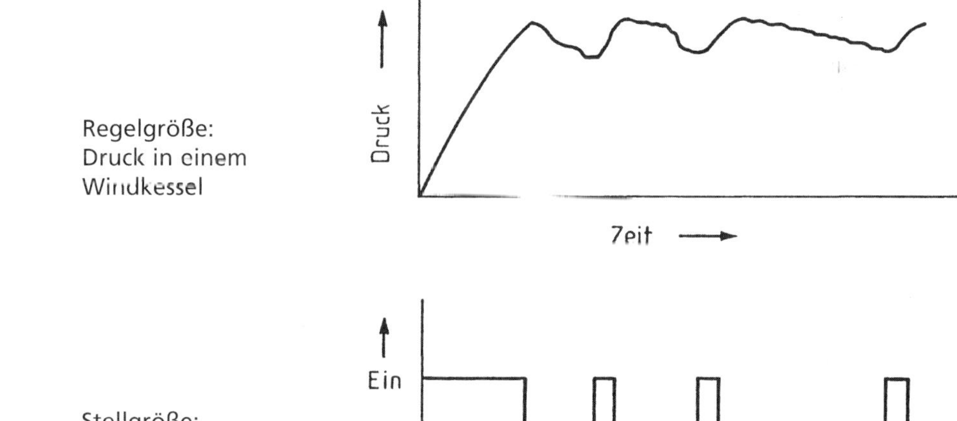

Stellgröße:
Elektrischer
Strom

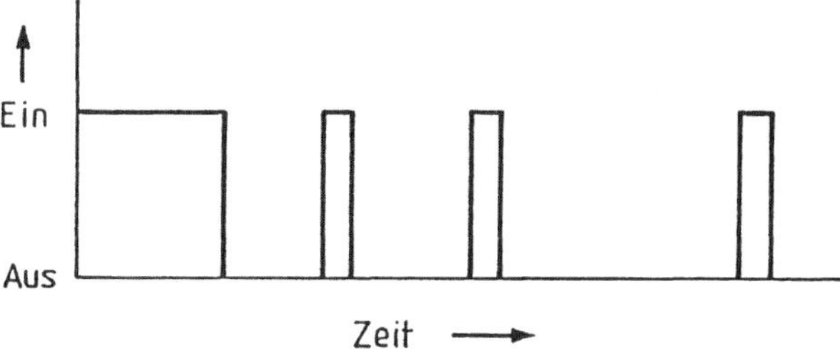

b) Der Druck in der Anlage wird zunächst auf den Sollwert gebracht, indem der Kompressor über einen längeren Zeitraum eingeschaltet bleibt. Aus dem Windkessel kann über einen gewissen Zeitraum Druckluft entnommen werden. Da der Verbrauch unregelmäßig ist, zeigt die Druckkurve unregelmäßige Schwankungen. Wird der Einschaltdruck im Windkessel erreicht, so schaltet sich der Kompressor wieder ein und arbeitet so lange, bis der Ausschaltdruck erreicht ist.

c) Störgrößen sind: Druckluftverbrauch in der Anlage durch Abgabe von mechanischer Arbeit, Abluft und Leckverluste, Temperaturschwankungen.

7/6 Das Druckregelventil arbeitet als unstetiger Regler zwischen einem unteren und einem oberen Druck.

7/7 Das Stromregelventil lässt unabhängig von Druckschwankungen in der Anlage immer den gleichen Volumenstrom fließen. Dadurch bleibt die Geschwindigkeit der Arbeitselemente auch bei Druckschwankungen konstant, was z. B. bei Vorschubbewegungen notwendig ist. Über eine verstellbare Drossel wird der Querschnitt verändert und somit die Größe des Volumenstromes eingestellt. Vor der Drossel herrscht der höhere Druck p_2, dahinter der kleinere Druck p_3. Nur der Unterschied zwischen p_2 und p_3 ist für die Größe des Volumenstromes maßgebend. Durch die vorgeschaltete Druckwaage wird diese Druckdifferenz auch bei Druckänderung konstant gehalten. Wird beispielsweise an der Arbeitsseite der Druck p_3 verringert, so verringert sich gleichzeitig der Druck auf der linken Kolbenfläche der Waage. Der Kolben wandert etwas nach links, dadurch ändert sich der Einströmungsquerschnitt und somit auch der Druck p_2 vor der Drossel. Hierdurch wird die ursprüngliche Druckdifferenz zwischen p_2 und p_3 beibehalten.

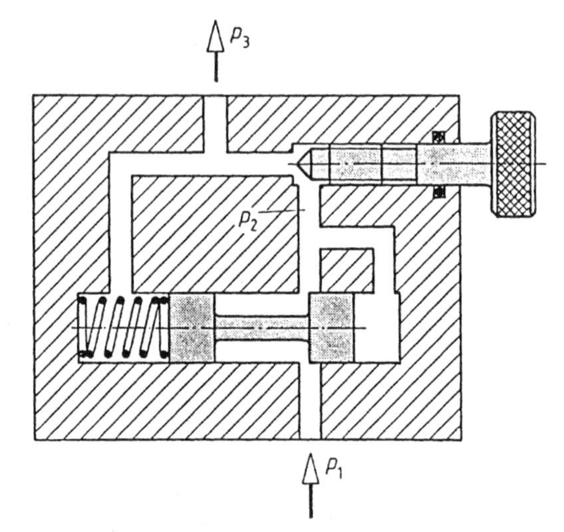

7/8 a) Führungsgröße: Arbeitsdruck, der über eine Schraube eingestellt wird;
Regelgröße: Druck im Arbeitsbereich der Pneumatikanlage;
Stellgröße: Einströmquerschnitt im Ventil.

b) Die Führungsgröße wird mechanisch eingegeben, indem man die Einstellschraube betätigt (Einschrauben erhöht den Arbeitsdruck).

Elektrotechnik

1 Wirkungen und Einsätze elektrischer Energie

1/1 Elektrische Einzelantriebe arbeiten wirtschaftlicher, da im Betrieb stets nur die Energiemenge eingesetzt werden muss, die auch an den Arbeitselementen genau in diesem Augenblick umgesetzt wird.
Die Arbeitssicherheit gegenüber mechanischen Verletzungen ist durch die geschlossenen Antriebe und die vereinfachte Not-AUS-Schaltung größer. Der elektrische Strom erfordert aber besondere Schutzmaßnahmen.
Die Umweltbelastung ist bei elektrischen Einzelantrieben geringer, da die elektrische Energie zentral in Kraftwerken unter geringerer Umweltbelastung erzeugt werden kann, als dies mit Dampfmaschinen der Fall war.

1/2 individuelle Beantwortung

1/3 Gas- und ölbeheizte Warmwasserheizungen benötigen meist elektrische Energie zum Betrieb der Umwälzpumpe und der Regeleinrichtung. Auch Ölbrenner benötigen zum Betrieb elektrische Energie.

2 Physikalische Grundlagen

2/1 Der Atomkern besteht aus positiv geladenen Protonen und neutralen Neutronen. Die Elektronenhülle wird von den negativ geladenen Elektronen gebildet.

2/2 Im Atom ist die Zahl der Protonen gleich der Zahl der Elektronen – darum ist das Atom nach außen hin neutral.

2/3 Durch die Energiezufuhr geschieht beim Spanen von Kunststoffen auch eine Ladungstrennung. Aufgeladene Kunststoffteilchen haften aufgrund dieser Ladung an entgegengesetzt geladenen Flächen.

2/4 Durch die Erdung des Trichters wird erreicht, dass keine Aufladung stattfindet, denn ein Entladungsfunke könnte die leicht brennbaren Gase zünden.

2/5 a) Mechanische Arbeit bewirkt Ladungstrennung.

b) Der Kunststoffstab wird durch den Elektronenüberschuss elektrisch negativ.

c) Das Wolltuch wird durch den Elektronenmangel und den zwangsläufig damit verbundenen Protonenüberschuss positiv.

2/6 Ein Strom von $6{,}25 \cdot 10^{18}$ Elektronen, der in 1 Sekunde den Leiterquerschnitt passiert, ist 1 Ampere.

2/7

	Gleichstrom	Wechselstrom
Schaubild für die Stromstärke in Abhängigkeit von der Zeit	t	I t
Beispiele für Spannungsquellen	Batterien Akkumulatoren Solarzellen	Netz der EVU Fahrraddynamo

2/8 Ein Volt Spannung ist die Folge einer Trennungsarbeit von 1 Nm, die an einem Coulomb verrichtet wurde.

2/9 Bei der Ladungstrennung entstehen Pole mit Elektronenüberschuss und Elektronenmangel. Der Pol mit Elektronenüberschuss wird *Minuspol* und der Pol mit Elektronenmangel wird *Pluspol* genannt.

2/10 25 mA sind 0,025 Coulomb je Sekunde – in 40 Sekunden wird 1 Coulomb (= $6{,}25 \cdot 10^{18}$ Elektronen) durch den Stromkreis bewegt.

2/11

Kohle-Zink-Batterie (rund):	1,5 Volt,	Pluspol in der Mitte
Knopfzelle:	1,35 Volt,	Pluspol siehe Kennzeichnung
Bleiakkumulator für Kfz:	12 Volt,	Pluspol siehe Kennzeichnung
Kohle-Zink-Batterie (flach):	4,5 Volt,	Pluspol am kurzen Anschluss

2/12

Hydraulikpumpe	–	Spannungsquelle
Rohrleitung	–	Leiter
Durchflussvolumen	–	Strom
Öldruck	–	Spannung
Hydraulikmotor	–	Verbraucher

2/13 Die Elektronenflussrichtung stimmt nicht mit der festgelegten „technischen" Stromrichtung in Leitern überein. Nach der technischen Stromrichtung fließt der Strom vom *Pluspol/~~Minuspol~~* zum *~~Pluspol~~/Minuspol.*

2/14 Strommessgeräte werden mit Verbraucher *in den Stromkreis/~~parallel zum Verbraucher~~* geschaltet, weil sie den Durchfluss einer bestimmten Elektronenzahl anzeigen.

2/15 Schaltplan

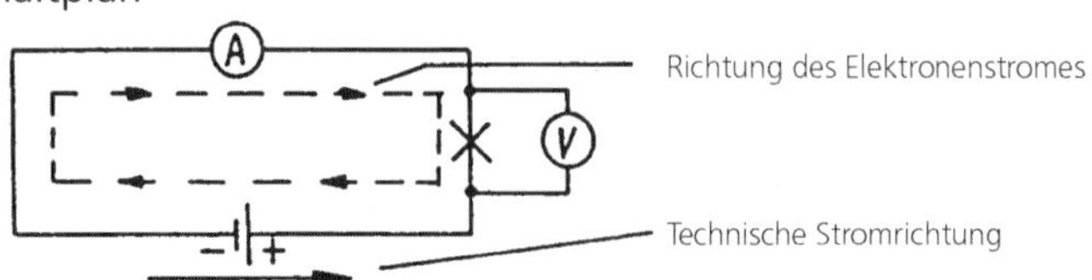

2/16 Es ist gleich, ob das Strommessgerät vor oder hinter dem Verbraucher angeschlossen wird, da der Strom auf beiden Seiten gleich groß ist.

2/17 a) Das Metallgitter wird von regelmäßig angeordneten Metallionen gebildet.

b) Die Metallionen sind positiv geladen.

c) Die freien Elektronen bewirken zwischen den positiv geladenen Metallionen den Zusammenhalt.

2/18 Die freien Elektronen sind in einem Metallstück leicht verschiebbar. Beim Anlegen einer Spannung fließen sie zum Pol mit Elektronenmangel.

2/19 Eisen Aluminium Kupfer Silber

⟶

steigende Leitfähigkeit

2/20 Isolatoren besitzen einen sehr hohen elektrischen Widerstand, sodass sie beim Anlegen einer Spannung so gut wie keinen Strom leiten.

2/21 Weich-PVC wird wegen seiner Flexibilität, seiner hohen Abriebfestigkeit und seiner Beständigkeit gegen Umwelteinflüsse zur Isolierung von Kabeln verwendet. Wegen der Dioxin- und Chlorwasserstoffbildung bei Bränden bemüht man sich zurzeit um Ersatzstoffe für PVC.

Komplette Schaltungen und Bauteile, die starr sind und vor Feuchtigkeit u. a. geschützt werden müssen (z. B. Wicklungen in Tauchpumpen), vergießt man mit aushärtenden Kunstharzen. Man verwendet hier Kunstharze, um die einzelnen Elemente dieser Bauteile nicht nur zu isolieren, sondern auch in ihrer Lage zu sichern.

Keramik verwendet man wegen der hohen Temperaturbeständigkeit zum Lagern und Isolieren von Heizelementen.

Glas setzt man wegen seiner Lichtdurchlässigkeit und hohen Isolierfähigkeit in Glühlampen u. ä. ein.

2/22 a) Der Widerstand eines elektrischen Leiters ist abhängig von Werkstoff, Länge, Querschnitt und Temperatur.

b) Der Widerstand wächst mit steigender Länge und steigender Temperatur. Der Widerstand sinkt mit steigendem Querschnitt.

2/23

	a)	b)	c)
R	**2,83 Ω**	0,5 Ω	20 mΩ
l	0,5 km	**36,69 m**	40 m
d	2 mm	1,5 mm	**6,1 mm**
Werkstoff	Cu	Al	Ag

2/24 $R = \frac{r \cdot l}{S}$; $R = \frac{0{,}0187\ \Omega \cdot mm^2 \cdot 90\ m \cdot 2}{m\ 1{,}5\ mm^2}$; $R = \underline{\underline{2{,}1\ \Omega}}$

2/25 $\varrho = \frac{R \cdot S}{l}$; $r = \frac{39{,}82\ \Omega \cdot 0{,}03\ mm^2}{2{,}5\ m}$; $\varrho = 0{,}4778\ \frac{\Omega \cdot mm^2}{m}$

2/26 a) $R = \frac{\varrho \cdot l}{S}$; $R = \frac{0{,}0187\ \Omega \cdot mm^2 \cdot 8\ m \cdot 2}{m \cdot 0{,}2\ mm^2}$; $R = \underline{\underline{1{,}4\ \Omega}}$

b) $R_W = R_K \cdot (1 + \alpha \cdot \Delta\vartheta)$ $R_W = 1{,}4\ \Omega \cdot (1 + 0{,}0038\ ^1/_K \cdot 40\ K)$

$R_W = 1{,}6\ \Omega$

2/27 $R_K = \frac{r \cdot l}{S}$; $R_K = \frac{0{,}0187\ \Omega \cdot mm^2 \cdot 50\ m \cdot 2}{m\ 1{,}5\ mm^2}$; $R_K = \underline{\underline{1{,}18\ \Omega}}$

$R = R_K \cdot (1 + \alpha \cdot \Delta\vartheta_\varrho)$ R $R = 1{,}18\ \Omega \cdot (1 + 0{,}0039\ ^1/_K \cdot (-42\ K))$

$R = \underline{\underline{0{,}9817\ \Omega}}$

$\Delta R = R_K - R$ $\Delta R = 1{,}18\ \Omega - 0{,}99\ \Omega$ $\Delta R = \underline{\underline{0{,}19\ \Omega}}$

2/28 1 Ohm ist der Widerstand, der bei einer Spannung von 1 Volt einen Strom von 1 Ampere fließen lässt.

2/29 $R = \frac{U}{I}$; $R = \frac{6\ V}{0{,}2\ A}$; $R = \underline{\underline{30\ \Omega}}$

2/30 $I = \frac{U}{R}$; $I = \frac{230\ V}{120\ \Omega}$; $I = \underline{\underline{1{,}92\ A}}$

2/31 a) $R = \frac{r \cdot l}{S}$; $R = \frac{0{,}0187\ \Omega \cdot mm^2 \cdot 35\ m \cdot 2_2}{m\ 0{,}75\ m}$; $R = \underline{\underline{1{,}66\ \Omega}}$

b) $U = R \cdot I$ $U = 0{,}83\ \Omega \cdot 0{,}24\ A$; $U = \underline{\underline{0{,}20\ V}}$

c) Spannung am Ventil $24\ V - 2 \cdot 0{,}20\ V = \underline{\underline{23{,}6\ V}}$

2/32 a) $R = \frac{r \cdot l}{S}$; $R = \frac{0{,}6\ \Omega \cdot mm^2 \cdot 8\ m}{m \cdot 19{,}5\ mm \cdot 0{,}5\ mm \cdot 3{,}14}$; $R = \underline{\underline{0{,}1568\ \Omega}}$

b) $U = R \cdot I$ $U = 0{,}1568\ \Omega \cdot 80\ A$; $U = \underline{\underline{12{,}5\ V}}$

2/33 $U = R \cdot I$ $U = 1\,800\ \Omega \cdot 0{,}03\ A$; $U = \underline{\underline{54\ V}}$

3 Grundschaltungen

3/1 a) und b)

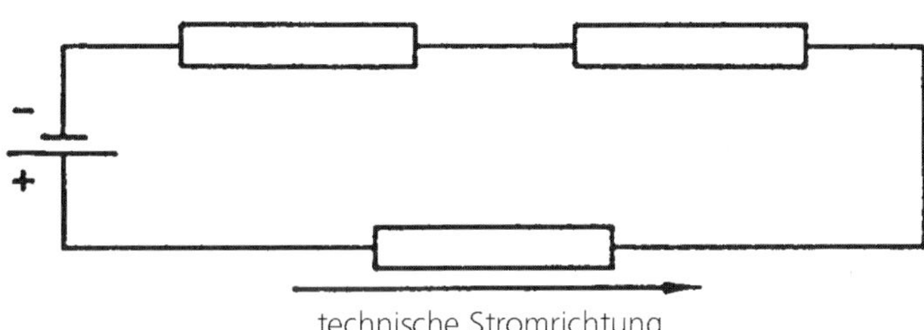

c) $R_g = R_1 + R_2 + R_3$; $R_g = 20\ \Omega + 30\ \Omega + 50\ \Omega$; $R_g = \underline{\underline{100\ \Omega}}$

d) Die Stromstärke wird mit einem Strommessgerät gemessen. Das Gerät muss mit den Widerständen in Reihe – in den Stromkreis – geschlossen werden.

e) $I = \frac{U}{R_g}$; $I = \frac{24\ V}{100\ \Omega}$; $I = \underline{\underline{0{,}24\ A}}$

$U_1 = R_1 \cdot I$ $U_1 = 20\ \Omega \cdot 0{,}24\ A$; $U_1 = \underline{\underline{4{,}8\ V}}$

$U_2 = R_2 \cdot I$ $U_2 = 30\ \Omega \cdot 0{,}24\ A$; $U_2 = \underline{\underline{7{,}2\ V}}$

$U_3 = R_3 \cdot I$ $U_3 = 50\ \Omega \cdot 0{,}24\ A$; $U_3 = \underline{\underline{12{,}0\ V}}$

f) Der Spannungsmesser muss an jedem Widerstand parallel – neben dem Stromkreis – geschaltet werden.

3/2 a) 230 V : 16 = 14,38 V, also Reihenschaltung.

b) $I = \frac{U}{R}$; $I = \frac{14\ V}{46\ \Omega}$; $I = \underline{\underline{0{,}3\ A}}$

c) $R_g = 16 \cdot 46\ \Omega$; $R_g = \underline{\underline{736\ \Omega}}$

3/3 a) $R_1 = \frac{U_1}{I}$; $R_1 = \frac{7{,}5\ V}{0{,}4\ A}$; $R_1 = \underline{\underline{18{,}75\ \Omega}}$

b) $R = \frac{U}{I}$; $R = \frac{12\ V}{0{,}4\ A}$; $R = \underline{\underline{30{,}0\ \Omega}}$

Es muss ein Widerstand von $30\ \Omega - 18{,}75\ \Omega = 11{,}25\ \Omega$ mit dem Recorder in Reihe geschaltet werden.

3/4 a) An jedem Widerstand liegt eine Spannung von 230 Volt.

b) $I = \frac{U}{R}$; $I = \frac{230\ V}{55\ \Omega}$; $I = \underline{\underline{4{,}18\ A}}$

c) $I = I_1 + I_2$; $I = \underline{\underline{8{,}36\ A}}$

d) $R = \frac{U}{I}$; $R = \frac{230\ V}{8{,}36\ A}$; $R = \underline{\underline{27{,}6\ \Omega}}$

e) In der Parallelschaltung ist der Gesamtwiderstand kleiner als der kleinste Einzelwiderstand.

3/5 a) $\frac{1}{R_{ges}} = \frac{1}{R_1} + \frac{1}{R_2}$; $\frac{1}{R_{ges}} = \frac{1}{12\ \Omega} + \frac{1}{8\ \Omega}$; $R_{ges} = \underline{\underline{4{,}8\ \Omega}}$

b) $U = R \cdot I$; $U = 4{,}8\ \Omega \cdot 6\ A$; $U = \underline{\underline{28{,}8\ V}}$

c) $I = \frac{U}{R}$; $I_1 = \frac{U}{R_1}$; $I_1 = \frac{28{,}8\ V}{12\ \Omega}$; $I_1 = \underline{\underline{2{,}4\ A}}$

$I_2 = \frac{U}{R_2}$; $I_2 = \frac{28{,}8\ V}{8\ \Omega}$; $I_2 = \underline{\underline{3{,}6\ A}}$

3/6 a) $R_{ges} = R_1 + R_2 + R_3$; $R_{ges} = 66\ \Omega$

b) $\frac{1}{R_{ges}} = \frac{1}{R_1} + \frac{1}{R_2} + \frac{1}{R_3}$; $\frac{1}{R_{ges}} = \frac{R_1 \cdot R_2 + R_1 \cdot R_3 + R_2 \cdot R_3}{R_1 \cdot R_2 \cdot R_3}$; $R_{ges} = 6\ \Omega$

c) $\frac{1}{R_{ges}} = \frac{1}{R_1 + R_2} + \frac{1}{R_3}$; $\frac{1}{R_{ges}} = \frac{R_1 + R_2 + R_3}{(R_1 + R_2) \cdot R_3}$; $R_{ges} = 16{,}5\ \Omega$

d) $R_{ges} = R_1 + \frac{R_2 \cdot R_3}{R_3 + R_3} =$ $R_{ges} = 24{,}2\ \Omega$

4 Schaltzeichen für elektrische Bauelemente und Schaltpläne

4/1 Taster 1 – Schließer
Taster 2 – Schließer mit Raster mit Handbetätigung
Taster 3 – Öffner

4/2

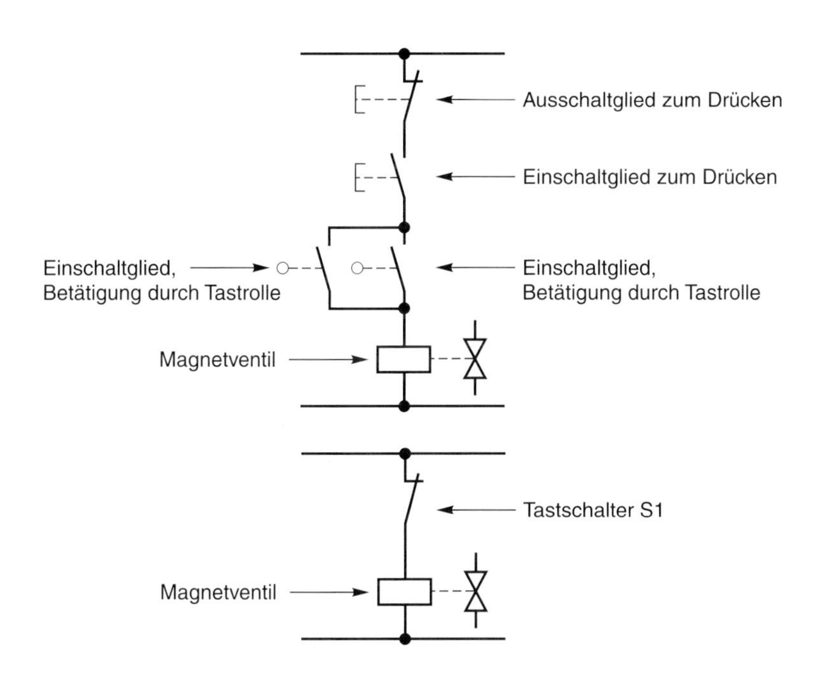

4/3

4/4 a) b) c)

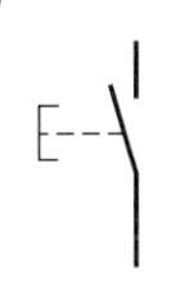

Einschaltglied zum Drücken (Schließer)

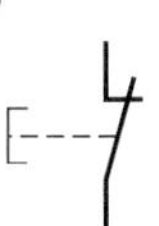

Ausschaltglied zum Drücken (Öffner)

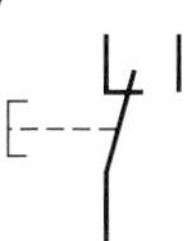

Umschaltglied zum Drücken (Wechsler)

5 Maßnahmen zur Unfallverhütung

5/1 Durch einen elektrischen Schlag kann sich der Monteur so erschrecken, dass er von der Leiter fällt.

5/2 Körperschäden durch elektrischen Strom können sein:
- Fehlsteuerungen von Körperfunktionen, die zu Muskelverkrampfungen führen,
- Schäden durch Verbrennungen,
- Schäden durch elektrolytische Zersetzung der Körperflüssigkeit,
- mechanische Verletzungen infolge von Sekundärunfällen.

5/3 Der Übergangswiderstand auf den menschlichen Körper wird verringert durch
- großflächige Berührungen des Leiters mit dem Körper,
- Druck des Leiters auf den Körper,
- feuchte Körperoberfläche.

5/4 a) $R = \frac{U}{I}$; $R = \frac{230\ V}{0{,}03\ A}$; $R = \underline{\underline{7\,667\ \Omega}}$

b) Der Körperinnenwiderstand ist von diesen Widerständen der geringste. Die beiden Übergangswiderstände hängen im Wesentlichen von Umgebungsbedingungen, z. B. Feuchtigkeit, Größe der Berührungsfläche, ab.

c) Die Einzelwiderstände sind als in Reihe geschaltete Widerstände anzusetzen.

5/5 Die Schmelzsicherung soll bei zu hohem Stromfluss als schwächstes Glied im Stromkreis den Stromfluss unterbrechen. Die Schmelzsicherung besteht aus einem Schmelzdraht, der in einer Porzellanpatrone in einem Sandbett ruht. Ein federbelastetes Signalplättchen ist mit dem Schmelz verbunden – ein abgefallenes Signalplättchen weist auf eine durchgeschmolzene Sicherung hin.

5/6 Gemäß VDE 100 dürfen Leiter mit 0,75 mm^2 Querschnitt maximal bis 12 A belastet werden. Ein zu hoher Strom kann zu übermäßiger Erwärmung der Leitung und damit zu Isolationsschäden und sogar zu Bränden führen.

5/7 Durch Flicken verliert die Sicherung ihre Eigenschaft als schwächstes Glied im Stromkreis und damit ihre Sicherungsfunktion. Es besteht die Gefahr, dass diese „Sicherung" bei zu hohem Stromfluss nicht auslöst. Dadurch können Isolationsschäden und Brände auftreten.

5/8 a) Der Einsatz durch eine schwächere Sicherung ist möglich.

b) Die 16-A-Sicherung kann nicht in den 10-A-Passring eingeführt werden.

5/9 Die Maschine benötigt wahrscheinlich einen sehr hohen Anlaufstrom, sodass sofort der elektromagnetische Schnellauslöser auslöst.

5/10 In beiden Fällen isoliert man das Gehäuse gegen den Motor. Es muss dabei auch für eine elektrische Trennung von Anker und ausgeführter Getriebewelle gesorgt werden.

5/11 Der fehlende Schutzkontakt an der Handschleifmaschine zeigt, dass das Gerät schutzisoliert ist.

5/12 Der Transformator trennt den Stromkreis des Verbrauchers in allen Teilen vom Netz – darum spricht man von einem netzunabhängigen Schutz. Die Spannung ist so niedrig gehalten, dass bei einer Berührung spannungsführender Teile am Verbraucher kein gefährlicher Strom durch den menschlichen Körper fließen kann.

5/13 Vom fehlerhaften Elektrogerät fließt der Strom über den Schutzleiter in der Zuleitung, den Schutzkontakt im Stecker und den Schutzleiter des Netzes ins Erdreich.

5/14 Es darf an keiner Stelle eine gefährliche Spannungsdifferenz zwischen elektrisch leitenden Teilen von Versorgungsleitungen für Gas, Wasser u. a. auftreten können. Darum sind alle diese Teile miteinander zu verbinden und zu erden.

5/15 Symbol: ⏚ Kennfarbe: grün/gelb

5/16 Der Erder muss geringen Widerstand gegen das Erdreich aufweisen. Deswegen wird er großflächig gestaltet und gegen Korrosion geschützt.

5/17 FI-Schutzschalter lösen in sehr kurzer Zeit bei Fehlerströmen aus. Dadurch treten bei evtl. Berührung spannungsführender Teile noch keine gefährlich anhaltenden Körperströme auf.

5/18 Die Zeichen bedeuten, dass die Tauchpumpe VDE-geprüft ist und bis 1 bar – dies entspricht etwa 10 m Wassertiefe – Wasserdruck ertragen kann.

6 Elektrische Antriebstechnik

6/1 a)

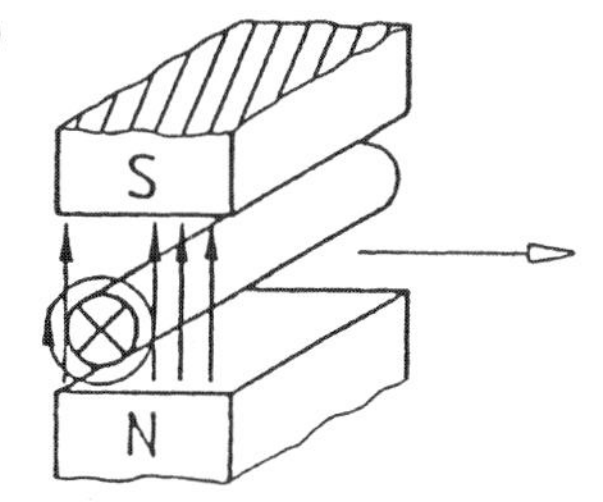

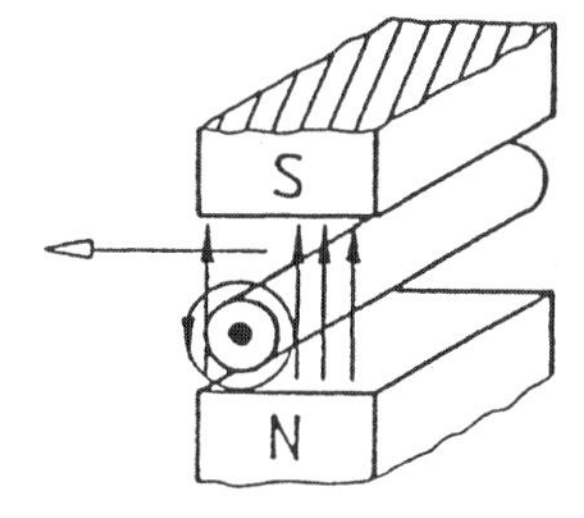

b) Die Drehrichtung eines Gleichstrommotors kann durch Umpolen der Stromzuführung geändert werden.

6/2

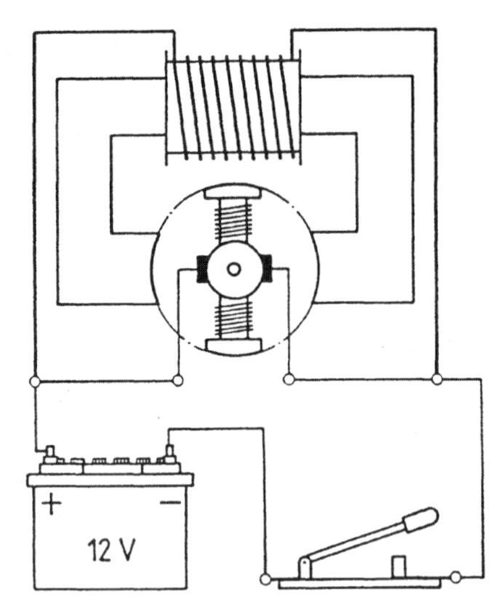

Nebenschlussmotor

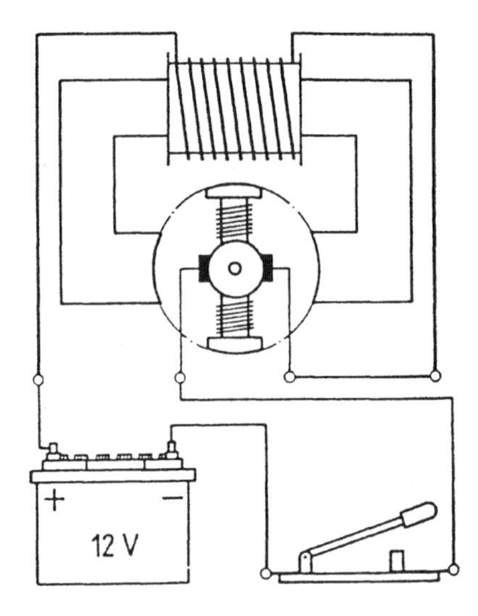

Reihenschlussmotor

6/3 a) Synchronmotoren laufen nach dem Einschalten nicht von selbst an. Sie benötigen so lange eine Anlaufhilfe, bis die Drehfrequenz der Spannungsquelle erreicht ist.

b) Überlastungen (etwa ab doppeltem Nenndrehmoment) bewirken, dass der Motor nicht mehr synchron läuft. Er kommt auch bei Entlastung zum Stillstand.

c) Drehzahländerungen sind beim Synchronmotor über Frequenzänderungen der Spannungsquelle möglich.

6/4 a) Die Bohrmaschine hat nur geringe Leistung. Ihr Einschaltstrom führt noch nicht zu einer Überlastung des Netzes.

b) Zunächst werden die Feldwicklungen in Sternschaltung gelegt, bis der Motor auf seiner Nenndrehzahl ist. Danach wird in Dreieck geschaltet.
In Sternschaltung liegen 230 V an jeder Wicklung, bei Dreieckschaltung sind es dagegen 400 V.

c) Bei sofortigem Durchschalten ist der Strom so hoch, dass die Sicherungen auslösen und abschalten.

6/5 a) Stecksysteme für Drehstrom sollen so angelegt sein, dass ein Motor rechtsherum läuft.

b) Drehrichtungsumkehr erfolgt durch Vertauschen von zwei Außenleitern.

c) Eine Änderung der Verdrahtung darf nur der Elektroniker vornehmen.

6/6 Der Kondensator muss zwischen einem Leiter und dem noch freien Anschluss der drei Feldwicklungen geschaltet werden.

6/7 4 x 72 Winkelschritte = <u>288 Winkelschritte am Getriebe</u>

Winkel je Schritt: 360° : 288 = <u>1,25°</u>

Fächerübergreifende mathematische Übungen

1 Dreisatz mit geradem und umgekehrtem Verhältnis

1/1 3 Maschinen – 1 560 Teile
5 Maschinen – x Teile

$$x = \frac{1\,560\ T \cdot 5}{3} = \underline{\underline{2\,600\ \text{Teile}}}$$

1/2 294 Teile – 7 Arbeiter
378 Teile – x Arbeiter

$$x = \frac{7\ \text{Arb.} \cdot 378}{294} = \underline{\underline{9\ \text{Arbeiter}}}$$

1/3 1 Woche – von 3 Maschinen – 25,5 kg Verschnitt
4 Wochen – von 5 Maschinen – x kg Verschnitt

$$x = \frac{25{,}5\ \text{kg} \cdot 4 \cdot 5}{3 \cdot 1} = \underline{\underline{170\ \text{kg}}}$$

1/4 640 Teile – in 8 Std. auf 4 Maschinen
840 Teile – in 7 Std. auf x Maschinen

$$x = \frac{4\ \text{Masch.} \cdot 8 \cdot 840}{640 \cdot 7} = \underline{\underline{6\ \text{Maschinen}}}$$

1/5 2 m^2 Blech – von 4 mm Dicke – wiegen 62,8 kg
7 m^2 Blech – von 5,5 mm Dicke – wiegen x kg

$$x = \frac{62{,}8 \cdot 7 \cdot 5{,}5}{4 \cdot 2} = \underline{\underline{302{,}225\ \text{kg}}}$$

1/6 Erhöhte Schnittgeschwindigkeit $v_c = \underline{\underline{43{,}2\ \frac{m}{min}}}$

1/7 Abfall $\underline{\underline{14{,}4\ \%}}$

1/8 Preiserhöhung $\underline{\underline{26{,}09\ \text{EUR}}}$

1/9 Verlängerung $\underline{\underline{12\ \%}}$

1/10 Stückzahl vor der Rationalisierung 765 Stück
Stückzahl nach der Rationalisierung 830 Stück

2 Gleichungen

2/1 $d = \frac{360° \cdot U_B}{\pi \cdot \alpha}$

2/2 $\alpha = \frac{4 \cdot 360° \cdot A}{d^2 \cdot \pi}$

2/3 $d = \frac{12 \cdot V}{\pi \cdot l}$

2/4 $h = \frac{2 \cdot A_M}{(a + a_1) \cdot n}$

2/5 $A_1 = 6\,V - A - 4\,A_M$

2/6 $n = \frac{l}{d_m \cdot \pi} - 2$

2/7 $l = \frac{4 \cdot m}{d^2 \cdot \pi \cdot \varrho}$

2/8 $p = \frac{M_t \cdot n}{71\,620}$

2/9 $s = \frac{Y_0 \cdot 3 \cdot b}{2 \cdot r}$

2/10 $z = \frac{t_h \cdot s \cdot n}{l}$

2/11 $s = \frac{D \cdot t \cdot p_e}{2 \cdot (t - d_1) \cdot \sigma_{zzul}}$

2/12 $d = \frac{t_h \cdot 2 \cdot s \cdot n}{z}$

2/13 $n = \frac{4 \cdot F}{(d^2 - d_1^2) \cdot \pi \cdot p}$

2/14 $d = D - \frac{t_h \cdot 2 \cdot s \cdot n}{z}$

2/15 $F_2 = \frac{F_1 \cdot R \cdot R_1}{r \cdot r_1}$

2/16 $s = \frac{t(v_a + v_e)}{2}$

2/17 $F_1 = \frac{F_2\,(R - r)}{2 \cdot R}$

2/18 $s = \frac{P \cdot t \cdot \mu}{F}$

2/19 $r = \frac{1\,000 \cdot 60 \cdot F_2}{F_1 \cdot 2 \cdot \pi \cdot n}$

2/20 $F_r = \frac{P \cdot \eta \cdot 1\,000}{v}$

2/21 $F_1 = \frac{F_2 \cdot h}{2 \cdot r \cdot \pi}$

2/22 $d_2 = 2 \cdot a - d_1$

2/23 $F_1 = \frac{P \cdot 2 \cdot 1\,000 \cdot 60 \cdot \eta \cdot 1\,000}{b \cdot s_z \cdot z \cdot d \cdot \pi \cdot n}$

2/24 $F_1 = \frac{2\,F}{d + s}$

2/25 $b = \frac{a - (x - c)^2 \cdot \tan \frac{\alpha}{2}}{s}$

2/26 $L = \frac{2V}{D^2 - d^2}$

2/27 $D = 2 \cdot l \cdot \tan \frac{\alpha}{2} + d$

2/28 $v_a = \frac{s + \frac{a \cdot t^2}{2}}{t}$

3 Lehrsatz des Pythagoras

3/1

a	b	c
200 mm	400 mm	*447 mm*
13 cm	*15,19 cm*	200 mm
3,46 m	2 m	40 dm

3/2 $d = \sqrt{2 \cdot a^2}$; $d = \sqrt{2 \cdot 20^2\ mm^2}$; $d = \underline{\underline{28{,}28\ mm}}$

3/3 $a = \sqrt{\frac{d^2}{2}}$; $a = \sqrt{\frac{40^2\ mm^2}{2}}$; $a = \underline{\underline{28{,}28\ mm}}$

3/4 $c^2 = a^2 + b^2$ $c = \sqrt{850^2\ mm^2 + 1\,400^2\ mm^2}$; $c = \underline{\underline{1\,638\ mm}}$

3/5 Flächendiagonale $c = \sqrt{2\ a^2}$; $c = a \cdot \sqrt{2}$; $c = \underline{\underline{70{,}7\ mm}}$

Raumdiagonale $y = \sqrt{a^2 + c^2}$; $y = a \cdot \sqrt{3}$; $y = \underline{\underline{86{,}6\ mm}}$

3/6

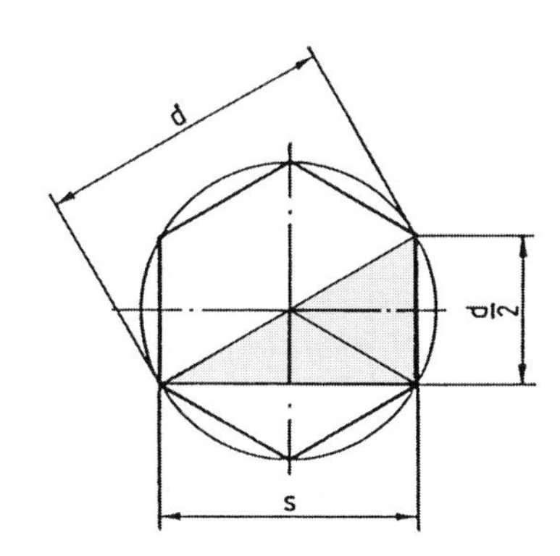

Es gilt:

$s^2 = d^2 - \left(\frac{d}{2}\right)^2$

$s^2 = \frac{3}{4} \cdot d^2$

$d = 2 \cdot s \cdot \sqrt{\frac{1}{3}}$;

$d = 2 \cdot 17\ mm \cdot \sqrt{\frac{1}{3}}$;

$d = 19{,}63\ mm$

Das Rohteil muss mindestens 20 mm Durchmesser haben.

3/7 $c = \sqrt{\left(\frac{d}{2}\right)^2 + (0{,}4\ d)^2}$; $c = \sqrt{\left(\frac{26\ mm}{2}\right)^2 + (0{,}4 \cdot 26\ mm)^2}$; $c = \underline{\underline{16{,}65\ mm}}$

3/8 Es gilt: $h^2 = a^2 - \left(\frac{a}{2}\right)^2$; $h = 36{,}37\ mm$

$A = \frac{a \cdot h}{2}$; $A = \frac{42\ mm \cdot 36{,}37\ mm}{2}$; $A = \underline{\underline{763{,}83\ mm^2}}$

3/9 $l = 2 \cdot \sqrt{a^2 + b^2}$; $l = 2 \cdot \sqrt{(4{,}85\ m)^2 + (2{,}6\ m)^2}$; $l = \underline{\underline{11\ m}}$

Ü

3/10

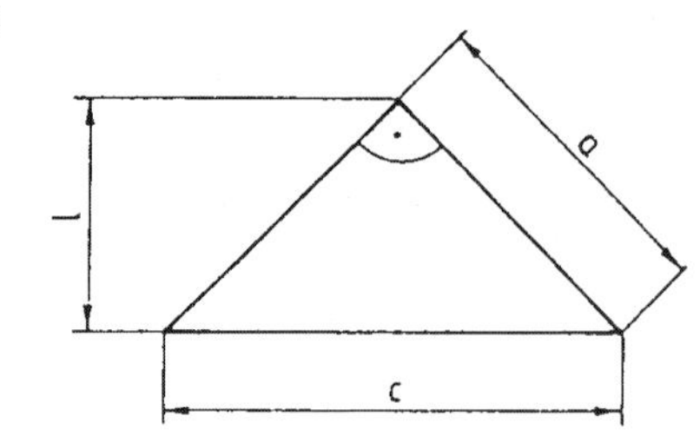

Es gilt:

$c^2 = a^2 + a^2$ und $l = \frac{c}{2}$

a) $c = a\sqrt{2}$; $c = 4{,}52\text{ m} \cdot \sqrt{2}$; $c = \underline{\underline{6{,}39\text{ m}}}$

b) $l = \frac{c}{2}$; $l = \frac{6{,}39\text{ m}}{2}$; $l = \underline{\underline{3{,}195\text{ m}}}$

4 Proportionen

4/1 a) $1 : 5 = 3 : x$; $x = \frac{3 \cdot 5}{1}$; $x = \underline{\underline{15}}$

b) $4 : x = 12 : 60$; $x = \frac{4 \cdot 60}{12}$; $x = \underline{\underline{20}}$

c) $3{,}5 : 14 = x : 4$; $x = \frac{3{,}5 \cdot 4}{14}$; $x = \underline{\underline{1}}$

d) $\frac{2}{3} : x = 4 : 24$; $x = \frac{2 \cdot 24}{3 \cdot 4}$; $x = \underline{\underline{4}}$

e) $\frac{1}{2} : \frac{1}{6} = x : 27$; $x = \frac{1 \cdot 6 \cdot 27}{2 \cdot 1}$; $x = \underline{\underline{81}}$

f) $0{,}25 : 2 = 75 : x$; $x = \frac{2 \cdot 75}{0{,}25}$; $x = \underline{\underline{600}}$

4/2 a) $1 \cdot 15 = 3 \cdot 5$
$\underline{\underline{15 = 15}}$

c) $\frac{2}{3} \cdot 24 = 4 \cdot 4$
$\underline{\underline{16 = 16}}$

b) $4 \cdot 60 = 12 \cdot 20$
$\underline{\underline{240 = 240}}$

d) $\frac{1}{2} \cdot 27 = 81 \cdot \frac{1}{6}$
$\underline{\underline{13{,}5 = 13{,}5}}$

c) $3{,}5 \cdot 4 = 1 \cdot 14$
$\underline{\underline{14 = 14}}$

f) $0{,}25 \cdot 600 = 2 \cdot 75$
$\underline{\underline{150 = 150}}$

4/3 $S = a \cdot b$; $a : b = 2 : 3$ $a = \sqrt{\frac{2 \cdot S}{3}}$; $a = \underline{\underline{10\text{ mm}}}$
$b = \underline{\underline{15\text{ mm}}}$

5 Maßstäbe

5/1

Maßstab	Werkstückmaß	Zeichnungsmaß
1:1	45 m	*45 mm*
5:1	*10,5 mm*	52,5 mm
1:10	2,5 m	*250 mm*
5:1	3,7 cm	185 mm

Maßstab	Werkstückmaß	Zeichnungsmaß
10:1	0,25 mm	2,5 mm
2:1	*160 mm*	320 mm
1:5	40 dm	*800 mm*
1:20	4,25 m	*212,5 mm*

5/2 a)

Werkstück A

Maßstab	Werkstückmaß	Zeichnungsmaß
1 : 5	600	*120*
	500	*100*
	415	*83*
	400	*80*
	250	*50*
	220	*44*
	200	*40*
	180	*36*
	160	*32*
	85	*17*

Werkstück B

Maßstab	Werkstückmaß	Zeichnungsmaß
2 : 1	50	*100*
	48	*96*
	40	*80*
	37	*74*
	36	*72*
	30	*60*
	25	*50*
	24	*48*
	18	*36*
	16	*32*
	10	*20*
	8	*16*
	6	*12*
	4	*8*

b) Maßstabliche Zeichnungen nach Aufgabenstellung

6 Strahlensätze

6/1 $h_2 = \frac{a_2 \cdot h_1}{a_1}$; $h_2 = \frac{3{,}15\ m \cdot 1{,}05\ m}{2{,}1\ m}$; $h_2 = \underline{\underline{1{,}575\ m}}$

$c_2 = \frac{a_2 \cdot c_1}{a_1}$; $c_2 = \frac{3{,}15\ m \cdot 2{,}35\ m}{2{,}1\ m}$; $c_2 = \underline{\underline{3{,}525\ m}}$

6/2

a	h	a_1	h_1
40 mm	120 mm	*30 mm*	90 mm
5 m	*15 m*	3 m	9 m
6 dm	75 cm	0,4 m	*0,5 m*
2 500 cm	10 m	50 dm	2 m

6/3 $a : b = 2 : 5$; $A = a \cdot b$; $b = \frac{5}{2} a$

$a = \sqrt{\frac{2 \cdot A}{5}}$; $a = \sqrt{\frac{2 \cdot 1\,000\ mm^2}{5}}$; $a = \underline{\underline{20\ mm}}$

$b = \underline{\underline{50\ mm}}$

6/4 a) $\frac{x}{1{,}8\ m} = \frac{2\ m}{3\ m}$; $x = \underline{\underline{1{,}2\ m}}$

b) $\frac{x}{50\ cm} = \frac{20\ cm}{30\ cm}$; $x = \underline{\underline{33{,}3\ cm}}$

c) $\frac{x}{450\ mm} = \frac{x + 220\ mm}{700\ mm}$; $x = \underline{\underline{396\ mm}}$

7 Winkelfunktionen

7/1 a) $\sin x = \frac{Gk}{Hy}$; $\sin x = \frac{70\ mm}{100\ mm}$; $x = \underline{\underline{44{,}43°}}$

b) $\cos x = \frac{Ak}{Hy}$; $\cos x = \frac{30\ mm}{48\ mm}$; $x = \underline{\underline{51{,}31°}}$

c) $\sin 40° = \frac{Gk}{Hy}$; $x = \frac{50\ mm}{\sin 40°}$; $x = \underline{\underline{77{,}79\ mm}}$

d) $\tan 35° = \frac{Gk}{Ak}$; $x = \frac{40\ mm}{\tan 35°}$; $x = \underline{\underline{57{,}13\ mm}}$

e) $\sin 40° = \frac{Gk}{Hy}$; $x = \frac{100\text{ mm}}{\sin 40°}$; $x = \underline{\underline{155{,}57\text{ mm}}}$

f) $\sin x = \frac{Gk}{Hy}$; $\sin x = \frac{60\text{ mm}}{120\text{ mm}}$; $x = \underline{\underline{30°}}$

g) $\tan x = \frac{Gk}{Ak}$; $\tan x = \frac{40\text{ mm}}{60\text{ mm}}$; $x = \underline{\underline{33{,}69°}}$

h) $\cos x = \frac{Ak}{Hy}$; $\cos x = \frac{70\text{ mm}}{100\text{ mm}}$; $x = \underline{\underline{45{,}57°}}$

i) $\cos 60° = \frac{Ak}{Hy}$; $x = \frac{60\text{ mm}}{\cos 60°}$; $x = \underline{\underline{120\text{ mm}}}$

7/2 $a = 11 \cdot 170\text{ mm}$; $a = \underline{\underline{1\,870\text{ mm}}}$

$b = \frac{a}{\tan \alpha}$; $b = \frac{1\,870\text{ mm}}{\tan 35°}$; $b = \underline{\underline{2\,671\text{ mm}}}$

$\sin \alpha = \alpha$ $c = \frac{a}{\sin \alpha}$; $c = \frac{1\,870\text{ mm}}{\sin 35°}$; $c = \underline{\underline{3\,260\text{ mm}}}$

$d = \frac{b}{11}$; $d = \frac{2\,671\text{ mm}}{11}$; $d = \underline{\underline{243\text{ mm}}}$

7/3 a) $\cos a = \frac{b}{c}$; $c = \frac{b}{\cos \alpha}$; $c = \frac{6\,200\text{ mm}}{\cos 32°}$; $c = \underline{\underline{7\,311\text{ mm}}}$

b) $\tan \alpha = \frac{a}{b}$; $a = b \cdot \tan \alpha$; $a = 6\,200\text{ mm} \cdot \tan 32°$

$a = \underline{\underline{3\,874\text{ mm}}}$

Ü